国家重点基础研究发展计划（973计划）2010CB428400项目
气候变化对我国东部季风区陆地水循环与水资源安全的影响及适应对策

"十三五"国家重点图书出版规划项目

气候变化对中国东部季风区陆地水循环与
水资源安全的影响及适应对策

气候变化对北方农业区
水文水资源的影响

莫兴国　章光新　林忠辉　等　著
陈　东　胡　实

科学出版社

北　京

内 容 简 介

本书从历史实证资料和未来气候变化情景出发，系统论述了气候变化对中国北方典型农业区（黄淮海平原和松嫩–三江平原）和生态脆弱区（黄土高原）的水循环关键要素及区域水资源的影响。基于 1950 年以来的实测资料和生态水文模型模拟结果，论述了中国北方主要农业和生态脆弱区干旱事件发生的时空特征，分析了东亚夏季风变化对北方地区水资源量的影响，模拟分析了不同流域生态水文过程和水资源的时空演变特征，系统阐释了中国陆域植被蒸散的时间变化及区域分异规律。在此基础上，根据 GCM 多模式集成未来情景数据，基于生态水文模型模拟，分析了未来气候变化对华北和东北地区主要农作物产量、耗水、灌溉需水和区域水资源的可能影响；探讨了应对气候变化的主要农业生产措施和对策；以流域水土资源平衡为目标，评估了黄淮海地区作物种植品种区域布局和结构调整、东北平原水稻种植面积扩张的水资源效应。书中还系统介绍了生态水文动力学模型的数学物理原理、关键参数的区域扩展方法。

本书可作为流域生态水文模拟、气候变化对区域农业和水资源影响评估方面的研究和教学参考书，供相关研究人员和高校师生阅读。

图书在版编目（CIP）数据

气候变化对北方农业区水文水资源的影响／莫兴国等著．—北京：科学出版社，2016.5

（气候变化对中国东部季风区陆地水循环与水资源安全的影响及适应对策）

"十三五"国家重点图书出版规划项目

ISBN 978-7-03-048096-5

Ⅰ.①气…　Ⅱ.①莫…　Ⅲ.①气候变化–影响–农业区–区域水文学–研究–中国②气候变化–影响–农业区–水资源–研究–中国　Ⅳ.①P344.2②TV211.1

中国版本图书馆 CIP 数据核字（2016）第 093750 号

责任编辑：李　敏　周　杰／责任校对：张凤琴
责任印制：肖　兴／封面设计：铭轩堂

科学出版社 出版

北京东黄城根北街 16 号
邮政编码：100717
http://www.sciencep.com

中国科学院印刷厂 印刷
科学出版社发行　各地新华书店经销

*

2016 年 5 月第 一 版　开本：787×1092　1/16
2016 年 5 月第一次印刷　印张：20 3/4　插页：2
字数：500 000

定价：168.00 元
（如有印装质量问题，我社负责调换）

《气候变化对中国东部季风区陆地水循环与水资源安全的影响及适应对策》丛书编委会

《气候变化对北方农业区水文水资源的影响》
撰写委员会

课题负责人 莫兴国

承 担 单 位 中国科学院地理科学与资源研究所

参 加 单 位 中国科学院东北地理与农业生态研究所

参 加 人 员 莫兴国 章光新 林忠辉 陈 东

        胡 实 刘苏峡 黄志刚 孟德娟

        卢洪健 李峰平 李夫星 王丝丝

序

　　中国北方传统的农业区水土资源开发强度大，社会经济快速发展，资源性缺水问题日趋严重。近三十年来，因气候变暖、降水减少、严重干旱事件频发、人类活动强度加大等因素，地表产流和河道径流减少，加剧了水资源供需矛盾。区域地表水过度利用，地下水局部超采严重，引发了一系列环境问题。气候变化背景下农业旱灾频发和成灾面积均呈上升趋势，对区域农业、生态和社会经济的可持续发展构成了巨大威胁。根据气候变化预测，未来北方地区气温升高，降水格局改变，干旱化趋势明显，农业生产的水资源保障和作物高产稳产均面临持续压力。开展气候变化对中国北方农业和生态脆弱区（华北平原、黄土高原和松嫩-三江平原）水资源影响的研究，有助于厘清区域水资源变化和农业生产的关系，提高应对气候变化的能力，为决策者提供科学依据。

　　华北平原和松嫩-三江平原是中国重要的商品粮生产基地，农业用水总量占总用水量的60%以上。华北平原目前广泛推行的小麦-玉米一年两熟制属于高耗水种植模式，作物总耗水量超过年降水量，需要大量灌溉水补充。随着社会经济发展，工业和生活需水不断挤压农业和生态环境用水，农业用水比例逐年下降，水资源的这种变化对区域农业生态与生产的影响是重大科研问题，水资源不足已成为华北农业稳定发展的限制性因素，区域水资源优化配置和高效利用研究能够为决策部门提供重要的科学依据。松嫩-三江平原是国家新世纪粮食增产工程计划的主要地区，两者水热天然条件均属一年一熟。与华北平原相比，松嫩-三江平原水资源较丰富，农业需水与其他部门的竞争态势相对缓和。随着气候变暖，东北地区水稻种植面积呈快速扩张态势，农业开发、湿地保护和社会经济之间的用水矛盾日益突出，需要深入研究环境保护、经济发展和水资源保障之间的协调关系。黄土高原是华北平原的生态屏障和重要的水、沙来源区，气候变化背景下，黄土高原地区干旱化更趋严重，加上广泛实施的水土保持措施，导致河川径流减少，影响了黄河下游平原区的可利用水资源量，因而黄土高原生态和水资源的演化休戚相关。

　　气候变化对中国北方地区农业水资源产生了怎样的影响？未来气候情景下，农业水资源和农业生产对气候变化与人类活动将如何响应？我们需要采取什么应对措施和策略？在科技部重点基础研究发展计划项目研究成果的基础上，该书作者结合多年的研究积累，采用"现状、未来、问题、适应"的框架，系统阐述了华北平原、松嫩-三江平原黄土高原气候要素及干旱的演变特征；从气候变化、生态与水文过程相互作用的视角，基于分布式生态水文动力学模型（VIP 模型等），集成遥感信息，模拟分析了农业、生态环境耗水和作物生产力的空间格局和变化趋势；利用气候变化的集合预报情景数据，预估了气候变化对北方地区流域水资源、作物用水和产量的可能影响；以水土资源平衡为原则，提出和评估了区域农业种植制度调整等适应措施对农业产量、水资源可持续利用的效益。该书的研究成果提升了气候变化对中国北方农业和生态脆弱区水循环和水资源影响机理、作用途径和未来变化趋势的科学认识，为进一步探索气候变化下区域农业发展、粮食安全的水资源保障策略提供依据。

该书是作者近年来辛勤工作的荟萃。其研究成果可为中国农业、水资源管理部门深入开展气候变化适应对策和制定适应措施提供科学参考。

中国科学院院士
2016 年 4 月

前　　言

　　农业是社会经济发展的基础，关系到国家粮食安全和社会稳定。粮食生产需要消耗大量的水土及其他资源，与社会生产生活其他门类存在着资源消耗竞争。以全球变暖为主要特征的气候变化以及不断增强的人类活动导致的环境变化，显著改变了全球生态系统尤其是农业生态系统的环境条件，加剧了水资源在社会生产各部门之间的竞争态势。例如，农业灌溉用水与区域可利用水资源之比由20世纪70~80年代的80%左右降到60%左右。究其原因，一方面是灌溉技术的进步导致灌溉水量的减少，另一方面是其他部门用水需求不断增加的压力所致。气候变化对农业和水资源的影响一直受到政府、社会和农业生产部门的特别关注。农业生产中如何减缓和适应气候变化，是全球变化领域首要关注的焦点问题。

　　华北和东北地区耕地资源集中，是国家重要的商品粮基地，对国家粮食安全具有举足轻重的作用。但因社会发展程度较高、人口分布密度大、干旱频发等自然社会因素，导致水资源供求矛盾不断加剧，生态环境问题突出。华北和东北地区自1950年以来气候明显趋暖，气温增幅高于全国平均水平，然而降水变化幅度不大，甚至稍有下降，气候暖干化趋势尤为突出，正在逐步改变区域农业种植结构、水资源配置格局和利用效率。气候变暖趋势对作物生产有有利的一面。例如，有效积温增加，改善了作物生长的气象条件。华北平原冬小麦种植北界将逐步向更高纬度推移，南部地区双季稻种植适宜区域也逐步扩大；在东北松嫩–三江平原，中晚熟水稻品种种植面积大幅扩张，显著提高了粮食产量。大气 CO_2 浓度升高的施肥效应，将促进作物光合作用，抑制蒸腾耗水，提高了水资源利用效率。气候波动和气候变暖对作物生长和粮食生产也有不利的一面。例如，温度升高缩短了作物生育期，增加植物器官的呼吸消耗，对作物产量形成和品质呈负面影响。温度和 CO_2 对作物生长的影响不具有累加效应，在不同温度区间可能是正向也可能是负向。大气 CO_2 浓度增加的肥效作用能否充分发挥，作物碳同化等生理过程对大气高 CO_2 浓度的气候适应过程仍需进一步研究。尤其在全球气候变暖的同时，极端天气气候事件（如高温热浪、大风冰雹、暴雨洪水和干旱等）的发生频率、强度也随之增加，作物生产将面临极端天气气候灾害增多的风险。例如，高温对作物的影响是非线性的，主要影响作物花期授粉、灌浆期高温催熟和加重水分胁迫，其临界点因作物类型、品种而异，超过临界点后的高温胁迫对作物的伤害是破坏性的，高温热浪出现概率的增加使得作物面临绝收的风险增大。研究结果表明，随着温度增幅的扩大，中国北方地区作物蒸散耗水呈上升趋势，作物生育期蒸散比降水增加的幅度高，更多的灌溉水量将用于满足作物需求。根据预测，2050年华北地区水稻–小麦轮作系统的需水量将增加8%~16%，小麦–玉米轮作系统将增加7%~10%，其中玉米和水稻的灌溉水量将大幅度增加。总而言之，在区域气候暖干化的变化趋势下，粮食和水资源安全的风险增加,将不可避免地恶化区域水资源利用的竞争态势,挑战当今流域水资源管理理论与方法。

气候变化对农业水资源的影响涉及多个方面,国际社会、各国政府管理部门、研究单位和农户等不同层面,都在探索、研究、尝试采用相关的应对策略和具体应对措施,以适应变化的环境。尽量减少极端气候的暴露度,降低作物产量灾损和水土资源低效利用的风险,提高农业生态系统应对气候变化的弹性,是农业适应气候变化的主要目标。气候变化对农业生产的影响和适应,涉及多层次、多尺度和多部门交叉。从国家层面,要制订系统性的行动纲领和路线图,积极主动面对气候变化的挑战,确保国家粮食安全和水资源安全。应对策略可着眼于短期、中期和长期三个时间尺度,研究设计无悔的适应性理论、方法和技术。从空间尺度上,要在田间、流域和区域等不同尺度,统筹水土气生资源,研究最优配置方案。在具体应对措施方面,研究机构和管理部门、生产部门要通力合作,构建系统性的措施体系。例如科研部门要着力于:①抗逆品种的选育(耐高温、耐干旱);②不同时间尺度的灾害性天气预报和预警,对可能出现的极端气候事件做出概率预测;③开展农业物理模型-经济模型-气候模型的耦合模拟预测,研究协调农户收益、水土资源利用、环境保护之间的不同适应方略。管理和技术服务部门要着力于:①协助农业生产者改变耕作方式和种植结构,提高农业技术管理水平,促进水、土、气、生资源的高效利用;②建立健全农业生产灾害的经济保障机制,如灾害保险等。全社会需要从不同层面、不同方向共同努力,积极应对全球变化新形势,实现社会可持续发展。

本书集成的研究成果主要是在科技部 973 计划项目"气候变化对中国东部季风区陆地水循环与水资源安全的影响及适应对策"的第四课题"气候变化对北方典型农业及生态脆弱区水资源的影响"(2010CB428404),国家自然科学基金项目"华北平原水分胁迫对作物需水和生产力的影响机理与模拟"(31171451)等项目的支持下取得的。针对如下科学问题:①未来气候变化下,华北平原和东北三江平原的降水、温度等变化的时空格局会是什么?②相应地水资源的时空格局将会如何变化?③干旱的发展趋势是什么?发生概率和强度有什么变化?④对粮食生产的影响有多大?⑤满足国家粮食战略工程的水资源需求有多大?项目组成员以华北黄淮海平原、东北松嫩-三江平原、黄土高原中部为主要研究区,通过野外调查和统计数据收集、田间和野外小流域生态水文试验、遥感信息反演、区域生态水文模型模拟等多种研究手段,对 1950 年以来黄淮海平原、松嫩-三江平原、黄土高原的水循环过程、水资源变化、干旱时空变化格局进行了模拟分析,预估了未来气候变化情景下研究区农作物需水、水资源、干旱强度和频率的变化。针对存在的问题,探讨了相应的适应对策和措施,以缓解华北、东北日益严重的水危机。具体内容涉及华北平原、松嫩三江平原和黄土高原地区气候水文变化特征,干旱的时空演变特征和未来变化趋势;区域生态水文过程及其对气候变化的响应模拟方法;气候变化对华北平原和松嫩-三江平原农业和水资源的影响;未来气候变化情景下区域农业产量、耗水量和灌溉需水量的变化;气候变化应对措施的评估等。

全书共分 7 章,第 1 章主要由莫兴国、章光新、陈东等人执笔;第 2 章由莫兴国、胡实、卢洪健执笔;第 3 章由莫兴国、胡实执笔;第 4 章由莫兴国、刘苏峡、胡实、王丝丝，孟德娟执笔；第5章第5.1节由陈东执笔，第5.2、5.3节由莫兴国、刘苏峡执笔；第6章第6.1、6.5和6.6节由章光新、李峰平、黄志刚执笔；第6.2、6.3和6.4节由莫兴国、孟德娟执笔；第7章第7.1节由莫兴国执笔，第7.2节由陈东、李夫星执笔；第8章第8.1~8.3节由林忠辉、胡实、莫兴国执笔，第8.4节由章光新执笔。全书由莫兴国、胡实、林忠辉统稿，王丝丝、谭丽萍、黄法融、王盛、丁文浩等人承担了部分文稿的翻译。

限于作者手能力和知识水平，书中难免存在不足之处，敬请广大读者批评指正。

著　者

2016年3月

目　　录

第1章　中国北方典型农业和生态脆弱区气候变化与气候情景

中国北方季风区受东亚和南亚季风的影响，冬季在西伯利亚和蒙古高压的控制下，盛行寒冷干燥的西北风；而夏季则受西太平洋副热带高压的控制，以南海季风为主，盛行西南风，高温、潮湿多雨。位于其中的华北平原、松嫩三江平原作为中国的粮食主产区，是国家粮食安全的保障；而黄土高原因水土流失严重、植被盖度低，是内陆干旱区向季风气候区的过渡带，其生态环境脆弱，对气候变化尤为敏感。黄土高原也是冬春季沙尘暴的主要来源，对华北平原生态和水资源安全影响深远。

在气候自然驱动力和人类活动（如土地利用变化、温室气体排放等）的共同作用下，近百年来全球气候发生了明显变化，主要表现为气温上升了0.74℃、极端天气气候事件（超级台风、强寒潮、特大暴雨、热浪、持续性干旱等）增加，严重威胁了人类社会赖以生存的生态系统结构与功能。政府间气候变化专门委员会（IPCC）第五次评估报告预测，21世纪末全球温度将上升0.3~4.8℃，温度每上升1℃，降水则增加1%。然而，气候变化在不同气候带上呈明显的空间分异性，很可能出现"湿的更湿，干的更干"的境况。为保障粮食、纤维和水资源等社会福祉，预测和评估气候变化对农业生态系统和区域水资源的影响变得尤为迫切，为此国际社会投入了大量的人力物力开展相关研究，取得了大量气候变化及其影响的新认识。以农业为例，研究表明，作物对极端温度的响应呈非线性关系，高温干旱将是未来气候变化下作物产量下降的主要因素。除此之外，温度上升，作物受到的热胁迫持续时间延长，也会影响谷物籽粒的灌浆效率，从而引起产量不稳定。尽管大气CO_2浓度增加具有肥效作用，FACE（free air CO_2 enrichment）实验显示，其肥效作用并不能完全抵消增温对作物产量的不利影响（Long et al.，2006）。根据预测，到2050年，中国玉米产量将增加2%，水稻产量没有明显变化，小麦产量将减少5%（Lobell，2007）。由于气候变化的空间分异性，特别需要甄别气候变化的区域响应特征，以便制订和采取切实有效的适应措施。中纬度地带气候变化最为明显，其中农业及生态脆弱区对气候变化尤为敏感，增加了农业生产的不稳定性，威胁区域粮食和生态安全。因此，深入了解华北、东北和黄土高原区域水循环与农业生态系统对气候变化的响应机制，正确预测和评估未来气候变化对区域水资源和农业生产的影响，有助于提出科学的气候变化适应对策与措施，减缓其不利影响，促进人与自然和谐关系的构建，实现区域社会和经济的可持续发展。

1.1　华北地区气候变化与情景

华北平原（黄淮海平原）位于112°48′E~122°45′E，31°14′N~40°25′N，包括河北、河

南、山东、安徽、江苏、北京及天津五省二市的大部分或部分地区，面积约为33万 km²，其中70%为农业用地。华北平原属于大陆性季风暖温带半湿润气候，四季分明，热量充足。年均气温为10~15℃，大于10℃的积温达3750~4500℃，降水呈现南部多而北部少、沿海多于平原中心、山前迎风坡多于雨影区的特点。雨热同季，有助于作物生长，农业生产潜力大。总体而言，华北平原以占全国8.15%的土地面积、26.57%的耕地面积和种植了占全国播种面积32.79%的农作物（其中，小麦面积占全国的58.81%，玉米面积占全国的35.87%），生产了占全国总产量35.35%的粮食（其中，小麦产量占全国的69.59%，玉米产量占全国的38.61%）。优越的自然地理和气候条件造就了华北平原作为中国主要粮仓的地位。然而，由于华北平原年降水量偏低，且分布不均，水资源量仅占全国的6.65%，使得该区农田亩①均占有水资源量成为全国最低的地区之一，从而在一定程度上限制了光热资源的充分利用。一年两熟种植制度的大面积推行，致使区域内水资源供需矛盾十分突出，供给不足的严重性居全国之首。

华北平原农业依赖灌溉，有效灌溉面积占全国的40.53%。由于生产条件的改善和人口压力的增加，华北平原作物种植制度普遍由"两年三熟制"改为"一年两熟制"，实灌面积从1980年1587.9万 hm²增加到2007年的2095.2万 hm²，农业用水占总用水量的60%以上。非农用水量也日益增加，加剧了华北平原缺水的严峻情势，尤其是河北南部平原、京津唐地区，缺水率分别达到25.2%和18.1%。根据水资源公报，黄淮海平原所有河流开发利用程度不仅超出国际上30%的生态警戒线，也超过国际上40%的高水资源压力指数（淮河71%、黄河下游80%、海河92%），地下水开发利用率高于80%（海河127.6%、黄河88.9%、淮河83.2%）。地下水超采量达1090.7亿 m³，其中浅层地下水超采量为557.6亿 m³，深层地下水超采量为533.1亿 m³，超采区面积达9.7万 km²。一些地区浅层与深层地下水水位不断下降，形成漏斗区，漏斗面积高达3.54万 km²。在农业、城市工业和乡镇企业发展的同时，河流污染状况十分严重，许多地方出现有河皆干、有水皆污的境况，严重威胁了华北地区农业和社会的可持续发展。

1.1.1 气候基本要素的变化

华北地区气候要素空间分异和年际波动明显。华北平原多年平均降水量为500~1100 mm，其空间分布特征主要表现为由东南向西北逐渐递增；降水的年际变异性明显，变异系数（C_v）位于0.18~0.30，其空间分布格局与降水基本相反，高值区主要分布于渤海湾以西的河北中北部、北京、天津和山东西北部的部分地区。年均温为8~15℃，呈现由北向南递减的趋势。温度年际变异（C_v）较小，大部分为0.03~0.07，其中北部略高于南部。总体而言，年降水量和温度较低的地区，其降水和温度年际波动性较大（图1-1）。

---

① 1亩≈666.67m²。

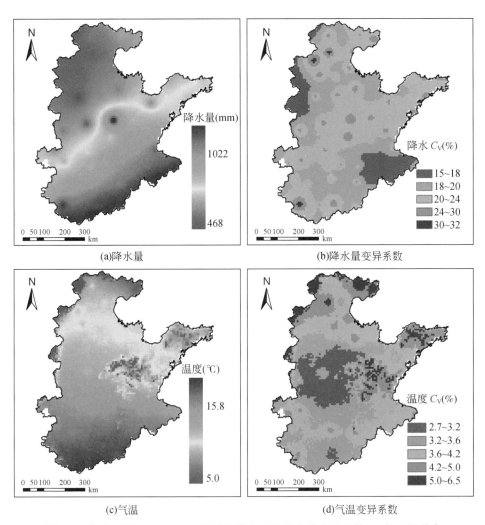

图 1-1 华北平原 1953～2012 年平均降水和温度及其变异系数 C_V 的空间分布

  1950 年以来，华北平原年降水量在大幅波动中呈微弱下降趋势，尤其是 1980 年以来，降水距平为负的年份较为频繁（图 1-2）。Mann-Kendll 检测表明，年降水量在过去 60 年（1950～2010 年）的下降趋势并不显著，而年代际之间多雨期向少雨期的转变十分明显（图 1-3）。年平均、最低和最高温度均呈现显著上升的趋势，约在 1990 年发生一次突变，形成一个持续至今的温暖期，尽管 2000 年之后温度上升趋缓。1980～2010 年平均温度比 1950～1980 年高 0.7℃。与温度变化趋势相反，年均日照时数和风速均呈显著下降的趋势，两者的年际波动较为相似，均通过了 Mann-Kendall 显著性检验（95% 的置信水平）。

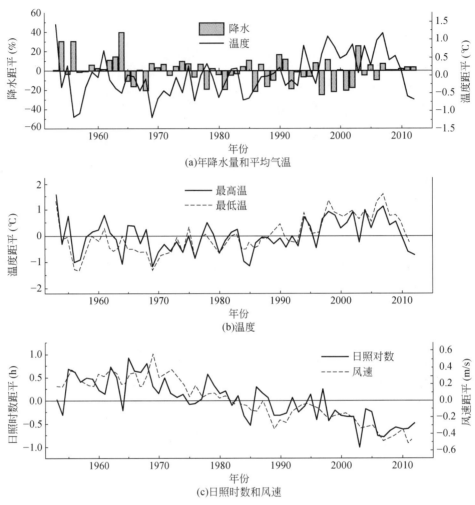

(a)年降水量和平均气温

(b)温度

(c)日照时数和风速

图 1-2　华北平原气候因子距平的变化趋势

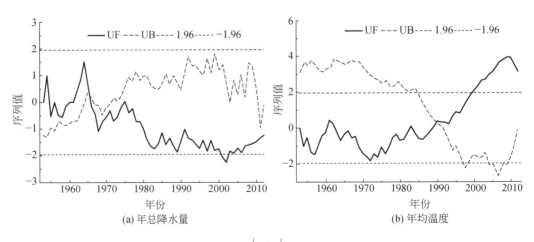

(a) 年总降水量

(b) 年均温度

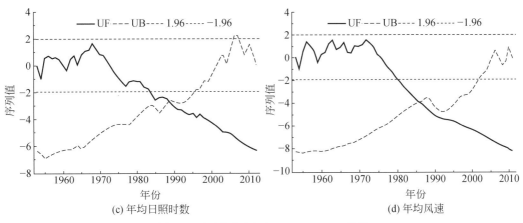

(c) 年均日照时数   (d) 年均风速

图 1-3 气候因子突变 Mann-Kendall 检测

UF，正序列曲线；UB，反序列曲线

降水量、温度、日照时数和风速有明显的季节特征，如图 1-4 所示。降水主要发生在 4～9 月，7 月达到最大，年际波动剧烈，尤其是 7～8 月。5～9 月的月均温在 20℃以上，

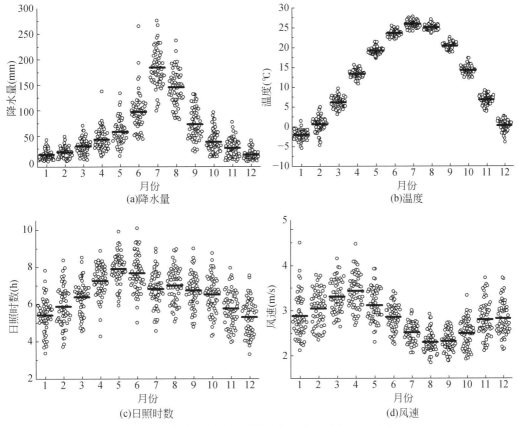

(a)降水量   (b)温度

(c)日照时数   (d)风速

图 1-4 华北平原气候因子的年内变化及年际间波动

横线表示均值

最大值出现在 7 月，除 2 月外，各月温度的年际波动较小。全年日照时数平均约为 8h，其峰值出现在 5 月，各月都呈现较强的年际波动。月平均风速经历由上升到下降再上升的季节变化，极大值出现在 4 月，极小值出现在 8 月。月平均风速年际变化较大，总体上冬季和春季的年际波动幅度高于夏季和秋季。

采用 Mann-Kendall 法对月尺度的降水量、温度、日照时数和风速的变化趋势进行检测（图 1-5），发现 1 月、4 月、7 月和 10 月的降水量呈减少趋势，5 月、6 月和 12 月的降水量呈增加趋势，所有月份的变化趋势均未达 95% 的显著性水平。除 8 月外，各月的温度均呈上升趋势，其中 6 月和 11 月未达到显著水平（95% 的置信水平）。除 4 月外，各月日照时数呈减少趋势，其中 6~8 月下降幅度最大（达 95% 置信水平）。风速呈现显著的下降趋势，所有月份均通过了 95% 的显著性水平检验。

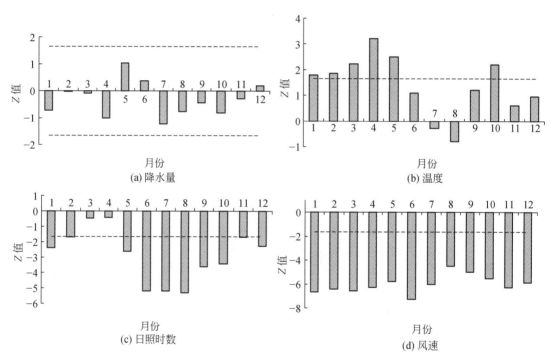

图 1-5　华北平原气候因子过去 60 年的 Mann-Kendall 趋势分析
虚线分别代表 95% 的显著性水平 Z 值，即 ±1.64

1950 年以来，中国及全球的太阳总辐射和直接辐射均呈下降趋势，但散射辐射在不同站点的变化趋势没有一致性，或呈上升趋势或呈下降趋势。黄淮海地区年辐射总量呈显著下降趋势 [$R^2 = 0.69$，趋势为 0.36 W/（$m^2 \cdot a$）]，而散射辐射呈显著上升趋势。

1.1.2　农业气象指标的变化

温度、降水、辐射是影响作物生长的主要气象要素，考虑到作物不同生长阶段对气象要素变化响应的差异，计算分析了 1950 年以来海河流域小麦和玉米作物生育期、营养生长期和生殖生长期的积温、降水量和日照时数等农业气象指标的变化，主要指标见表1-1。

表1-1 农业气象指标

指标	定义
小麦生育期积温/降水量/日照时数	每年10月下旬至次年6月上旬的累积温度（日均温>0℃时）/累积降水量/累积日照时数
小麦营养生长期积温/降水量/日照时数	每年10月下旬至次年5月上旬的累积温度（日均温>0℃时）/累积降水量/累积日照时数
小麦生殖生长期积温/降水量/日照时数	每年5月上旬至次年6月中旬的累积温度（日均温>0℃时）/累积降水量/累积日照时数
玉米生育期积温/降水量/日照时数	每年6月中旬至次年10月中旬的累积温度（日均温>10℃时）/累积降水量/累积日照时数
玉米营养生长期积温/降水量/日照时数	每年6月中旬至次年8月中旬的累积温度（日均温>10℃时）/累积降水量/累积日照时数
玉米生殖生长期积温/降水量/日照时数	每年8月中旬至次年10月中旬的累积温度（日均温>10℃时）/累积降水量/累积日照时数

1950年以来，海河流域冬小麦、夏玉米生育期内总积温呈显著上升的趋势（其中小麦生育期内90%的站点，玉米生育期内70%的站点通过了99%的显著性检验），增温幅度呈现显著的空间差异和季节变化，北部山区高于南部平原地区，冬、春两季积温显著高于夏、秋两季（图1-6）。冬季温度的显著上升使小麦营养生长期的积温上升幅度（7.2%/10a）显著高于其营养生长期（0.8%/10a），缩短了小麦越冬期的时间，使其返青期和抽穗期提前，延长了抽穗—灌浆—成熟的时间（生殖生长期）。夏玉米生育期积温的上升幅度（1.0%/10a）低于冬小麦（3.3%/10a），其中营养生长期积温的上升幅度（0.7%/10a）低于其生殖生长期（1.2%/10a）。

(a)冬小麦生育期积温变化

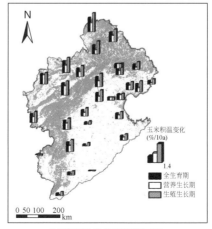

(b)夏玉米生育期积温变化

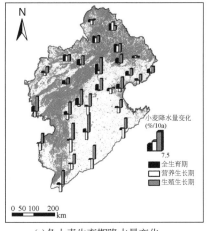
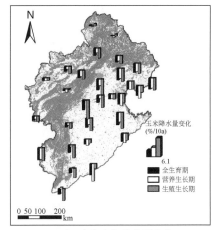

(c)冬小麦生育期降水量变化　　　　　　　(d)夏玉米生育期降水量变化

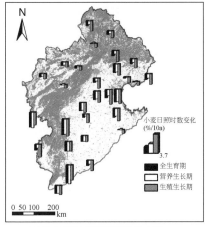
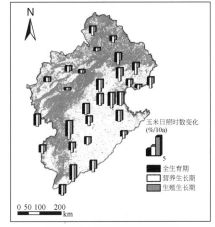

(e)冬小麦生育期日照时数变化　　　　　　(f)夏玉米生育期日照时数变化

图 1-6　海河流域农业气象指标变化趋势（图例中的数字表示该图中最大值的一半）

冬季温度的上升使冬小麦遭受冻害的风险降低，其适宜种植区也在逐年扩大，种植北界逐步向北扩张，如图 1-6（a）所示。20 世纪 60~80 年代冬小麦种植北界以 10km/10a 的速度缓慢北移，80 年代之后，北移速率加快，其中 80~90 年代北移 20km，90 年代至 2000 年之后北移 30km，50 年间小麦种植北界大约北移了 70km。杨晓光等（2010）的研究结果也显示，与 1951~1980 年相比，1980~2007 年河北冬小麦的种植北界平均向北移动 50km。

1950 年以来海河流域大部分站点小麦生育期的降水总量呈上升趋势（2.1%/10a），其中营养生长期呈下降趋势（2.5%/10a），生殖生长期呈上升趋势（9.1%/10a）。玉米生育期的降水总量呈下降趋势（4.2%/10a），营养生长期和生殖生长期每 10 年平均下降 3.2% 和 6.2%。区域内所有站点的降水变化趋势均未通过 99% 的显著性检验。

因天空云量增多和气溶胶浓度上升，华北地区日照时数呈显著下降趋势，北部山区的降幅低于南部平原地区。日照时数下降速率在小麦、玉米营养生长期和生殖生长期分别为 2.9%/10a、3.4%/10a 和 4.7%/10a、3.6%/10a。

1.1.3 气候变化情景下降水和温度变化

未来气候变化情景数据采用国家气候中心提供的 WCRP 耦合模式比较计划阶段 5 的多模式数据（CMIP5）。该数据产品利用简单平均方法，将参与 IPCC 第五次评估报告的21 个不同分辨率的全球气候系统模式的模拟结果进行多模式集合平均，制成一套包含 1901～2005 年和 2006～2100 年 3 种排放路径 RCP2.6、RCP4.5、RCP8.5 的月降水及地面月均温资料，并将其统一至空间分辨率为 1°×1°。其中，RCP2.6 情景为低排放情景，RCP4.5 情景为稳定排放情景，RCP8.5 情景为持续排放情景。

采用双线性法将 CMIP5 数据由空间分辨率 1°×1° 下延到 8km×8km，选取 1990～2000 年为基准年。未来气候变化情景下，华北地区（包括海河流域、淮河流域和黄河下游区）21 世纪 30 年代和 50 年代温度和降水变化率的空间分布如图 1-7 所示，区域平均变化值如表 1-2 所示。华北地区 2030～2059 年温度呈逐渐增加的趋势，虽然不同情景之间温度增幅存在空间差异，但均表现为由北向南逐渐降低的趋势，海河流域温度增幅高于淮河流域，其中滦河和海河北系温度增幅最大，淮河下游增温幅度最小。华北地区降水量呈现增加趋势，3 种情景下降水量增幅均表现为由北向南逐渐减少的趋势，海河流域降水量增幅高于淮河流域，其中海河北系降水量增幅最大，淮河下游降水量增幅最小。

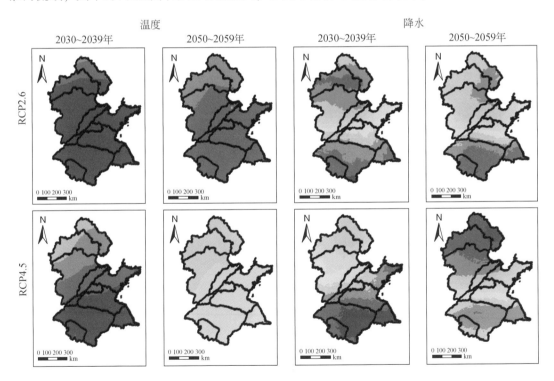

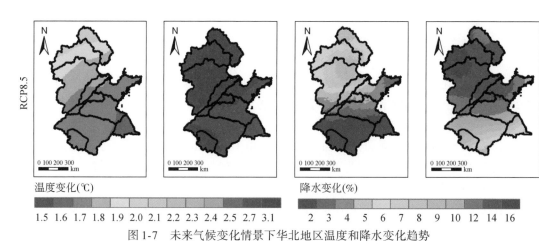

图 1-7　未来气候变化情景下华北地区温度和降水变化趋势

表 1-2　华北地区 21 世纪 30~50 年代温度和降水变化

情景	21 世纪 30 年代		21 世纪 50 年代	
	ΔT（℃）	Δpr（%）	ΔT（℃）	Δpr（%）
RCP2.6	1.4	7.0	1.6	6.5
RCP4.5	1.5	4.0	2.1	9.1
RCP8.5	1.7	3.0	2.8	12.1

注：ΔT 为温度增量，Δpr 为降水变率。

　　如图 1-8（a）和图 1-9（a）所示，区域平均降水量在 21 世纪 20 年代和 50 年代增幅

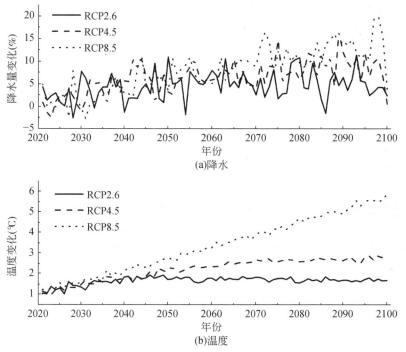

图 1-8　2021~2100 年华北地区降水和温度的年际变化（基准期：1961~1990 年）

较小，40 年代之后均超过 5%。RCP2.6 情景下降水量在 70 年代的增幅最大，之后增幅略减；RCP4.5 情景下降水量在 80 年代的增幅最大，但在 90 年代有所回落；RCP8.5 情景下的增幅一直处于增加趋势，在 90 年代达到峰值（15%），说明高排放强度下降水量增加幅度更大，且降水量在上升趋势中呈较强的年际波动。

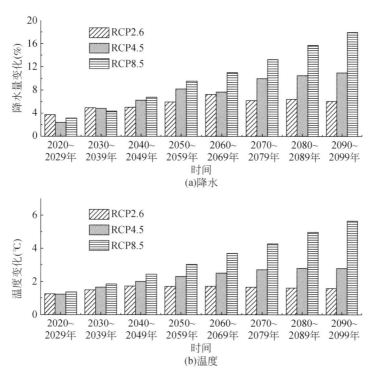

图 1-9　华北地区 21 世纪 20 ~ 90 年代降水和温度的代际变化（基准期：1961 ~ 1990 年）

如图 1-8（b）和图 1-9（b）所示，3 种情景下温度增幅差异明显，RCP2.6 情景下各年代际之间的增幅差异很小，平均增幅为 1.5℃；RCP4.5 情景下，温度增幅在 21 世纪 40 年代之前与 RCP2.6 基本相当，在 50 年代后超过 2.0℃，在 90 年代约达 2.8℃；RCP8.5 情景下温度增幅最大，在 50 年代达到 3.0℃，而在 90 年代则超过 5.0℃。各情景下温度增幅的年际波动不明显。

1.2　松花江地区气候变化与情景

松花江流域位于中国东北地区的北部（119°52′E ~ 132°31′E、41°42′N ~ 51°38′N），流域面积为 55.68 万 km²，海拔为 50 ~ 2700m（图 1-10）。松花江干流全长为 2309km，是黑龙江最大的支流，有南、北两源，南源为第二松花江，北源为嫩江。南源第二松花江发源于长白山主峰白头山天池，河源海拔为 2744m，全长为 795km，流域面积为 78 ~ 180km²，占松花江流域总面积的 14.3%。北源嫩江发源于黑龙江大兴安岭伊勒呼里山中段南侧的南瓮河，全长为 1379km，流域面积为 28.3 万 km²，占松花江总流域面积的

51.9%，流量占松花江干流的 31%。松花江流域属温带半湿润季风气候区，多年平均气温为 1 ~ 5℃、降水量为 560mm 左右。降水峰值出现在 7 ~ 9 月，2000 ~ 2010 年流域平均径流深为 78mm/a。流域土地利用/植被覆盖种类多样，林地、草地和农田分别占整个流域面积的 29%、20% 和 43%。

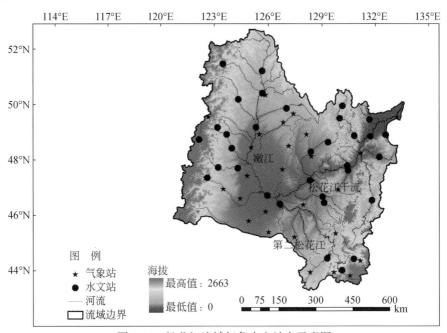

图 1-10　松花江流域气象水文站点示意图

1.2.1　气候基本要素变化

松花江流域属于暖温带气候区，气候要素在过去几十年呈现明显的变化趋势。松花江流域内 39 个气象站的数据分析表明，1960 ~ 2012 年流域平均太阳辐射、风速、年降水量分别以每 10 年 0.087 h/d, 0.182 m/s 及 8.3 mm/a 的速率下降，而温度和实际水汽压则每 10 年增加 0.431℃, 0.07 hPa。除降水量外，所有气象要素的变化趋势均通过了 95% 的显著性检验（F 检验）。对于各个站点而言，超过 80% 的站点降水量、风速减少，超过 50% 的站点日照时数减少。各个站点的温度均呈显著增加的趋势（95% 的显著性检验）。38 个站点的实际水汽压均呈增加趋势，其中超过 60% 的站点增加趋势显著（图 1-11 ~ 图 1-12）。

总体而言，流域年降水量在年代际上表现出减小——增大——减小的波动（表 1-3），20 世纪 70 ~ 80 年代增幅最大，达 18.8%，而 20 世纪 90 年代至 21 世纪最初 10 年的减小幅度最大，达 17.9%。年降水量的空间分异明显，总体特征是山丘区较大，而平原区较小，即东南部山区降水量可达 700 ~ 900 mm，而西部只有 400 mm；南部、中部稍大，东部次之，西部、北部最小。第二松花江流域年降水量为 638 ~ 700mm，嫩江流域年降水量为 400 ~ 500mm。

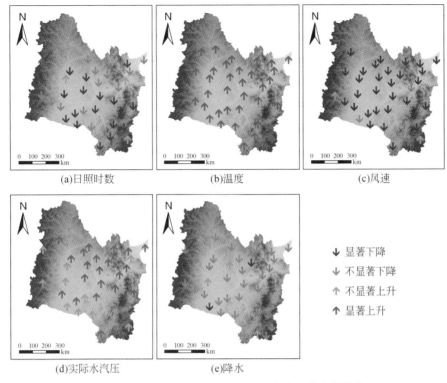

图 1-11   1960～2008 年松花江流域气象要素变化趋势

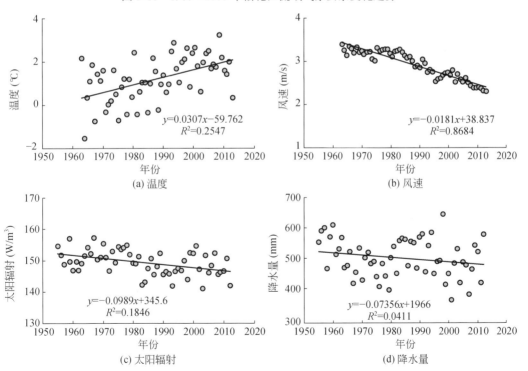

图 1-12   松花江区气候要素的年际变化

虽然年降水量呈现减少的趋势，但就各季节而言，夏、秋两季降水量呈减少趋势，冬春两季降水量呈增加趋势，且冬季降水量的变化除第二松花江通过了95%置信度检验外，松花江干流区、嫩江和松花江全流域均达到了99%的置信水平；春、夏、秋三季降水量变化不显著，只有第二松花江的秋季降水量通过了90%的置信度检验［图1-13（a）］。整体而言，松花江干流区夏季降水减小趋势最显著，第二松花江春季降水增加最显著，嫩江的冬季降水增加最显著。

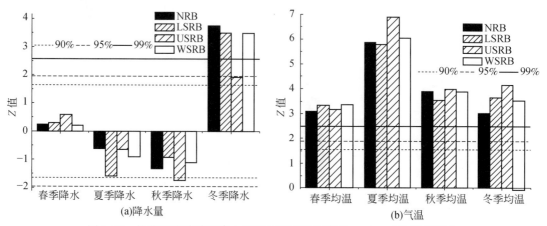

图 1-13　松花江流域季节降水量和季节平均气温 Mann-Kendall 趋势检验

NRB、LSRB、USRB 和 WSRB 分别代表嫩江流域、松花江干流区、第二松花江流域和松花江全流域

1960～2009年平均气温统计结果显示：流域年多年平均气温为3.48℃，其中2007年平均温度最高，为5.31℃，其次是1998年和2008年，分别为5.01℃和4.97℃，气温偏低的年份多数出现在1988年之前，1969年平均气温仅为1.45℃，为1960～2009年年气温最低值。流域气温总体上呈显著上升趋势，1988年发生了一次明显的跳跃，气温平均值由2.96℃上升到4.2℃，变化趋势检验见图1-13（b）。

从年代际变化看，平均温度在不同年代之间不断升高，20世纪80～90年代增幅最大。空间上，第二松花江的年平均温度最高，嫩江次之，松花江干流区年平均温度最低（表1-3）。年平均气温季节变化趋势的空间差异不大，各分区及全流域内各季气温均呈显著上升趋势，各季气温变化趋势均达到了99%的显著性水平，其中夏季增温最为显著［表1-3（b）］。

表 1-3　松花江流域降水、气温年代变化

流域	降水（mm）						气温（℃）					
	1960～1969年	1970～1979年	1980～1989年	1990～1999年	2000～2009年	ΔP	1960～1969年	1970～1979年	1980～1989年	1990～1999年	2000～2009年	ΔT
NRB	463.8	419.2	498.2	490.7	402.9	−60.9	2.48	2.69	3.00	3.92	4.02	1.54
LSRB	603.8	509.0	593.0	587.3	534.3	−69.5	2.26	2.52	2.88	3.72	3.80	1.54
USRB	686.1	638.4	699.4	674.7	643.4	−42.7	3.52	3.74	3.98	4.83	4.86	1.34
WSRB	584.6	522.2	596.9	584.2	526.9	−57.7	2.76	2.96	3.49	4.03	4.23	1.47

注：NRB、LSRB、USRB 和 WSRB 分别代表嫩江流域、松花江干流区、第二松花江流域和松花江全流域；ΔP 和 ΔT 分别代表 1960～1969 年与 2000～2009 年之间降水、气温的变化。

1.2.2　农业气候指标的变化

1.2.2.1　松嫩平原活动积温等值线北移

松嫩平原玉米和水稻的早、中、晚熟品种活动积温的主要区分界限分别是2700℃、2800℃和2900℃（表1-4）。积温变化或者积温等值线位移都直接影响着主要适宜种植品种的选择和作物种植布局的调整。

表1-4　松嫩平原主要粮食作物所需>10℃积温

作物	品种	所需>10℃积温（℃）
水稻	早熟	2200～2700
	中熟	2700～2800
	中、晚熟	2800～2950
玉米	早、中早熟	2200～2700
	中熟	2700～2800
	中晚熟	2800～2900
大豆	早、中、晚熟	>1700

根据松嫩平原20个气象站气温数据，计算年活动积温（>10℃），应用GIS软件进行Kriging插值，采用缓冲逼近法计算同一积温等值线在不同年代之间向北位移的距离（图1-14）。结果表明，松嫩平原增温显著，与20世纪60年代相比较，70年代的2900℃、2800℃和2700℃积温等值线分别北移了5.5km、16.5km和12.0km；80年代的2900℃、2800℃和2700℃积温等值线分别北移了1.5km、24.5km和12.5km；90年代的2900℃、2800℃和2700℃积温等值线分别北移了124.5km、96.5km和57.5km；21世纪首个10年的2900℃、2800℃和2700℃积温等值高线分别北移了246.5km、185.5km和164.5km。年代际等值线的变化显示，北部增温高于南部。20世纪70年代和80年代活动积温增加值较低且差异不大；随着气温的上升，90年代后活动积温迅速增加，2000～2009年，年活动积温增加了200℃·a。以20世纪70年代为基准，活动积温等温线北移距离呈线性增加趋势。2900℃等温线以3.83km/a的速率北移，2800℃等温线以2.67km/a的速率北移，2700℃等温线以2.55km/a的速率北移。

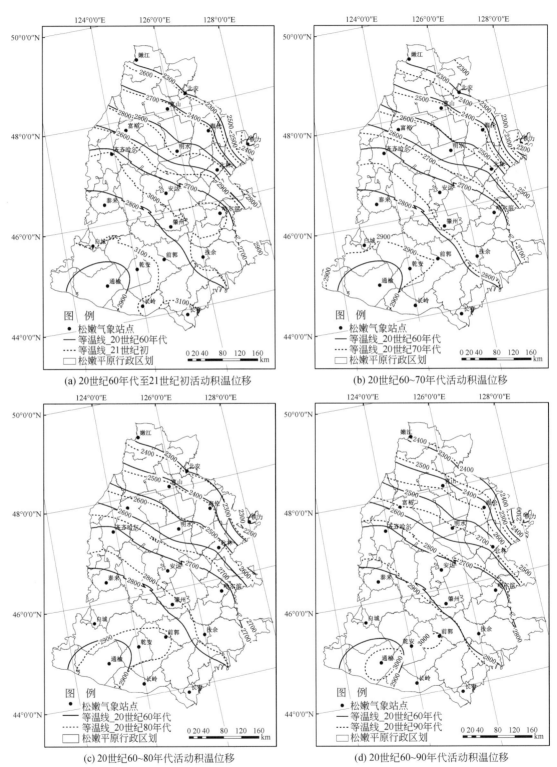

(a) 20世纪60年代至21世纪初活动积温位移

(b) 20世纪60~70年代活动积温位移

(c) 20世纪60~80年代活动积温位移

(d) 20世纪60~90年代活动积温位移

图 1-14　年代际活动积温等值线及差值

1.2.2.2 松嫩平原年代际水稻种植面积变化

根据 1975 年、1985 年、1995 年和 2005 年松嫩平原土地利用图，分别统计松嫩平原水田和旱地面积（图 1-15）。水田呈稳步线性增加的趋势，以 $0.547×10^4$ hm^2/a 的速率增长；旱地则表现出先减少后增加的趋势。

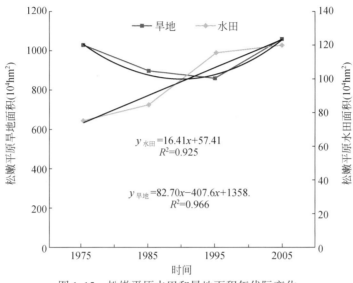

$$y_{水田}=16.41x+57.41 \quad R^2=0.925$$

$$y_{旱地}=82.70x-407.6x+1358. \quad R^2=0.966$$

图 1-15 松嫩平原水田和旱地面积年代际变化

与 1975 年相比，2005 年水稻种植北线几乎没有延伸，但是种植区域更广（图 1-16），主要是源于灌区的发展；1975 年松嫩平原水稻种植面积为 $75×10^4 hm^2$，而 2005 年水稻种植面积达到 $119.6×10^4 hm^2$，约净增加 $44×10^4 hm^2$。因此，就松嫩平原水稻种植区域与面积而言，主要是人为因素主导，气候变化对此影响较小。

1.2.3 气候变化情景下降水和温度变化

1.2.3.1 气候变化情景数据预处理

（1）气候变化情景介绍及模式的选择
利用全球气候模式（GCM）的情景预测结果，驱动流域水文模型是目前研究未来气候变化影响下水文与水资源响应的重要途径。本书选取国家气候中心公布的中国地区气候变化预估数据集 Version 3.0 中的区域气候模式预估数据作为未来气候变化情景数据。

（2）气候变化情景数据的校正
首先提取松花江流域内的格点数据，并进行插值处理，获取对应气象站点（图 1-17）不同气候情景的预测数据。
对历史时期数据的分析发现，气温的模拟结果较好，但降水模拟值较实际观测值偏高

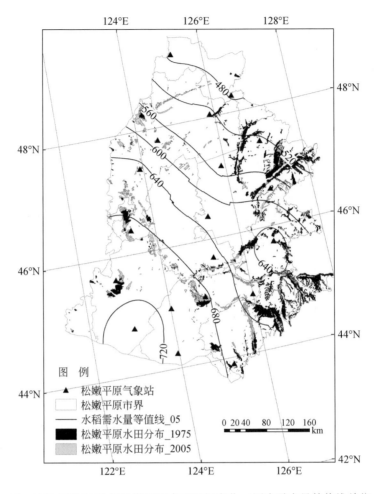

图 1-16　1975 年和 2005 年松嫩平原水田空间变化（图中需水量等值线单位 mm）

（图 1-18）。为了提高预测结果的精度，将 1961 ~ 2009 年 49 年系列作为分析对象，分别求出多年实测和模拟系列各月降水的平均值，通过同比缩放，拟合出校正后的模拟结果，然后通过确定校正系数对 2010 ~ 2049 年的气候数据进行校正。

由图 1-18 可以直观地看出，模式模拟的松花江流域年降水量远远高出实际年降水量，校正后的年降水量与实测降水量较为接近，且模拟值与实测值之间的偏差由校正前的 40% ~ 150% 减少到校正后的 -38.3% ~ 28.9%，多年平均误差由 67.2% 降低到 1.9%。因此，采用确定的校正系数对 RCP4.5 和 RCP8.5 情景下各个气象站点的降水数据进行校正。

1.2.3.2　未来气温变化特征

（1）未来气温变化幅度

基准期（1960 ~ 2009 年）内，嫩江流域、第二松花江和松花江干流区的多年平均气温分别为3.2℃、4.2℃和3.0℃，RCP4.5情景下，嫩江流域、第二松花江和松花江干流区2020~2049年平均气温的增加幅度为0.9~1.3℃。与基准期相比，RCP8.5情景下多年平均气温在嫩江和松花江干流区的增加更为显著，增加幅度为1.1~1.5℃。

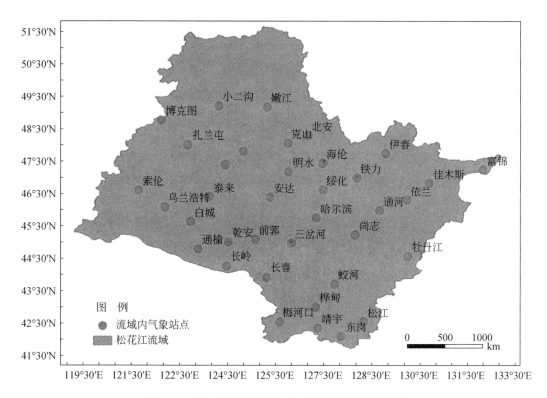

图 1-17　区域气候模式格点与松花江流域气象站点

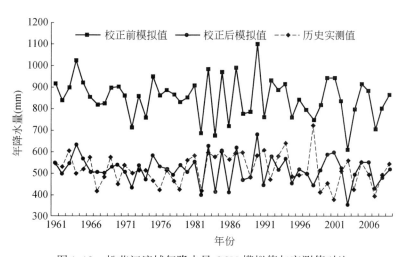

图 1-18　松花江流域年降水量 GCM 模拟值与实测值对比

2020～2049 年气温年内分布特征与基准期（1960～2009 年）相似（图 1-19）。各个

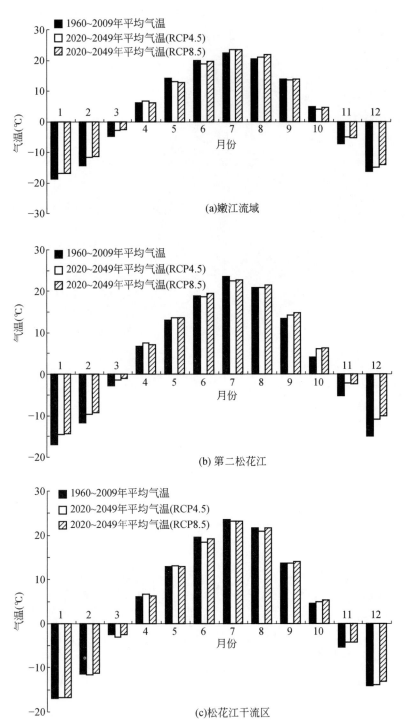

图 1-19　松花江流域主要支流月平均气温变化

月份内，不同情景表现出相似的特征。整体上，2020～2049各月多年平均值较基准期有所增加，冬季气温增幅更大，尤其是2月，平均气温增幅为2.5～4.0℃。未来气温在5月均有所减少，区域降幅为0.1～1.2℃；嫩江流域和干流区6月气温也减少，其中RCP4.5情景下最为显著，而第二松花江流域6月气温在两情景下分别上升0.2℃和1.1℃。冬季气温上升、夏季气温下降，在一定程度上降低了气温的年内差异。

（2）未来气温变化趋势

由2020～2049年年平均气温变化趋势（图1-20）可以看出，松花江流域年平均气温在2020～2049年呈显著增加的趋势。相对而言，RCP8.5情景预测的各流域年平均气温比RCP4.5情景要高，然而就整体变化趋势而言，RCP4.5情景下的气温在2020～2049年的增加速率更快。空间上，嫩江流域、第二松花江和松花江干流区年平均气温在2020～2049年分别以0.51℃/10a、0.37℃/10a和0.45℃/10a的趋势增加；而RCP8.5情景下，嫩江流域、第二松花江和松花江干流区年平均气温在2020～2049年将分别以0.30℃/10a、0.27℃/10a和0.27℃/10a的趋势增加（图1-20）。

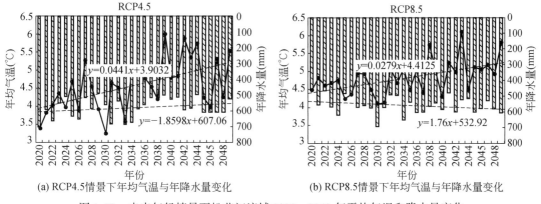

图1-20 未来气候情景下松花江流域2020～2049年平均气温和降水量变化

1.2.3.3 未来降水量变化特征

未来气候变化情景下，2020～2049年降水量年内分布特征与基准期（1960～2009年）相似（图1-21），但不同区域内降水量较基准期的变化有所区别。RCP4.5情景下，嫩江流域平均年降水量相对基准期有不到2%的减少，其中冬季有所增加，6～9月减少或有少量增加。第二松花江多年平均降水量由基准期的665.2mm增加到2020～2049年的728.6mm（增幅为9.5%），其中夏季增加5%～14%，10月、11月有微量的减少。松花江干流区2020～2049年多年平均降水量较基准期增加1.44%，降水量增加主要发生在冬季，6月、9月减少6%～10%。RCP8.5情景下，第二松花江在2020～2049年平均年降水量较基准期会有少量的增加，同时嫩江流域和松花江干流区降水量将有微量的减少（<2%）。从年内分布来看，不同情景下，各月的平均降水量变化有所区别。其中，6～8月降水量变幅最大。

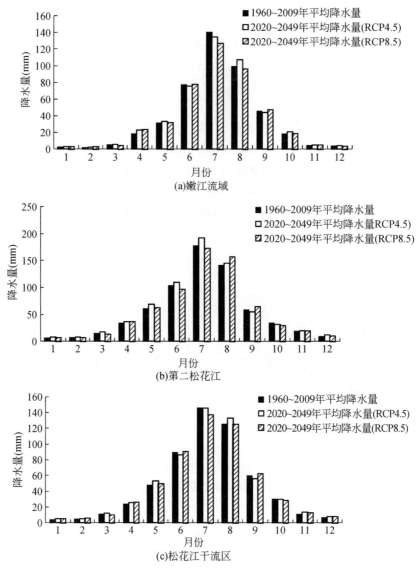

图 1-21　松花江流域主要支流月平均降水量变化

1.3　黄土高原气候变化与情景

　　黄土高原位于中国第二级阶梯边缘（图 1-22），是一个生态脆弱的缺水区域，流经该区域的黄河以不足全国 2%的水资源，供给着全国 12%人口的工农业用水。这个区域位于季风带边缘，环境脆弱，同时又承载着大量的水资源需求，研究气候波动对其水文水资源和生态影响的意义极为重要。

　　从气候类型上看，黄土高原处于干旱向湿润转变的过渡区，即东部为温带季风气候区，西部深入陆地内部，为大陆性气候区。从降水、气温和蒸发量几个要素来看，它们在

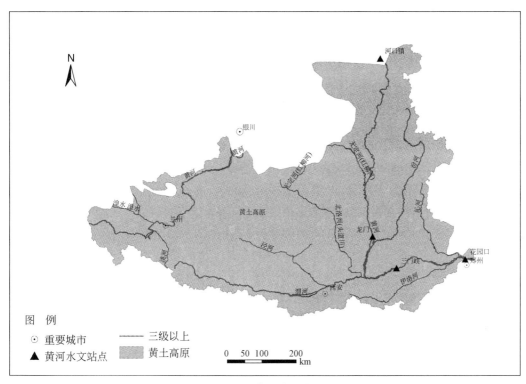

图 1-22 黄土高原水系

黄土高原具有清晰的空间分布，多年平均降水量的地理分布格局是南多北少，东多西少，由东南向西北递减。此外，受地形影响，山区的年降水量明显高于周围海拔较低的地区。例如，华山具有超过 800mm 的最高降水量，而西部少雨区的雨量不足 200mm（李振朝等，2008）。除了空间上的差异，降水的季节性也十分明显，主要集中在夏季，冬季降水少，秋季多于春季，降水形式以暴雨为主。总体上，夏季（6～8 月）降水最多，占年降水的 54.8%，年降水少的地方夏季降水所占的比例高达 55%～60%，而年降水多的地方，夏季降水占 45% 左右（王毅荣等，2001）。近几十年来，黄土高原雨量带显现出年代际演变特征，等雨量线总体上南移，20 世纪 90 年代较 60 年代南移约 1.8 个纬度，高原东部地区最为突出，除关中平原外，高原基本蜕变为半干旱气候区。降水响应敏感区在黄土高原腹地，降水区域响应以一致的涝或旱为主；高原东北部是干旱年降水响应最敏感的地区，也是干旱最突出的地方；高原北部是湿润年降水响应最敏感的地区，也是降水偏多最突出的地方。近几十年来，降水带的南移，使得黄土高原内的降水量减少，这是径流量下降的一个重要原因（王毅荣等，2001）。

黄土高原多年平均气温为 0～13℃，总的地理分布特点是南高北低，东高西低，由东南向西北递减。黄土高原年平均气温分布明显受到海拔和地形的影响，乌鞘岭、五台山和华山都是闭合的冷中心，年平均气温远低于周围其他站点。随着全球气温的变化，蒸发量也随着变化。黄土高原降水量的 81.4% 以蒸发的形式流失，而产生径流的降水量仅为 18.6%（刘昌明和郑红星，2008）；潜在蒸发量的空间分布是从西北向东南逐渐减小，西北最大值超过 1200mm，东南最小不足 800mm（王菱和倪建华，1988）。

在下面的章节中，先介绍中国东亚夏季风和西太平洋副热带高压的多年变化情况，然后探讨在这些气候要素变化背景下黄河流域（包括黄土高原区）水文参数的时空变化规律。

1.3.1 气候基本要素变化

1.3.1.1 东亚夏季风的变化情况

中国所处的亚洲是世界上最大的大陆，它的南面和东面都是大海，海陆热力特性的差异形成了世界上最明显的季风区。黄土高原大部分区域的降水分布及雨带的停留明显受到东亚夏季风的影响。图 1-23 显示的是东亚夏季风指数（郭其蕴指数）1873～2013 年的变化情况。从图 1-23 中可以看出，东亚夏季风强度的变化具有周期规律。图 1-23 标注了夏季风 40 年一遇的高值点。根据东亚夏季风指数小波频谱分析得知，东亚夏季风具有一个突出的 80 年变化周期，同时还存在一个明显的 40 年变化周期。20 世纪 10～60 年代，东亚夏季风处于强盛时期，并在 60 年代初左右，东亚夏季风 80 年和 40 年周期变化中的强季风阶段相重合。受强夏季风影响，中国北方地区在此时期降水普遍较多（张庆云，1999）。在 60 年代中期以后夏季风强度开始有明显的减弱趋势，一直持续到 20 世纪末。在进入 21 世纪后，东亚夏季风进入 40 年周期的强季风阶段，但是仍处于 80 年周期的弱季风期，因此夏季风强度增加不明显。根据东亚夏季风 80 年和 40 年周期性变化，两个周期的强季风阶段又会在 21 世纪 40 年代左右重合，并会相应地为中国北方地区带来大量降水。

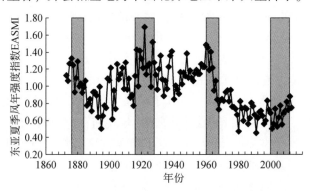

图 1-23   1873～2013 年 6～8 月东亚夏季风强度指数变化情况（郭其蕴，2004）

1.3.1.2 西太平洋副热带高压的变化情况

除东亚夏季风外，西太平洋副热带高压（简称：西太副高）是影响中国夏季降水或径流的另一个重要因子。国家气候中心提供的描述西太平洋副热带高压活动的指标因子主要有 3 个, 分别是副高强度、西界和北界, 它们各自反映副热带高压的强度变化、副高脊点西伸和北进的位置。图 1-24 是 3 个指标多年变化的情况。慕巧珍等（2001）研究发现, 副高强度具有显著的 40 年周期, 西界为 16 年, 而北界则具有显著的 3.1 年、4.7 年和 40 年周期变化, 从而说明副高指数变化以低频振荡为主; 副高指数之间在低频振荡部分具有较高的相关性, 如副高强度增强, 则副高西界西伸; 若副高北界南缩, 副高强度减弱。

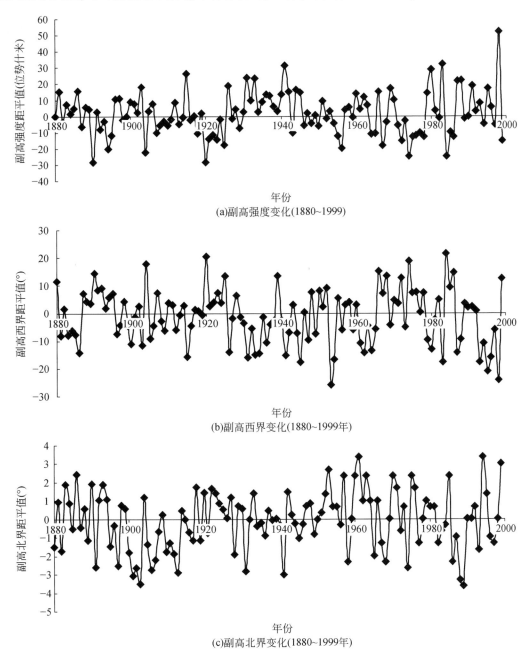

(a)副高强度变化(1880~1999)

(b)副高西界变化(1880~1999年)

(c)副高北界变化(1880~1999年)

图 1-24　西太平洋副高强度、西界及北界的变化情况（慕巧珍等, 2001）

西太平洋副高本身为中国季风系统的重要成员之一，但是除了副高北界之外，副高强度及东西位置与夏季风指数的相关性很小，其变化与夏季风活动有相当大的独立性（郭其蕴，2004）。研究分析表明，夏季风的强弱对中国夏季降水格局起主导作用，而西太副高变化的影响次之。慕巧珍等（2001）发现，中国夏季降水低频振荡与副高北界具有较高的相关性，即副高北界北跳幅度越大，降水越多；高频振荡则与副高强度相关性较强，即副高强度越强，降水越多。

1.3.2 气候变化情景下水文参数的变化

从降水、气温和蒸发量几个要素来看，它们在黄土高原具有清晰的空间分布。多年平均年降水量呈南现多北少，东多西少，由东南向西北递减的趋势。降水具有显著的季节性变化，夏季（6～8月）最多，以暴雨为主。冬季降水少，秋季多于春季。黄土高原多年平均气温为0～13℃，呈南高北低，东高西低，由东南向西北递减的趋势。蒸发量的空间分布具有从西北向东南逐渐减小的特点。以下讨论整个黄河流域（包括黄土高原区）水文参数的时空变化特征，其中降水、气温为实测数据，径流、蒸发量及土壤湿度为VIC模型模拟结果。径流数据为地表径流与基流之和，土壤湿度为土壤3层含水量总和，各要素均为6～9月夏季每3h时间尺度数据累加。

1.3.2.1 水文参数的时间变化特征

1952～2011年，黄河流域夏季降水量［图1-25（a）］整体呈下降趋势，20世纪50～60年代降水量先有短暂上升，随后进入减少期。20世纪70年代末到80年代中期又呈现一定增长，并在80年代中期发生突变［图1-25（b）］，降水开始显著减少，并持续至2011年。其中，黄河流域90年代降水减少最为明显，相比多年均值减少幅度达7.75%。进入21世纪以后，减少幅度有所减缓，相比多年均值减少了2.91%。

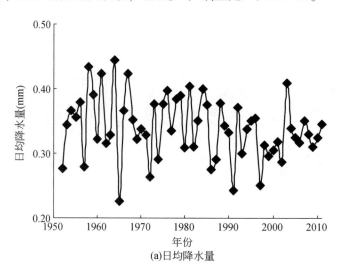

(a)日均降水量

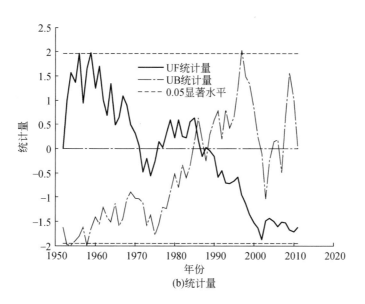

(b)统计量

图 1-25 黄河流域 6~9 月降水趋势及突变情况

黄河流域夏季气温 [图 1-26（a）] 与其他气象水文要素的多年变化情况相反，整体呈升高的趋势。在 20 世纪 80 年代之前气温起伏变化不大，80 年代中期以后气温升高较为明显，有逐年升高的趋势。90 年代中期气温发生了突变 [图 1-26（b）]，并且在2000 年以后升温更加显著，区域平均气温增幅相比多年均值增加了 4.12%，并一直持续至 2010 年。

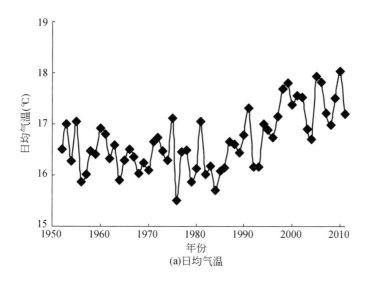

(a)日均气温

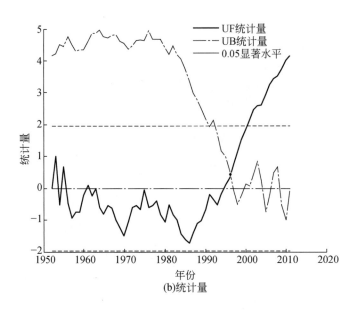

图1-26　黄河流域6~9月气温趋势及突变情况

　　黄河流域夏季蒸发量［图1-27（a）］在20世纪70年代之前稍有增长外，随后一直到90年代中期变化都不大。但是，在90年代中期发生突变以后［图1-27（b）］，蒸发量开始有明显的下降趋势，尤其是进入21世纪以后，蒸发量比多年均值减少了3.4%。蒸发量通常受气温和风速的影响较大，从图1-26（b）和图1-27（b）的对比中可以看出，两者突变时间较为一致。

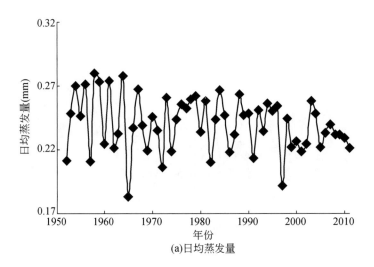

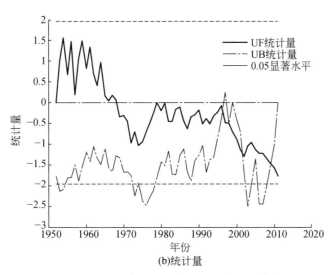

(b)统计量

图 1-27　黄河流域 6~9 月蒸发量趋势及突变情况

黄河流域夏季 0~20cm 土壤储水量 ［图 1-28（a）］ 在 20 世纪 90 年代之前变化不大，但在 90 年代初发生突变以后 ［图 1-28（b）］，土壤储水量开始减小，尤其是在 2000 年以后减小趋势较为显著，90 年代均值比多年平均值减少了 1.81%，但是 2000 年以后减少更大，达到了 2.83%。与降水量变化情况相比可以看出，土壤储水量多年变化与降水关系较为密切。从图 1-28（b）和图 1-25（a）的对比中可以看出，黄河流域夏季土壤储水量突变时间要比降水突变要滞后 2~3 年。

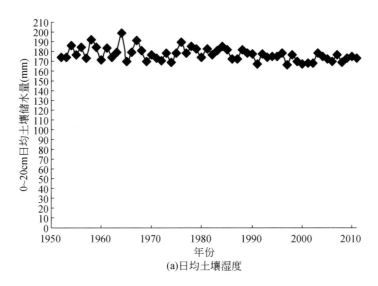

(a)日均土壤湿度

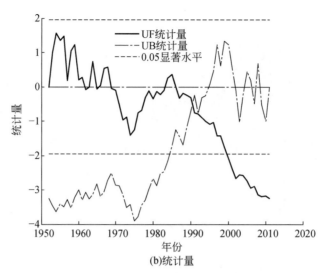

(b)统计量

图1-28　黄河流域0~20cm土壤储水量趋势及突变情况

径流量与降水、气温、土壤储水量及蒸发的关系密切，其中降水的影响最大，从图1-29（b）与图1-25（b）的对比中可以看出，黄河流域径流量多年变化情况及突变时期与降水量基本一致，但是径流量的变幅远远大于降水量的变幅。在20世纪70年代之前黄河流域年均径流量呈增长趋势，在80年代中期发生突变以后进入减少期［图1-29（b）］，90年代径流量比多年平均值减少了14.69%。在进入21世纪以后，黄河流域年均径流量继续呈显著减少的趋势，相比多年平均值减少了11.23%。

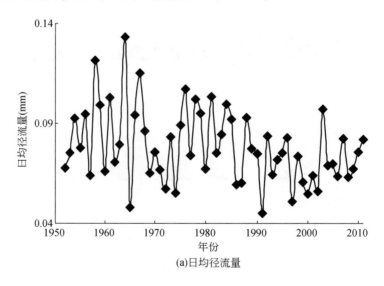

(a)日均径流量

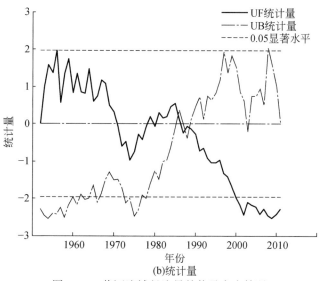

(b)统计量

图 1-29 黄河流域径流量趋势及突变情况

1.3.2.2 水文参数变化趋势的空间分布特征

采用非参数检验的方法（Mann-Kendall 检验）来检验黄河流域各水文气象要素的时空变化情况。

图 1-30 为水文参数 Mann-Kendall 趋势检验 τ 值的空间分布图。1952 ~ 2011 年，黄河流域大部分地区夏季降水呈减少的趋势，河口到龙门区间的集水区均通过了 99% 的置信度检验，其中山西西部、陕西北部、宁夏南部及甘肃东南部地区降水减少的趋势最为明显，而在大通河流域、龙羊峡和唐乃亥河段降水则呈增加趋势。

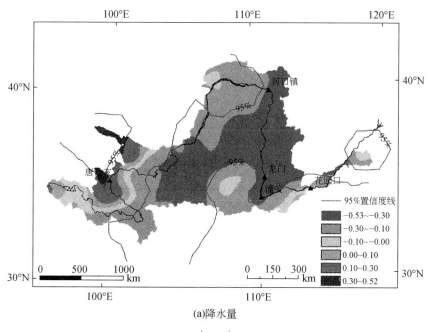

(a)降水量

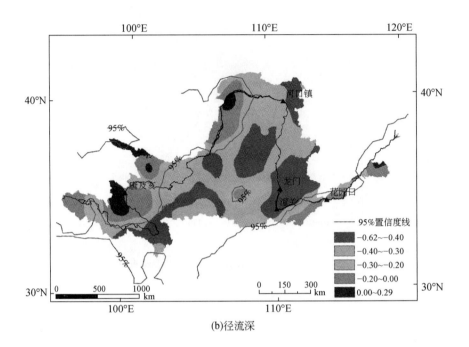

(b)径流深

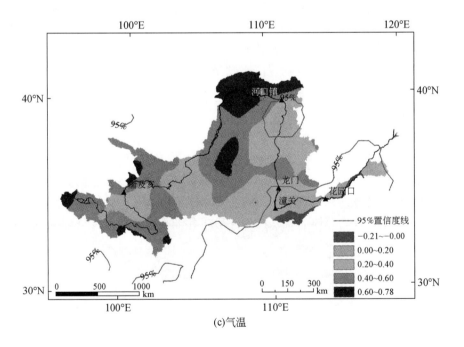

(c)气温

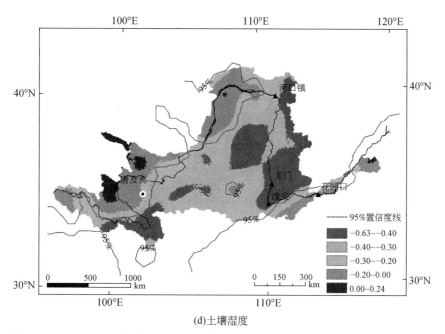

(d)土壤湿度

图 1-30　1952~2011 年黄河流域水文参数 Mann-Kendall 趋势检验 τ 值的空间分布

黄河流域气温整体呈上升的趋势，其中绝大部分地区通过了 95% 的置信度检验；气温升高最为明显的区域位于宁蒙河段、鄂尔多斯内流区，以及黄河源区，只有下游河南境内部分地区气温略有下降，但未通过 95% 的置信度检验。

黄河流域年均土壤湿度整体呈下降趋势，其中河口到三门峡流域及内流区减少趋势较为显著。而大通河流域及唐乃亥站点河段有少量增长趋势，但不显著。与降水变化情况相比可以看出，两者在黄河流域的空间差异性较为相似。

黄河流域蒸发量由西往东整体呈减少的趋势，其中黄河中游的吴堡到三门峡河段及渭河流域减少趋势显著，而黄河源区及大通河流域的部分区域呈增加趋势，但是集水区范围较小，且大部分区域没能通过 95% 的置信度检验。

1952~2011 年，黄河流域年均径流量除大通河流域、唐乃亥及巴彦高勒站等少量区域外，绝大部分呈减少趋势，尤其是黄河流域腹地及中游集水区减少显著，其变化趋势基本与降水量空间分布相一致。总体而言，1952~2011 年东亚夏季风强度逐渐减弱造成进入中国北方地区的水汽逐年减少，这是黄河流域年降水量和径流量减少的主要原因。

第2章 中国北方地区干旱强度及频率的演变和趋势

干旱是一种环境灾害，通常指持续的、较长时段的降水量低于多年平均值的现象。它的发生与季节或年际降水的减少密切相关。高温、大风、低湿、降水季节的分布和强度等都对干旱的发生起重要作用。干旱通常分为4类，即气象干旱、水文干旱、农业干旱和社会-经济干旱。直接伴随干旱事件的是水量供应减少、河流水质恶化、作物和草场产量下降等，通常造成严重的社会经济损失。由于干旱事件发展缓慢，持续时间长，且其后效可达数年，往往难以预测和评估。由干旱引起的旱灾（drought）是一种暂时的异常状态，与长期少雨的干旱气候不是一回事。从灾害的烈度、持续时间、范围、生命和经济损失、长期影响、突发性和伴生灾害等综合而言，旱灾位居自然灾害（热带风暴、洪水、地震和火山）之首。

气候变化被公认为是21世纪地球的主要威胁之一。IPCC报告指出，20世纪全球变暖经历了两个阶段，20世纪10~40年代全球平均气温上升了0.35℃，70年代以后至2010年，气温上升了0.55℃。气温上升加速了全球水循环，改变了全球平均降水、蒸发和径流。在局部区域，持续性干旱及极端干旱事件的强度、幅度和频率也呈上升趋势，不可避免地影响了全球水资源和粮食安全。

2.1 干旱指数及其计算方法

干旱指数是干旱检测、监测和影响评估不可或缺的基础工具。WMO（1975）定义干旱指数为"与长期累积效果和异常水分短缺相关的指数"。一般而言，干旱指数应包含明确的物理机制，应充分考虑影响水分亏缺的各类相关因素。可以表征大尺度时空范围的干旱级别包括干旱的强度、范围和起止时间。针对不同的干旱分类标准，研究人员提出的干旱指数众多，与气象、水文、生态直接相关的主要干旱指数有Palmer干旱烈度指数（PDSI）、标准化降水指数（SPI）、基于遥感的植被状态指数（VCI）和归一化差值水分指数（NDWI），下面简要介绍几个指数的计算方法。

2.1.1 Palmer干旱烈度指数

Palmer（1965）为了量化地表水分收支的累积亏缺，将水文收支系统中历史和当前的水分供给（降水）与需求（由Thornthwaite蒸散计算方法确定）进行整合，以月降水量和温度作为气候输入，将土壤分为两层，采用水桶模型模拟水分收支；考虑了多年平均月尺度水分交换，以便确定特定月份降水偏离常年均值的情况，依此发展出广泛使用的 Palmer 干旱烈度指数（palmer drought severity index，PDSI）。同时，采用"气候适宜条件"对计算结果进行标准化，使得该指数在空间和时间上具有较好的可比性（Heim，2002）。

PDSI 指数的计算主要分为以下 3 步。

（1）PDSI 旱度模式 Z 指数的计算

PDSI 指数计算时将土壤分为上下两层，上层（0~20 cm）为耕种层，下层（20~100 cm）为蓄水层（"根部区"）。依水分平衡原则，假设当月潜在蒸散 PE 大于降水 P 时，土壤将按潜在蒸散速率先从上层失水；而当月降水大于潜在蒸散时，将优先补给上层，上层饱和后才补给下层，只有当两土壤层达到饱和时才产生径流。然后，通过计算土壤水分平衡各分量及上下两层间的交换，求出气候适宜降水量 $\hat{P}$：

$$\hat{P} = \hat{E}_{\mathrm{T}} + \hat{R} + \hat{R}_0 - \hat{L} \tag{2-1}$$

式中，$\hat{E}_{\mathrm{T}}$、$\hat{R}$、$\hat{R}_0$、$\hat{L}$ 分别为气候适宜蒸散量、补水量、径流量和失水量，可依据逐月历史资料和式（2-2）计算得到。

$$\begin{cases} \hat{E}_{\mathrm{T}} = \alpha \mathrm{PE}; \quad \alpha = \overline{E_{\mathrm{T}}} / \overline{\mathrm{PE}} \\ \hat{R} = \beta \mathrm{PR}; \quad \beta = \overline{R} / \overline{\mathrm{PR}} \\ \hat{R}_0 = \gamma \mathrm{PR}_0; \quad \gamma = \overline{R_0} / \overline{\mathrm{PR}_0} \\ \hat{L} = \delta \mathrm{PL}; \quad \delta = \overline{L} / \overline{\mathrm{PL}} \end{cases} \tag{2-2}$$

式中，α、β、γ 和 δ 分别为各月的蒸散系数、补水系数、径流系数和失水系数；E_{T}、R、R_0 和 L 分别为实际蒸散量、补水量、径流量和失水量；PE、PR、PR_0 和 PL 分别为潜在蒸散量、补水量、径流量和失水量。各字母上面的横线代表多年平均。其中，潜在蒸散量采用桑斯维特方法计算，其他各量则遵循一定的规则和假设，根据水量平衡原理计算，具体参见 Palmer（1965）的论述。

根据各月实际降水量 P 与气候适宜降水量的差值 $d = P - \hat{P}$、气候特征系数 K，得到表征水分盈亏程度的水分距平指数（Palmer Z-index）$Z_i = K_i d_i$（d_i 为 12 个月的平均值）。

（2）气候特征系数 K 的计算

$$K_i = \left(\frac{17.26}{\sum_{i=1}^{12} \overline{DK_i'}} \right) K_i' \tag{2-3}$$

$$K_i' = 1.5 \times \lg \left[\frac{\dfrac{\overline{\mathrm{PE}_i} + \overline{R_i} + \overline{R_{0i}}}{\overline{P_i} + \overline{L_i}} + 2.8}{\overline{D_i}} \right] + 0.5$$

式中，K_i 为各月的气候特征系数；$\overline{D}$ 为 d 的绝对平均值。

（3）Palmer 干旱烈度指数的建立

计算不同持续期的最旱时段的水分距平指数累计值（$\sum Z$），划分干旱等级，确定干旱等级（X）与水分距平指数和持续时间的关系，拟合 Palmer 干旱烈度指数如下：

$$X_i = Z_i/a + bX_{i-1} \tag{2-4}$$

式中，X_i 为当月的 PDSI 指数；X_{i-1} 为前一个月的 PDSI 指数；Z_i 为当月水分异常指数；a，b 为持续因子，根据不同地区的气象数据修订获取。安顺清（1986）利用中国地区的历史资料，确定适合中国地区的持续因子为 $a = 57.136$，$b = 0.805$.

PDSI 指数分类等级见表 2-1。

表 2-1　PDSI 指数和 sc_ PDSI 指数干湿等级分类

指数值（X）	等级	指数值（X）	等级
≥ 4.00	极端湿润	−0.99 ~ −0.50	初始干旱
3.00 ~ 3.99	严重湿润	−1.99 ~ −1.00	轻微干旱
2.00 ~ 2.99	中等湿润	−2.99 ~ −2.00	中等干旱
1.00 ~ 1.99	轻微湿润	−3.99 ~ −3.00	严重干旱
0.50 ~ 0.99	初始湿润	≤ −4.00	极端干旱
−0.49 ~ 0.49	正常		

不少学者对 PDSI 指数的准确性存有争议，认为 PDSI 指数算法的一些前提条件较难满足，主要包括：①假设所有的水分来自降水，因此可能对冬季和高海拔地区的干旱状况描述不准确；②假设只有当所有土壤层达到饱和后才形成径流，那么会导致对径流的低估；③把所有的降水当成可立即利用的水分，没有考虑植被和冻土对蒸发的调控。然而，通过 PDSI 指数对降水和温度敏感性的分析表明，冷季 PDSI 指数的变化由降水距平的趋势所主导，但在暖季温度对 PDSI 指数的影响明显增强，当温度和降水距平的变化幅度相似时，PDSI 指数受两者的影响几乎是等量的。一般情况下，温度的影响（通过 PE 的变化）可以解释 PDSI 指数变化的 10% ~ 30%（Hu and Willson，2000），因此 PDSI 指数能较好地表示过去已经发生和未来可能发生的全球变暖对干旱的影响（Dai et al.，2004；Burke et al.，2006）。鉴于 PDSI 指数空间可比性较弱的特点，Wells 等（2004）提出了自适应 sc-PDSI 指数，即把 PDSI 指数计算中由经验导出的持续因子和气候权重因子，根据当地气候特征，通过动态的方法自动校正，分别得到干燥和湿润过程的持续因子和气候权重因子。sc-PDSI 指数加强了干旱指数与当地气候特征的关联，对于干燥和湿润过程有不同的敏感性，也提高了 PDSI 指数在空间上的可比性。

2.1.2　标准化降水指数（SPI）和降水–蒸发指数（SPEI）

标准化降水指数（standardized precipitation index，SPI）是将长时间降水系列拟合成概率分布，经变换后成为正态分布，从而得到研究区一定时期内，平均值为 0、方差为 1 的干旱指数系列（McKee et al.，1993；Edwards and McKee，1997）。SPI 指数的优势是时间尺度可变、计算简洁和空间可比性强。然而，需要注意的是，降水记录长度对 SPI 指数的计算过程有很大影响。Wu 等（2005）通过检测由不同降水记录长度所得的 SPI 值之间的相关系数和干/湿事件分类的一致性发现，如果不同时间周期的 Gamma 分布类似，那么由不同降水记录长度所计算的 SPI 指数结果是相似且统一的。但是，Gamma 分布不同（其形状和尺度参数出现变化）时，不同的记录长度会导致 SPI 指数的值出现显著差异。与此同时，采用不同的概率分布对降水系列分布进行拟合也会影响 SPI 指数的取值，一些常用的概率分布包括 Gamma 分布、PearsonIII 分布、对数正态分布、极值分布和指数分布等。

在气候变化背景下，增温已经成为加剧干旱过程的重要因子之一，单纯的降水量变化分析已不足以说明干湿状况的范围和强度变化。因此，在综合考虑降水和气温升高对干旱的共同影响之后，Vicente-Serrano 等（2010）在 SPI 指数的基础上引入考虑潜在蒸散的降水–蒸发指数（standardized precipitation and evaporation index，SPEI），适用于气候变暖背景下多尺度的干旱监测与评估。下面简要介绍 SPI 指数和 SPEI 指数的算法。

（1）SPI 指数的算法

假设某一时段的降水量 x 为随机变量，则其 Γ 分布的概率密度函数为

$$g(x) = \frac{1}{\beta^{\alpha}\Gamma(\alpha)}x^{\alpha-1}\mathrm{e}^{-x/\beta} \quad (x > 0) \tag{2-5}$$

$$\Gamma(\alpha) = \int_{0}^{\infty}x^{\alpha-1}\mathrm{e}^{-x}\mathrm{d}x \tag{2-6}$$

式中，α 为形状参数；β 为尺度参数；x 为降水量；$\Gamma(\alpha)$ 为 Gamma 函数。最佳的 α、β 估计值可采用极大似然估计方法求得：

$$\hat{\alpha} = \frac{1 + \sqrt{1 + 4A/3}}{4A}$$

$$\hat{\beta} = \frac{\bar{x}}{\hat{\alpha}} \tag{2-7}$$

$$A = \ln(\bar{x}) - \frac{\sum \ln(x)}{n}$$

式中，n 为计算序列长度。因此，对给定时间尺度的累积概率可计算如下：

$$G(x) = \int_{0}^{x}g(x)\mathrm{d}x = \frac{1}{\hat{\beta}^{\alpha}\Gamma(\hat{\alpha})}\int_{0}^{x}x^{\alpha-1}\mathrm{e}^{-x/\beta}\mathrm{d}x \tag{2-8}$$

令 $t = x/\hat{\beta}$，式（2-8）可变为不完全的 Gamma 方程：

$$G(x) = \frac{1}{\Gamma(\hat{\alpha})}\int_{0}^{x}t^{\hat{\alpha}-1}\mathrm{e}^{-t}\mathrm{d}t \tag{2-9}$$

由于 Gamma 方程不包含 $x = 0$ 的情况，而实际降水量可能为 0，所以累积概率表示为 $H(x) = q + (1-q)G(x)$，其中 q 是降水量为 0 的概率。如果用 m 表示降水时间序列中降水量为 0 的数量，则 $q = m/n$。累积概率 $H(x)$ 可以通过式（2-10）和式（2-11）转换为标准正态分布函数，即可得到 SPI 指数的值：

当 $0 < H(x) \leq 0.5$ 时，

$$Z = \mathrm{SPI} = -\left(t - \frac{c_0 + c_1 t + c_2 t^2}{1 + d_1 t + d_2 t^2 + d_3 t^3} \right)$$

$$t = \sqrt{\ln\left[\frac{1}{H(x)^2} \right]} \tag{2-10}$$

当 $0.5 < H(x) < 1$ 时，

$$Z = \mathrm{SPI} = \left(t - \frac{c_0 + c_1 t + c_2 t^2}{1 + d_1 t + d_2 t^2 + d_3 t^3} \right)$$

$$t = \sqrt{\ln\left\{ \frac{1}{[1.0 - H(x)]^2} \right\}} \tag{2-11}$$

式（2-10）和式（2-11）中的参数 $c_0 = 2.515\,517$，$c_1 = 0.802\,853$，$c_2 = 0.010\,328$，$d_1 = 1.432\,788$，$d_2 = 0.189\,269$，$d_3 = 0.001\,308$。

（2）SPEI 指数的算法

SPEI 指数以月平均气温及月降水为输入资料，通过计算月降水与潜在蒸散的差值，并进行正态标准化处理得到。逐月降水与潜在蒸散的差值（D_i）如式（2-12）所示：

$$D_i = P_i - \mathrm{PET}_i \tag{2-12}$$

式中，P_i 为第 i 月降水量；PET_i 为月潜在蒸散量。虽然联合国粮食及农业组织（FAO）推荐的 Penman-Monteith（PM）公式是目前较完善的潜在蒸散计算方法，但 PM 公式计算时需要较多的气象要素（太阳辐射、温度、风速和相对湿度）。在升温条件下，对比 Thornthwaite 方法和 PM 方法发现，两种方法在计算蒸发改变量时具有高度的一致性，因此 Thornthwaite 方法用于预估气候变化条件下（降水和温度变化）蒸发量的改变量是可信的（莫兴国等，2012）。由于干旱指标中潜在蒸散的计算是为了反映潜在蒸散的相对变化，因此对潜在蒸散绝对值的计算精度要求并不高，Mavromatis（2007）的研究结果显示，简单方法（如 Thornthwaite 方法）和 PM 公式计算的潜在蒸散对干旱指标值的影响不明显，因此 SPEI 指数中潜在蒸散可由 Thornthwaite 方法计算获得。基于三参数的 log-Logistic 分布对式（2-12）得到的 D 序列进行拟合，得到 D 序列的概率分布函数如下：

$$F(x) = \left[1 + \left(\frac{\alpha}{x - \gamma} \right)^\beta \right]^{-1} \tag{2-13}$$

式中，α、β 和 γ 分别为形状参数、尺度参数和初始状态参数，可由线性矩阵法估算获取；x 为降水量。基于式（2-13），可以计算出 SPEI 指数：

$$\mathrm{SPEI} = t - \frac{c_0 + c_1 t + c_2 t^2}{1 + d_1 t + d_2 t^2 + d_3 t^3} \tag{2-14}$$

当 $0 < F(x) \le 0.5$ 时，$t = -2\sqrt{\ln[F(x)]}$；当 $0.5 < H(x) < 1$ 时，$t = -2\sqrt{\ln[1 - F(x)]}$，同时 SPEI 乘以 -1。参数 $c_0 = 2.515\,517$，$c_1 = 0.802\,853$，$c_2 = 0.010\,328$，$d_1 = 1.432\,788$，$d_2 = 0.189\,269$，$d_3 = 0.001\,308$，参数的区域适用性已在全球范围内进行了论证，结果表明 SPEI 指数的计算方法及参数适用于全球各个地区（Vicente-Serrano et al.，2010）。SPI 指数与 SPEI 指数的干湿分类等级见表 2-2。

表 2-2 **SPI 指数/SPEI 指数干旱等级的划分**

SPI 指数/SPEI 指数	等级	SPI 指数/SPEI 指数	等级
$-1.0 \sim 0.0$	轻微干旱	$-2.0 \sim -1.5$	严重干旱
$-1.5 \sim -1.0$	中等干旱	$\leqslant -2.0$	极端干旱

2.1.3 遥感干旱指数

自 20 世纪 70 年代以来，利用卫星观测手段来监测各种陆地表层的动态过程，并提供大尺度的陆地概要视图，从而为干旱研究提供新的途径。基于 AVHRR 的可见红光和近红外波段发展出归一化差值植被指数（NDVI），该指数能较好地用于检测植被的健康状况（如是否遭遇干旱、洪涝和病虫害等）。但对于大部分植物处于休眠期的冷季，其适用性通常受到限制，因此基于植被的 VCI 主要适用于生长季的干旱监测（Heim，2002）。

归一化差值水分指数（NDWI）是基于 MODIS 近红外（NIR）和短波近红外（SWIR）波段反演而来的遥感干旱指数，可以同时反映植被冠层水分含量与叶片细胞中海绵叶肉的变化，被广泛应用于检测和监测区域植被的水分状况。因为 NDWI 同时受植物叶片失水和凋萎的影响，所以在干旱监测方面，它比 NDVI 更敏感。除了直接采用近红外、可见红光和短波近红外等波谱数据外，将遥感地面温度（LST）与 NDVI 相结合构建新指标，也是提升干旱表征准确度的重要手段，主要指标如下。

1）植被状态指数（VCI）（Kogan，1990，1995）：

$$VCI = \frac{NDVI_i - NDVI_{min}}{NDVI_{max} - NDVI_{min}} \times 100 \qquad (2\text{-}15)$$

式中，$NDVI_i$ 为某一特定年第 i 个时期的 NDVI 值；$NDVI_{max}$ 和 $NDVI_{min}$ 分别为所研究年限内第 i 个时期 NDVI 的最大值和最小值。其分母部分在一定意义上代表植被盖度的最大变化范围，反映当地植被的生境；而分子部分在一定意义上表征某一特定年第 i 时期当地植被的状况条件。

2）温度状况指数（TCI）（Kogan，1995）：

$$TCI = \frac{LST_i - LST_{min}}{LST_{max} - LST_{min}} \times 100 \qquad (2\text{-}16)$$

式中，LST_i 为某一特定年第 i 个时期的地表温度；LST_{max} 和 LST_{min} 分别为所研究年限内第 i 个时期 LST 的最大值和最小值。

3）标准化 NDVI（Z_{NDVI}）（Mu et al.，2013）：

$$Z_{NDVI} = \frac{NDVI - \overline{NDVI}}{\sigma_{NDVI}} \qquad (2\text{-}17)$$

式中，NDVI 和 σ_{NDVI} 分别为格点上生长季内每个合成期对应的 NDVI 值、NDVI 多年平均值和标准差。

将 VCI 或 Z_{NDVI} 与 TCI 结合，可以构建出基于 NDVI 和 LST 的遥感干旱指数，实时预报区域干旱的发生和演变过程。

2.2 华北地区干旱的演变特征

2.2.1 华北干旱时空演变特征

依据多年平均降水等值线把华北平原划分为 3 个子区域（A 区<600mm，600mm≤B 区≤750mm，C 区>750mm），基于 1960～2009 年研究区内及周边 60 个气象站的逐日气象资料，采用修正的 Palmer 干旱烈度指数（PDSI）、Mann-Kendall 检测法和 EOF 分析法研究了该地区 1960～2009 年气象干旱的时空变化特征。

《中国干旱灾害数据集》的记录显示，华北平原在 1951～1999 年发生了多次重大干旱事件，可归结为以下三大特征：① "三年两旱" 和 "三年连旱" 的现象很常见；②春旱和夏旱最为严重，季节连旱经常发生；③北部海河流域和山东发生大旱的频率较高。将干旱的详细记录与 PDSI 指数结果（图 2-1）进行对照，发现 PDSI 指数序列能较好地表征 1960～2009 年华北地区发生的干旱。例如，1968 年 3～10 月冀北、冀东、豫北、北京、天津等地发生特大干旱（据记载，3 月下旬，部分地区未灌水的冬小麦干土层厚达 10cm，新年后分蘖的小麦有 30%～40% 开始死亡），与其对应各站的 PDSI 指数全部小于 -4.0。总体看来，A 区 PDSI 指数明显比 B 区的小，而 B 区 PDSI 指数值又小于 C 区，说明 A 区的干旱状况比 B 区严重，而 B 区比 C 区更严重。PDSI 指数序列 5 年滑动平均及线性趋势分析还表明，华北平原干旱的发生不但年际变化强烈，而且年代际间的波动也很明显（陈方藻等，2011；卫捷等，2003）。A 区和 B 区自 20 世纪 70 年代中后期开始，干旱趋势呈明显增加的趋势，但 C 区的干旱自 2000 年后有所缓解，这可能是受华北地区降水和温度变化的影响（谭方颖等，2010；马柱国，2007；卫捷等，2003），所以还有待进一步分析。逐年 PDSI 指数序列表征了旱涝的年际变化，可见华北平原的干旱通常持续 2～3 年或 3 年以上，因为 PDSI 指数的计算过程考虑了前期天气条件的影响，使得 PDSI 指数序列具有叠加累积效应，能较好地表征干旱期的年际变化特征。

华北地区年代际的干湿变化与太平洋年代际振荡（PDO）的关系非常密切，且在 20 世纪 70 年代中后期发生了由湿向干转换的过程（马柱国，2007；Ma and Fu，2006；琚建华等，2006）。采用 Mann-Kendall 检测法揭示了该变化过程在空间上的差异（图 2-2）。结果表明，月 PDSI 指数序列和年 PDSI 指数序列均存在显著的跳跃趋势，两者的突变点基本重叠；A 区的 PDSI 指数序列自 1960 年开始处于显著上升趋势，但在 20 世纪 80 年代前中期发生了一次突变，其干旱有所减弱，该过程延续到 1993 年左右，随后跳跃为显著上升趋势，伴随极端干旱（PDSI< -4.0）的明显增多；B 区的 PDSI 指数序列一直处于上升趋势，其突变的时间为 1969 年左右；而 C 区的 PDSI 指数序列基本处于下降趋势，以 1997 年左右为突变点；可见 A 区和 B 区的干旱呈加剧趋势，C 区则有所减缓。

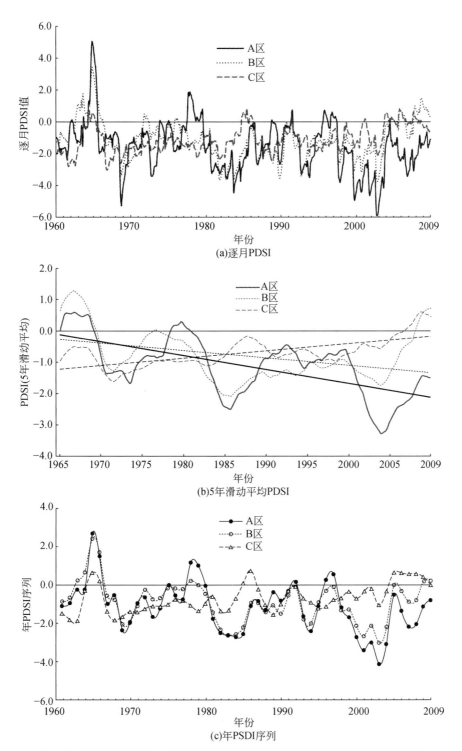

图 2-1　华北平原 1960～2009 年 PDSI 指数序列及其 5 年滑动平均变化趋势

　　根据 Palmer 干旱指数的分类等级，统计分析得出，华北平原 1960～2009 年极端、严重、中等和轻微干旱发生频率的空间分布格局（图 2-3）。可见，极端干旱主要发生在北部的北京、天津和河北的部分地区，到南部地区几乎不出现极端干旱，从北到南递减的格局十分明显；严重干旱的频率也是北高南低，但山东和河南北部地区也是严重干旱多发区；除南部少数地区外，整个华北平原发生中等干旱的频率都非常高；轻微干旱则主要发生在南部的豫南、苏北和皖北等地，呈由南向北递减的格局。对 3 个子区域各自包含站点的干旱频率进行统计分析（方差检验和多重比较），发现 A 区各级干旱发生的频率为 53.60%±1.21%，显著（$p<0.01$）高于 B 区的 45.65%±1.37%；而 B 区又显著（$p<0.05$）高于 C 区的 41.12%±2.15%。干旱发生频率在 3 个子区域上的空间差异明显：A 区极端干旱和严重干旱的频率显著（$p<0.01$）高于 B 区和 C 区，中度干旱的频率与 B 区基本相等，发生轻微干旱的频率则显著低于 B 区和 C 区；B 区发生严重干旱和中度干旱的频率均显著（$p<0.01$）高于 C 区，但 C 区轻微干旱的频率要显著高于 A 区和 B 区。可见，华北平原不但是干旱的多发区，而且不同干旱强度发生的频率在空间上存在很大的差异。

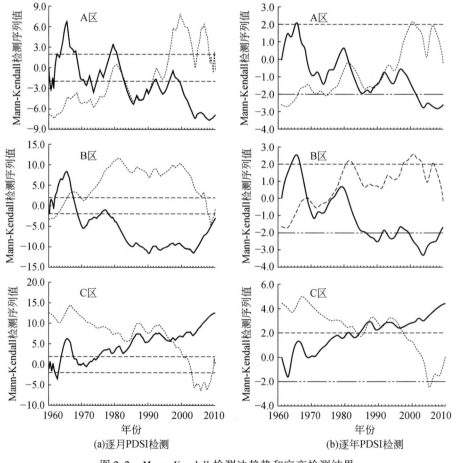

图 2-2　Mann-Kendall 检测法趋势和突变检测结果

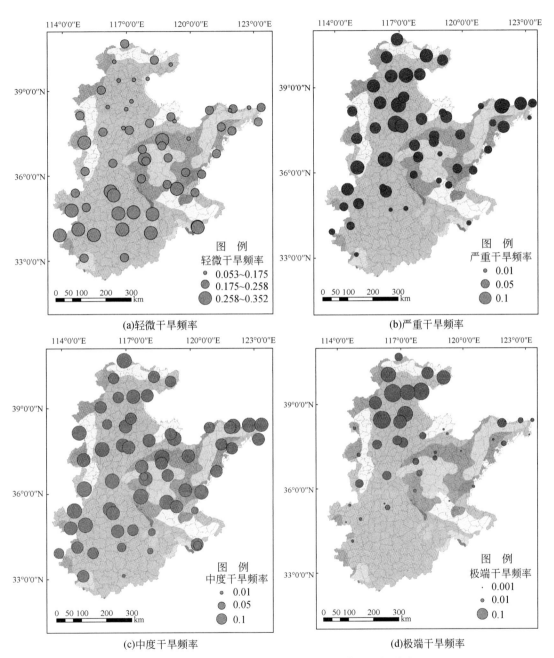

(a)轻微干旱频率

(b)严重干旱频率

(c)中度干旱频率

(d)极端干旱频率

图 2-3 华北平原 1960～2009 年干旱频率的空间分布

  各级干旱发生频率的年代际差异显著（图2-4）。A区各级月干旱频率在20世纪70年代略有下降，在80年代又明显上升，严重、中度、轻微3类月干旱频率在90年代呈一定程度下降后又在2000年后显著上升，而极端干旱的频率自80年代开始一直处于上升趋势；B区80年代和90年代为各级干旱的多发期；C区轻微干旱的频率在70年代达到最大，之后随同其他干旱频率逐渐降低，且均在2000年后降至最低。总之，3个子区域月干旱频率年代际的变化都十分明显，A区的年代际振荡突出，且呈增加趋势，尤其是极端干旱频率的持续增加（谭方颖等，2010；Ma and Fu，2006）；B区在80年代和90年代出现了一个持续20年左右的干旱频发期；C区自1960年开始，各级干旱频率基本呈下降趋势，说明其干旱状况有所缓解，有可能向湿润期过渡。

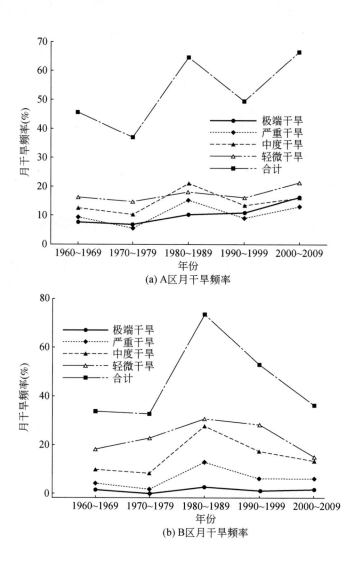

(a) A区月干旱频率

(b) B区月干旱频率

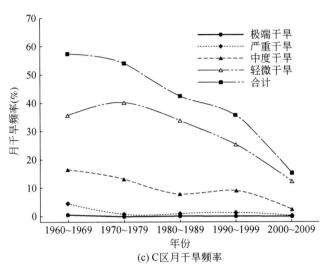

图 2-4　华北平原 1960 ~ 2009 年月干旱频率的年代际变化

采用 EOF 对华北平原 PDSI 指数序列（原场）进行分解后，取其解释方差大于 4.0%的模态，分别为 EOF1、EOF2、EOF3、EOF4，如图 2-5 所示，其累计解释方差为 65.6%。EOF1 解释了总方差的 42.2%，代表大尺度气候条件下华北平原整体的干燥-湿润分布模式（西北-东南模式），即从西北的亚干旱区向东南的亚湿润区过渡，与年降水的分布模式十分类似，说明降水是影响华北平原干旱空间分布的最主要因素，特征向量系数的空间自相关面积大致可以表征其所属不同气候亚区的分布面积（刘巍巍等，2004；Tatli and Türkes，2011）。EOF1 对应的时间系数（第一主分量，PC1）变化，如图 2-6 所示，可见其干旱年际变化强烈，呈现比较明显的 1 ~ 3 年的变化周期，自 1980 年开始显著增加，这是因为华北地区在 20 世纪 80 年代前后降水有所减少（卫捷等，2003；张庆云等，2003）。EOF2 能够解释总方差的 11.9%，代表华北平原干旱的南-北分布模式（0 为分界线）。很显然，北部海河流域为严重干旱区，因为该地区是降水最少的地区。相应地，PC2 演变表明，其干旱的时间变化以 3 ~ 5 年的周期为主，但自 1990 年后呈干旱加剧的趋势，局部地区的气候变暖可能是该趋势的主要驱动因素，因为有研究表明，华北平原尤其是北部地区的气温在 1960 ~ 2009 年发生过突变，且呈显著上升趋势（张一驰等，2011；马洁华等，2010）。

EOF3 占总可解释方差的 7.2%，代表华北平原干旱发生的东-西分布模式（0 为分界线），最湿润的是山东沿海一带，而干旱主要发生在河南南部，这可能是受海陆分布、海拔和地形等因素的影响（Tatli and Türkes，2011；Shabbar and Skinner，2004），且从 20 世纪 80 年代开始，一直处于干旱减缓的趋势，这与上述得出 C 区可能正在变湿润的结论相吻合。EOF4 解释了总方差的 4.2%，其分布模式不太明显，但从 0 分界线来看，干旱主要发生在中部泰山一带和东北部的天津和沧州地区，可能与其砂质土壤不利于蓄水有关；其时间演变系数 PC4 没有显著变化，这也为该模态的分布与土壤质地的分布有关的结论提供了佐证。

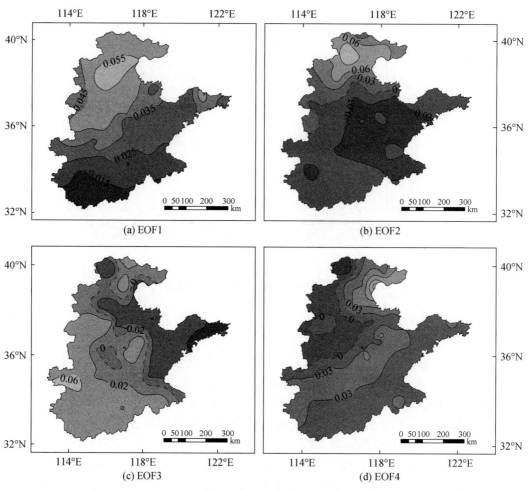

图 2-5　EOF 分析的前 4 个主要空间模态

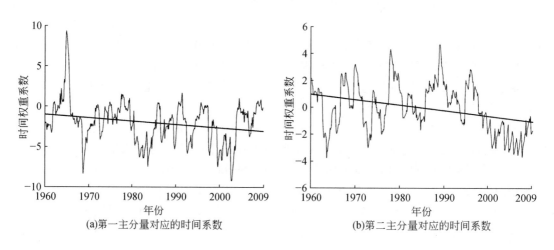

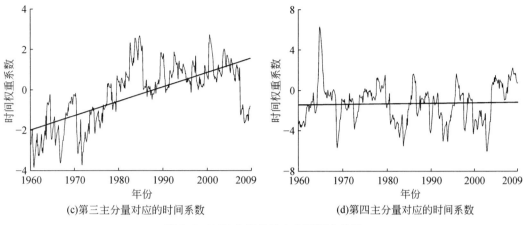

(c)第三主分量对应的时间系数   (d)第四主分量对应的时间系数

图 2-6   EOF 分析的前 4 个时间主分量

2.2.2   未来华北干旱强度和频率的变化趋势

未来气候变化情景下，SPI、SPEI 和 PDSI 干旱指数表征的华北平原旱涝演替特征如图 2-7 所示。降水和温度增幅不同，导致不同情景下 SPI 指数（反映降水变化）与 SPEI 指数、PDSI 指数（反映降水和温度共同变化）表征的旱涝演变特征存在明显的差异。RCP2.6 情景下，干旱主要发生于 21 世纪 20 年代后期、40 年代、70 年代中期和 80 年代后期，3 个指数表征的旱涝年际变化特征完全一致，但 40 年代以后，SPEI 指数和 PDSI 指数表征的干旱烈度高于 SPI 指数的表征值，说明一定程度上的增温将导致蒸散增加，加剧降水短缺引起的干旱。RCP4.5 情景下，由于 60 年代后降水的增幅有所加大，所以 SPI 指数表征的旱涝开始呈现两极分化的态势，即 21 世纪后 40 年要比前 40 年湿润；但温度的上升导致的蒸散需求增加，使得 SPEI 指数和 PDSI 指数表征的土壤水分亏缺也主要表现在 21 世纪后 40 年。RCP8.5 情景下的旱涝分布格局类似于 RCP4.5，且温度的作用更为明显，在 60 年代的一些相对少雨年份，蒸散需求的大幅增加将直接决定气象干旱的发生，70 年代后整个华北平原将可能面临更广泛的干旱。因此，未来华北平原降水即使存在明显增加的趋势，但也可能由于生态环境用水需求（蒸散）的快速增长而出现更多干旱的事件。

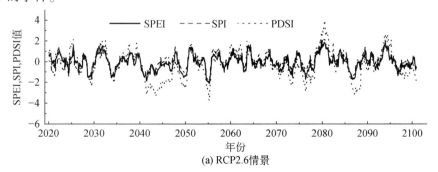

(a) RCP2.6情景

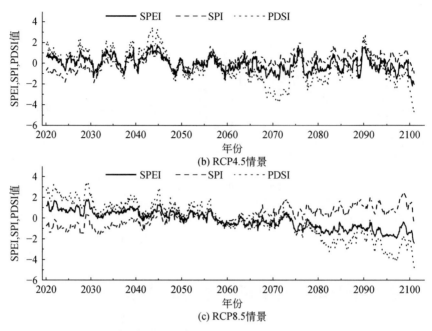

(b) RCP4.5情景

(c) RCP8.5情景

图 2-7　不同指数表征华北平原 2021～2100 年的旱涝年际变化

　　将 2011～2100 年划分为 3 个不同的年代际（即 2011～2040 年、2041～2070 年和 2071～2100 年），将 SPI 指数、SPEI 指数和 PDSI 指数计算的干旱系列进行频率分布统计，并与历史基准期（1961～1990 年）相比较（图 2-8）。结果表明，在 3 种情景下 SPI 指数表征的干旱在 2011～2040 年干旱发生的频率大于基准期，而 2041～2070 年和 2071～2100 年两个时期的干旱频率都要低于基准期，不同情景下，年代际干旱频率之间的差异也较为明显。因此，即使未来的降水相对于基准期而言都是增加的趋势，但 SPI 指数基于概率分布的算法导致 2011～2100 年内发生的干旱主要出现在相对少雨的前 30 年。SPEI 指数和 PDSI 指数的干旱频率分布变化显示，2011～2040 年干旱发生的频率要比基准期低，而 2041～2070 年和 2071～2100 年的干旱频率则显著高于基准期，且不同情景间的差异较为明显。对 SPEI 指数而言（图 2-8），在 RCP2.6 和 RCP4.5 情景下，未来 3 个年代际的干旱频率分布与基准期基本重合，但在 RCP8.5 的情景下，2071～2100 年的干旱频率将显著高于基准

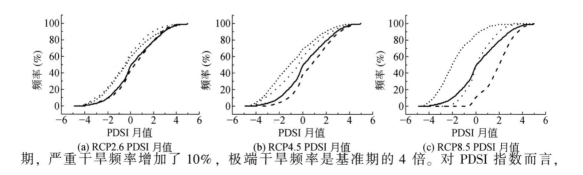

| (a) RCP2.6 PDSI 月值 | (b) RCP4.5 PDSI 月值 | (c) RCP8.5 PDSI 月值 |

期，严重干旱频率增加了 10%，极端干旱频率是基准期的 4 倍。对 PDSI 指数而言，

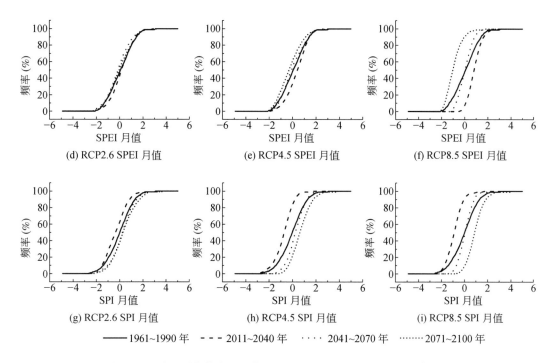

(d) RCP2.6 SPEI 月值 (e) RCP4.5 SPEI 月值 (f) RCP8.5 SPEI 月值

(g) RCP2.6 SPI 月值 (h) RCP4.5 SPI 月值 (i) RCP8.5 SPI 月值

——1961~1990 年 - - - 2011~2040 年 ···· 2041~2070 年 ········ 2071~2100 年

图 2-8　3 种干旱指数表征的华北平原未来气候情景下干旱频率分布

RCP2.6 和 RCP4.5 情景下，2041~2070 年和 2071~2100 年两个代际的干旱频率都明显高于基准期，RCP8.5 情景下 2071~2100 年干旱最为频繁，温度的大幅上升将导致干旱状态（图 2-8）。

2.3　东北地区干旱的演变特征

2.3.1　东北地区干旱格局和演变

基于 SPI 指数的东北地区（NEC）干旱程度与持续时间的变化过程如图 2-9 所示。将 1961~2010 年干旱发生的特征划分成 3 个阶段，即 20 世纪 60 年代后期、70 年代中后期至 80 年代前期、90 年代后期至 21 世纪最初 10 年，且以第 3 个时期的干旱最为严重（持续时间长且强度大）（魏凤英和张婷，2009）。《中国干旱灾害数据集》（http：//cdc.cma.gov.cn/）的记录显示，NEC 在 1965 年、1980 年、1989 年、1993 年、1994 年和 1999 年均发生严重干旱，这与 SPI 指数所表征的结果基本吻合。对于典型旱涝年，如 1998 年松花江流域的特大洪水和 2000 年的严重干旱（图 2-10），SPI3 和 SPI12 的检测效果均很好。可见，从时间演替和空间分布模式两方面来讲，SPI 指数适用于 NEC 干旱状况的检测分析（Pai et al.，2011；Manatsa et al.，2010）。

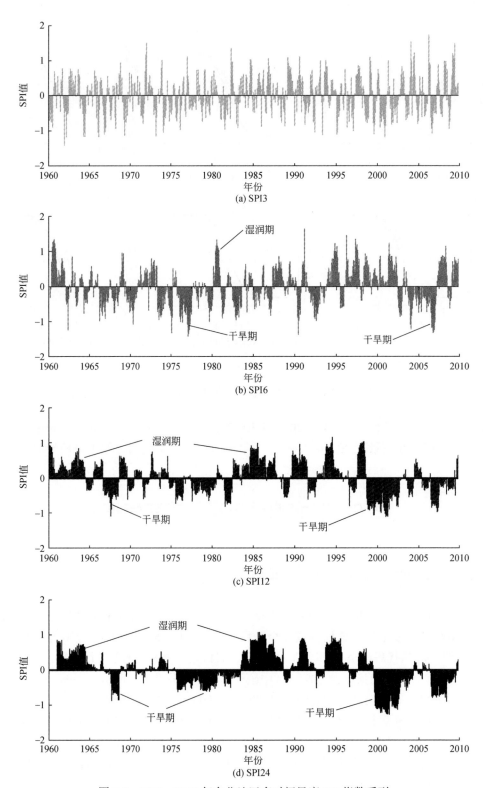

图 2-9　1961～2010 年东北地区多时间尺度 SPI 指数系列

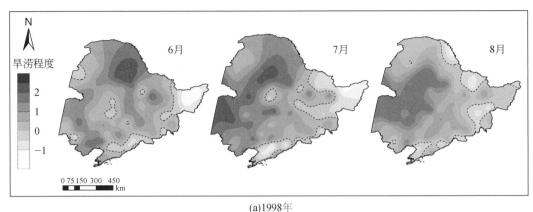

(a)1998年

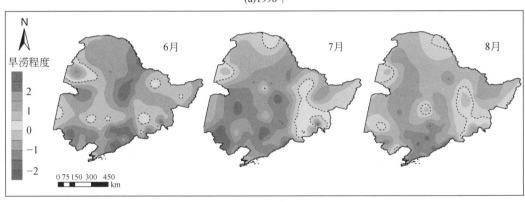

(b)2000年

图 2-10　东北地区典型年旱涝程度空间分布（虚线为 0 分界线）

值得注意的是，不同时间尺度上的干旱特征差异十分明显（图 2-9），3 个月和 6 个月时间尺度上，干旱短期波动与季节性变化显著，发生频次多但持续时间较短，说明 SPI3和 SPI6 都可用于监测短期水分亏缺和季节性农业干旱的发生；SPI12 和 SPI24 具有明显的年际与代际变化，干旱发生频次相对少但持续时间更长，因此它们对于持续性的区域水文干旱事件及河湖水位变化有一定的警示作用。

Mann-Kendall 检测结果表明，NEC 在 3 个月和 6 个月尺度上分别有 13 个和 28 个站点的干旱程度在 1960～2010 年呈显著加强趋势，而干旱显著减弱的站点数分别为 24 个和 10 个，其余站点变化不显著，与降水的变化一致；在 12 个月和 24 个月尺度上，干旱显著加强的站点数为 60 个和 62 个，这可能是受降水年际和年代际的变化以及极端降水事件增加（翟建青等，2009）的影响，而显著减弱的站点数仅为 7 个和 9 个。Mann-Kendall 检验统计值 Z（绝对值大于 1.96 表示在 95% 的水平上变化显著）的空间分布如图 2-11 所示，干旱显著加强的站点（$Z < -1.96$）主要分布在 NEC 的南部和中部地区；而干旱显著减弱的站点主要位于北部和东北部地区。南部大多数站点在各时间尺度上均呈干旱加剧趋势，随着时间尺度的增大，中部和东部的很多站点干旱也呈加剧趋势，这显然是由夏季降水异常所导致的，虽然整体上东北地区降水的下降趋势不明显，但其南部大多数地区（尤其是

6～8月）降水变化明显，从而使其干旱程度显著增加。3个月尺度上干旱显著减弱的站点较多，且主要分布在高海拔和森林植被发育较好的地区。

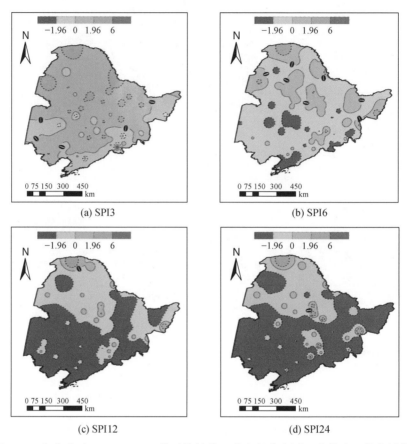

图 2-11　东北地区 Mann-Kendall 检验统计值 Z 的空间分布图（虚线为 0 值分界线）

通过 EOF 分解 4 个尺度的 SPI 得到各自的前 4 个空间模态，如图 2-12 所示。EOF1 解释方差（VAR）约为 30%，第一特征向量符号的一致性分布表明，1960～2010 年 NEC 干旱发生呈现一致的变化趋势，最严重的地区为南部和中部地区（辽河流域的中心地带）。EOF2（VAR 约为 11%）表征干旱发生的南–北分布型，其特征向量符号分布的差异（0 分界线）表明，该模式控制下南部干旱变化呈加剧趋势，相对来说北部干旱呈减弱趋势，这除了与南部降水总量显著减少有关之外，还受局地降水的年内分配、年际变化及极端降水事件增加的影响（唐蕴等，2005；张耀存和张录军，2005）。EOF3（VAR 约为 8%）为东–西分布模式，西部地区干旱比东部严重，主要受大兴安岭下沉气流的影响；干旱核心区主要分布于辽宁西北部和内蒙古高原东缘。EOF4（VAR 约为 5%）表征的干旱空间分布型为中部向两边递减的分布型，干旱核心区为吉林的东部地区。空间分布模式受时间尺度的影响不大，不同时间尺度上各相应模态的空间分布型相同，只有特征向量的值在局部地区存在较小的差异。

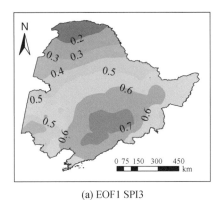

(a) EOF1 SPI3

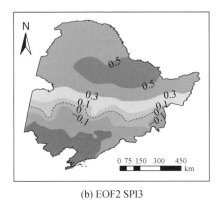

(b) EOF2 SPI3

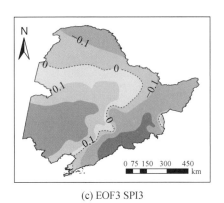

(c) EOF3 SPI3

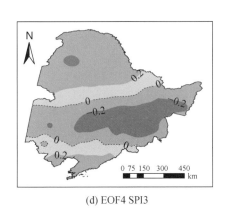

(d) EOF4 SPI3

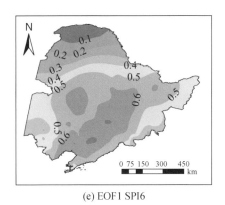

(e) EOF1 SPI6

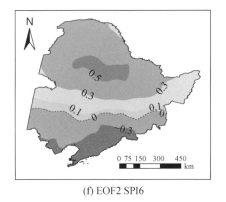

(f) EOF2 SPI6

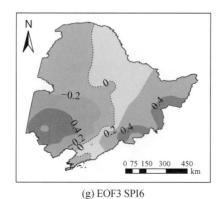

(g) EOF3 SPI6

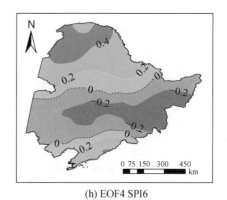

(h) EOF4 SPI6

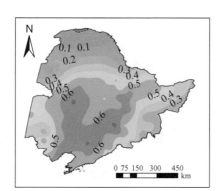

(i) EOF1 SPI12

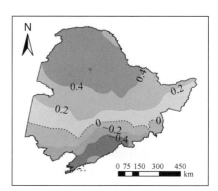

(j) EOF2 SPI12

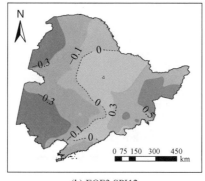

(k) EOF3 SPI12

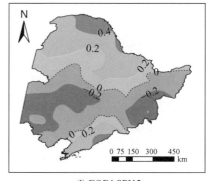

(l) EOF4 SPI12

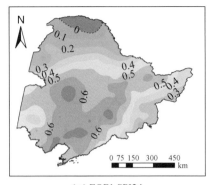
(m) EOF1 SPI24

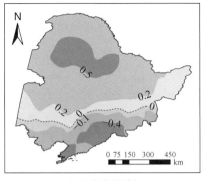
(n) EOF2 SPI24

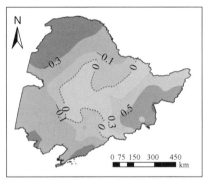
(o) EOF3 SPI24

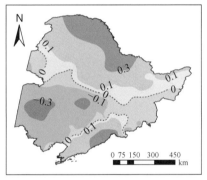
(p) EOF4 SPI24

图 2-12 东北地区 SPI 指数 4 个 EOF 模态的空间分布

1960～2010 年，NEC 发生中度、严重干旱（−2.0< SPI12< −1.0）和极端干旱（SPI12 ≤−2.0）站点数百分比的年际变化特征如图 2-13 所示，两者均呈较强的年际波动和年代际振荡，且呈显著增加趋势。同时，东三省农作物干旱受灾面积和成灾面积①均在较大的年际波动中呈一定的增加趋势，尤其是 2000 年以后，其增加幅度明显上升。统计分析表明，干旱受灾面积与 SPI 统计的中等−严重干旱和极端干旱站点数百分比的相关系数分别为 0.71 和 0.60（$p< 0.01$），说明 SPI 对农业干旱（该地区以雨养农业为主）具有较好的检测与评估效果，其在评估农作物受灾面积方面的长处值得发掘。就 1960～2010 年而言，NEC 呈现干旱发生面积增大的趋势，尤以极端干旱的空间范围变化最为明显；21 世纪最初 10 年是 1960 年以来干旱最为严重的时期，干旱持续时间延长，发生面积扩大，表现为大尺度干旱事件（如 1999～2001 年的特大干旱事件）。干旱发生面积在波动中呈增加的趋势，会加大

---

① 资料来源：http://www.moa.gov.cn/.

NEC 区域水资源的脆弱性，使区域抗旱政策的制订和水资源合理配置面临更严峻的挑战。

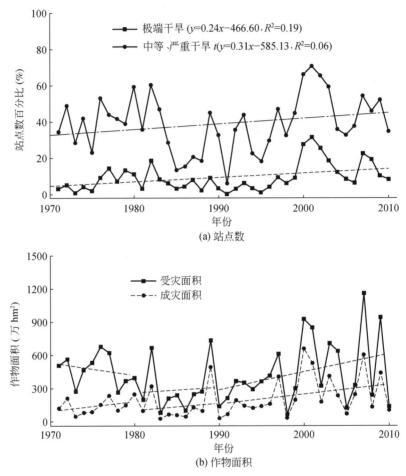

(a) 站点数

(b) 作物面积

图 2-13　东北地区干旱发生面积的年际变化

对 EOF 分解 SPI12 得到的前两个模态的时间系数（PCA1 和 PCA2，分别代表南部和北部）进行 Morlet 小波分析，图 2-14 为小波变换系数实部在时–频域的分布图，可见两者之间存在较大的差异。PCA1 的演变存在 12～24 年和 2～9 年的周期变化规律，其中在 10～25 年尺度上出现了干旱–湿润交替的准 4 次震荡；在 5～10 年时间尺度上的变化不稳定，自 20 世纪 90 年代后进入干旱多发期。PCA2 的演变则存在着 15～25 年和 7～12 年的周期变化规律，小于 7 年的干旱周期相对剧烈，但局部差异较大；在 20 年左右的尺度上，周期变化具有一定的连续性，经历了 5 个干旱发展–减缓的更替期。分析小波方差发现，南部最大峰值对应着 11 年的时间尺度，11 年左右的周期震荡最强，为第一主周期；北部的第一主周期则为 3.5 年。

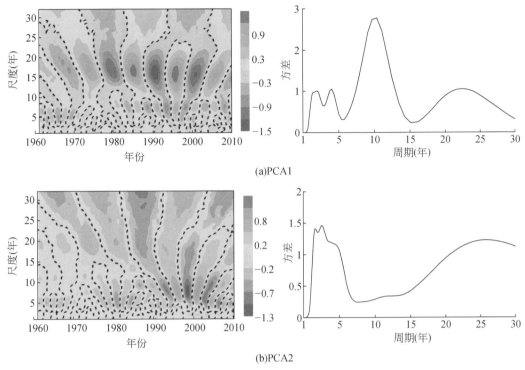

图 2-14　EOF 分解时间序列的小波系数实部与方差
正负值分别用实线和虚线表示，零值用加粗线表示

2.3.2　未来情景下松嫩-三江平原干旱时空变化

　　A1B、A2 和 B1 情景下 2011～2060 年区域平均 SPI12 系列如图 2-15 所示。3 类情景在 2040 年之前均为干旱多发期，且以 A2 和 A1B 情景的干旱更为严重（强度和持续时间都较大），而 A2 情景在 21 世纪 40 年代还存在较长的干旱期，说明 2011～2060 年 NEC 干旱的发生以 2011～2040 年为主，所以在减灾防灾规划中应当着重考虑。

　　2011～2060 年各情景干旱发生的前 3 个空间分布模态（EOF）如图 2-16 所示。EOF1 的干旱严重区均位于 NEC 的中部地区，其特征向量符号的一致性说明各情景存在相同的变化趋势，但不同情景之间也存在较大的局部差异。EOF2 均为南-北分布型，但变化特征有显著差异，A1B 情景为北强南弱模式，A2 和 B1 情景则与之相反，干旱严重区均位于南部的辽宁地区。EOF3 的分布模式在不同情景下表现出更为明显的差异，A1B 情景为典型的东-西分布型，干旱核心区为黑龙江和吉林的东部地区，A2 情景的核心区域则为 NEC 的中部地区，南部和北部则呈减弱趋势，而 B1 情景的干旱核心区除了东部的小部分地区外，还包括南部和北部的大部分地区，中部地区反而是干旱减弱区。总的来讲，2011～

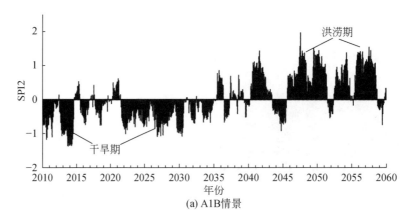

(a) A1B情景

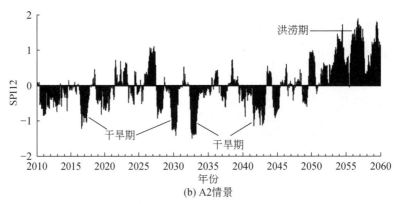

(b) A2情景

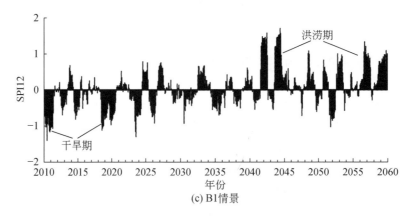

(c) B1情景

图 2-15　2011~2060 年气候情景下东北地区的区域平均 SPI12 的变化趋势

2060 年 NEC 的干旱主要发生在中部地区，但不同情景下干旱的分布范围和空间格局存在较大的差异。

干旱的形成和演变是多种因素共同作用的结果，其中气候变化和人类活动两大主导因素构成了干旱演变的驱动力系统。太平洋副热带高压、东亚夏季风环流和厄尔尼诺–南方

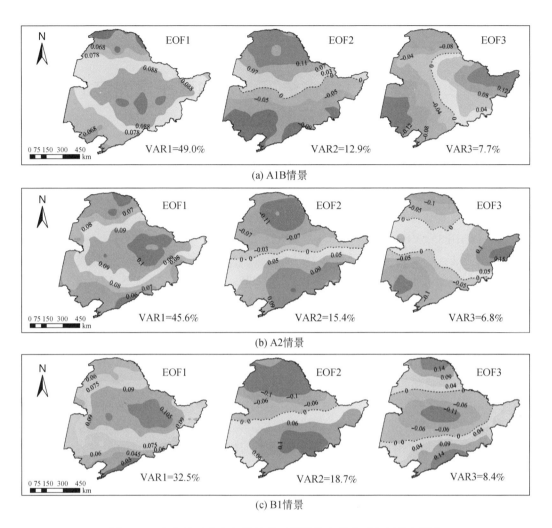

图 2-16　东北地区未来气候情景下干旱发生的主要空间分布模态

虚线代表特征向量值为 0

涛动与 NEC 干旱发生有密切联系。

2006～2010 年，NEC 整体上呈干旱加剧的趋势和南北递减的分布模式，干旱的时间变化特征与降水模式变化基本一致，而干旱的空间变化模式主要由区域内降水的空间异质性所决定。NEC 短期干旱（SPI3 和 SPI6）显著加剧的站点较少，而长期干旱（SPI12 和 SPI24）显著加剧的站点明显增多，说明时间尺度是干旱变化趋势的重要影响因素，应针对不同时间尺度的干旱变化规律，制订区域干旱减缓措施。

气候变化情景下，就降水亏缺导致的干旱而言，NEC 在 2011～2060 年的干旱主要发生在前 30 年，以 A2 情景的干旱最为严重，这与翟建青等（2009）得出的结论相似，即未来 50 年 NEC 的干旱核心区将出现在松花江流域南部和辽河流域。在全球变暖的大背景下，水文循环的加速将可能导致未来 NEC 的降水总量增加，其在一定程度上起着缓解干旱的作用，但降水集中度和极端降水事件频率的改变可能会导致新的旱涝格局。基于 SPI12 的干旱空间分布表明，干旱核心区存在一定的向北移动的趋势，且局部地区干旱程度增强。

2.4 未来气候情景下北方地区干旱强度和频率的变化趋势

2.4.1 未来温度和降水的变化趋势

未来气候情景数据采用国家气候中心[①]提供的 WCRP 耦合模式比较计划-阶段 3 的多模式数据（CMIP3）（Filippo and Linda，2002；Giorgi and Mearns，2003）。该数据产品利用简单平均方法，将参与 IPCC 第四次评估报告的 23 个不同分辨率的全球气候系统模式的模拟结果进行多模式集合，制作成一套包含 20C3M、SRES A1B、SRES A2、SRES B1 4 种情景，空间分辨率为 1°×1°，时间尺度为 1901~2099 年的月降水及地面月均温资料。选取覆盖中国北方地区的 606 个格点 IPCC SRES 3 种情景（A1B、A2、B1）的温度、降水数据计算 SPEI 指数序列和 SPI 指数序列，数据系列长度为 1971~2050 年，其中 1971~2010 为基准年（20C3M），2011~2050 为预估年（SRES A1B、SRES A2、SRES B1）。

SRES A1 情景描述的未来世界是经济高速增长，但人口增长缓慢，全球人口在 21 世纪中叶达到峰值，随后减少，并快速采用新的和更高效的能源技术，且区域间日益融合，文化与社会的相互影响日益显著，人均收入的地区性差异逐步减小。其中，A1B 情景为各种能源之间达到平衡。A2 情景描述的未来世界发展很不均衡，主要特点是自力更生、保护区域特性，强调家庭价值和当地传统；不同地区间人口出生率不尽相同，因而导致全球人口的持续增长；经济发展以区域性为主，人均经济增长和技术变化的速度不及其他情景系列。B1 情景描述未来世界更为趋同，全球人口在 21 世纪中叶达到峰值，随后减少；经济结构向服务业和信息经济快速转变，生产资料使用强度降低，并引入清洁生产技术和更有效的资源利用技术。该情景着重于全球性经济、社会和环境的可持续发展（IPCC，2007）。

中国北方地区 2011~2050 年温度呈现增加趋势。增温幅度在 21 世纪 30 年代以前较为平缓，40 年代北方地区温度有一个较大幅度的上升（图 2-17），增幅约为 0.35℃。虽然不同情景之间增温幅度存在空间差异，但均表现为半湿润区温度增幅最小，A2 情景下温度增加幅度呈现出干旱区>半干旱区>湿润区>半湿润区的趋势；而 A1B 和 B1 情景下半干旱区温度增加最快，干旱区和湿润区次之。

未来情景中，北方地区年降水量变化呈现较大的年代际差异。21 世纪 20 年代之前，大部地区各情景下年降水量呈微弱增加的趋势。20 年代之后，北方地区年降水量总体呈现下降趋势，降水变化的空间变异性较大。在 30 年代，A1B 和 B1 情景降水量降幅相当，约为

①　http://ncc.cma.gov.cn/cn/

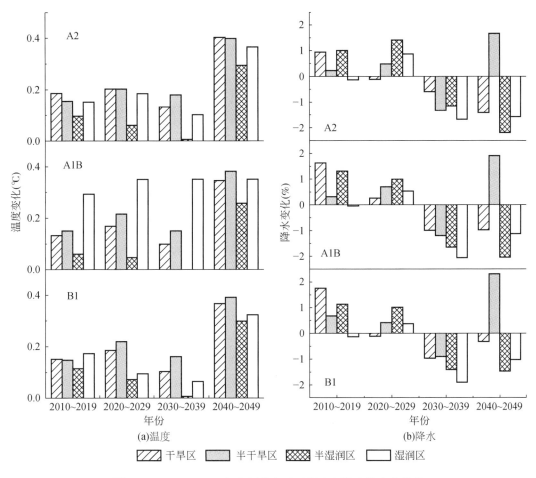

图 2-17　2011 ～ 2050 年中国北方地区温度和降水的变化趋势

1.5%，均高于 A2 情景（1.0%），且 3 种 SRES 情景中，降水降幅最大的区域均位于湿润区。40 年代，3 种 SRES 情景除半干旱区降水量呈增加趋势外（其中 B1 情景增幅最大，A1B 情景次之，A2 情景最小），其他地区均呈现减少趋势，其中半湿润区降幅最为显著。

2.4.2　北方地区干旱强度的变化趋势

　　A1B、B1 和 A2 情景下，1971 ～ 2050 年中国北方地区平均 SPEI-6 时间序列如图 2-18 所示。3 种情景下 SPEI-6 值均呈现降低趋势，说明 2011 ～ 2050 年中国北方地区总体上呈现干旱化趋势，但趋势并不显著。

　　与基准期相比，3 种情景下，干旱发生频率在 21 世纪 10 ～ 30 年代无显著增加，而在 40 年代呈显著减少趋势，其中 A1B 情景干旱发生频率减幅最大（1 ～ 6 次/10a），B1 情景次之（1 ～ 5 次/10a），A2 情景减幅最小（1 ～ 3 次/10a）。干旱发生频率变化因干

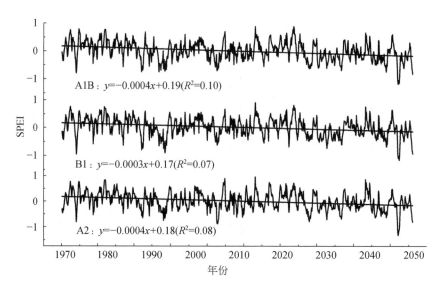

图 2-18　1970～2050 年中国北方地区平均 SPEI-6 变化趋势

旱程度而异，轻度干旱和中度干旱发生频率随时间呈逐步减少的趋势（图 2-19，A1B、B1 情景图略）。与基准期（1971～2010 年）相比，3 个 SRES 情景下，40 年代轻度干旱和中度干旱发生频率降低 2 次/10a 以上的区域分别为 60% 和 55%，其中 A2 情景的下降幅度最大，B1 情景次之，A1B 情景最小。重度干旱和极端干旱发生频率随时间呈逐步增加的趋势（图 2-19，A1B、B1 情景图略）。与基准期（1971～2010 年）相比，在 B1、A1B 和 A2 情景下，40 年代重度干旱发生频率增加 2 次/10a 以上的区域分别为 10%、15% 和 18%；极端干旱发生频率增加 2 次/10a 以上的区域分别为 36%、48% 和 60%。轻度干旱发生频率的减少和极端干旱发生频率的增加，说明未来 40 年北方地区季节性干旱化趋势趋于严重。

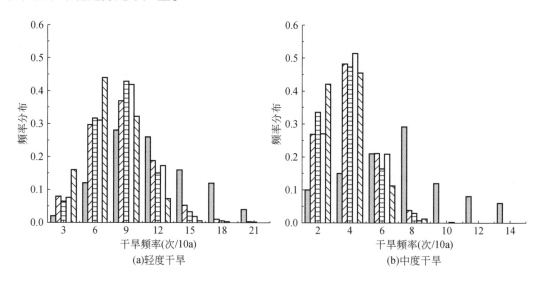

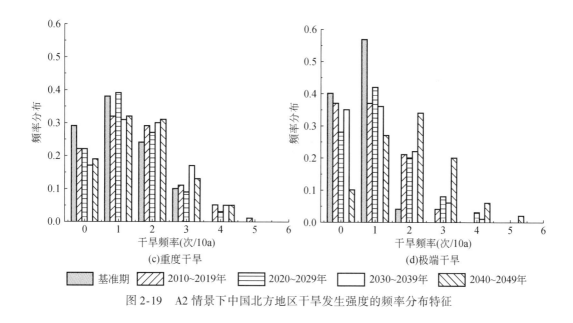

图 2-19　A2 情景下中国北方地区干旱发生强度的频率分布特征

2.4.3　极端干旱发生频率与范围的变化特征

极端干旱事件的变化包括干旱强度、干旱发生频率和干旱发生面积 3 个方面的变化。2011～2050 年，A1B、B1 和 A2 3 种情景下极端干旱强度具有相似的空间变化特征。以 A2 情景为例，与基准期相比，2010～2019 年除内蒙古北部和河南南部外，北方大部地区的干旱强度呈现下降趋势；2020～2029 年华北干旱强度有明显增加的趋势，东北干旱强度有明显减弱的趋势；2030～2039 年除东北北部外，大部分地区的干旱强度呈下降趋势；2040～2049 年大部分地区干旱强度均呈增加趋势，其中东北地区东南部尤为显著。

与基准期相比，不同气候变化情景下极端干旱发生频率在 2011～2050 年均呈现增加趋势。以 A2 情景为例，2010～2019 年西北的东部（宁夏及内蒙古的西部）极端干旱发生频率增加显著；2020～2029 年和 2030～2039 年极端干旱发生频率在新疆大部分地区及内蒙古中部增加显著，在华北及东北大部地区增加不明显（图 2-20，A1B、B1 情景图略）；2040～2049 年是极端干旱多发期，华北、东北地区和新疆北部地区的极端干旱发生频率均呈明显增加的趋势。结合气候分区可以看出，40 年代极端干旱高发区主要位于干旱及半干旱地区，与基准期相比，3 种 SRES 情景下极端干旱发生频率的增幅均呈现半干旱区>干旱区>半湿润区>湿润区的变化趋势，且各情景之间的差异不大。

极端干旱发生的面积在 2040 年前没有明显的增加趋势，与基准期相比，A1B、B1 和 A2 情景下极端干旱面积占比的变化范围分别为 –0.2%～2.1%、–0.87%～2.7% 和 –0.6%～2.9%（图 2-21，A1B、B1 情景图略），说明 2011～2040 年北方地区极端干旱发生的频率虽然有所增加，但是没有大范围干旱发生。与基准期相比，2040～2049 年极端干旱面积占比增幅较显著（图 2-21），A2、A1B 和 B1 情景下，其增幅分别为 12.1%、11.9% 和 11.4%。综合极端干旱发生频率、强度及面积的变化趋势可以看出，整个北方地区 2040～

2049 年是较为干旱的时段，尤其是在半干旱地区。

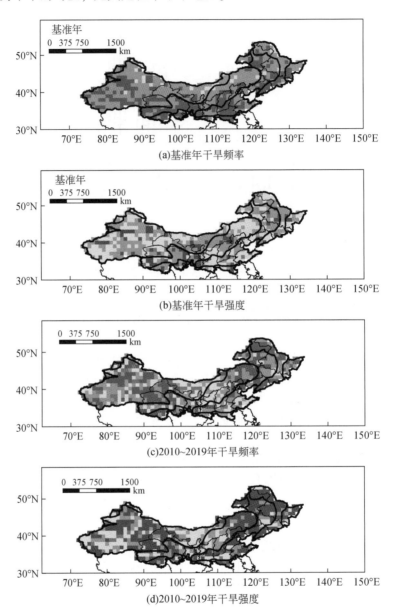

(a)基准年干旱频率

(b)基准年干旱强度

(c)2010~2019年干旱频率

(d)2010~2019年干旱强度

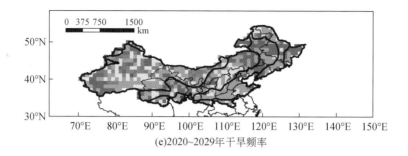

(e)2020~2029年干旱频率

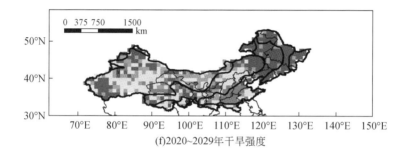

(f)2020~2029年干旱强度

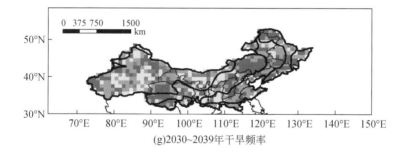

(g)2030~2039年干旱频率

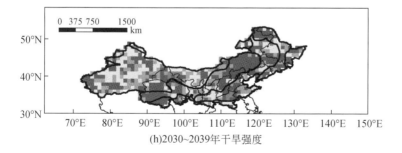

(h)2030~2039年干旱强度

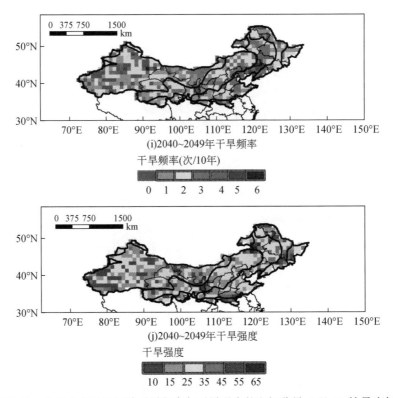

图 2-20　中国北方地区极端干旱频率与干旱强度的空间分异（以 A2 情景为例）

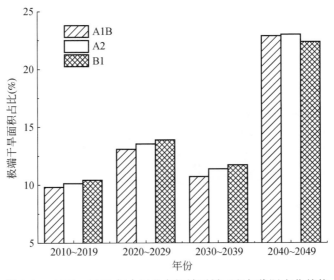

图 2-21　1970～2050 年中国北方极端干旱面积年代际变化趋势

2.4.4 温度升高对极端干旱的影响

虽然降水是影响干旱状况的主要因素，但温度升高与降水变化的叠加效应会影响极端干旱事件的形成。通过对比纳入温度和降水共同效应的 SPEI 指数和只纳入降水的 SPI 指数可以发现，采用 SPI 指数评价干旱状况时，3 种 SRES 情景下 2040~2049 年极端干旱发生频率均低于基于 SPEI 指数（综合考虑温度和降水）的评价结果，其中以半干旱区和干旱区的差异最大（图 2-22）。其主要原因是干旱和半干旱地区增温显著，增温导致大气蒸发能力增加，使得极端干旱发生的频率增加。以石家庄为例，相对于 20 世纪 70 年代，21 世纪 40 年代该地区的降水增量为 0.6%，潜在蒸散量增量为 2.45%，虽然降水呈现增加趋势，但由增温引起的蒸散量增量远大于降水的增加量，使得实际蒸散发（用 Schreiber 公式计算）（Schreiber，1904）呈现增加趋势（图 2-23），干旱状况加剧。在温度与降水双重因子的驱动下，西北地区 1960~2007 年的干湿演变特征与降水要素驱动下的干旱特征存在明显的差异，气候变暖对西北干旱化趋势的贡献比较显著（杨金虎等，2012）。

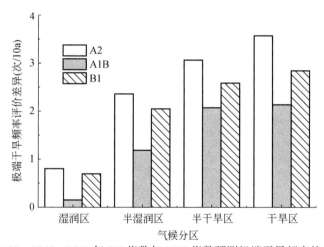

图 2-22 2040~2049 年 SPI 指数与 SPEI 指数预测极端干旱频率的差异
纵坐标极端干旱频率评价差异是由 SPEI 指数对极端干旱频率的评价结果减去 SPI 指数的评价结果获得

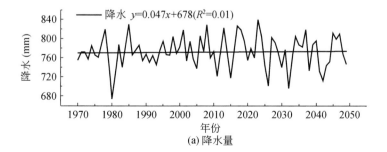

(a) 降水量

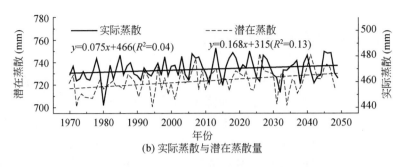

(b) 实际蒸散与潜在蒸散量

图 2-23　石家庄 1970～2050 年降水量与蒸散量的变化趋势

中国北方地区 2011～2050 年呈现干旱化倾向，其中轻微和中度季节性干旱发生频率降低，重度和极端季节性干旱发生频率增加。21 世纪 40 年代整个北方地区将会进入一个极端干旱发生频率增加、强度增强和影响范围扩大的阶段。对不同排放情景下 21 世纪中叶前期温度变化趋势的研究表明，各种排放情景下增温的格局基本一致，表现为由东南向西北递增的分布特征（江志红等，2008），即干旱区>半干旱区>湿润区>半湿润区的趋势。气候变暖对中国北方干旱化趋势贡献显著（Song and Zhao，2008），相应地，极端干旱发生频率的增幅呈现半干旱区和干旱区大于半湿润区和湿润区的特点。

其他学者的研究表明，在 A1B 情景下，由于降水量的增加，21 世纪中国干旱发生频率将会降低，但是极端干旱的次数和持续时间将会增加（Kim and Byun，2009）。Song 和 Zhao（2008）报道，虽然 A2 和 A1B 情景下，2010～2040 年降水量减少，干旱加剧，但随着降水量的增加，21 世纪后期北方地区的干旱将有所缓解。本研究显示，不同 SRES 情景下，中国北方地区干旱变化趋势相似，但是干旱程度稍有差异，其中 A2 情景因降水增幅最小、温度增幅最大，干旱强度、干旱发生频率和发生面积的增加趋势最为显著。虽然 A1B 情景下降水增幅高于 B1 情景，但其温度增幅也高于 B1 情景，因此 A1B 情景下干旱发生面积及极端干旱发生频率均高于 B1 情景。Sheffield 和 Wood（2008）的研究也认为，在中高排放情景下（A1B、A2）全球呈现强干旱化趋势，而在低排放情景下（B1）干旱化趋势并不显著。

干旱的加剧意味着区域可利用水资源的减少，这将给区域农业生产带来不利影响，特别是在中国北方地区。A2 情景下 2020～2049 年东北地区的地表径流量将会减少 1.53%～1.77%（王冀等，2009），2030 年 A1B 情景下，中国北方松花江、辽河、海河、淮河、黄河及西北内陆河六大流域农业灌溉水资源量将会减少 1.1%～4.5%（Wang et al.，2013）。

第3章 VIP 生态水文动力学模型的原理与方法

　　流域水文模型的发展可追溯到 20 世纪 60 年代的"Stanford Watershed Model"，随后基于物理过程的概念性水文模型和分布式水文模型陆续发布，得力于空间遥感技术和计算能力的快速发展，2010 年以来大尺度水文过程的模拟预报能力取得了长足的进展。地表植被的季节和长期变化改变了地表状况，并通过调控地表—大气之间的水分、动量和能量交换，从而显著影响流域在较长时间尺度上的水文循环。同时，流域的蓄水变化也反过来调节植被的生长和植物的生理生态行为。由于植被动态变化显著影响流域水文过程，流域多时空尺度上生态过程和水文过程耦合机制得到越来越多的重视，发展成为生态水文学新学科，重点探索生态格局演变对流域水循环的影响，以及水文过程对生态系统的反馈机制。随着土壤—植被—大气系统中生物物理、生物化学过程及其定量表达研究的不断深入，各国学者开始尝试将土壤—植被—大气连续体物质能量传输模型—植被动态模型—流域水文模型三者进行有机结合，并逐步融入社会人文过程，开发了一系列流域经济—生态—水文有机连接的流域水系综合模型（Running and Hunt，1993；Krysanova et al.，1999；Cramer et al.，2001；Montaldo et al.，2005；Fatichi et al.，2012；Sawada et al.，2014），用于研究流域土地利用、水管理措施、气候变化等对流域水文和生态过程的影响机理与效应，探索流域水循环的调控途径，为流域综合管理和应对气候变化策略提供科学支撑。

　　VIP（soil-vegetation-atmosphere interface processes）模型是莫兴国等自主开发的流域生态水文动力学模型，涵盖了流域水文、生物物理和生物地球化学过程，由土壤—植被—大气系统物质和能量传输、植被动态、土壤碳氮循环、水文循环、气候要素时空尺度扩展等模块组成，其中植被冠层水热通量和碳通量由蒸腾过程与碳同化过程耦合求解，作物/自然植被生长由光合产物的累积和物候机理模拟，碳氮过程由土壤的多碳库分解和转化机理模拟。水文模块模拟了地表径流、地下水径流和河道汇流等过程。模型采用 FORTRAN 和 C++语言编写，可进行界面可视化操作。模型由逐日常规气象资料驱动，用于模拟预测区域或流域尺度的地表/大气能量交换、水文循环、植被生产力/作物产量和碳循环过程。模型输出主要包括生态系统生产力（GPP、NPP、NEP）、生物量、蒸腾和蒸发、径流、土壤温度和湿度、土壤呼吸率和土壤有机碳库，可以用于模拟分析区域碳循环、水循环过程等对土地利用和气候变化的响应，以及对气候变化适应措施的评估。

　　VIP 模型结构如图 3-1 所示，主要包括冠层辐射传输、光合作用、能量平衡、水文循环和土壤碳氮循环过程。蒸散各分量（冠层蒸腾、截留水蒸发和土壤蒸发）的计算基于冠层能量平衡的双源模型，光合作用模拟采用生理生化模式，植被生长采用碳累积变化的动态模拟法。模型采用冠层受光叶和荫蔽叶沿冠层剖面积分，将叶片尺度的光合作用扩展到冠层尺度；土壤水分迁移和热量传输分别采用 Richards 方程和热扩散方程计算。

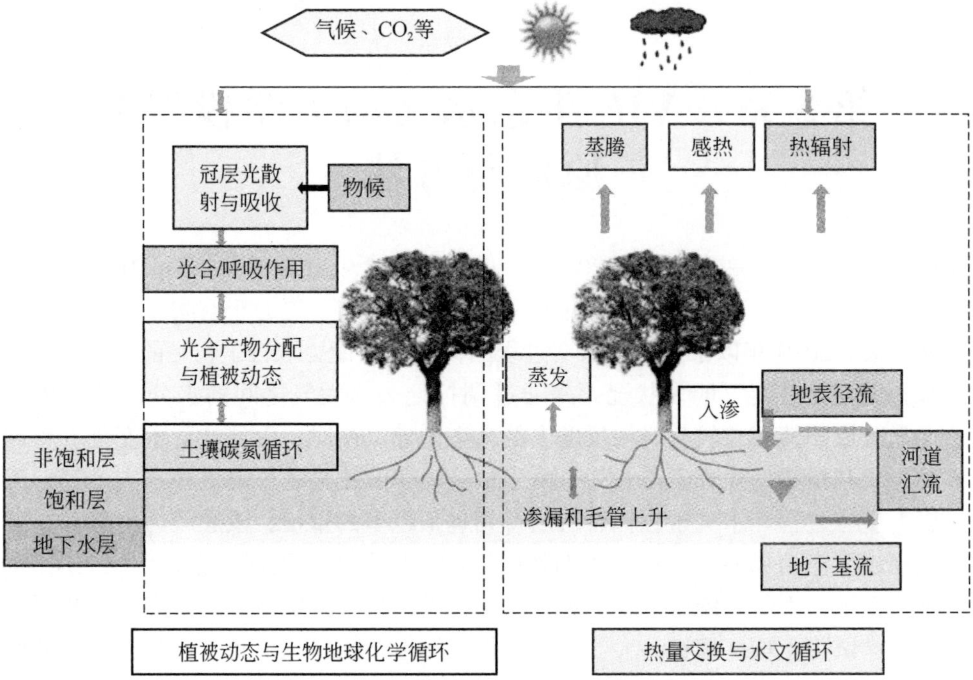

图 3-1 VIP 模型主要过程和结构

3.1 能量平衡

3.1.1 热量平衡

陆地表层的能量交换主要包括辐射与热量传递和转化，作用的载体是植被冠层和土壤。冠层顶的净辐射、潜热和感热由冠层和土壤的能量平衡分量构成，分别表示为

$$R_n = R_{nv} + R_{ng} \tag{3-1}$$

$$H = H_v + H_g \tag{3-2}$$

$$LE = LE_v + LE_g \tag{3-3}$$

式中，R_n、H 和 LE 为净辐射、显热和潜热通量；下标 v 代表植被、g 代表土壤。考虑植被层生物体和土壤热容量的变化，冠层和表层土壤的能量平衡方程分别为

$$C_v \frac{\partial T_v}{\partial t} = R_{nv} - H_v - LE_v \tag{3-4}$$

$$C_{m1} \frac{\partial T_g}{\partial t} = R_{ng} - H_g - LE_g - G \tag{3-5}$$

式中，C_{m1} 为单位面积表层土壤的热容量；C_v 为单位面积的植物体热容量；T_g 为地表温度；T_v 为冠层温度；L 为水的汽化潜热；G 为土壤热通量；E 为水气通量，如图 3-2 所示。

冠层潜热和感热通量表示为

$$LE_v = \frac{\rho C_p}{\gamma}\left[\frac{e_s(T_v) - e_o}{r_c + r_{av}}(1 - W_{fr}) + \frac{e_s(T_v) - e_o}{r_{av}}W_{fr}\right] \quad (3\text{-}6)$$

$$H_v = \rho C_p \frac{T_v - T_o}{r_{av}} \quad (3\text{-}7)$$

地面土壤潜热和感热通量表示为

$$LE_g = \frac{\rho C_p}{\gamma}\frac{e_s(T_g) - e_o}{r_s + r_{as}} \quad (3\text{-}8)$$

$$H_g = \rho C_p \frac{T_g - T_o}{r_{as}} \quad (3\text{-}9)$$

式中，T_v、T_g 分别为冠层和地表土壤温度；T_o 为冠层源汇处气温；e_s、e_o 分别为冠层空气饱和、实际水汽压；ρ 为空气密度；C_p 空气定压比热；γ 为干湿常数；r_c、r_s 分别为冠层阻力和土壤阻力；r_{ac} 为冠层叶片空气动力学阻力；r_{as} 为地表空气动力学阻力；W_{fr} 为冠层湿润比例。

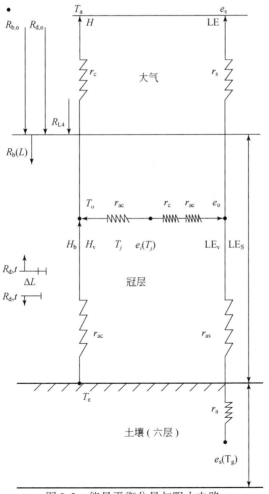

图 3-2　能量平衡分量与阻力电路

假定冠层获取的能量将首先满足冠层降水截留量的直接蒸发，然后用于蒸腾。冠层潜热的计算也可采用 Penman-Monteith 方程计算：

$$\text{LE}_v = \frac{\Delta R_{nc} + \rho C_p D_o / r_{ac}}{\Delta + \gamma\left(1 + \dfrac{r_c}{r_{ac}}\right)}(1 - W_{fr}) + \frac{\Delta R_{nc} + \rho C_p D_o / r_{ac}}{\Delta + \gamma} W_{fr} \tag{3-10}$$

$$\text{LE}_g = \frac{(\Delta R_{ng} - G) + \rho C_p D_o / r_{as}}{\Delta + \gamma\left(1 + \dfrac{r_s}{r_{as}}\right)} \tag{3-11}$$

式中，Δ 为空气温度–饱和水气压曲线斜率；R_{nc} 为冠层吸收的净辐射；γ 为干湿常数；W_{fr} 为冠层湿润叶片比例；R_{ng} 为地表土壤吸收的净辐射；D_o 为冠层源汇高度处的饱和水气压差，可由式（3-12）计算：

$$\rho C_p D_o = \frac{\dfrac{\rho C_p D}{r_a} + \Delta(R_n - G) - A R_{nc} - B(R_{ns} - G)}{\dfrac{1}{r_a} + \dfrac{A}{r_{ac}} + \dfrac{B}{r_{as}}} \tag{3-12}$$

式中，D 为参考高度空气饱和水气压差；r_a 为冠层到参考高度空气动力阻力；R_n 为冠层顶净辐射。其中，

$$A = \frac{\Delta + \gamma}{\Delta + \gamma\left(1 + \dfrac{r_c}{r_{ac}}\right)}, \qquad B = \frac{\Delta + \gamma}{\Delta + \gamma\left(1 + \dfrac{r_s}{r_{as}}\right)}$$

W_{fr} 可用以下方法计算：

$$W_{fr} = \min\left(\frac{P'}{E_p}, 1\right) \tag{3-13}$$

$$P' = \min(P, I_{max}) \tag{3-14}$$

式中，E_p 为冠层潜在蒸发；P' 冠层降水截留量；P 为到达冠层上方的降水量；I_{max} 为冠层可截获水层的最大厚度，与冠层的结构和叶面积大小有关，可用式（3-15）估计（Von Hoynigen-Huence，1983）：

$$I_{max} = 0.935 + 0.498\text{LAI} + 0.005\,75\text{LAI}^2 \tag{3-15}$$

式中，LAI 为冠层总叶面积指数。

土壤热通量：

$$G = \lambda \frac{T_g - T_{s1}}{\Delta z_1} \tag{3-16}$$

式中，λ 为土壤热导率；T_{s1} 为土壤表层（第一层）温度；ΔZ_1 为第一层土壤厚度。

3.1.2　入射辐射

大气顶入射天文辐射：

$$I = I_{sc} E_0 \left\{\sin(\phi)\sin(\delta) + \cos(\phi)\cos(\delta)\cos[\omega(t - t_h)]\right\} \tag{3-17}$$

式中，太阳常数 I_{sc} 为 1367 W/m^2；E_0 为地球绕日椭圆轨道校正因子；ϕ 为纬度；δ 为太阳赤纬；ω 为地球自转角速度；t 为时刻；t_h 为太阳正午时刻。E_0 和 δ 按下面方法计算：

$$E_0 = \left(\frac{r_0}{r}\right)^2 = 1.000\,11 + 0.034\,221\cos(\varGamma) + 0.001\,28\sin(\varGamma) + 0.000\,719\cos(2\varGamma)$$
$$+ 0.000\,077\sin(2\varGamma) \tag{3-18}$$

$$\delta = \left(\frac{180}{\pi}\right)\left[0.006\,918 - 0.399\,912\cos(\varGamma) + 0.070\,257\sin(\varGamma) - 0.006\,758\cos(2\varGamma)\right.$$
$$\left. + 0.000\,907\sin(2\varGamma) - 0.002\,697\cos(3\varGamma) + 0.000\,148\sin(3\varGamma)\right] \tag{3-19}$$

$$\varGamma = \frac{2\pi(J-1)}{365} \tag{3-20}$$

式中，r_0 和 r 分别为日-地平均距离和当日距离；$\varGamma$ 为日角；J 为一年中的儒略日。

太阳正午时刻（t_h）的计算：

$$t_h = 12 - \left(\frac{E_{rc}}{60}\right) - \left(\frac{105 - \varOmega}{15}\right) \tag{3-21}$$

其中，

$$E_{rc} = 987\sin(2\beta_{rc}) - 7.53\cos(\beta_{rc}) - \cos(\beta_{rc}) - 1.5\sin(\beta_{rc}) \tag{3-22}$$

$$\beta_{rc} = \frac{360(J-81)}{364} \tag{3-23}$$

式中，$\varOmega$ 为所在平面的经度；E_{rc} 为以小时计的赤道时间；β_{rc} 为逐日时间调整参数。

在天空有云的情况下，到达地面的日总辐射量按 Angstrom 公式计算：

$$Q = I\left(a + b\frac{n}{N}\right) \tag{3-24}$$

式中，a，b 为经验系数；n、N 分别为实际和最大日照时数。

地面入射太阳辐射中，可见光（VIS）和近红外（NIR）光谱区的能量大约各占一半，还有少量能量分布在紫外线。太阳辐射在大气层的传输过程中，受到空气分子和气溶胶等粒子的散射，到达地面的短波辐射通常分为太阳直射光和天空漫射光，射光和直射光的比例随天空云量和太阳高度角而变。由于漫射光和直射光在冠层内的传输特性不同，以及叶片对可见光和近红外的吸收比例差异显著，在冠层辐射传输计算中，采用 Weiss 和 Norman（1985）、Irmak 等（2008）的方案区分直射辐射和漫射辐射。

到达地面最大的直接辐射可表示为

$$R_{DV} = 600\left[-0.185\left(\frac{P}{P_o}\right)m\right]\cos(\vartheta) \tag{3-25}$$

$$m = 1/\cos(\vartheta) \tag{3-26}$$

式中，系数 600（W/m^2）为到达大气顶的平均可见光；系数 0.185 为大气消光系数；P 和 P_0 分别为实际和海平面大气压；m 为空气光学厚度；ϑ 为太阳天顶角。

地面最大可见光漫射辐射为

$$R_{dv} = 0.4[600\cos(\vartheta) - R_{DV}] \tag{3-27}$$

式中，系数 0.4 为被大气散射的直射光转为地面漫射光的比例。

地表水平面最大直接近红外辐射（NIR）可按式（3-28）计算：

$$R_{DN} = \{720\exp[-0.06(P/P_0)m] - w\}\cos(\vartheta) \tag{3-28}$$

到达地表水平面最大漫射 NIR：

$$R_{dN} = 0.6(720 - R_{DN} - w)\cos(\vartheta) \tag{3-29}$$

$$w = 1320\,\mathrm{antilg}[-1.1950 + 0.4459\lg m - 0.0345\,(\lg m)^2] \tag{3-30}$$

式中，系数 720（W/m²）为大气顶 NIR 辐射强度；w 为 10mm 大气可降水吸收的 NIR 辐射量。

入射太阳短波辐射（R_t）中，可见光辐射量为

$$S_V = R_t \frac{R_V}{R_V + R_N} \tag{3-31}$$

其中，

$$R_V = R_{DV} + R_{dV} \tag{3-32}$$

$$R_N = R_{DN} + R_{dN} \tag{3-33}$$

可见，光中直射光所占的比例为

$$f_V = \frac{R_{DV}}{R_V}\left[1 - \left(\frac{A - \mathrm{Ratio}}{B}\right)^{2/3}\right] \tag{3-34}$$

$$\mathrm{Ratio} = \frac{R_t}{R_V + R_N} \tag{3-35}$$

式中，R_V、R_N 分别为大气上界可见光和近红外短波辐射；经验系数 A 和 B 分别为 0.9 和 0.7；Ratio 为实际与最大入射辐射之比。因此，到达冠层顶的可见光直接、漫射辐射为

$$Q_{DV} = S_V \times f_V \tag{3-36}$$

$$Q_{dV} = S_V \times (1 - f_V) \tag{3-37}$$

同理，可得到达冠层顶的 NIR 辐射的直接、漫射辐射分量。

晴空天空长波辐射（L_{sky}）的计算（左大康等，1991）：

$$L_{sky} = (0.614 + 0.0557\sqrt{e_a})\sigma T_a^4 \tag{3-38}$$

式中，T_a 为气温（K）；e_a 为空气水气压（hPa）；σ 为 Stefan–Bolzman 常数。

3.1.3 冠层辐射传输

假设冠层水平均匀，将冠层分成受光叶和荫蔽叶，忽略冠层叶角的分级，则到达荫蔽叶的辐射为

$$Q_{sh}(\xi) = Q_{ld}(\xi) + Q_{lbs}(\xi) \tag{3-39}$$

式中，ξ 为自冠层顶向下累积的叶面积指数；$Q_{ld}(\xi)$ 为透过冠层的漫射辐射；$Q_{lbs}(\xi)$ 为直接辐射在冠层的漫射量，分别采用 Leuning 等（1995）的方案计算：

$$Q_{ld}(\xi) = Q_{do}k'_d(1 - \rho_{cd})\exp(-k'_d\xi) \tag{3-40}$$

$$Q_{lbs}(\xi) = Q_{bo}[k'_b(1 - \rho_{cb})\exp(-k'_b\xi) - k_b(1 - \sigma_1)\exp(-k_b\xi)] \quad (3\text{-}41)$$

式中，Q_{bo} 和 Q_{do} 分别为到达冠层顶的直接辐射和漫射辐射；k'_d、k'_b 和 k_b 分别为漫射辐射、直接辐射和理论黑体叶片的冠层消光系数；σ_1 为叶片对直接辐射的散射系数；ρ_{cd} 和 ρ_{cb} 分别为扣除土壤反射辐射贡献的冠层对散射辐射和直接辐射的反射率。

受光叶的辐射截获计算见式（3-42）：

$$Q_{lt}(\xi) = k_b Q_{b0}(1 - \sigma_1) + Q_{sh}(\xi) \quad (3\text{-}42)$$

整个冠层的辐射截获为冠层比叶面积的积分：

$$Q_{ablt} = \int_0^{LAI} Q_{lt}(\xi)f_{lt}d\xi \quad (3\text{-}43)$$

$$Q_{absh} = \int_0^{LAI} Q_{sh}(\xi)f_{sh}d\xi \quad (3\text{-}44)$$

式中，Q_{ablt} 和 Q_{absh} 分别为整个冠层受光叶和荫蔽叶所截获的辐射；f_{lt} 和 f_{sh} 分别为受光叶和荫蔽叶在冠层深度 ξ 处的比例，采用式（3-45）～式（3-46）计算：

$$f_{lt} = \exp(-k_b\xi) \quad (3\text{-}45)$$

$$f_{sh} = 1 - f_{lt} \quad (3\text{-}46)$$

冠层截获直接辐射的叶面积指数为

$$LAI_{lt} = \frac{1 - \exp(-k_b LAI)}{k_b} \quad (3\text{-}47)$$

遮阴叶面积指数为总叶面积指数与 LAI_{lt} 之差：

$$LAI_{sh} = LAI - LAI_{lt} \quad (3\text{-}48)$$

遮蔽的地表和受光的地表辐射收支分别为

$$Q_{gsh} = \{Q_{d0}\exp(-k'_d LAI) + Q_{b0}[\exp(-k'_b LAI) - \exp(-k_b LAI)]\}(1 - \rho_g)[1 - \exp(-k_b LAI)] \quad (3\text{-}49)$$

$$Q_{glt} = (Q_{b0} + Q_{gsh})(1 - \rho_g)\exp(-k_b LAI) \quad (3\text{-}50)$$

冠层和冠层下土壤吸收的长波辐射按式（3-51）～式（3-52）计算：

$$\boldsymbol{L}_{nc} = (1 - \eta)(L_{sky} + \varepsilon_g\sigma T_g^4 - 2\varepsilon_v\sigma T_v^4) \quad (3\text{-}51)$$

$$\boldsymbol{L}_{ng} = (1 - \eta)\varepsilon_v\sigma T_v^4 + \eta L_{sky} - \varepsilon_g\sigma T_g^4 \quad (3\text{-}52)$$

式中，ε_v 和 ε_g 分别为冠层和土壤的长波发射系数；η 为天空视角因子；ρ_g 为土壤反射率；σ 为叶片散射系数。对水平方向均匀植被冠层，η 可表示为

$$\eta = \exp(-0.8LAI) \quad (3\text{-}53)$$

冠层吸收的净辐射 R_{nc} 和土壤吸收的净辐射 R_{ng} 分别为

$$R_{nc,i} = Q_{ab,i} + L_{nc} \quad (3\text{-}54)$$

$$R_{ng} = Q_{abg} + L_{ng} \quad (3\text{-}55)$$

式中，i 为 lt 或 sh；L_{ng} 和 L_{nc} 分别为土壤表面和冠层吸收的长波辐射量；Q_{ab}、Q_{abg} 分别为冠层和土壤吸收的短波辐射。

3.1.4 水汽和热量交换阻力的参数化

冠层阻力是冠层叶片所有气孔阻力的并联，而叶片气孔阻力大小受叶片周围诸多环境因子的影响，可以用 Jarvis 方法表达：

$$r_c = \frac{r_{\text{smin}}}{\text{LAI}_{\text{eff}}} f_1(R_s) f_2(D) f_3(T) f_4(\theta) \tag{3-56}$$

式中，r_{smin} 为最小气孔阻力；环境因子胁迫项 f_1、f_2、f_3、f_4 分别为辐射、饱和水汽压差 D、气温和根区土壤水分的函数；LAI_{eff} 为有效叶面积指数。

冠层阻力也可由 Ball−Bery 光合作用与蒸腾作用的耦合关系导出。冠层导度（g_c）与冠层光合速率和饱和水汽压差的耦合公式为

$$\frac{1}{r_c} = g_c = m \frac{A_n P_{\text{atm}}}{c_s} \left(1 - \frac{\psi_v}{\psi_c}\right) + b\text{LAI} \tag{3-57}$$

式中，A_n 为净光合作用率；P_{atm} 为大气压；m 和 b 为经验回归系数；c_s 为叶片表面的 CO_2 浓度；ψ_v 和 ψ_c 分别为叶水势和叶片气孔关闭时的临界水势。

土壤阻力表征土壤孔隙对土壤和近地面大气之间水汽交换的阻碍。通常与表层土壤水分大小有关，用式（3-58）表示（Sellers et al.，1992）：

$$r_s = \exp\left(a - b\frac{\vartheta_1}{\vartheta_s}\right)\beta \tag{3-58}$$

式中，ϑ_1、ϑ_s 分别为浅表层（如 0.01m）土壤水分和饱和含水量；a、b、β 为经验系数。

冠层叶片表面空气动力学阻力，冠层叶片表面空气动力学阻力采用下式计算（Choudhury and Monteith，1988）：

$$r_{ac} = \frac{\alpha_w}{4\alpha_0\left[1 - \exp(-\alpha_w/2)\right]} \frac{(l/u_{\text{hc}})0.5}{\text{LAI}} \tag{3-59}$$

对水平方向均匀的冠层，近似认为风速和湍流交换系数在冠层内由上而下指数衰减，即

$$u(z) = u(h_c) \exp\left[-w_e\left(1 - \frac{z}{h_c}\right)\right] \tag{3-60}$$

$$K_{\text{ed}}(z) = K_{\text{ed}}(h_c) \exp\left[-w_e\left(1 - \frac{z}{h_c}\right)\right] \tag{3-61}$$

式中，z 为垂直高度；u 为风速；K_{ed} 为湍流交换系数（m^2/s）；h_c 为冠层高度；w_e 为风速衰减系数。土壤表面空气动力学阻力受很多因素的影响，采用以下方案：

$$r_{\text{ag}} = \frac{h_c \exp(w_e)}{w_e K_{\text{ed}}(h_c)} \left[\exp\left(-w_e\frac{z_{\text{os}}}{h_c}\right) - \exp\left(-w_e\frac{z_{\text{oc}}+d}{h_c}\right)\right] \tag{3-62}$$

式中，z_{os} 为土壤表层热传导粗糙度长度；d 为零平面位移；z_{oc} 为冠层热传导粗糙度长度。

3.2 土壤水热运动

土壤水分迁移和热传导是相互关联的过程，水分运动方式和热传导的效率均受土壤性

质的影响。土壤水分对土壤表层的水分蒸发、根层吸水和植被蒸腾有十分重要的影响，而土壤表层温度对潜热和感热产生影响。土壤水热传导耦合模型充分考虑水分运动和热传导的相互作用，即土壤中的能量输送受土壤水分梯度的影响，并同时考虑水的相变作用。

3.2.1 土壤热传导

土壤热传导的计算采用如下的热扩散方程：

$$C_{m} \frac{\partial T_{s}}{\partial t} = \frac{\partial}{\partial z} \lambda_{T} \frac{\partial T_{s}}{\partial z} \tag{3-63}$$

式中，T 为时间；C_{m} 为土壤体积热容量；T_{s} 为土壤温度；z 为土壤剖面深度；λ_{T} 为土壤热传导率。C_{m} 采用水和土壤固体热容量的加权平均值计算，

$$C_{m} = [1.2(1 - \eta_{s}) + 4.18\eta] \times 10^{6} \tag{3-64}$$

λ_{T} 的计算采用方案（Camilo and Gurney，1984）：

$$\lambda_{T} = \frac{\eta \lambda_{w} + b_{f}(1 - \eta_{s})\lambda_{s} + b_{a}(\eta_{s} - \eta)\lambda_{a}}{\eta + b_{f}(1 - \eta_{s}) + b_{a}(\eta_{s} - \eta)} \tag{3-65}$$

式中，λ_{w}、λ_{s}、λ_{a} 分别为土壤液相、固相和气相的热导率；b_{f} 和 b_{a} 为权重因子；η 和 η_{s} 分别为土壤体积含水量和孔隙度。

3.2.2 土壤水分运动

垂向的土壤水汽通量采用式（3-66）计算：

$$\frac{\partial \theta}{\partial t} = \frac{\partial}{\partial z}(K_{w} \frac{\partial \psi}{\partial z} - K_{w}) - S_{u}(z, t) \tag{3-66}$$

式中，取垂直坐标 z 向下为正；K_{w} 为土壤导水率；ψ 为土壤基质势；S_{u} 为根系吸水项。

采用 Clap-Hornberger 方案计算水力系数：

$$\psi = \psi_{s} \left(\frac{\theta}{\theta_{s}}\right)^{B} \tag{3-67}$$

$$K_{w} = K_{w,s} \left(\frac{\theta}{\theta_{s}}\right)^{2B+3} \tag{3-68}$$

式中，ψ_{s} 和 $K_{w,s}$ 分别为土壤由非饱和到饱和过程中进气时对应的水势和饱和导水率；θ、θ_{s} 分别为实际土壤含水量和饱和含水量；B 为系数。根系吸水函数表示为

$$S_{u}(z_{i}, t) = \frac{E_{v}}{\Delta z_{i}} \frac{(\psi_{w} - \psi_{i})F_{r,i}}{\sum_{i=1}^{N}(\psi_{w} - \psi_{i})F_{r,i}} \tag{3-69}$$

式中，E_{v} 为蒸腾速率；Δz_{i} 为第 i 层土壤厚度（$z_{i} - z_{i-1}$）；ψ_{i} 和 ψ_{w} 分别为第 i 层土壤的土水势和萎蔫点时的土水势；$F_{r,i}$ 为第 i 层的根系密度，用下式计算：

$$F_{r}(z) = \frac{\exp(-c_{r}z) - \exp(-c_{r}z_{r})}{1 - \exp(-c_{r}z_{r})} \tag{3-70}$$

式中，z_r 为根区厚度，对作物而言，其值随生育阶段变化；c_r 为根系密度随深度的递减系数。

在区域尺度上进行计算时，土壤水分运动方程采用六层或三层方案，第一层主要供给土壤蒸发，下层主要用于植被蒸腾与地下水的交换。表层土壤水分运动的控制方程：

$$\frac{\partial \theta_1}{\partial t} = \frac{1}{L_1} \left[P' - \text{RO} - Q_{1,2} - E_s \right] \tag{3-71}$$

其他层土壤水分控制方程为

$$\frac{\partial \theta_i}{\partial t} = \frac{1}{L_i} \left[Q_{(i-1),i} - Q_{i,(i+1)} - F_{r,i} \times E_v \right] \tag{3-72}$$

$$\frac{\partial \theta_n}{\partial t} = \frac{1}{L_n} \left[Q_{(n-1),n} - Q_{n,g} \right] \tag{3-73}$$

式中，P' 为地表净雨量；RO 为地表径流量；E_s 为土壤蒸发；F_r 为土层根分布比例；L_i 为各土层厚度；θ_i 为各层土壤水分（$i = 2, n-1$）；$Q_{i,(i+1)}$ 为上下层间水流通量，采用式（3-74）计算；$Q_{n,g}$ 为最下一层与地下水的交换量，由式（3-75）计算：

$$Q_{i,i+1} = \frac{L_i K_{w,i} + L_i K_{w,i+1}}{L_i + L_{i+1}} \left(2 \frac{\psi_i - \psi_{i+1}}{L_i + L_{i+1}} + 1 \right) \tag{3-74}$$

$$Q_{ng} = K_{w,n} \left(\frac{\psi_n}{L_n} - 1 \right) \tag{3-75}$$

式中，L_i 分别为各土层的厚度；$K_{w,i}$ 为各层土壤水力传导度；ψ_i 为各层土水势。

3.3 光合作用与植被动态

光合作用是植被利用太阳能，固定 CO_2 并将其转化为可供生物体利用的碳水化合物的过程。20 世纪 80 年代以来，光合作用模拟模型的研究取得了重要进展，根据其参数化方案的不同，可以分为以实验观测为主的半经验模型，以遥感资料为主的光能利用率模型和以叶片生理生化过程为主的机理模型。其中，机理模型描述了光合作用的生理生化过程，以及环境因子的调控途径，在生态系统机理模型中得到了广泛应用。

VIP 模型的光合作用模块采用的是基于叶片生理生化过程的机理模式，综合考虑了叶片表面通量和气体浓度与气孔导度间的互馈作用，以及冠层不同层次氮素水平对光合作用的影响。

3.3.1 冠层光合作用

完整地描述叶片吸收 CO_2 进行光合作用的过程，需要构建叶绿体光合反应的生化模式，定量描述 CO_2 从大气经气孔扩散进入叶片细胞间隙的过程，以及气孔响应环境因子胁迫的方式。植物叶片通过光合作用同化 CO_2 的速率受到 3 个因子的控制，即光合作用酶系统（rubisco）总量及其活性对羧化率，光电子输送速率和光合作用产物利用率。叶片光合

作用同化速率取决于上述 3 个限制值中的最小值，净光合作用率 A_n 可表示为

$$A_n = \min(A_v,\ A_e,\ A_s) - R_d \tag{3-76}$$

式中，A_v 为受 Rubisco 酶总量活性限制的光合作用率；A_e 为由 RuBP 再生速率限制的光合作用率；A_s 为受光合产物利用率限制的光合作用率（C_3）或 PEP 羧化速率限制的光合作用率；R_d 为暗呼吸速率。对于 C_3、C_4 植物，

$$A_v = V_{cmax} \frac{c_i - \Gamma}{c_i + K_c(1 + o_i/K_o)} \qquad (C_3) \tag{3-77}$$

$$A_v = V_{cmax} \qquad (C_4) \tag{3-78}$$

$$A_e = \frac{J}{4} \frac{c_i - \Gamma}{c_i + 2\Gamma} \qquad (C_3) \tag{3-79}$$

$$A_e = \varepsilon Q_{par} \qquad (C_4) \tag{3-80}$$

$$A_s = 0.5 V_{cmax} \qquad (C_3) \tag{3-81}$$

$$A_s = 1.8 \times 10^4 V_{cmax} \frac{c_i}{p_{atm}} \qquad (C_4) \tag{3-82}$$

式中，ε 为表观量子效率；Q_{par} 为叶片吸收的 PAR（植物叶绿体接受光合作用活动所需谱段）光通量密度 $[\mu mol/(m^2 \cdot s)]$；P_{atm} 为气压；V_{cmax} 为饱和 RuBP 和 CO_2 浓度下 Rubisco 的最大羧化能力；J 为电子传输能力；c_i 和 O_i 分别为叶肉细胞间隙 CO_2 和 O_2 浓度；Γ 为光补偿点时 CO_2 浓度；K_c、K_o 分别为 CO_2 和 O_2 的 Michaelis–Menton 常数。J 为如下二次抛物方程的较小根：

$$\theta J^2 - (aQ_{par} + J_{max})\ J + aQ_{par}J_{max} = 0 \tag{3-83}$$

式中，J_{max} 为饱和光强下的最大电子传输能力；a 为电子传输链的光量子效率，取 0.385；θ 为抛物方程的弯曲因子，取 0.92。

由于大气向植物叶片提供光合同化作用所使用的 CO_2 和植物叶片蒸腾向大气供给水汽都是以气孔为主要通道，所以在利用 Penman-Monteith 公式计算水汽通量和 CO_2 通量的扩散时都要考虑气孔的阻抗。在 VIP 模型中，采用 Leuning 等（1995）修正的气孔导度（g_c）与光合作用净同化速率（$A_{n,c}$）同化方案：

$$g_c = m \frac{A_{n,c}}{(C_S - \Gamma)(1 + VPD_s/VPD_{so})} + b \sum L \tag{3-84}$$

式中，m 和 b 分别为经验回归系数；C_s 为叶片表面的 CO_2 分压（Pa）；VPD_s 为叶面饱和水汽压差（hPa）；VPD_{so} 为经验系数；L 为叶面积指数。

冠层中不同层次以及同一层次中荫蔽叶和受光叶所接受的可见光通量显著不同，而光合作用对光的响应曲线是高度非线性的。若用平均光强来计算光合作用会产生一定的误差，因此有必要区分荫蔽叶和受光叶的光合作用过程。冠层中任意一层的光合作用可表示为

$$A_n = A_{lt}f_{lt} + A_{sh}f_{sh} \tag{3-85}$$

式中，A_{lt} 和 A_{sh} 分别为受光叶和荫蔽叶的光合作用率；f_{lt}、f_{sh} 分别为冠层受光叶和荫蔽叶的叶面积指数。整个冠层的光合作用速率为各层光合速率的积分。冠层内叶片周围环境因子

（如叶温、气温、CO_2 浓度和湿度）的分布并不均匀，但在大多数情况下，这些因子在冠层内的垂直差异较小，可以假设其随冠层深度不变。许多观测报道认为，V_{cmax} 与叶片氮（N）浓度呈线性关系，且叶片 N 浓度在冠层内呈指数衰减，从而 V_{cmax} 可表示为

$$V_{cmax} = V_{cmax0} \exp\left(-K_N \xi\right)$$

式中，V_{cmax0} 为冠层顶的 V_{cmax}；K_N 为叶片氮浓度在冠层的衰减系数。

3.3.2 植被动态

模式中，植被按其功能类型划分为农作物、常绿阔叶林、落叶阔叶林、常绿针叶林、混交林、灌木、草地和荒漠等类型，各类型的生态特征参数不同。采用干物质累积方程描述植被动态变化，即

$$\frac{\mathrm{d}M_i}{\mathrm{d}t} = a_i P_g - R_{g,i} - R_{m,i} - D_i \tag{3-86}$$

式中，对树木和作物（主要指小麦和玉米）而言，$i = l$，s，r，分别代表叶、茎和根；对草本而言，$i = l$，r 分别代表叶和根；a_i 为各相应器官的光合产物分配系数；M 为干物质；P_g 为总光合作用量；R_m 为维持呼吸；R_g 为生长呼吸；D 为枝叶枯黄凋落率。

光合产物的分配与植被类型和物候期有关，还受土壤水分、光能截获等因子的影响，叶层光合产物的分配系数可表示为

$$a_1 = \exp(-k\mathrm{LAI}) \tag{3-87}$$

式中，LAI 为叶面积指数，由比叶面积和叶生物量确定。对于根和茎干，光合产物的分配系数可用如下经验关系表示：

$$a_r = \frac{B_p + P_w(1-w)}{1 + P_w(1 + L - w)}(1 - a_1) \tag{3-88}$$

$$a_s = 1 - a_1 - a_r \tag{3-89}$$

式中，k，B_p 和 P_w 均为经验系数；L 和 w 分别为光和土壤水分胁迫因子。

植物生长呼吸设定为净光合作用率的 0.25 ~ 0.28，是光合产物转化为结构物质的消耗系数；生物质维持呼吸率按式（3-90）计算：

$$R_{m,i} = \beta \frac{M_i}{cn_i}(3.22 - 0.046T_v)^{(T_v-20)/10} \tag{3-90}$$

式中，β 为系数；M_i 为生物量；i 指根、茎、叶、果实；cn_i 为碳氮比；T_v 为植株温度。植被结构物质的衰老凋落主要由其周转周期决定，但同时也受温度和土壤水分胁迫的影响，其枯死率由式（3-91）表示：

$$D_i = \frac{1}{365\tau}M_i f_d(T, \vartheta) \tag{3-91}$$

叶片的衰落由积温或生育期控制，

$$D_i = \alpha \exp\left[\eta(v_s - 1)\right] \tag{3-92}$$

式中，T 为温度；Q 为土壤含水量；τ 为周转周期（d）；f_d 为表征温度或/和土壤水分胁迫所引起的植物组织枯死的影响函数；α、η 为系数。

由于作物的生长发育程度与积温密切相关，采用积温法计算作物相对生育期（V_s），其中设定作物营养生长阶段为 $0 \sim 1$，生殖生长阶段为 $1 \sim 2$：

$$v_s = \begin{cases} \dfrac{\sum^{t_1}(T_m - T_b)}{A_1} & 0 < v_s \leqslant 1 \\ 1 + \dfrac{\sum^{t_2}(T_m - T_b)}{A_2} & 1 < v_s \leqslant 2 \end{cases} \quad (3\text{-}93)$$

式中，t_1、t_2 分别为营养生长期和生殖生长期的天数（d）；A_1 和 A_2 分别为营养生长期和生殖生长期所需的积温（℃）；T_m 为日均温（℃）；T_b 为作物生长的最低温度（℃）。

对冬小麦而言，发育程度除受积温控制外，还受春化作用和光周期的影响。考虑光周期和春化作用的每日有效积温 TDU 的计算如下：

$$\mathrm{TDU} = T_a \times \min\{f_v, f_d\} \quad (3\text{-}94)$$

式中，T_a 为空气温度；f_d 和 f_v 分别为光周期函数和春化函数。f_d 可表示为

$$f_d = 1 - \exp[-\omega(P - P_c)] \quad (3\text{-}95)$$

式中，P 为实际日长（h）；P_c 为临界日长（h）；ω 为光周期敏感系数（h^{-1}）。P_c 和 ω 分别设为 9.5h 和 $0.34\mathrm{h}^{-1}$。

春化作用对每日发育速度的影响函数 f_v 为非线性函数：

$$f_v = \frac{\mathrm{VD}^5}{22.5^5 + \mathrm{VD}^5} \quad (3\text{-}96)$$

式中，VD 为有效春化天数，计算如下：

$$\mathrm{VD} = \sum f_{vn} \quad (3\text{-}97)$$

式中，f_{vn} 为每日的春化程度（d），由式（3-97）计算：

$$f_{vn} = \begin{cases} \dfrac{2(T_a - T_{max})^\alpha (T_{opt} - T_{min})^\alpha - (T_a - T_{min})^{2\alpha}}{(T_{opt} - T_{min})^{2\alpha}} & T_{min} \leqslant T_a \leqslant T_{max} \\ 0 & T_a < T_{min} \text{ 或 } T_a > T_{max} \end{cases} \quad (3\text{-}98)$$

$$\alpha = \frac{\ln 2}{\ln\left(\dfrac{T_{max} - T_{min}}{T_{opt} - T_{min}}\right)}$$

式中，T_{min}，T_{opt} 和 T_{max} 分别为春化作用的最低温度、最适温度和最高温度，相应地，强冬性品种冬小麦分别设为 -1.3℃、4.9℃ 和 15.7℃；T_a 为日均温。

3.4 土壤碳氮循环

由于大气温室气体浓度升高是气候变暖加剧的重要原因，人们开始采取各种措施控制人类活动向大气排放 CO_2 等温室气体，土壤的固碳作用也越来越为大家所重视。土壤有机质（soil organic matter，SOM）含量的高低是土壤质量和肥力的一个重要指标，其所含的土壤有机碳或为碳源或为碳汇取决于不同的土地利用方式和耕作管理措施。全球 $0 \sim$

100cm 土壤有机碳总储量为 $1.5 \times 10^{15} \sim 2.0 \times 10^{15}$ kg，大约为大气 CO_2-C 总量的 3 倍。利用土壤固碳的能力增加碳汇，可有效减缓大气 CO_2 浓度的增高。例如，对农田生态系统而言，合理的耕作措施，如少耕、免耕，作物残茬覆盖，合理轮作等都能明显增加土壤有机碳含量，减少温室气体排放。

鉴于此，对土壤碳动态的模拟是生态系统模拟研究的一个重要内容。基于 CENTURY 等模型概念碳库的假设，本研究建立了土壤碳动态模块，其中将土壤碳库分为植物凋落物碳库（包括表面残茬和根区残茬）、微生物碳库和腐殖质库，并将植物残茬（凋落物）分为结构部分和代谢部分，共 8 个碳库（图 3-3）。

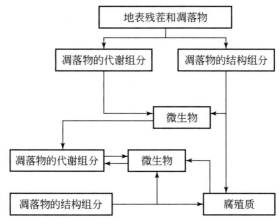

图 3-3　VIP 模型土壤有机碳库循环

3.4.1　地表凋落物库

在植物凋落物中，根据其中木质素和氮素含量来计算代谢部分的比例 f_m：

$$f_m = 0.99 - 0.018 \frac{L_{gn}}{N} \tag{3-99}$$

式中，L_{gn} 为木质素含量；N 为氮素含量。

（1）结构凋落物的分解

结构凋落物的碳平衡方程：

$$\frac{dC_{w1\_in}}{dt} = F_{w1\_in} - F_{w1\_dec} \tag{3-100}$$

式中，F_{w1_in} 为输入凋落物的结构部分；F_{w1_dec} 为分解量。

$$F_{w1\_in} = f_w \text{Litter}_{in} \tag{3-101}$$

$$F_{w1\_dec} = \left[\varphi f_d(\theta) f_d(T) k_{w1} C_{b1} \right] C_{w1} \tag{3-102}$$

式中，Litter_{in} 为输入的凋落物量；C_{w1} 为结构凋落物含碳量；k_{w1} 为植物残茬分解速率。无量纲系数 φ 表征因凋落物含氮量很低，微生物氮的固持不充分，从而对凋落物分解速率有所限制，这部分凋落物的分解还受地表微生物库含碳量 C_{b1}、土壤水分和土壤温度的影响，后两者分别表示为 $f_d(\theta)$ 和 $f_d(T)$，计算式如下：

$$f_d(\theta) = \begin{cases} \theta/\theta_{fc} & \theta \leq \theta_{fc} \\ \theta_{fc}/\theta & \theta > \theta_{fc} \end{cases} \tag{3-103}$$

$$f_d(T) = \exp\left[2.04(1 - T/T_{opt})\right] \tag{3-104}$$

式中，T_{opt} 为最适分解温度；θ_{fc} 为土壤田间持水量。

（2）代谢凋落物的分解

代谢凋落物的碳平衡方程：

$$\frac{dC_{M1}}{dt} = F_{M1\_in} - F_{M1\_dec} \tag{3-105}$$

式中，C_{M1} 为代谢凋落物含碳量；F_{M1_in} 为输入凋落物的代谢部分；F_{M1_dec} 为分解量。

$$F_{M1\_in} = f_m \text{Litter}_{in} \tag{3-106}$$

$$F_{M1\_dec} = \left[\varphi f_d(\theta)f_d(T)k_{M1}C_{b1}\right]C_{M1} \tag{3-107}$$

式中，k_{M1} 为代谢凋落物分解速率。这部分有机物的分解还受土壤水分和土壤温度的影响。

3.4.2　根茬凋落物库

与地上部分类似，根茬凋落物的分解也分为结构和代谢两部分。

（1）结构凋落物的分解

结构凋落物的碳平衡方程：

$$\frac{dC_{w2}}{dt} = F_{w2\_in} - F_{w2\_dec} \tag{3-108}$$

式中，F_{w2_in} 为输入凋落物的结构部分；F_{w2_dec} 为分解量。

$$F_{w2\_dec} = \left[\varphi f_d(\theta)f_d(T)k_{w2}C_{b2}\right]C_{w2} \tag{3-109}$$

式中，C_{w2} 结构凋落物所含碳量；k_{w2} 为根茬结构凋落物分解速率，C_{b2} 为微生物结构碳库。

（2）代谢凋落物的分解

代谢凋落物的碳平衡方程：

$$\frac{dC_{M2}}{dt} = F_{M2\_in} - F_{M2\_dec} + F_{b1\_die} + F_{b2\_die} \tag{3-110}$$

$$F_{M2\_dec} = \left[\varphi f_d(\theta)f_d(T)k_{M2}C_{b2}\right]C_{M2} \tag{3-111}$$

式中，F_{M2_in} 为根茬凋落物的代谢部分；F_{M2_dec} 为分解量；F_{b1_die} 和 F_{b2_die} 分别为因微生物死亡返回凋落物的碳量；C_{M2} 为根茬代谢凋落物所含碳量；k_{M2} 为代谢凋落物分解速率。

3.4.3　微生物库

地表微生物库的碳平衡：

$$\frac{\mathrm{d}C_{b1}}{\mathrm{d}t} = (1 - r_{r\_M1})F_{M1\_dec} + (1 - r_{h\_w1} - r_{r\_w1})F_{w1\_dec} - F_{b1\_die} \quad (3\text{-}112)$$

式中，常数 r_{r_M1} 为代谢凋落物分解后转成呼吸产物 CO_2 的比例，取值范围为 $0.6 \sim 0.8$；r_{r_w1} 为结构凋落物组分分解后转成呼吸产物 CO_2 的比例；r_{h_w1} 为结构凋落物转化为腐殖质的比例。

土壤微生物库的碳平衡：

$$\frac{\mathrm{d}C_{b2}}{\mathrm{d}t} = (1 - r_{r\_M2})F_{M2\_dec} + (1 - r_{h\_w2} - r_{r\_w2})F_{w2\_dec} + (1 - r_{r\_h})F_{h\_dec} - F_{b2\_die}$$

$$(3\text{-}113)$$

与地表微生物库不同的是，式（3-113）中增加了腐殖质分解项 F_{h_dec}，常数 r_{r_h} 为腐殖质有机碳分解后转成呼吸产物 CO_2 的比例。

3.4.4 腐殖质库

腐殖质生物库的碳平衡：

$$\frac{\mathrm{d}C_h}{\mathrm{d}t} = r_{h\_w1}F_{w1\_dec} + r_{h\_w2}F_{w2\_dec} - F_{h\_dec} \quad (3\text{-}114)$$

$$F_{h\_dec} = [\varphi f_d(\theta)f_d(T)k_h C_{b2}]C_h \quad (3\text{-}115)$$

式中，F_{h_dec} 为分解量；k_h 为腐殖质分解率。

3.5 地表产汇流

大气降水到达地表后，如果有地表产流，则其中一部分渗入土壤，未渗入土壤中的部分以地表径流的形式经地表汇聚流入江河湖泊。入渗到土壤中的水一部分继续向下渗漏到地下水，形成地下径流，即壤中流。留存于土壤中的水通过土壤蒸发与根系吸水–叶片蒸腾返回大气。

3.5.1 地表产流

（1）地表产流模块

地表径流的产生受诸多因素的影响，包括土壤质地、降水强度和土地利用方式等。由于地表产流特征的空间分异性，采用概率分布函数来刻画产流过程是一种有效的方法。新安江模型中土壤储水容量是基于累积分布函数的随机变量，该分布函数假设栅格内各部分径流的生成潜力是不同的，土壤干湿变化以非线性形式进行。在栅格内只有土壤储水容量达到上限（蓄满）部分才产生径流，其余部分仍继续蓄水。该方法的局限之一是在土壤水分低于萎蔫点时，还会有径流产生。在 VIP 模型中，对蓄水容量累积分布函数进行了改进，克服了上述不足（图3-4）。

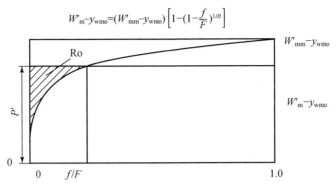

$$W'_{\mathrm{m}} - y_{\mathrm{wmo}} = (W'_{\mathrm{mm}} - y_{\mathrm{wmo}})\left[1 - (1 - \frac{f}{F})^{1/B}\right]$$

图 3-4　改进的土壤储水容量曲线

P' 为扣除冠层截获部分的降水量；y_{wmo} 为土壤初始水量

新安江模型中的原始土壤储水容量曲线：

$$1 - \frac{f}{F} = \left(1 - \frac{W'_{\mathrm{m}}}{W'_{\mathrm{mm}}}\right)^{B} \tag{3-116}$$

式中，B 为反映降水–径流非线性关系的整形因子；f 为格点内土壤蓄水容量小于等于 W'_{m} 的面积；F 为格点的面积；W'_{mm} 为土壤蓄水容量最大值。

VIP 模型中改进后的土壤蓄水–产流曲线为

$$\frac{f}{F} = \begin{cases} 1 - \left(1 - \dfrac{W'_{\mathrm{m}} - y_{\mathrm{wmo}}}{W'_{\mathrm{mm}} - y_{\mathrm{wmo}}}\right)^{B} & y_{\mathrm{wmo}} < W'_{\mathrm{m}} \\ 1 & y_{\mathrm{wmo}} = W'_{\mathrm{m}} \end{cases} \tag{3-117}$$

$$W'_{\mathrm{mm}} = D_{\mathrm{u}}\theta_{\mathrm{s}} \tag{3-118}$$

$$y_{\mathrm{wmo}} \times 1 = W_{\mathrm{mo}} \tag{3-119}$$

式中，D_{u} 为土层深度；θ_{s} 为土壤饱和含水量。土壤初始蓄水量的计算采用式（3-119）：

$$W_{\mathrm{mo}} = D_{\mathrm{u}}\theta_{0} \tag{3-120}$$

式中，D_{u} 为土层深度；θ_{0} 为土壤初始含水量。

地表径流的计算：

$$R_{\mathrm{o}} = \begin{cases} \displaystyle\int_{0}^{P'} \frac{f}{F}\mathrm{d}(W'_{\mathrm{m}} - y_{\mathrm{wmo}}) = P' + \frac{W'_{\mathrm{mm}} - y_{\mathrm{wmo}}}{1 + B}\left[\left(1 - \dfrac{P'}{W'_{\mathrm{mm}} - y_{\mathrm{wmo}}}\right)^{1+B} - 1\right] & y_{\mathrm{wmo}} < W_{\mathrm{mm}} \\ P' & y_{\mathrm{wmo}} = W_{\mathrm{mm}} \end{cases} \tag{3-121}$$

对日尺度的径流模拟而言，最主要的控制因素是降水量和前期土壤水分，采用如下的方案：

$$R_{\mathrm{o}} = \frac{P'^{2}}{P'^{2} + \delta} \tag{3-122}$$

式中，δ 为土壤水分亏缺量。

（2）地表汇流模块

河道汇流采用简化的运动波方程计算，即

$$连续方程：\frac{dS}{dt} = I + Q + q \qquad (3-123)$$

$$动量方程：S_f = S_o \qquad (3-124)$$

式中，S 为河道蓄水量；I 为河道入口流量；Q 为河道出口流量；q 为河道旁侧入流；S_f 为摩阻坡度；S_o 为河床坡降。

利用曼宁近似公式，并用 S_o 替代 S_f，可得河道下泄流量 Q 的关系式：

$$Q = S_o^{\frac{1}{2}} A^{\frac{4}{3}} / n \qquad (3-125)$$

式中，n 为曼宁糙率系数；A 为河道过水断面面积。

假定水体密度恒定，连续性方程可以改写为

$$\frac{\partial Q}{\partial x} + \frac{\partial A}{\partial t} = q \qquad (3-126)$$

式中，Q 为河道流量；A 为平均断面面积；q 为侧向入流。Q 与 A 的关系表示为

$$A = \alpha_m Q^\beta \qquad (3-127)$$

假定为恒定流，

$$\alpha_m = \left(\frac{N P_w^{2/3}}{\sqrt{S_0}}\right)^\beta \qquad (3-128)$$

式中，N 为曼宁糙率系数；P_w 为湿周；β 为常数，设为 0.6。

以上三式联立求解可得到仅含变量 Q 的方程：

$$\frac{\partial Q}{\partial x} + \alpha \beta Q^{\beta-1} \frac{\partial Q}{\partial t} = q \qquad (3-129)$$

采用四点隐式向后差分离散上式（图 3-5）：

$$\frac{Q_{i+1}^{j+1} - Q_i^{j+1}}{\Delta x} + \alpha\beta \left(\frac{Q_i^{j+1} + Q_{i+1}^j}{2}\right)^{\beta-1} \left(\frac{Q_{i+1}^{j+1} - Q_{i+1}^j}{\Delta t}\right) = \frac{q_{i+1}^{j+1} + q_{i+1}^j}{2} \qquad (3-130)$$

则，Q 由式（3-130）数值求解：

$$Q_{i+1}^{j+1} = \frac{\left[\frac{\Delta t}{\Delta x} Q_i^{j+1} + \alpha\beta Q_{i+1}^j \left(\frac{Q_i^{j+1} + Q_{i+1}^j}{2}\right)^{\beta-1} + \Delta t\left(\frac{q_{i+1}^{j+1} + q_{i+1}^j}{2}\right)\right]}{\left[\frac{\Delta t}{\Delta x} + \alpha\beta \left(\frac{Q_i^{j+1} + Q_{i+1}^j}{2}\right)^{\beta-1}\right]} \qquad (3-131)$$

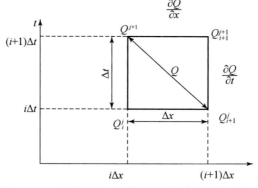

图 3-5　运动波方程四点隐式后向差分格式示意图

3.5.2 地下水汇流

地下水汇流的模拟采用线性水库方法，相邻栅格间的地下水交换：

$$q_1 = - \mathrm{GWKuz}\left(\frac{\delta H_1}{x}\right) \tag{3-132}$$

$$q_2 = - \mathrm{GWKlz}\left(\frac{\delta H_2}{x}\right) \tag{3-133}$$

式中，GWKuz 和 GWKlz 分别为上层和下层饱和带的地下水导水率；δH_1 和 δH_2 分别为上、下饱和带的水头差；x 为栅格间沿局部排水方向（LDD）的排水距离。

3.5.3 水库调度

流域中的水库等水利工程改变了河道水流的水力状态，增加了地表水流模拟的难度。水库作为流域重要的蓄水体，对流域水文循环尤其是对汇流过程有较大影响。考虑水库对河道水流运动的影响，有助于准确地模拟河道水流运动过程，衡量人类活动对流域水文循环的影响。

水库演算方法主要有两种，第一种方法是求解水量平衡和水库蓄泄关系的方程组，如 Level Pool 演算方法（也称为修正的 Puls 方法），Runge-Kutta 法等。水库蓄泄的描述方式可采用简单的出流比例，经验性的蓄泄关系和考虑水库泄流设备的水力学出流方程。Coe（2000）按照入流量的多少，为水库最大蓄水量设置百分比作为水库实际蓄水量，剩余水量作为出流流量；Doll 等（2003）以水库出流量作为水库蓄水量的函数，加入出流系数，并将水库最大蓄水容量引入公式，增强了对水库出流的描述。美国陆军水力工程中心开发的水利模拟系统 HEC-HMS 对水库的模拟采用 Level Pool 演算方法，利用水量平衡的蓄水泄流关系，根据入库过程线，推导出库流量。这类方法大多用在采用水文学方法进行河道汇流计算的方案中。第二种方法则在求解圣维南方程组时，将水库出口断面作为内边界条件，嵌入演算过程，基于流量水位关系确定断面出流（芮孝芳，2004）。

模拟水库出流时，有些模拟方案考虑了水库调度目标，包括时间调控目标（年调控目标，月调控目标等），以及功能性调控目标（如灌溉、发电等）。例如，SWAT 模型在计算水库出流时，提供了 3 种估算出流量的方案：①输入实测出流数据；②无调控目标的出流；③对于大水库，设置月调控目标，并且输入洪水期以及枯水期等。Hanasaki 等（2006）根据水库年总出流目标确定月出流，根据月出流总目标，考虑下游用水需求，将水库分为灌溉以及非灌溉水库，计算出月出流序列。在这些方法中，对水库出流的确定，仍然建立在水量平衡基础上，考虑水库蓄水与泄流的经验关系，没有根据严格的水力学公式进行水库泄流的模拟。因此，考虑水库调度对下游河道水流运动的影响，开发适用于水力学汇流计算的水库汇流模型，是河道汇流模拟需要关注和解决的问题。

VIP 模型中，水库作为内边界置入运动波汇流模块中（表 3-1），考虑泄流设备对水库出流量的影响，基于水力学公式演算，得到水库出流断面流量-水位的关系。假设水库闸坝的上断面为 i，水库断面为 $i+1$，当水位大于相应泄流特征水位时，经由水库泄流控制设备在不同开闭程度上自由下泄，即

$$Q_{i+1} = mbh\sqrt{2gh_0} \tag{3-134}$$

闸孔出流时，$h = a$

堰流时，$h = h_0 = Z_i - Z_s$

式中，Q 为流量；g 为重力加速度；Z_s 为特征水位；m 为综合流量系数，$0 \leq m \leq 1$；b 为闸门或堰顶净宽；h 为计算过流水深；h_0 为上游水深；a 为闸门开度。

表 3-1　水库模拟调度规则

运行期	水位控制条件	泄洪方式
汛前 15 天	水库蓄水位≤死水位	无泄流量
	死水位<水库蓄水位≤防洪限制水位	输水隧洞
	防洪限制水位<水库蓄水位	溢洪道泄洪
主汛期	水库蓄水位≤死水位	无泄流量
	死水位<水库蓄水位≤防洪限制水位	输水隧洞泄洪
	防洪限制水位<水库蓄水位≤防洪高水位	溢洪道泄洪
	防洪高水位<水库蓄水位	溢洪道和输水隧洞共同泄洪
后汛期	水库蓄水位≤死水位	无泄流量
	死水位<水库蓄水位≤（防洪限制水位+正常蓄水位）/2	输水隧洞
	（防洪限制水位+正常蓄水位）/2<水库蓄水位	溢洪道泄洪
非汛期	水库蓄水位≤正常蓄水位	无泄流量
	正常蓄水位<水库蓄水位	溢洪道泄洪

3.6　光合参数的遥感反演

基于过程的生态水文模型是对生态系统物质、能量循环过程中主要物理过程和化学过程的综合描述，是研究区域生态系统对环境变化响应效应和机制的有效工具。由于环境要素（如土壤盐碱化程度、灌溉量和施肥量等）的空间异质性表达存在很大的不确定性，导致基于单点尺度建立的生态水文模型难以对物质能量的空间分异性进行准确描述。近几十年来，遥感信息被广泛用于模型驱动（Dente et al.，2008；Hazarika et al.，2005）、环境要素和参数时空分布的反演（Dorigo et al.，2007）。然而，对于生态水文模型中关键的光合作用机理参数的反演尚属少见。

基于植物生化机理的光合作用模型（FvCB）综合考虑了光照、温度、CO_2 浓度、水分、矿质营养等环境因子，叶绿素含量，以及同化物输出与积累速率对光合作用过程的影响机制。FvCB（Farquhar，von Caemmer，Berry）模型由 Farquhar 等（1980）提出，von Caemmer 和 Farquhar（1985）进一步改进了 CO_2 同化作用的描述，考虑了酶动力学，特别

是羧化酶 Rubisco 的量和活性对光合作用速率的影响。此后，Ball 和 Berry（1987，1988）又提出了光合作用速率和气孔导度之间的半经验定量表达，把光合作用生化过程与冠层内的水、热传输的物理过程紧密地联系在一起，实现碳同化和蒸腾过程在气孔水平上的耦合。此后的光合作用机理模式都是以 FvCB 模型为基础发展起来的（Collatz et al.，1992；Sellers et al.，1996；Bonan，1998；Wang，2000）。在这些模式中，光合作用速率主要受到 Rubsico 酶羧化率、光电子传输速率和光合作用产物利用率三者中最小值的限制（Farquhar et al. 1980；Sellers et al.，1992）。

光合作用机理模式能较真实地响应大气中 CO_2 浓度、温度（孙谷畴等，2005）、水分（曾伟等，2008；林祥磊等，2008）、氮素含量（Maroco et al.，2002；Gonzalez- Real and Baille，2000）、辐射强度（孙谷畴等，2002）和盐分胁迫（Centritto et al.，2003）等环境因子的变化，但结构较复杂，参数多。FvCB 模型的主要参数有 V_{cmax}（RuBP 和 CO_2 处于饱和状态下 Rubisco 的最大羧化率）、Γ^*（CO_2 补偿点）、J_{max}（最大光电子传输速率）和 TPU（磷酸丙糖利用率）等，其中 V_{cmax} 和 J 是对环境胁迫因子变化最敏感的两个参数。V_{cmax} 和 J_{max} 的关系十分紧密，在 FvCB 模型中，V_{cmax}/J_{max} 在25℃时的值通常被定义为一个常数，因此 V_{cmax} 对于模型准确模拟光合作用过程尤为重要（Wullschleger，1993；Leuning，1997；Kattge and Knorr，2007）。以 C_3 作物（冬小麦）为例，如果 V_{cmax} 降低40%，其对应的 GPP 将会降低34%（Lei et al.，2011），V_{cmax} 上升10%，将增加4%的籽粒产量（Mo et al.，2005）。

在点尺度上，V_{cmax} 和 J_{max} 无法直接测定，只能通过测定植物的净光合作用速率（A_n）以及细胞间 CO_2 浓度（C_i）来间接反演（Muller et al.，2005；Alonso et al.，2009）。该方法通过测定叶片细胞 C_i 在 $50\sim1500\mu mol/mol$ 的净光合速率，拟合 C_i 和 A_n 的 ACI 曲线来推求 V_{cmax} 和 J_{max}。

在区域尺度上，遥感信息反映植被绿度和冠层光合能力，通过融合生态机理模型与遥感信息能够反演大尺度冠层光合能力的时空变化格局。由于目前还没有建立机理模型光合参数和遥感信息之间的数学关系，光合作用机理模型在区域应用时，光合参数只能设置为缺省值或者采用单点实测值作为其所在区域的平均值，为模型的区域应用带来较大的不确定性。

在本节中，基于 VIP 生态水文动力学模型，融合光学遥感信息，提出两种光合参数（V_{cmax}）的反演方案（经验公式法和同化法），将有助于获得作物光合参数的空间格局，实现模型尺度扩展。经验公式法方案通过构建 MODIS-NDVI 和光合能力参数的经验关系获取作物光合能力的空间分布；同化法则通过分析样本的光合参数与 MODIS-f_{PAR} 的关系，在得到区域光合参数先验分布的基础上反演区域光合能力参数的空间格局。

3.6.1　光合参数遥感反演方案

3.6.1.1　经验公式法

植株叶片潜在羧化能力（V_{cmax}）受土壤水分条件、氮素含量及土壤盐碱化程度等环境因素的影响，当受到环境胁迫时（如干旱、土壤重度盐碱化等），植株叶绿素含量降低，V_{cmax} 的值也随之降低。NDVI 是基于绿色植物对太阳辐射反射比例所建立的植被指数，生长状况良好的植被通常具有较高的 NDVI 值，而叶面积较小或者受到环境胁迫的植被，其 NDVI 值通常会降低（Basnyat et al.，2004），因此 NDVI 是指示植被生长状况及其光合能力的良好指标。近些年来，已有很多研究着手建立 NDVI 和作物产量之间的数学关系（Ren et al.，2008；Moriondo et al.，2007），鉴于作物光合能力与产量的内在关系，以产量为桥梁，通过建立 NDVI 与 V_{cmax} 之间的经验关系来获取 V_{cmax} 的空间格局从理论上是可行的。

由于环境胁迫逐年变化，V_{cmax} 也随之发生变化。因此，严格地讲，利用某一年 NDVI 累积值反演的 V_{cmax} 进行多年区域产量估算时会产生一些误差。在华北平原大部分地区，NDVI 累积值（3～6 月）的年际变异系数均低于 8.7%，说明累积 NDVI 的年际变化并不显著。因此，利用某一年累积 NDVI 值来反演 V_{cmax} 在理论上是可行的。其步骤如下。

（1）建立累积 NDVI 和作物产量的经验关系

根据气候特征和冬小麦的物候特征，利用华北平原 2001 年 104 个县的冬小麦统计产量（kg/hm²）和小麦生长盛期（3～6 月）县级累积 NDVI 平均值，建立两者的线性关系：

$$y_{yield} = 747.71 x_{NDVI} + 2371.40 \quad (R^2 = 0.52) \tag{3-135}$$

式中，y_{yield} 为县级尺度小麦的产量（来源于统计年鉴）；x_{NDVI} 为县级尺度 NDVI 3～6 月的累积值。

（2）建立 V_{cmax} 与产量之间的关系

由于产量和 V_{cmax} 的关系取决于作物生长的内在机理，对于同一种作物，这两者之间的关系具有普适性，可以利用单点的数据来推导它们之间的数学关系。本书中，采用 VIP 模型模拟石家庄站 2001～2005 年不同 V_{cmax} 水平下的产量，建立 V_{cmax} 与产量之间的回归关系（图 3-6）：

$$y_{V_{cmax}} = 17.46 e^{0.0003 x_{yield}} \quad (R^2 = 0.99) \tag{3-136}$$

式中，$y_{V_{cmax}}$ 为 V_{cmax} 的值；x_{yield} 为冬小麦的产量。

（3）建立 NDVI 和 V_{cmax} 之间的关系

以产量为桥梁，联立式（3-135）和式（3-136），可以获得 NDVI 和 V_{cmax} 之间的关系（图 3-6）：

$$y_{V_{cmax}} = 17.46 e^{(0.23 x_{NDVI} + 0.71)} \tag{3-137}$$

式中，$y_{V_{cmax}}$ 为像元尺度上 V_{cmax} 的值；x_{NDVI} 为其对应的 2001 年 3～6 月 NDVI 累积值。

通过 NDVI 与 V_{cmax} 的经验关系即可获取特定区域 V_{cmax} 的空间格局。

3.6.1.2 同化法

经验公式法通过建立 NDVI 与 V_{cmax} 的数学关系获取作物 V_{cmax} 的空间格局，这种经验关系的准确性受县级土壤、植被异质性程度的影响，在缺乏统计数据的地区，难以建立 V_{cmax} 与遥感数据的经验关系，从而限制了经验公式法的使用。此外，NDVI 在植被旺盛生长期存在饱和现象（Basnyat et al.，2004；Becker-Reshef et al.，2010），有可能低估作物的光

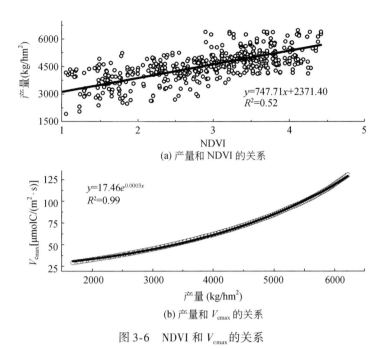

(a) 产量和 NDVI 的关系

(b) 产量和 V_{cmax} 的关系

图 3-6　NDVI 和 V_{cmax} 的关系

合能力，而 f_{PAR} 对植物叶绿素含量受环境胁迫程度的反应更加直接和敏感（Dawson et al.，2003；Huang et al.，2010）。通过融合 MODIS-f_{PAR} 与 VIP 模型，我们试图提出一种更具有普适性的 V_{cmax} 遥感反演方案。

同化法获取 V_{cmax} 的步骤如图 3-7 所示，由于 f_{PAR} 模拟值为日尺度，而 MODIS_f_{PAR}（8 天一景）无法满足其时间分辨率，因此采用 f_{PAR} 模拟值的 8 天合成最大值与 MODIS_f_{PAR} 构建代价函数 RMSE（均方根误差）如下：

$$\text{RMSE} = \sqrt{\frac{\sum_{i=1}^{n}\left(x_{i\_obs} - x_{i\_sim}\right)^2}{n}} \tag{3-138}$$

式中，n 为样本数；x_{i_obs} 为 MODIS_f_{PAR} 序列；x_{i_sim} 为模型模拟的 f_{PAR} 序列。

根据冬小麦的生理属性，其 V_{cmax} 参数的初始搜索范围为 ［40，120］ μmolC/（m² · s）。由于作物光合能力受环境因子的影响，因此在相似的环境条件下，作物具有相似的 V_{cmax}，而这个范围将会小于其生理属性所决定的范围。区间估计（interval estimation）方法通过从总体中抽取样本，在一定的正确度与精确度的要求下估算出适当的区间，以作为总体参数（或参数的函数）分布的范围估计。换言之，参数的区间估计能够给出一定置信度、相似环境下总体参数的区间范围，从而达到缩小参数初始搜索范围的目标。基于上述假设，将 MODIS_f_{PAR} 融合进 VIP 模型反演 V_{cmax} 的具体步骤如下。

1）样本 V_{cmax} 的获取。在研究区域上随机挑选 5% 的像元为样本，以 MODIS_f_{PAR} 为参量构建代价函数，利用黄金分割法（Press et al.，2007）迭代寻找样本的 V_{cmax} 最优值。

2）区间估计。基于区间估计原理对第一步中样本的 V_{cmax} 进行统计分析，得到区域总

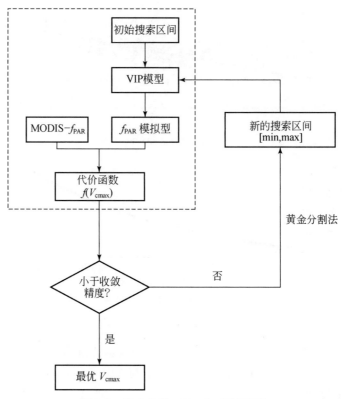

图 3-7　光合参数（V_{cmax}）反演流程

体 V_{cmax} 的均值和标准差与遥感数据的数学关系，以获取一定置信度下 V_{cmax} 的置信区间，缩小优化进程中 V_{cmax} 的初始搜索区间。

根据中心极限定理和大数定理，无论总体是否为正态分布，只要是大样本，样本平均数就服从 $N(\mu, \sigma_{\bar{x}}^2)$ 分布，样本标准差就服从 X^2 分布。因此，当 $\alpha = 0.05$ 显著性水平时，即在置信度 $P = 1 - \alpha = 95\%$ 的条件下，有

$$P(\mu - 1.96\sigma_{\bar{x}} < \bar{x} < \mu + 1.96\sigma_{\bar{x}}) = 0.95 \tag{3-139}$$

$$P\left[\frac{(n-1)s^2}{\chi_{\alpha/2}^2(n-1)} < \sigma^2 < \frac{(n-1)s^2}{\chi_{1-\alpha/2}^2(n-1)}\right] = 0.95 \tag{3-140}$$

当总体方差未知但为大样本时，可以利用样本平均数 $\bar{x}$ 和样本标准误 $S_{\bar{x}}$，得到总体平均数的 95% 置信区间 $[L_{1\_mean}, L_{2\_mean}]$ 和总体标准差的 95% 置信区间 $[L_{1\_SD}, L_{2\_SD}]$：

$$L_{1\_mean} = \bar{x} - \frac{1.96\sigma_{\bar{x}}}{\sqrt{n}}, \ L_{2\_mean} = \bar{x} + \frac{1.96\sigma_{\bar{x}}}{\sqrt{n}} \tag{3-141}$$

$$L_{1\_SD} = \frac{\sqrt{n-1}}{\sqrt{\chi_{\alpha/2}^2(n-1)}}\sigma, \ L_{2\_SD} = \frac{\sqrt{n-1}}{\sqrt{\chi_{1-\alpha/2}^2(n-1)}}\sigma \tag{3-142}$$

式中，n 为样本数；X^2 的值可以通过查找 X^2 分布表获取（DeGroot and Schervish，2012）。

3）获取 V_{cmax} 的空间格局。通过总体平均数和标准差的置信区间构建 V_{cmax} 的初始搜索区，采用黄金分割法反演 V_{cmax} 的空间格局。

根据上述同化方案，以 1km 的空间分辨率反演华北平原（农田的面积大约为 $30 \times 10^4 km^2$）冬小麦 V_{cmax} 的空间格局。

（1）样本 V_{cmax} 的反演

在研究区随机挑选 5% 的像元作为样本（样本 A），其分布频率与研究区域中全部像元的一致，说明随机挑选出来的像元具有空间代表性。

因用于计算 RMSE 的观测数据序列可以为 2001~2010 年的冬小麦生长季中任意一年或多年的数据，因此需要确定用于参数反演数据序列的最佳时间长度。将 2001~2010 年小麦生长季的 f_{PAR} 序列进行划分，其中 2001~2007 年用于反演，2008~2010 年用于验证。为了确定最佳的数据序列长度，在 7 年的反演数据中，采用随机的方法分别取其中 m 年（ $m \in [1, 7]$ ）的 MODIS-f_{PAR}，按照图 3-7 所示的流程求取其最优的 V_{cmax} 参数值，然后代入 VIP 模型中，模拟 2008~2010 年 f_{PAR}，计算其与 MODIS-f_{PAR} 的均方根误差（RMSE）。结果显示，随着 m 的增加，模拟值与测试数据之间的 RMSE 逐渐降低，说明数据的时间序列越长，参数反演的效果越好，因此采用 2001~2010 年连续 10 年冬小麦生长季的 f_{PAR} 数据进行 V_{cmax} 的遥感反演。

黄金分割法是适用于优化函数为单峰函数的一维最优化方法，由于优化函数（VIP 模型）是高度非线性生态系统模型，无法确定是否为单峰函数，因此在研究区随机挑选 100 个像元，以 1 为步长，采用全局搜索法，在 $40 \sim 120\mu molC/(m^2 \cdot s)$ 按照图 3-7 所示的流程求取最优参数值（观测值与模拟值 RMSE 最小时的参数值）。发现所有的 RMSE $= f(V_{cmax})$ 均为单峰函数，说明黄金分割法可以适用于 V_{cmax} 的优化求解。利用 2001~2010 年样本 A 的 MODIS-f_{PAR}，获取样本 A 的 V_{cmax} 如图 3-8 所示。

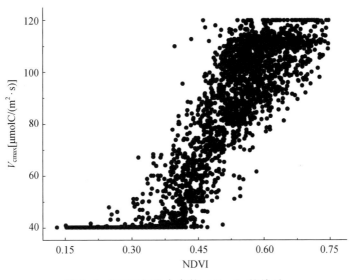

图 3-8　NDVI 与光合参数（V_{cmax}）的关系

（2）区间估计

相似的环境条件下，冬小麦具有相似的 V_{cmax}（图3-8）。例如，在干旱条件下，冬小麦的 NDVI 一般低于 0.4，其对应的 V_{cmax} 为 [40，60] μmolC/（m²·s），远小于由其生理属性所决定的范围 [40，120] μmolC/（m²·s）。因此，将第一步中获取的样本集 A 按照 NDVI 大小均分为 50 个小样本集（A_1，A_2，A_3，…，A_{50}）。由于样本集 A 为正态分布，按照 NDVI 大小均分获取的每个小样本集的样本数均不一致，但均大于 30，仍为统计学意义中的大样本。

采用 K-S 检验（Kolmogorov-Smirnov test）对任意的一个样本 A_n($n \in$ [1，2，3，…，50]）进行正态性检验，结果显示，当 NDVI 大于 0.3 时，其对应小样本为正态分布，因此区间估计只能应用于样本 A_n($n \in$ [15，16，17，…，50]）。当 NDVI 小于 0.3 时，其对应的 V_{cmax} 小于 50 μmolC/（m²·s），设定其新的搜索区间为 [40，50] μmolC/（m²·s）。

根据式（3-140）和式（3-141），对任意样本 A_n($n \in$ [15，16，17，…，50]），在 95% 的置信度下，样本均值和标准差的区间如图 3-9 所示，样本均值和标准差的上限和下限均和 NDVI 呈现较好的数学拟合关系，因此建立 NDVI 值和 V_{cmax} 总体均值、标准差的 95% 置信区间的数学关系如下：

$$\begin{cases} V_{c\_up} = 40 + \dfrac{72}{1 + 10^{(3.96-8.5x)}} \\ V_{c\_low} = 40 + \dfrac{67}{1 + 10^{(4.62-9.7x)}} \end{cases} \tag{3-143}$$

$$\begin{cases} \sigma_{up} = -0.13 + 13.8 \times \sqrt{\pi/2} \times e^{-3.47(x-0.48)^2} \\ \sigma_{low} = -0.08 + 9.1 \times \sqrt{\pi/2} \times e^{-3.47(x-0.48)^2} \end{cases} \tag{3-144}$$

式中，V_{c_up} 和 V_{c_low} 分别为 V_{cmax} 总体均值的上限和下限；σ_{up} 和 σ_{low} 分别为 V_{cmax} 总体标准差的上限和下限；x 为 2001～2010 年第 129 天 NDVI 的平均值。

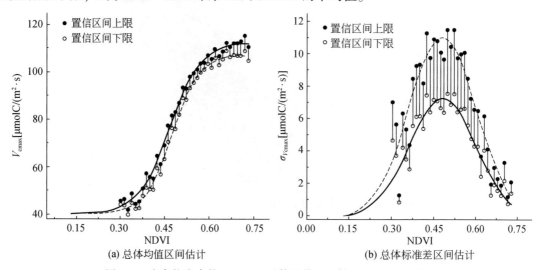

(a) 总体均值区间估计　　　(b) 总体标准差区间估计

图 3-9　光合能力参数（V_{cmax}）总体均值和总体标准差区间估计

标准差表示的是样本与样本平均值的偏离程度。小麦叶片 V_{cmax} 总体标准差为 0 ~ 12μmolC/（$m^2 \cdot s$）。在植被生长较好的地区（NDVI 较高），通常表示土壤肥力及水分条件较好，限制作物光合能力的因素较少，因此其光合能力变化范围较小，而重度盐碱化及水分极度缺乏地区（NDVI 较低），作物光合能力处于低水平，光合能力变化范围也较小。对于作物光合能力中等水平的地区，水分、养分空间变异程度较大，因此其参数标准差较大。

3.6.2 光合参数（V_{cmax}）的空间格局及验证

3.6.2.1 光合参数的空间分布

华北平原冬小麦 V_{cmax} 的空间分布如图 3-10 所示。整个区域 V_{cmax} 为 40 ~ 120μmolC/（$m^2 \cdot s$），呈现南高北低的趋势，区域平均值和标准差分别为 70μmolC/（$m^2 \cdot s$）和 16μmolC/（$m^2 \cdot s$）（图 3-10），V_{cmax} 高于 100μmolC/（$m^2 \cdot s$）的地区主要集中于太行山山前平原，河南和江苏等水分较充足的地区，约占整个区域面积的 10%；在土壤盐碱化严重的滨海地带，以及灌溉无法保证的北部地区，V_{cmax} 低于 60 μmolC/（$m^2 \cdot s$），约占整个区域面积的 25%。

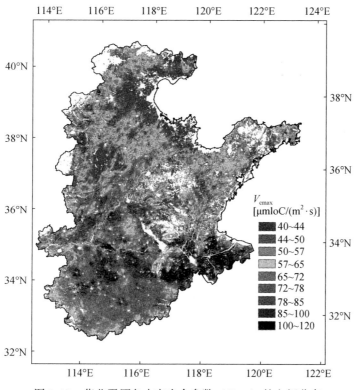

图 3-10　华北平原冬小麦光合参数（V_{cmax}）的空间分布

由于叶片全氮含量与 Rubisco 酶的合成具有高度的关联性（Imai et al.，2008），V_{cmax} 的值与叶片的全氮含量和植株可获取氮素的量呈线性相关（Bruck and Guo，2006；

Makino，2003）。氮素胁迫将加快 Rubsico 酶的流失速率（Crafts- Brandner et al.，1998），影响叶片中 Rubisco 酶的平均活性，从而影响叶片的 V_{cmax} 水平。Muller 等（2005）指出，当叶片的氮素含量从 0.74g/m^2 增加到 3.56 g/m^2 时，V_{cmax} 从 32.3μmolC/（$m^2 \cdot s$）增加到 173μmolC/（$m^2 \cdot s$）。因此，V_{cmax} 的空间分布与农田氮素使用量的空间分布具有高度的一致性（$R^2 = 0.64$）。在太行山前平原地区，作物施氮量为 240～260 kg/hm^2，灌溉充分，对应的 V_{cmax} 高达 100～120μmolC/（$m^2 \cdot s$）；在河北中部地区，农田的氮素施用量仅为 100～140 kg/hm^2 时，V_{cmax} 也随之降至 60～80 μmolC/（$m^2 \cdot s$）。

在华北平原北部地区及滨海地带，V_{cmax} 低于 60 μmolC/（$m^2 \cdot s$）。土壤盐碱化及灌溉不足是该地区作物光合能力较低的主要原因，研究表明，叶片中 Na^+ 和 Cl^- 的大量积累导致盐碱化土地上的植株光合作用能力下降（Tester and Davenport，2003；James et al.，2006），在东部滨海地带等重度盐碱化地区，土壤和地下水的高度盐碱化使得该地区作物的光合作用能力降到 40μmolC/（$m^2 \cdot s$），稍高于 Mo 等（2009）在相同区域使用的 30 μmolC/（$m^2 \cdot s$）。此外，从 NDVI 获取的 V_{cmax} 值还与文献中华北平原的值以及其他地区的一些测量值进行了比较，见表 3-2。

表 3-2　华北平原及其他地区的小麦 V_{cmax}

参考文献	V_{cmax} [μmolC/（$m^2 \cdot s$）]	小麦的生长环境
Yin et al.，2009	58.5	盆栽小麦（66.6 cm×88.8cm×35 cm），每盆小麦土壤全氮含量为 3.47g，小麦生长过程不再施肥，平均温度为 16℃
	65.8	温度和土壤条件同上，在小麦播种前每盆施氮肥 5.13g，在扬花期每盆追加氮肥 2.16g
Alonso et al.，2009	93.2	每周灌溉两次且补充一次营养液
Kothavala et al.，2005	93	日均温为-3.7～33.9℃，年降水 835mm，粉黏土
Wang et al.，2006	55	华北平原，小麦生长环境与本书类似
Mo et al.，2009	90	华北平原，小麦生长环境与本书类似，30μmolC/（$m^2 \cdot s$）、60μmolC/（$m^2 \cdot s$）、90μmolC/（$m^2 \cdot s$）分别为重盐碱化土壤、中度盐碱化土壤和其他类型土壤
	60	
	30	
Muller et al.，2005	32.3～173	V_{cmax} 值与叶片氮素浓度线性相关，32.3μmolC/（$m^2 \cdot s$）、58.2μmolC/（$m^2 \cdot s$）、103μmolC/（$m^2 \cdot s$）、125μmolC/（$m^2 \cdot s$）、173 μmolC/（$m^2 \cdot s$）V_{cmax} 分别对应叶片氮素浓度 0.74 g/m^2、1.19 g/m^2、2.24 g/m^2、2.61 g/m^2、3.56 g/m^2

3.6.2.2　遥感反演方案的验证

作物的光合能力影响其群体生长特征，如叶面积指数、生物量累积，以及水热交换过程。利用反演的冬小麦 V_{cmax} 驱动 VIP 模型，模拟华北平原 2001～2010 年冬小麦产量、蒸散量、地表温度及叶面积指数，并与中国科学院栾城农业生态系统试验站（37°55′N，114°39′E）、封丘农业生态系统试验站（35°00′N，114°24′E）和禹城农业生态系统试验站（37°00′N，116°30′E）大型称重式蒸渗仪测定的蒸散量，MODIS LST 和 MODIS LAI 遥感数据产品，县级统计产量等进行对比。由于研究区灌溉量的空间格局无法获取，整个区域的灌溉量按照当地最常用的灌溉时间和用量统一设置为每年的 10 月 11 日、3 月 25 日、4 月 15 日和 5 月 5 日，每次灌溉量为 60mm，整个生育期共计 240mm。

（1）产量的验证

2011 年，通州试验站 ［$V_{cmax}=45\mu molC／（m^2·s）$］ 和 2007 年栾城试验站 ［$V_{cmax}=115\mu molC／（m^2·s）$］ 小麦生育期地上部生物量的模拟值与实测值的对比结果如图 3-11

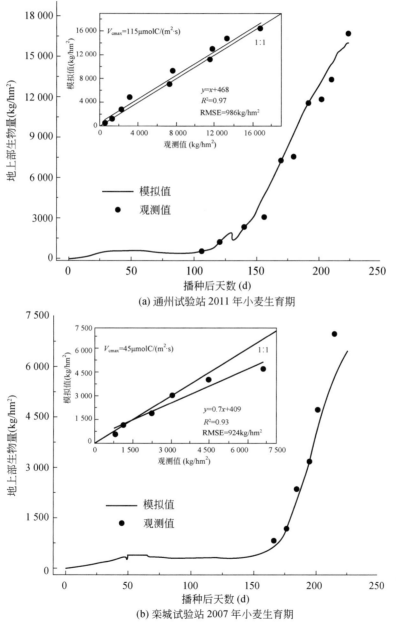

(a) 通州试验站 2011 年小麦生育期

(b) 栾城试验站 2007 年小麦生育期

图 3-11　地上部生物量模拟值与观测值对比

所示，虽然通州试验站的模拟效果稍逊于栾城试验站（通州和栾城的 RMSE 分别为 924 kg/hm² 和 986 kg/hm²，分别为实测产量的 28% 和 13%），但实测值与模拟值均具有较好的一致性（通州和栾城的相关系数分别为 0.93 和 0.97），说明模型对冬小麦不同光合能力水平下的地上部生物量均有很好的模拟效果（均通过了 99% 的相关性检验）。

2001~2010 年华北平原 20 个农业气象站的产量观测值与模型模拟值的相关系数为 0.53~0.97（均通过了 99% 的显著性检验），RMSE 为 344~1545 kg/hm²（统计产量的 6.1%~25.0%）[图 3-12（b）]，上述单点实测数据的对比说明模型能够很好地模拟产量的年际变化。

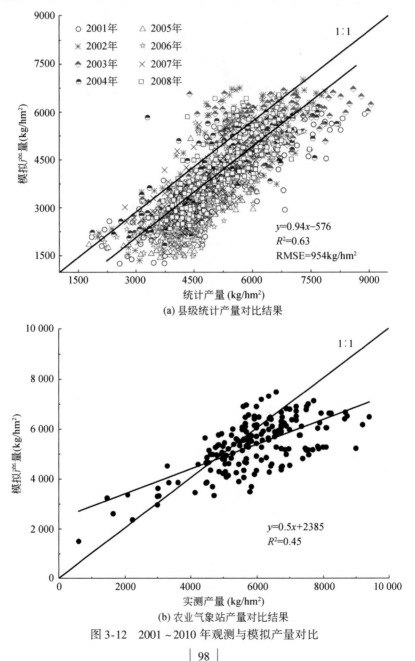

(a) 县级统计产量对比结果

(b) 农业气象站产量对比结果

图 3-12　2001~2010 年观测与模拟产量对比

受气候条件、灌溉量及施肥量空间异质性的影响（Araus et al.，2002；Passioura，2002），冬小麦产量呈现较大的空间分异性。整个区域模拟产量的平均值和标准差分别为 5900kg/hm^2 和 900kg/hm^2。Liu 等（2011a）对华北平原 149 个样点大田调查的结果显示，2000～2008 年华北平原的平均产量为 6390kg/hm^2，标准差为 860kg/hm^2。华北平原 2001～2008 年县级产量模拟值和统计值的相关系数为 0.63（通过了 99% 的显著性检验）[图 3-12（a）]，RMSE 为 954kg/hm^2（相当于统计产量的 18.3%）。统计产量和模拟产量的逐年相关分析显示，各年统计产量和模拟产量的 R^2 为 0.56～0.70，RMSE 位于 800～1300kg/hm^2（相当于统计产量的 13%～25%），上述结果说明模型能够较好地模拟区域县级作物产量的时空分布。

区域产量的模拟误差主要来源于区域准确灌溉信息的缺乏以及对单个像元作物种植面积估算的误差。根据经验设定的 240mm 灌溉用水量在一些灌溉条件不佳的地区，该值可能偏高，导致产量模拟值偏大。此外，农田均为纯像元的假设，即 1km 像元都种植冬小麦，也会导致产量的估计误差，如在商丘农业气象试验站，单位像元冬小麦种植面积高达 98%，其产量模拟值和实测值之间的 R^2 为 0.97，RMSE 为 540 kg/hm^2（相当于统计产量的 9.1%）；而黄烨农业气象试验站所在像元的冬小麦种植面积不足 30%，其产量模拟值和实测值之间的 R^2 为 0.53，RMSE 为 710 kg/hm^2（相当于统计产量的 18%），显然在冬小麦种植比例较大的像元，其产量模拟误差较小。

（2）蒸散量的验证

3 个站 2000～2007 年月和旬蒸散量的模拟值与观测值对比，如图 3-13 所示。月和旬蒸散量的模拟值与观测值的 R^2 分别为 0.82 和 0.77，RMSE 分别为 11.2mm（19%）和 4.5mm（24%）。蒸散量模拟值和实测值的逐站统计分析显示，月蒸散量模拟值和实测值的 R^2 为 0.79～0.86，RMSE 为 9.1～18.2mm（实测值的 16.5%～22%），旬蒸散量模拟值和实测值的 R^2 为 0.72～0.84，RMSE 为 3.8～4.9mm（实测值的 22%～5%），说明模型能够较好地模拟冬小麦蒸散过程。

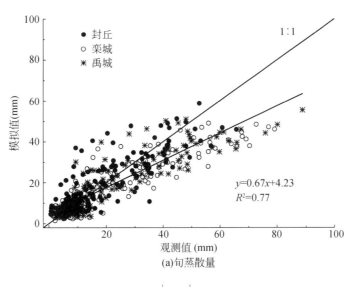

(a)旬蒸散量

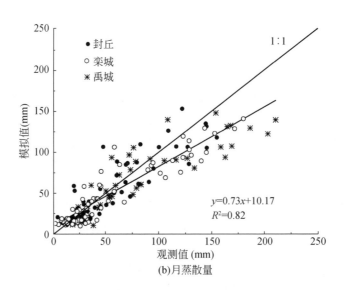

图 3-13 蒸散量模拟值与实测值的对比

尽管 ET 的模拟值和观测值十分接近，但两者之间仍然存在着一些偏差。这些偏差可能来自于模型的模拟误差，也可能来自于观测误差。模型参数的敏感性试验表明，由土壤参数引起的土壤蒸发不确定性导致了华北地区 16.5% 的年蒸散量的不确定性（Mo et al.，2012）。除了模型参数的不确定性外，蒸散观测同样也存在不确定性。例如，当日蒸散量远小于蒸渗仪内的植株和土壤重量时，蒸渗仪的测量误差会较大（Jiang et al.，2008），而涡度相关法由于能量不闭合也存在一定的观测误差（Liu et al.，2009）。在生育期尺度上，3 个试验站 ET 模拟值与蒸渗仪的观测值相当一致。例如，栾城站 1995～2000 年蒸渗仪的平均观测值为 453mm（Liu et al.，2002），模拟值为 436mm；禹城站 1986～2007 年的平均观测值为 458mm（Liu et al.，2009），模拟值为 440mm，模型预测值稍低于蒸渗仪的观测值。

（3） 地表温度的验证

地表温度反映了陆地表层与大气的能量交换强度。采用 2001～2010 年 MODIS-LST 数据（空间分辨率 1km）对地表温度的模拟值进行验证。由于 MODIS-LST 数据受云及地表状况的影响较大，只选取其中质量较好的数据（QC<32）进行对比。

2001～2010 年华北平原地表温度（LST）模拟值和观测值时间序列的相关分析（图 3-14）显示，两者的相关系数为 0.82～0.97（均通过了 99% 的显著性检验），整个区域相关系数的平均值和标准差分别为 0.92 和 0.02，其中 90% 以上像元的相关系数高于 0.9。LST 模拟值与观测值的 RMSE 为 2.2～6.3℃，整个区域 RMSE 的平均值和标准差分别为 25.8℃和 1.3℃，其中 90% 像元的 RMSE 低于 5.0℃，说明模型能够很好地模拟 LST 的年际变化。

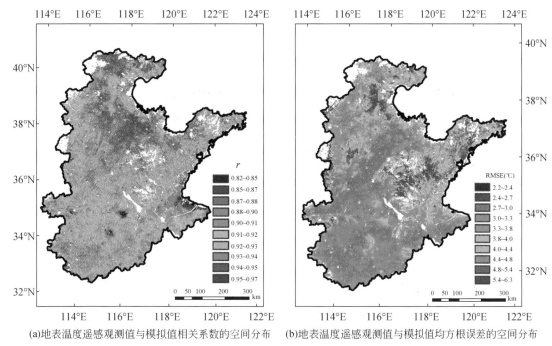

(a)地表温度遥感观测值与模拟值相关系数的空间分布　　(b)地表温度遥感观测值与模拟值均方根误差的空间分布

图 3-14　2001～2010 年地表温度遥感观测值与模拟值的相关系数与均方根误差的空间分布

由于地表温度数据存在着严重的缺失现象，因此数据较完整的 2008 年第 129 天被用于 LST 模拟值和观测值空间分布的对比（图 3-15）。LST 模拟值和观测值具有相似的空间分布，均呈现自西向东逐渐降低的趋势，太行山前平原、河南大部分地区的温度较高，山东温度较低。LST 模拟值与 MODIS-LST 分别为 16.5～33.0℃和 17.0～39.5℃，整个区域的平均值和标准差分别为 25.8℃±1.3℃（模拟值）和 27.4℃±2.7℃（MODIS-LST），其中温度低于 28℃的像元分别占区域面积的 90%（模拟值）和 60%（MODIS-LST）。MODIS-LST 产品与实测数据的对比显示，晴空条件下其误差低于 1℃（Wan，2008）；在 Tone River 流域，LST 模拟值与 MODIS-LST 间的 RMSE 为 2.22℃（Wang et al.，2009）。

虽然模型可以很好地模拟华北平原 LST 的空间分布和年际变化过程，但在部分地区，尤其是高海拔地区，存在地表温度低估的现象，其原因可能是由于模型运行时采用了统一的灌溉量设置，在山东中部和山东半岛等地区，实际的灌溉量往往低于模型设置值（240mm），而农田灌溉可以降低地表温度（Geerts，2002；Cook et al.，2011；Evans et al.，2011），这种误差造成了地表温度模拟值偏低的状况。

（4）叶面积指数的验证

通州试验站 $[V_{cmax}=45\mu molC/(m^2\cdot s)]$ 2011 年和栾城试验站 $[V_{cmax}=115\mu molC/(m^2\cdot s)]$ 2007 年冬小麦叶面积指数（LAI）观测值与模拟值的相关系数分别为 0.98 和 0.93（均通过了 99%的显著性检验）（图 3-16），RMSE 分别为 0.45 和 0.61（实测值的 19%和 14%），说明模型对冬小麦不同光合能力水平下的 LAI 均有很好的模拟效果。

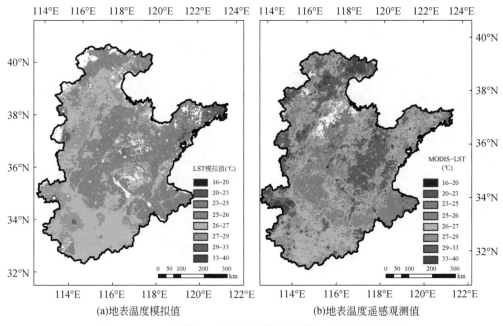

(a)地表温度模拟值   (b)地表温度遥感观测值

图 3-15　2008 年第 129 天遥感观测和模拟地表温度空间格局

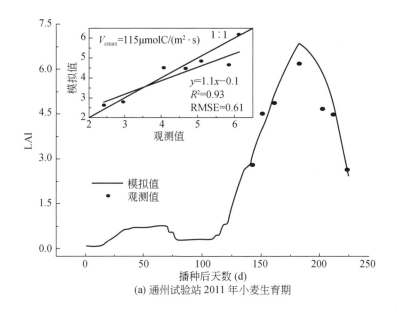

(a) 通州试验站 2011 年小麦生育期

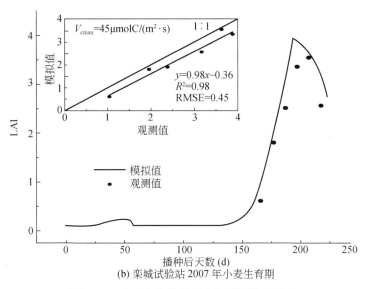

(b) 栾城试验站 2007 年小麦生育期

图 3-16　叶面积指数模拟值与观测值的对比

由于 MODIS-LAI 数据受大气的影响较大，所以只选取其中质量较好的 LAI 数据（QC<
32）进行对比。2001~2010 年作物旺盛生长期（第 129 天）叶面积指数的对比结果显示
（表 3-3），LAI 遥感观测值与模拟值之间的相关系数为 0.19~0.44，RMSE 为 1.67~2.18。
虽然目前质量最高 LAI 产品 MODIS C5 的不确定性（RMSE 为 0.9~1.1）还不能达到全球
气候观测系统计划（GCOS）所提出的精度要求（±0.5），但它还是对地表叶面积的时空
分布有较好的描述。Fang 等（2012）对农田的研究结果表明，实测与模拟 LAI 的相关系
数为 0.165，RMSE 为 1.24。考虑到遥感观测数据的误差，可以认为模型模拟结果还是很
好地揭示了叶面积指数的空间分布。

表 3-3　叶面积指数的模拟值与遥感观测值的对比

年份	R^2	RMSE	n	年份	R^2	RMSE	n
2001	0.19	2.18	325 788	2006	0.28	2.02	325 591
2002	0.31	2.08	317 206	2007	0.24	2.18	325 715
2003	0.38	2.09	324 900	2008	0.26	1.87	325 352
2004	0.26	2.05	325 556	2009	0.28	2.03	325 450
2005	0.24	1.67	325 633	2010	0.44	2.11	325 469

3.6.3　光合参数反演方案的评价

3.6.3.1　光合参数年际变化对模拟效果的影响

V_{cmax} 受到土壤水分、植株氮素状况和土壤盐碱化程度等环境因素的影响（Tester and

Davenport，2003；Makino，2003；Bruck and Guo，2006；James et al.，2006），这些环境要素的年际波动是 V_{cmax} 年际变化的主要驱动力。如果采用定常的 V_{cmax} 进行多年的产量和蒸散量模拟，可能会降低模拟结果的年际变异程度，加大模拟误差，本节就此问题进行探讨。

在华北平原随机挑选 120 个像元。对于每个像元，利用 2001～2010 年的 MODIS$-f_{PAR}$ 分别对每年的 V_{cmax} 值进行优化反演，获取 2001～2010 年逐年的 V_{cmax} 值。假定以此获取的参数能够反映环境变化的影响，具体分析方法是将逐年参数值带入模型，模拟获取的平均产量和蒸散量分别记为 Y_o 和 ET_o，而采用多年定常 V_{cmax} 模拟出来的产量和蒸散量分别记为 Y_m 和 ET_m。通过对比 2001～2010 年的 Y_o 与 Y_m，ET_o 与 ET_m 可以发现，10 年间 Y_o 与 Y_m RMSE 的变化在 170～215kg/hm^2（Y_m 的 3.2%～4.2%）；ET_o 与 ET_m RMSE 的变化在 1.87～2.51mm（ET_m 的 0.46%～0.75%）。当 V_{cmax} 从 60～80μmolC／（m^2·s）变化至 100～120μmolC／（m^2·s）时，Y_o 与 Y_m、ET_o 与 ET_m 间的 RMSE 分别从 250 kg/hm^2（Y_o 的 5.8%）降至 90 kg/hm^2（Y_o 的 1.3%），从 3.1 mm（ET_m 的 0.86%）降至 0.7 mm（ET_m 的 0.18%），说明随着光合作用能力的增强，Y_o 与 Y_m，ET_o 与 ET_m 之间的差异逐渐减小（图 3-17）。

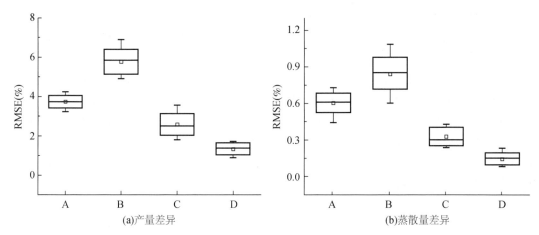

图 3-17　定常和非定常 V_{cmax} 分别驱动的产量和蒸散量差异

注：盒内小方块代表 2001～2010 年的平均值，须代表最大值和最小值。A，B，C，D 分别代表全部的像元，像元的光合能力值为 40～60μmolC／（m^2·s），60～80μmolC／（m^2·s），80～100μmolC／（m^2·s）和 100～120μmolC／（m^2·s）。

3.6.3.2　不同光合参数反演方法间的差异

在华北平原随机挑选 1500 个像元，通过分别比较这些像元的 V_{cmax}、产量和蒸散量来对比两种反演方法之间的差异。两种参数反演方法获取的 V_{cmax} 如图 3-18 所示（同化法获取的值记为 V_t，经验公式法获取的值记为 V_j）。通过对比 V_t 和 V_j 可以发现，两种反演方法获取的参数值具有很好的一致性（$R^2 = 0.85$），V_t 和 V_j 的差值（V_t 减 V_j）位于 -30～30μmolC／（m^2·s），90% 像元的差异不超出 -15～15μmolC／（m^2·s）。当 NDVI 位于 0.3～0.45 时，经验法的反演结果高于同化法；当 NDVI 在大于 0.45 时，同化法的反演结果高于经验法。

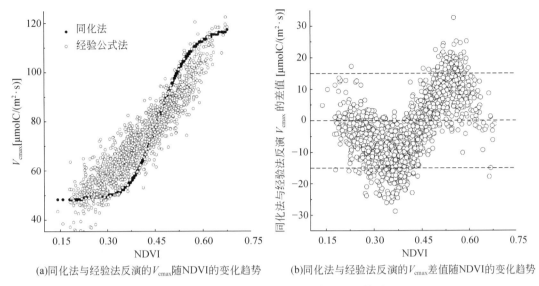

(a)同化法与经验法反演的V_{cmax}随NDVI的变化趋势　(b)同化法与经验法反演的V_{cmax}差值随NDVI的变化趋势

图 3-18　同化法和经验公式法反演的 V_{cmax} 值对比

利用两种参数反演方法获取的 V_{cmax} 值驱动 VIP 模型，模拟 2001~2010 年的产量和蒸散量分别如图 3-19 和图 3-20 所示（同化法记为 Y_t、ET_t，经验公式法记为 Y_j、ET_j）。产量差异、蒸散量差异与光合能力参数差异具有相同的变化趋势，Y_t 和 Y_j、ET_t 和 ET_j 的 R^2 分别为 0.92 和 0.96，大部分的点分布在 1∶1 线附近。从产量差异和蒸散量差异的分布可以看出，产量差异为 -600~600 kg/hm²、蒸散量差异为 -7.5~7.5mm。与实测数据的对比显示，地上部生物量、LAI 和产量的模拟值与观测值的相关系数在光合能力较强地区的值高于光合能力较低地区，而 RMSE 在光合能力较强地区的值低于光合能力较低地区。

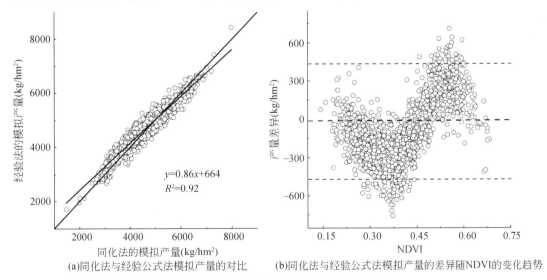

$y=0.86x+664$
$R^2=0.92$

(a)同化法与经验公式法模拟产量的对比　(b)同化法与经验公式法模拟产量的差异随NDVI的变化趋势

图 3-19　同化法和经验公式法产量模拟效果对比

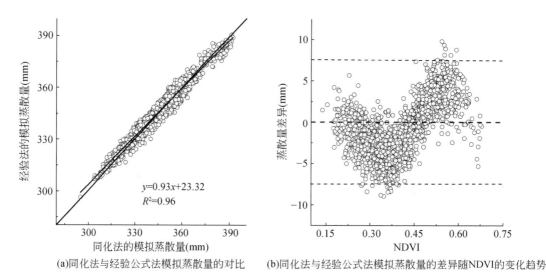

(a)同化法与经验公式法模拟蒸散量的对比　　(b)同化法与经验公式法模拟蒸散量的差异随NDVI的变化趋势

图 3-20　同化法和经验公式法蒸散量模拟效果对比

3.6.3.3　驱动法和同化法的差异

遥感信息和作物模型融合的方法主要有两种：驱动法和同化法。驱动法是将遥感反演的状态变量直接驱动模型，由于其简单易实现，因此在较大的区域尺度上应用较为广泛。例如，Bunkei 和 Mastushita 利用 NDVI 计算的 LAI 与生态系统生产力模型 BEPS 耦合，估算东亚地区的净初级生产力获得较好的效果，平均误差低于 20%（Bunkei and Masayuki，2002）。Mo 等（2005）利用 AVHRR 提取 LAI 驱动 VIP 模型，成功模拟了华北平原冬小麦和夏玉米的产量。同化法则是基于最小二乘法的思想，将遥感观测值与模型模拟结果对比构建代价函数进行优化反演，从而达到估计参数值的目的，这些参数一般与作物生长发育和产量有密切关系且难于获取。同化法需要庞大的矩阵运算，耗费计算资源。

利用同化法获取的区域作物光合参数（V_{cmax}）驱动 VIP 模型模拟 2001~2010 年河北平原冬小麦产量和蒸散量。为了评价模拟结果的准确性及该方法的优缺点，将其与遥感 LAI 驱动的模拟结果进行对比。

基于 VIP 模型，以 V_{cmax} 空间格局驱动的模拟称为 V_{cmax} 方法（同化法），而以遥感 LAI 驱动的模拟称为 LAI 方法（驱动法）。遥感 LAI 由 NDVI 反演，即

$$LAI = LAI_{max} \frac{\ln(1 - F_{PAR})}{\ln(1 - F_{PARmax})} \qquad (3-144)$$

式中，LAI_{max} 为生长期最大叶面积指数（设为 6.0）；F_{PAR} 通过式（3-145）由 NDVI 计算获得（Sellers et al.，1996）：

$$F_{PAR} = \frac{(NDVI - NDVI_{min})(F_{PARmax} - F_{PARmin})}{NDVI_{max} - NDVI_{min}} \qquad (3\text{-}145)$$

式中，$NDVI_{max}$ 和 $NDVI_{min}$ 分别为 NDVI 的最大值和最小值，NDVI 日数据利用 Lagrange 插值法将 16 天最大值合成的 MODIS-NDVI 数据内插获取；F_{PARmax} 和 F_{PARmin} 分别为与 $NDVI_{max}$ 和 $NDVI_{min}$ 对应的 F_{PAR} 的最大值和最小值，分别设为 0.95 和 0.001。

模型以 1km 的分辨率，1h 的时间步长运行 11 年（2000~2010 年），其中 2001~2010 年小麦生长季的数据将用于两种方法的比较分析。由于没有研究区的灌溉量的空间分布数据，整个区域的灌溉量按照当地最常用的灌溉时间和用量统一设置为每年的 10 月 11 日，3 月 25 日，4 月 15 日和 5 月 5 日，每次灌溉 60mm，整个生育期共计 240mm。

（1）验证结果的差异

LAI 方法和 V_{cmax} 方法模拟值与县级统计产量的对比如图 3-21 所示。产量逐年相关分析（一年的所有县级产量为一组数据，2001~2008 年共 8 组数据）显示，统计产量和模拟产量的平均决定系数分别为 0.458（V_{cmax} 方法）和 0.456（LAI 方法），均方根误差（RMSE）分别为 836 kg/hm²（相当于统计产量的 17.7%）（V_{cmax} 方法）和 872 kg/hm²（相当于统计产量的 19.3%）（LAI 方法），说明在县级尺度产量模拟时，V_{cmax} 方法优于 LAI 方法。然而，多年产量比较结果显示（2001~2008 年所有县级产量作为一组数据），两种方法的模拟结果相似，它们和统计产量的决定系数均为 0.44（图 3-22）。与统计数据的对比说明，尽管两种方法在模拟县级尺度的粮食产量时都能得到令人满意的模拟结果，但是 V_{cmax} 方法的模拟结果优于 LAI 方法。

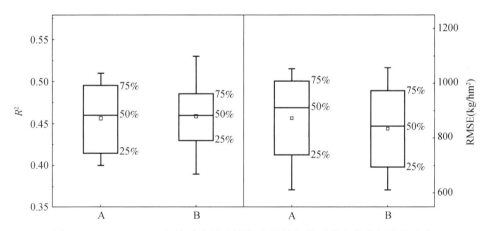

图 3-21　2001~2008 年统计产量和模拟产量的相关系数和均方根误差变化

左图为相关系数，其中 A 为统计产量和 LAI 方法模拟产量间的相关系数，B 为统计产量和 V_{cmax} 方法模拟产量间的相关系数；右图为均方根误差，其中 A 为统计产量和 LAI 方法模拟产量间的均方根误差，B 为统计产量和 V_{cmax} 方法模拟产量间的均方根误差。盒内小方块代表 2001~2010 年的平均值，须代表最大值和最小值

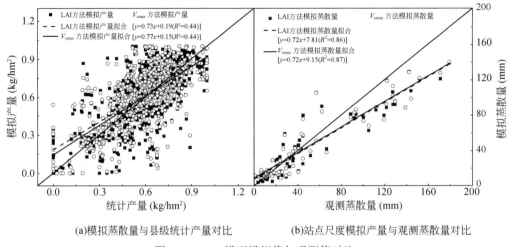

(a)模拟蒸散量与县级统计产量对比   (b)站点尺度模拟产量与观测蒸散量对比

图 3-22　VIP 模型模拟值与观测值对比

（2）空间分布的差异

虽然 V_{cmax} 方法与 LAI 方法在产量和蒸散量空间格局模拟时具有较高的一致性，两者的决定系数（R^2）分别为 0.853~0.963（0.79~0.97）（2001~2009 年）（图 3-23），但它们仍然在以下两个方面存在差异，一是产量（蒸散）的分布频率，二是高产（高蒸散量）区域的面积。

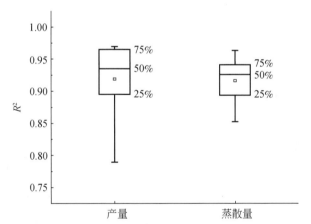

图 3-23　V_{cmax} 方法和 LAI 方法模拟产量和蒸散量的相关系数

盒内小方块表示 2001~2010 年的平均值，须代表最大值和最小值

两种方法产量和蒸散量模拟结果的绝对差异（V_{cmax} 方法的模拟值减去 LAI 方法的模拟值）和相对差异（绝对差异除以 LAI 方法模拟值）的空间分布如图 3-24 所示。除一些低产区域外，产量绝对差异与相对差异的空间格局一致，差异较大的区域主要位于高产区。在低产区域，两种方法产量的绝对差异（不高于 500 kg/hm^2）与模拟产量（不高于

3000 kg/hm²）均较低，从而导致了该区域产量相对差异比较高（高于10%）。相同的现象也出现在 ET 空间格局的差异中，除高产区 ET 空间格局差异较大外，低产区蒸散量相对差异也较大。许多研究指出，在作物 LAI 大于 4 时，NDVI 存在饱和现象，从而导致在冠层郁闭时 LAI 被低估，以及在作物生长盛期时蒸散量被低估（Duchemin et al.，2006；Smith et al.，2008）。由于冠层蒸散量占作物整个生育期蒸散量的 60%～70%（Mo et al.，2005），在作物生长盛期时甚至能够达到 90%（Kang et al.，2003），因此在 LAI 方法中，作物生长盛期蒸散量的低估将会导致整个生育期蒸散量的低估。而 V_{cmax} 方法通过机理模型模拟叶片的生长过程，避免了低估旺盛生长期 LAI 的不足。两种方法在 LAI 估算上的差异带来了区域产量和蒸散估算的差异。

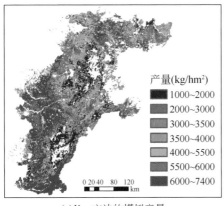
(a)V_{cmax}方法的模拟产量

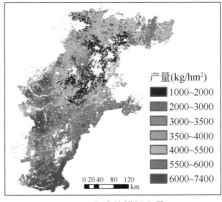
(b)LAI方法的模拟产量

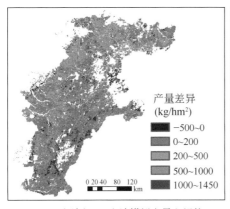
(c)V_{cmax}方法与LAI方法模拟产量之间的差值($y_{V_{cmax}}$减去y_{LAI})

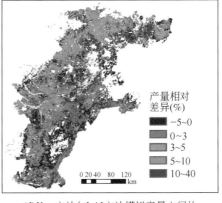
(d)V_{cmax}方法与LAI方法模拟产量之间的相对差值[($y_{V_{cmax}}-y_{LAI}$)/y_{LAI}]

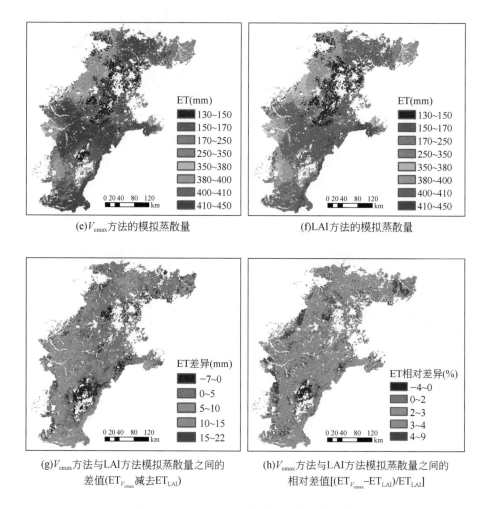

(e)V_{cmax}方法的模拟蒸散量 (f)LAI方法的模拟蒸散量

(g)V_{cmax}方法与LAI方法模拟蒸散量之间的
差值(ET$_{V_{cmax}}$减去ET$_{LAI}$)

(h)V_{cmax}方法与LAI方法模拟蒸散量之间的
相对差值[(ET$_{V_{cmax}}$−ET$_{LAI}$)/ET$_{LAI}$]

图 3-24　2001 ～ 2009 年 平均产量与蒸散量

产量和蒸散量的频率分布图比空间分布图更能展示上述两种方法模拟结果空间格局的差异。产量的频率分布图呈现出典型的灌溉区和非灌溉区双峰分布。LAI 方法的模拟产量为 1000 ～ 7400 kg/hm^2，产量分布峰值在非灌溉区为 1500 kg/hm^2，在灌溉区为 5200 kg/hm^2。V_{cmax}方法的模拟产量为 1000 ～ 7200 kg/hm^2，产量分布峰值在非灌溉区与 LAI 方法一致，而在灌溉区则为 5900kg/hm^2 ［图 3-25 （a）］。因此，V_{cmax}方法模拟的平均产量 （V_{cmax}方法：4730kg/hm^2；LAI 方法：4520kg/hm^2） 和高产区 （产量大于 6000kg/hm^2） 面积均大于 LAI 方法。ET 的模拟情况也相似 ［图 3-25 （b）］。V_{cmax}方法中 ET 分布频率的峰值为 420mm，高于 LAI 方法 （ET 峰值在 400mm），导致 V_{cmax}方法的平均蒸散量 （V_{cmax}方法：372mm；LAI 方法：360mm） 和高蒸散量区域面积 （ET>350 mm） 大于 LAI 方法。

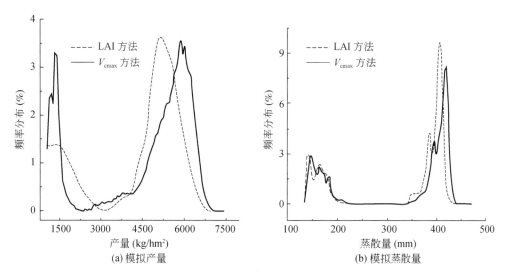

(a) 模拟产量　　　　　　　　　(b) 模拟蒸散量

图 3-25　模拟产量和蒸散量的分布频率

（3）作物生长过程的差异

由于作物叶面积指数较高时 NDVI 出现饱和，利用遥感数据估算作物生长盛期的叶面积指数会产生误差（Duchemin et al.，2006），导致模型产量预测产生误差。鉴于 NDVI 值受到冠层郁闭度的影响（Zarco-Tejada et al.，2005），并且与 V_{cmax} 有显著的相关关系，按照 V_{cmax} 将区域产量划分为 4 个等级，分别评价每个等级中两种方法的优势与不足，每个等级的 V_{cmax} 分别为 $40 \sim 60\mu molC/$ （$m^2 \cdot s$）、$60 \sim 80\mu molC/$ （$m^2 \cdot s$）、$80 \sim 100\mu molC/$ （$m^2 \cdot s$）和 $100 \sim 120\mu molC/$ （$m^2 \cdot s$）（图 3-26）。

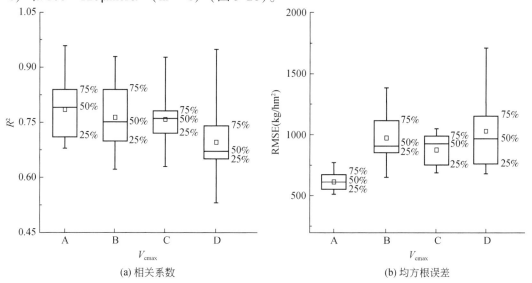

(a) 相关系数　　　　　　　　　(b) 均方根误差

图 3-26　V_{cmax} 方法和 LAI 方法模拟产量的相关系数和均方根误差

注：盒内小方块表示 $2001 \sim 2008$ 年的平均值，须代表最大值和最小值。

A、B、C、D 的 V_{cmax} 值分别为 $40 \sim 60\mu molC/$ （$m^2 \cdot s$）、$60 \sim 80\mu molC/$ （$m^2 \cdot s$）、$80 \sim 100\mu molC/$ （$m^2 \cdot s$）、

$100 \sim 120\mu molC/$ （$m^2 \cdot s$）

从图 3-26 可以看出，尽管不同 V_{cmax} 水平下两种方法模拟产量间的相关系数十分相近，但是它们之间的 RMSE 随着 V_{cmax} 水平的提高而增加，说明 V_{cmax} 方法和 LAI 方法模拟结果间的差异随着作物光合作用能力的增强而加大。为了解释这种现象，分别分析了 2004 年不同 V_{cmax} 水平下的平均 LAI 和地上部生物量的差异。

两种方法 LAI 值的差异出现于拔节期（4 月），并于抽穗期达到最大值（5 月中旬）（图 3-27）。Smith 等（2008）认为，叶面积指数估算的误差与作物生长阶段相关，当作物处于生长前期时，叶片较小且相互之间的重叠很少；随着叶片的生长，叶片之间的重叠增加，叶面积指数的增长速度大于 NDVI 值的增长速度（Hoffman and Blomberg，2004；Rodriguez et al.，2004），从而导致在作物生长盛期时（4～6 月）LAI 被低估。由于 NDVI 受冠层郁闭度的影响（Zarco-Tejada et al.，2005），因此 LAI 低估现象在光合作用能力较高的植被中尤为明显。在植被光合作用能力较低时 [40～60 μmolC/（m² · s）]，LAI 的最大差异低于 0.05；当植被光合作用能力达到 100～120 μmolC/（m² · s）时，LAI 方法估算的最大 LAI 值为 5.6，但 V_{cmax} 方法估算的最大叶面积指数为 7，更接近研究区的实测值（Yang et al.，2006）。

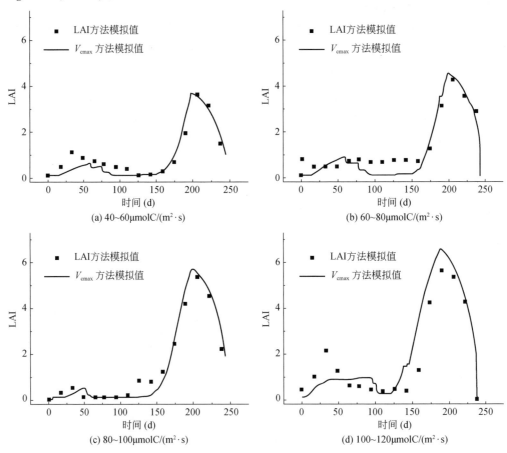

图 3-27　4 种不同光合作用能力下冬小麦生育期内 LAI 的动态变化

作物叶面积指数与其生物量（Ozalkan et al.，2010）和产量联系紧密（Murphy et al.，2008），尤其在冬小麦拔节期后（Moragues et al.，2006），植株高度和叶面积指数的变化可以引起38%的产量变化（Moragues et al.，2006）。因此，拔节期至成熟期（4～6月）叶面积指数的低估导致其相应生育期地上部生物量的低估（图3-28）。

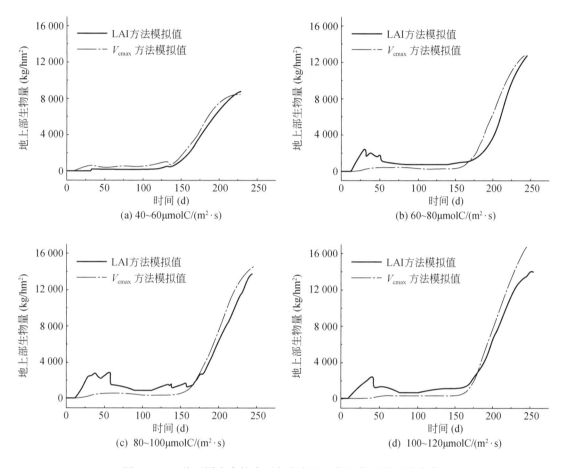

图 3-28　4 种不同光合能力下冬小麦地上部生物量的动态变化

NDVI 和 LAI 之间没有特定的数学关系，采用不同方法反演得到的 LAI 之间可能存在差异。在比较了 4 种主要 LAI 遥感反演方法（逐步多元回归法、校准验证法、神经网络模型和指数法）之后，Bsaibes 等（2009）认为，哪怕是最好的方法，由于遥感信号存在饱和现象，所以 NDVI 饱和现象在叶面积指数大于 4 的时候均存在。当采用 V_{cmax} 驱动模型来模拟区域产量时，LAI 通过模型模拟获取，最大叶面积指数受作物生长机理控制，因此作物生长盛期的叶面积指数更加接近于真实值，这在一定程度上避免了 LAI 方法中出现的 NDVI 饱和的问题。

第4章 气候变化对华北水资源和作物生产力的影响

1950年以来，气候变化在华北平原表现为显著增温（0.22℃/10a）、降水减少且年内和年际分布不均。相比于1954~1980年，1981~2012年海河流域、淮河流域和黄河流域的多年平均降水量分别减少了10.0%、3.0%和4.7%。虽然气温上升，饱和差增大，有助于蒸发力的增加，但其他气候要素（辐射、风速等）的长期变化趋势依然引起大气蒸发力下降。与同时段相比，大气蒸发力在海河流域减少了2.2%，在淮海流域减少了3.2%，在黄河流域蒸发力变化则不明显。蒸发力和降水变化导致华北平原水循环各要素和过程的演变。本章以生态和水文过程为切入点，通过遥感信息分析、模型模拟，分析华北地区水循环和水资源变化的演变过程和驱动机制，以及未来气候变化情景下作物生产力和耗水量、水资源量的变化趋势。

4.1 土壤水分的变化趋势

土壤水分是陆地水循环和陆-气能量交换过程中的重要状态变量和调控因子，其时空格局与降水的季节变化、植被的蒸腾作用以及土地耕作方式等密切相关（Mahmood and Hubbard，2003；Savva et al.，2013）。土壤水分影响区域蒸散发、径流和入渗过程，同时它也是植物赖以生存的基本条件，是影响作物生长状况和经济产量的重要因素（Grayson et al.，1997；Li and Rodell，2013；Orth and Seneviratne，2013）。了解区域土壤水分的变化特征，对评估气候变化的影响具有十分重要的意义。

遥感是获取大范围长期土壤水分序列的手段之一。微波遥感由于具有不易受天气状况影响，对地物具有一定的穿透能力（长波段微波能够穿透植被）（Schmugge et al.，1974；Calvet et al.，1995），与土壤水分和介电常数密切相关（微波波段）（Wigneron et al.，2000）等优点，在土壤水分监测等方面有广阔的应用前景。目前，利用微波遥感反演的全球土壤水分产品较多，主要有ASCAT、AMSR-E和SMOS等（Wagner et al.，2006；Juglea et al.，2010；Choi，2012；Rebel et al.，2012）。尽管这些土壤水分产品受植被覆盖度、地表温度及地表粗糙度等的影响，其精度在不同区域略有差别（Brocca et al.，2011），但总体来说其精度较高，且应用广泛。

欧洲太空局（ESA）与维也纳科技大学摄影测量与遥感学院、阿姆斯特丹自由大学合作生产的ECV土壤水分数据集①包括主动微波观测和被动微波观测两个土壤水分数据集，

---

① http：// www.esa-soilmoisturee-cci.org

主动微波观测数据集由安装于卫星 ERS-1、ERS-2 和 METOP-A 的 C 波段散射仪观测数据反演生成；被动微波观测数据集则由 SMMR、DMSP SSM/I、TRMM TMI 和 Aqua AMSR-E 等遥感信息合成（Liu et al.，2011b；Liu et al.，2012）。

标准化差值植被指数（NDVI）数据采用 GLCF（global land cover facility）的 GIMMS 半月最大 NDVI 合成数据（1981～2006 年）（Tucker et al.，2005），空间分辨率为 8km。2000～2010 年 NDVI 数据采用美国 LPDACC[①]（land process distributed active archive center）提供的 MODIS 16 天最大合成植被指数数据（MOD13Q1）。为了进一步减少 NDVI 的异常值，采用 S-G 滤波（Chen et al.，2004）对数据进行了平滑处理。利用 2000～2006 年 7 年的重叠数据，通过建立每个栅格的线性回归方程，将 GIMMS NDVI 数据提至与 MODIS NDVI 数据同一水平，以延长 GIMMS NDVI 数据的时间长度。检验结果显示，处理后的 NDVI 与 NOAA_ NDVI 具有较好的一致性（图 4-1）。

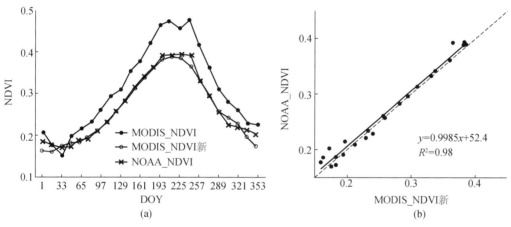

图 4-1　线性回归处理前后 MODIS NDVI 和 NOAA NDVI 序列对比

4.1.1　土壤水分时空格局

华北平原冬小麦生育期内多年平均土壤水分呈现较大的空间分异性，其含量由东南向西北逐渐递减，与降水分布格局一致（图 4-2）。降水相对充足的华北平原南部地区，如江苏及安徽北部，土壤水分大于 0.25 m³/m³；东部丘陵地区土壤水分为 0.21～0.25 m³/m³；华北平原西部及北部地区由于降水偏少，且灌溉不足，农田土壤水分低于 0.19 m³/m³。小麦期土壤水分增加的区域主要集中在华北平原中东部地区，其中河北和天津部分地区土壤水分呈显著（$p<0.05$）增加的趋势。土壤水分减少的地区主要位于安徽和江苏北部，但趋势不明显。小麦生育期土壤水分的变异系数由西向东逐渐降低，西部地区的土壤水分较小，变率大于 14%，这与降水的较高变异性有关。

---

① http：//LPDAAC. usgs. gov

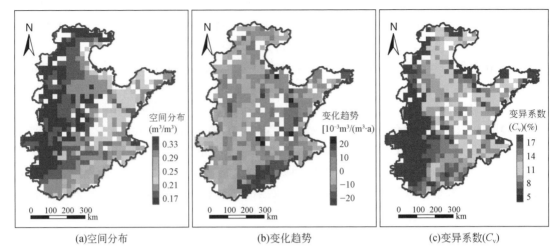

(a)空间分布　　　　　　　　(b)变化趋势　　　　　　　　(c)变异系数(C_v)

图4-2　冬小麦生育期土壤水分的变化趋势和年际变异性

为进一步区分影响农田土壤水分变化的人为因素和自然因素，对土壤水分与气候要素的变化趋势进行交叉分析，结果显示气候要素与土壤水分均呈现显著的变化趋势（$p < 0.05$）（图4-3）。在小麦生育期，通过对比土壤水分与降水的趋势分布图发现，除河北中西部、河南北部、山东中部的土壤水分变化与降水变化相关外，其余大部分地区土壤水分的变化与降水变化无明显关系。降水增加而土壤水分减少的区域占总面积的36.7%，降水增加而土壤水分基本不变的区域占总面积的34.6%，其中两者明显相关的区域仅占总面积的27%。土壤水分分别与潜在和实际蒸散的相关性分析显示，西部地区的土壤水分与潜在和实际蒸散均呈现负相关性，即蒸发增加的区域土壤水分有可能降低，反之亦然，说明潜在蒸散变化与实际蒸散和土壤水分变化存在较高的关联性。华北平原东部地区降水增加而土壤水分不变，可能是由于实际蒸散的增加平抑了降水的增加对土壤水分的影响。通过对比降水和实际蒸散空间分布图可以看出，华北平原南部地区，如江苏、安徽等，降水充

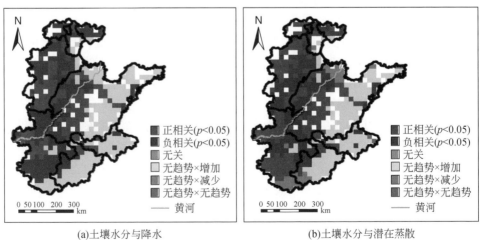

(a)土壤水分与降水　　　　　　　　　　(b)土壤水分与潜在蒸散

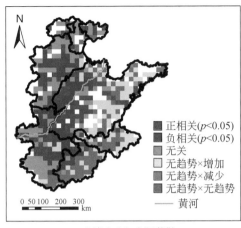

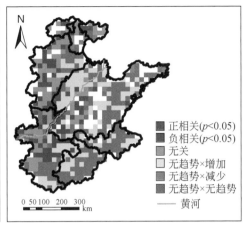

(c)土壤水分与实际蒸散　　　　　　　　(d)土壤水分与标准化NDVI

图 4-3　1981～2010 年小麦生育期土壤水分分别与降水、潜在蒸散、实际蒸散和
标准化植被指数的变化斜率乘积

足，降水量与蒸散量基本持平，农田土壤水分较高，没有明显变化趋势。总体来看，华北平原中西部灌溉农田的土壤水分受人类活动影响较多，但气候因子影响不明显。

土壤多年平均水分在玉米生育期内呈现由东南向西北递减的空间分异性（图 4-4）。由于降水充沛，玉米生育期内土壤水分基本在 0.23 m³/m³ 以上。土壤水分较高的地区位于安徽和江苏北部（高于 0.31 m³/m³），除河北中部、河南北部及北京南部的农田土壤水分低于 0.19 m³/m³ 外，华北平原其余地区土壤水分均在 0.21～0.29 m³/m³。除河南北部、山东部分地区、河北中部等地土壤水分略有减少外，其余地区的年平均土壤水分呈增加趋势。玉米生育期平均土壤水分的年际变异系数由南向北逐渐减小，大部分地区土壤水分变率大于 11%，其中黄河以南土壤水分变率在 14% 以上。

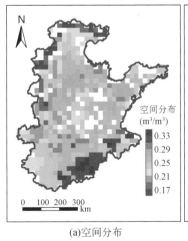

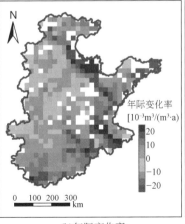

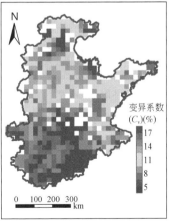

(a)空间分布　　　　　　　　(b)年际变化率　　　　　　　　(c)变异系数(C_v)

图 4-4　玉米生育期土壤水分

对比玉米生育期内土壤水分与降水趋势分布图（图4-5），发现仅少数地区土壤水分变化与降水变化呈正相关，其余地区土壤水分的变化与降水关系不显著，二者相关性较好的地区仅占总面积的6%。降水增加而土壤水分维持不变的区域所占比例高达73%，说明虽然降水增加但并未储存于土壤，可能是由于植被蒸腾增加或降水径流比例改变，入渗土壤水量未增加的缘故。华北平原北部的降水减少并未影响土壤水分，可能与该地区农田灌溉条件较好有关。通过分析土壤水分与潜在蒸散和实际蒸散的关系可以发现，土壤水分与潜在蒸散呈负相关的区域仅占平原总面积的6%，且土壤水分的变化也不能由实际蒸散的变化来解释，说明夏季土壤水分长期变化的影响因子较复杂。

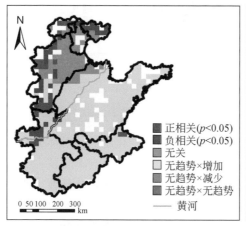

(a)土壤水分与降水

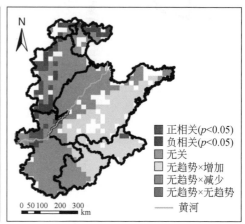

(b)土壤水分与潜在蒸散

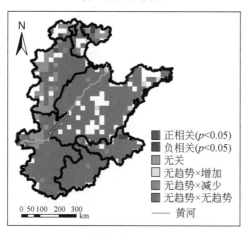

(c)土壤水分与实际蒸散

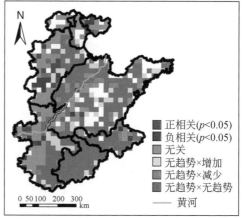

(d)土壤水分与标准化NDVI

图4-5 1981～2010年玉米生育期土壤水分分别与降水、潜在蒸散、实际蒸散和标准化植被指数的变化斜率乘积

1981～2010年作物生长期（3～9月）土壤水分呈现由东南向西北逐渐减少的趋势，与降水分布的纬度地带性一致，但与潜在蒸散的空间格局相反（图4-6）。平原东南部地区土壤水分在0.27 m³/m³以上，中部地区为0.21～0.25m³/m³，西北部地区土壤水分低于0.19 m³/

m^3。1981~2010 年作物生育期平均土壤水分整体呈现增加趋势，其变化率东部高于西部，而平原西部地区土壤水分呈显著减少趋势（$p<0.05$）。土壤水分区域平均变异系数为 13%，年际变异呈由南向北减小的趋势，其中东南部和西部地区土壤水分年际变异性较高。

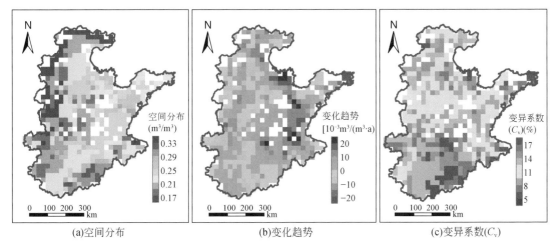

(a)空间分布　　　　　　　(b)变化趋势　　　　　　　(c)变异系数(C_v)

图 4-6　整个作物生育期土壤水分

4.1.2　土壤水分的变化趋势

区域平均而言，小麦生育期土壤水分的年际变化基本平稳。由于小麦生育期内多年平均降水量仅为 180 mm，农田土壤水分较低，仅为 0.19 m^3/m^3。20 世纪 90 年代以前土壤水分逐渐增加，90 年代后呈现下降趋势并趋于稳定，与小麦生育期降水变化基本一致。1992 年土壤水分最低，仅为 0.17 m^3/m^3，而同期降水也仅为 111mm，降水的匮乏显著影响了土壤水分（图 4-7）。表 4-1 显示冬小麦生育期内土壤水分仅与潜在蒸散呈负相关关系，与其他变量则呈正相关关系，其中与降水的相关性最为明显（$r=0.51$，$p=0.004$），说明小麦生育期土壤水分变化主要受到降水的影响。1981~2010 年小麦 NDVI 呈微弱上升趋势，与土壤水分变化无显著相关性，气温上升导致返青期提前可能是 NDVI 上升的主要原因。

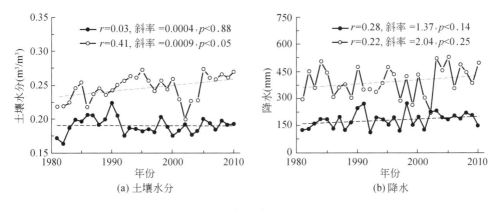

(a) 土壤水分　　　　　　　　　　(b) 降水

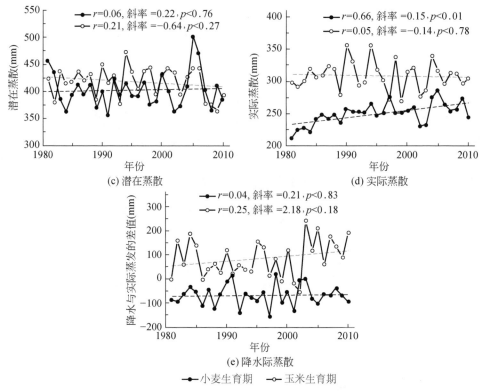

图 4-7　土壤水分、降水、潜在蒸散、实际蒸散和 NDVIstd 的年际变化

　　玉米生育期的年均降水量为 393mm、土壤水分为 0.25 m³/m³。玉米生育期的土壤水分总体呈现增加趋势，在 2002 年出现异常低值（图 4-7）。表 4-1 显示玉米生育期内土壤水分仅与潜在蒸散呈负相关关系，与其他变量均呈正相关关系，其中与降水的相关性最为明显，相关系数达到 0.48（$p = 0.008$），说明玉米生育期内土壤水分变化主要受降水影响。

表 4-1　土壤水分分别与降水、潜在蒸散、实际蒸散和 NDVI 的关系

变量	P		PET		ET		NDVI	
	r	p	r	p	r	p	r	p
小麦	0.514	0.004	−0.269	0.150	0.186	0.324	0.303	0.110
玉米	0.476	0.008	−0.107	0.574	0.265	0.156	0.040	0.837
生长季	0.484	0.007	0.116	0.540	0.590	0.001	0.506	0.005

　　降水、潜在蒸散、实际蒸散和土壤水分之间的距平百分率进一步揭示了环境变量与土壤水分的关系。虽然冬小麦生育期土壤水分多年距平较为稳定，降水距平年际波动较大，但两者变化较为一致。例如，1982 年土壤水分距平百分率为−14%，同年降水距平百分率为−28%，1990 年土壤水分距平百分率为 18%，同年降水距平百分率为 36%。然而，在 1986 年、1988 年、1989 年和 2010 年，虽然降水减少但土壤水分却增加，可能源于同期农田灌溉量的增加。在玉米生育期，土壤水分与降水波动较为一致。例如，2002 年降水的减

少造成了土壤水分大幅降低，土壤水分和降水的距平百分率分别为 -19% 和 -45%。

1981~2010 年农田平均土壤水分在整个作物生育期呈现微弱增加的趋势，与降水的增加趋势一致。虽然同期实际蒸散量呈现增加趋势，但其增幅低于降水增幅，未造成土壤水分的降低。土壤水分在作物生育期与实际蒸散、NDVI 和降水均呈显著的正相关关系（土壤水分与实际蒸散：$r = 0.59$，$p = 0.001$；土壤水分与 NDVI：$r = 0.51$，$p = 0.005$；土壤水分与降水：$r = 0.48$，$p = 0.007$）（表 4-1），说明降水增加导致土壤水分的增加，使得更多的水分用于作物蒸腾，促进了作物的生长发育。

4.2 蒸散和作物生产力的格局及演变

4.2.1 遥感 ET 和 GPP 模型

农业和生态环境用水主要消耗于植被蒸腾和土壤蒸发（合称蒸散，以 ET 表示）。通过调控 ET，减少无效蒸发，如改进灌溉方法、避免大水漫灌、采用秸秆覆盖等，可有效提高水资源的利用效率，改善生态环境。基于 ET 的用水管理，逐步成为近年来区域生态环境、农业用水管理的理念，即由供水配置过渡到根据 ET 分配水权和水资源量。毋庸置疑，蒸散和地表水文变量的实时监测和定量预报是实现 ET 用水管理的关键。

地表蒸散由多个因子控制，包括气候、生物物理、土壤特性、地形等，在空间分布上呈现明显的分异性，使得区域蒸散的估算变得相当困难。遥感信息具有快捷、连续、经济、大面积等特点，能够较准确地刻画地表水热特征。其中，植被指数作为红光和近红外短波辐射反射率的比值，其时空连续序列能反映植被生长状况的动态变化，被广泛用于植被长势、物候的监测，以及植被覆盖度、叶面积指数的反演等。结合遥感信息和地面气象要素的蒸散模型的发展，可为区域蒸散的可靠估算提供科学基础。迄今为止，基于遥感信息的蒸散模型在国内外得到长足发展，主要有以下几种类型，即地表温度–通量法（Bastiaanssen et al.，1998）、空气动力学阻力–地表能量平衡余项法（Kustas and Norman，1999）、地表温度–植被指数法（Nishida et al.，2003）、PM（Penman-Monteith）模型（Mu et al.，2007a；Leuning et al.，2008）和双源–PT（Priestley–Taylor）模型（Norman et al.，1995；Fisher et al.，2008）等。同时，光能利用率模型由于其原理和结构简单，并与遥感信息结合，被广泛用于区域和全球植被生产力的计算（Zhang et al.，2010）。这些模型在全球各地的推广应用，加深了人们对植被蒸散和水分利用过程的理解。

然而，多数蒸散反演研究仍局限于较短时间尺度。基于遥感模型的蒸散反演，只能得到各观测时相的瞬时蒸散值，根据"蒸发比"概念，实现日蒸散量的估计。已有研究中，或通过时间序列插值（如傅里叶谐波分析）（奚歌等，2008；熊隽等，2008），或利用地面气象资料通过 PM 公式计算参考作物蒸散，根据作物系数和"参考蒸发比"将日蒸散量反演结果扩展到月、季、年尺度（刘朝顺等，2007；田辉等，2009）。基于光能利用率概念的遥感生产力反演模型，能较好地描述景观空间异质性对植被生产力的影响，适用于大尺度生产力的预测。

遥感 ET 和 GPP 计算方案介绍如下。

受太阳辐射和大气动力学的驱动，地表蒸散包括 3 个部分：植被蒸腾（E_c）、土壤表面蒸发（E_s）和冠层截留（E_i）。蒸腾量通过潜在蒸腾（E_{cp}）估算，并受到温度和水分的胁迫，以及与植被类型有关的最小气孔阻抗的调节，可按式（4-1）计算：

$$E_c = E_{cp} f_w f_t \tag{4-1}$$

式中，E_{cp}（mm/d）为潜在蒸腾量；f_w 和 f_t 分别为大气水分和空气温度胁迫因子。潜在蒸腾量通过 Penman-Monteith 方程计算，如下式：

$$E_{cp} = \frac{1}{\lambda}(\Delta R_{nc} + f_c \rho c_p D/r_a)/(\Delta + \gamma \eta) \tag{4-2}$$

式中，R_{nc} 为冠层吸收的净辐射（mm/d）；f_c 为植被覆盖度；Δ 为温度-饱和水汽压曲线斜率（hPa/℃）；γ 为干湿常数（hPa/℃）；η 为自然植被功能类型和参考作物的最小气孔阻抗（$r_{s,min}$）之比，最小气孔阻抗参照 Leuning 等（2008）和 Bastiaanssen 等（2012）的研究；c_p 为空气比热容 [J/（kg·℃）]；ρ 为空气密度（kg/m³）；λ 为水分汽化潜热（J/kg）；r_a 为冠层与参考高度之间的空气动力学阻抗（s/m）；D 为空气饱和水汽压差（hPa）。矮草地的 r_a 通过式（4-3）估算：

$$r_a = \frac{\ln^2[(z-d)/z_o]}{k^2 u_a} = 208/u_a \tag{4-3}$$

式中，u_a 为风速（m/s）；z 为参考高度；d 为零平面位移；z_o 为粗糙长度；k 为 Karman 常数，取 0.41。在估算自然植被类型的 E_{cp} 时，忽略了不同植被类型之间 d 和 z_o 的差异，对 ET 估算偏差影响不明显。

多年生植物的根深通常为 1 米至数米，其储存的水分能够保护冠层在季节性干旱中免受水分重度胁迫的影响。大多数植物能够获取深层土壤水分，区域尺度上根层有效土壤水分与植被指数呈显著的相关性（Glenn et al., 2011）。因此，植被覆盖度的变化可以代替土壤水分来计算冠层蒸腾。气温和水汽压差胁迫因子分别通过式（4-4）和式（4-5）计算（Mu et al., 2007；Zhang et al., 2010）：

$$f_t = \exp\{-[(T_a - T_{opt})/T_{opt}]^2\} \tag{4-4}$$

$$f_w = (D - D_o)/(D_c - D_o) \tag{4-5}$$

式中，T_{opt} 为冠层蒸腾最佳温度（$T_{opt}=22℃$）；T_a 为空气温度（℃）；D_o 和 D_c 分别为触发气孔收缩和气孔完全关闭时的饱和水汽压差（$D_o=6.5hPa$，$D_c=38hPa$）。

冠层截留蒸发用湿润冠层的潜在蒸发率估算。土壤蒸发由地表潜在蒸发（E_{sp}）和土壤水分渗出速率（E_{ex}）共同限制（Eagleson, 1978）：

$$E_s = \min(E_{sp}, E_{ex}) \tag{4-6}$$

$$E_{sp} = \frac{1}{\lambda}[\Delta(R_{ns} - G) + (1 - f_c)\rho c_p D/r_{as}]/(\Delta + \gamma) \tag{4-7}$$

式中，E_{sp} 为地表潜在蒸发量（mm/d）；R_{ns} 为土壤表面吸收的净辐射（MJ/d）；G 为土壤热通量（MJ/d）。对于植被表面，G 通过 R_n 和 f_c 计算（Su et al., 2001）：

$$G = R_n \times [\Gamma_c + (1 - f_c) \times (\Gamma_s - \Gamma_c)] \qquad (4\text{-}8)$$

式中，Γ_c（~0.05）（Monteith，1973）和 Γ_s（~0.315）（Kustas and Daughtry，1990）分别为冠层郁闭和裸露时的土壤热通量（G）与净辐射（R_n）之比；水体的 G/R_n 为 0.26（Frempong，1983）。

土壤水分渗出速率（E_{ex}）（mm/d）随地表水分消耗而减小，见式（4-9）（Choudhury and DiGirolamo，1998）：

$$E_{ex} = S[t^{0.5} - (t - 1)^{0.5}] \qquad (4\text{-}9)$$

式中，S 为土壤脱湿力，由土壤纹理和结构决定，通常为 3~5 mm/d$^{-1.5}$，这里取 3.5 mm/d$^{-1.5}$；t 为时间（d），自雨后第二天起算。

植被冠层截获太阳光合有效辐射，通过光合作用固定能量，形成光合产物，同时蒸散消耗水分。根据冠层截获的光合有效辐射和光能利用效率可以计算植物的碳同化量，即

$$GPP = \varepsilon_{max} APAR * f f_w \qquad (4\text{-}10)$$

式中，GPP 为总初级生产力（gC/m^2）；APAR 为冠层吸收的光合有效辐射；ε_{max} 为光能利用率（gC/MJPAR），冬小麦（C$_3$ 作物）取 1.6 gC/MJPAR，夏玉米（C$_4$ 作物）取 1.87 gC/MJPAR，林地取 0.9 gC/MJPAR。

植被覆盖度和叶面积指数与遥感植被指数（如 NDVI 和 EVI）密切相关，根据 Li 等（2005）的论述，植被覆盖度可由式（4-11）计算：

$$f_c = 1 - \left(\frac{VI_{max} - VI}{VI_{max} - VI_{min}} \right)^{\beta} \qquad (4\text{-}11)$$

式中，β 为经验常数，取值为 0.6~1.2，这里取 0.7；VI_{max} 和 VI_{min} 分别为冠层郁闭和裸地时的植被指数。

冠层和地表吸收的净辐射通量由冠层顶净辐射以植被覆盖度为权重线性分割得到，即

$$R_{nc} = f_c R_n \qquad (4\text{-}12)$$
$$R_{ns} = R_n - R_{nc} \qquad (4\text{-}13)$$

式中，R_n 为冠层顶净辐射。根据 Allen 等（1998）的研究，R_n 由式（4-14）~式（4-16）计算得到：

$$R_n = R_S - R_L \qquad (4\text{-}14)$$
$$R_S = (1 - \alpha)\left(0.25 + 0.5 \frac{n}{N} \right) R_o \qquad (4\text{-}15)$$
$$R_L = \left(0.1 + 0.9 \frac{n}{N} \right) (0.34 - 0.14 \sqrt{e_a}) \sigma (T_a + 273)^4 \qquad (4\text{-}16)$$

式中，R_o 为大气顶层入射太阳辐射（MJ/d）；R_S 和 R_L 分别为净短波辐射和净长波辐射（MJ/d）；α 为地表反照率；n 和 N 分别为实际日照时数和最大日照时数；e_a 为大气水汽压（hPa）。地表反照率随植被覆盖度的增加而减小，其可通过式（4-17）计算得到（Gao，1995）：

$$\alpha = 0.28 - 0.14\exp(-6.08/SR^2) \qquad (4\text{-}17)$$

式中，SR 为简单比值植被指数，表示为（1+NDVI）/（1-NDVI）。

最小气孔阻抗（$r_{s,min}$）是与植被覆盖类型直接相关的关键参数，其值通过文献记录得

到（Kelliher et al.，1995；Leuning et al.，2008；Bastiaassen et al.，2012）。对于不同农作物的 $r_{s,min}$，通常取灌溉条件下 100s/m 作为参考值。对自然植被类型的 $r_{s,min}$ 分别设置以下参数值：针叶林为 300s/m，阔叶林为 150s/m，草地为 125s/m，混交林为 200s/m，灌丛为 200s/m，城市和建设用地为 300s/m。模型计算冠层潜在蒸腾时用到自然植被和作物的 $r_{s,min}$ 比值，这避免了用作物参考蒸腾代替其他植被类型参考蒸腾引起的误差。

卫星资料来源于 2000~2009 年 TERRA 卫星 MODIS 辐射计，数据为 1km 分辨率、16 天最大值合成的归一化差值植被指数，从 MODIS 网站下载。遥感影像图经过严格的几何校正、配准、投影变换等数据处理，投影方式由原投影转为兰勃特等积方位投影。针对 MODIS 遥感信息，$NDVI_{max}$ 和 $NDVI_{min}$ 分别取 0.90 和 0.15。

利用华北地区 88 个气象站逐日气象资料，通过距离平方反比法进行空间插值，得到每个栅格点的气象信息。入射短波和长波辐射根据经验公式由日照时数计算。模拟区域的空间分辨率为 1km，时间分辨率为天。模拟时段为 2000~2009 年，共 10 年。

4.2.2 预测 ET 和 GPP 的验证

模型验证采用的水汽和 CO_2 通量观测资料来自中国通量观测联盟网禹城站（116°38′E，36°57′N）2003~2005 年的涡度协方差观测数据。选择涡度相关观测点所在网格及其周围 8 个格点的模拟结果与观测数据进行对比。两者具有较好的相关性（$R^2=0.54$），最佳拟合线的斜率为 1.03，均方根误差为 0.94 mm/d（图 4-8）。该观测点 2000~2009 年 10 年平均的模拟蒸散量为 694 mm/a。在华北平原，王菱和倪建华（2001）以田间实验资料为基础，通过农田蒸散量和土壤相对含水量、潜在蒸散的函数关系计算得到多年平均蒸散量为 630mm；赵静等（2009）结合 NOAA/AVHRR 数据利用 SEBS 模型估算得到蒸散量的年平均值为 700~800mm。值得注意的是，不同的灌溉水量，甚至同样灌溉水量在年内的不同分配都会造成农田蒸散 100~200mm 的差别（姜杰和张永强，2004）。大型蒸渗仪（蒸发面积 3.14m²）观测的多年平均蒸散量为 810mm/a，偏差约为 110mm。一般可认为蒸渗仪内作物供水充分、不受水分胁迫，而模

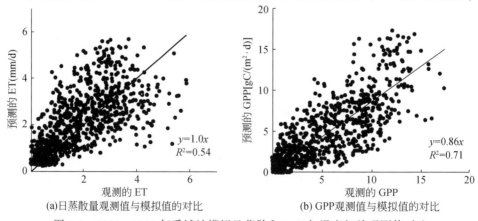

(a)日蒸散量观测值与模拟值的对比 (b) GPP观测值与模拟值的对比

图 4-8　2003~2005 年禹城站模拟日蒸散和 GPP 与涡度相关观测值对比

拟的像元内包含道路、村庄等，地表覆盖度比田间低，灌溉条件也不一致，因此模拟的蒸散量偏低于蒸渗仪的观测值是可以接受的。GPP 模拟与观测值的确定性系数为 0.71，斜率为 0.86，年总量的差别小于 10%。在平坦、植被均匀农田上观测的碳通量，由于混合像元和非植被组分的影响，计算结果往往有明显的尺度效应。

模型中，$NDVI_{min}$ 和 $NDVI_{max}$ 属于敏感参数，将这两个参数分别变化 10%，则导致年蒸散量分别变化 1.2% 和 2.2%，GPP 则变化 2.2% 和 12.7%。在小麦生长盛期的 4～5 月，农田周围其他的植被仍处于返青期，导致像元尺度（1km）的覆盖度与田间观测的覆盖度有明显差别，造成像元尺度的估算值与田间观测值存在明显偏差，也就是所谓的"农区"和"农田"的差别。

图 4-9 为区域平均的逐日潜在蒸散和实际蒸散的年变化过程。华北平原实际蒸散呈典

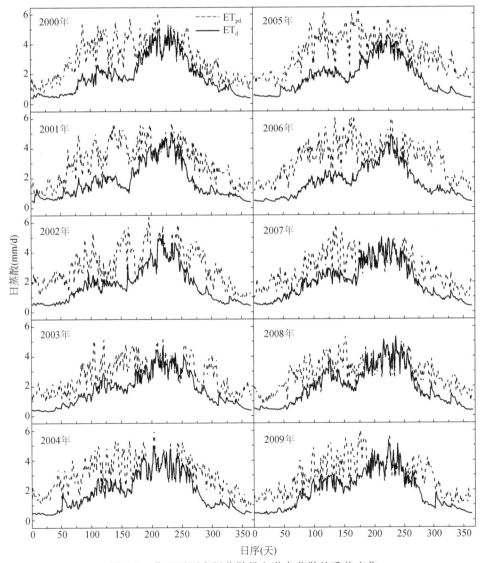

图 4-9　华北平原实际蒸散量和潜在蒸散的季节变化

型的双峰变化。在小麦生长季内，随着温度的升高和降水量的增加，潜在蒸散和实际蒸散开始上升，到小麦生长盛期（DOY 110～140）实际蒸散和潜在蒸散达到年内第一个高峰，小麦收获期（DOY 160～170）实际蒸散处于低值区。在夏玉米生长季，降水、温度达到年内最高，作物生长最繁盛，实际日蒸散达到年内最大，玉米生长盛期（DOY 175～275）多数年份实际蒸散与潜在蒸散接近，此后随着气温下降和作物叶片枯黄，潜在蒸散和实际蒸散随之下降，至小麦播种期处于另一个低值区，播种后实际蒸散有一个较快增长，越冬后，随着温度的下降，实际蒸散和潜在蒸散达到年内最低值。

4.2.3　ET 的空间分异性

虽然华北平原大部分为农田，其年蒸散量仍有明显的空间分异性（图4-10）。总体上呈现南高北低的趋势，与降水和温度的纬度地带性变化一致。在灌溉条件好的地方，蒸散量较高。具体表现为在河南省南部、安徽省和江苏省北部，降水较丰沛，植被覆盖度高，年蒸散量为700～900mm，其中水田和水体的蒸散约为850mm；除河北平原中东部沿河地区、城镇区、山地等外，其他地方年蒸散量基本上为600～750mm。河北沧州等低地平原区因地下水含盐量高，适宜灌溉的淡水供应不足，植被盖度较低，年蒸散量也偏低，尤其是在冬小麦生育期。城区大部分为建筑物、黄河河道多为河滩地，年蒸散量为350～500mm。整个区域平均蒸腾量占蒸散的60%～70%，这与田间的观测结果是一致的（莫兴国等，1997）。

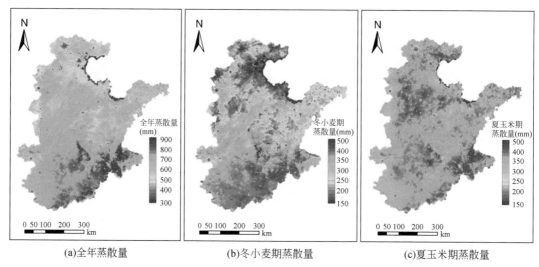

(a)全年蒸散量　　　　　　(b)冬小麦期蒸散量　　　　　　(c)夏玉米期蒸散量

图 4-10　多年平均总蒸散量

从夏收和秋收作物来看，其生育期内蒸散量的空间分异性呈现明显的差异，这与降水的季节分配相吻合。主要作物（小麦和玉米）生育期总蒸散量如图4-10所示。在小麦生育期，蒸散由南向北递减的纬度地带性变化非常明显，其中南部地区蒸散量为350～

450mm，高值区主要分布在江苏和安徽省北部。山东丘陵区、河北中东部雨养农业区的蒸散量约为 250mm，与同期雨量大致相当。沿渤海滩涂，缺乏植被覆盖，多为沙地，蒸散较低，不足 200mm。太行山前平原、北京东部地区灌溉条件较好，蒸散量为 300～350mm。

在夏玉米生育期（6 月中旬到 10 月上旬），正是华北地区的雨季，降水基本满足作物需求，蒸散量的空间差异不明显。在江苏北部、胶东半岛东部、河北平原的部分出现较高蒸散量，约为 450mm，而在河南西部的低丘陵区，土壤保水能力弱，植被较差，蒸散偏低，仅为 320mm 左右。大部分地区蒸散量为 360～420mm。

从降水与蒸散的差值可以发现（图 4-11），就多年平均而言，大致在黄河以南水分有盈余，黄河两岸及以北大部分地区蒸散大于降水，差额来源于上游山区水库和地下水的灌溉补充。灌溉补充的水量有地域差异，最高在太行山、燕山山前平原，为 150～200mm，占降水的 1/4～1/3，显示出该地区水资源开发利用严重超支。其中，在小麦生育期，所有的农田都需要灌溉，且灌溉量为 200mm 左右，其中太行山前平原灌水量最大，超过 200mm；雨养农田则消耗掉部分前期土壤蓄水。在玉米期，黄河以南降水有 100～250mm 盈余，用于补充土壤、地下水和地表水体，而黄河以北地区，除太行山、燕山山前平原需补充大约 50mm 灌水外，其他地方水分收支虽基本持平，仍略显不足。总体而言，华北平原本身水资源供需季节性失衡，春季农业生产用水严重依赖上游山区水库蓄水、黄河来水，以及深层地下水等的供给。

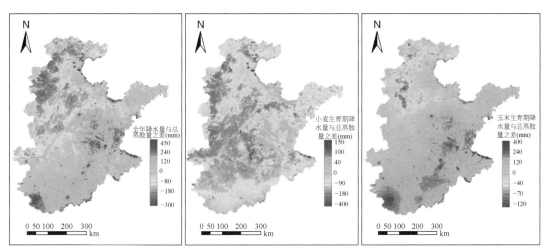

(a)全年降水量与总蒸散量之差　(b)小麦生育期降水量与总蒸散量之差　(c)玉米生育期降水量与总蒸散量之差

图 4-11　多年平均降水量与总蒸散量之差

4.2.4　GPP 和 WUE 的空间分异性

植物消耗水分形成干物质的效率称为水分利用效率，表示为 GPP 与 ET 之比（WUE）。如图 4-12 所示，年 GPP 空间分布的分异性不明显，南部地区基本上为 1500～2000gC/m²，最高值出现在江苏省北部的水田和灌溉地，沿黄河两岸、太行山前平原，因灌溉条件较好，GPP 也较高，约为 1500gC/m²。山东半岛丘陵区、河北中东部低地平原，因灌溉水源或土壤盐碱度高，导致 GPP 较低，为 500～1000gC/m²。此外，沿海荒滩植被稀疏，GPP 很低。在冬小麦生育期内，累积 GPP 总体上呈现南高北低的格局，主要与降水和灌溉条件有关，其中南部的高值区为 700～1000gC/m²，太行山前平原为 500～750gC/m²，胶东半岛、河北东北部 GPP 较低，在 500gC/m² 以下。

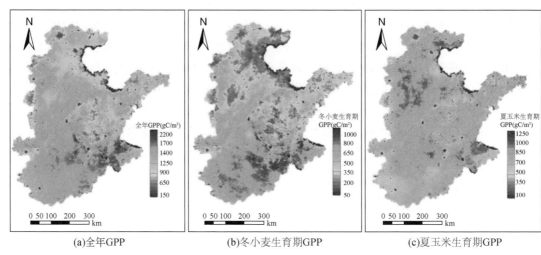

(a)全年GPP　　　　　　　(b)冬小麦生育期GPP　　　　　　(c)夏玉米生育期GPP

图 4-12　华北平原多年平均初级生产力（GPP）的空间分布

在夏玉米生育期，GPP 空间分布较为均匀。高值出现在太行山前及中部平原、唐山地区、连云港地区，为 900～1100gC/m²；其他大部分区域 GPP 为 600～800gC/m²，河南西南部等丘陵旱地、南四湖等湿地、北京等城区的 GPP 较低，在 600gC/m² 以下。造成夏季北部 GPP 比南部高的原因主要是南部云天多，北部地区光照时间比南部多，更有利于光合作用和干物质的积累。

水分利用效率（GPP/ET）的空间格局与 GPP 类似。根据对日光合作用率与蒸散量关系的分析，光合作用率与蒸散呈线性关系，说明两者变化的一致性。从年尺度上看，WUE 分布较为均匀，大部分地区约为 2gC/（m²·mm）。对冬小麦而言，WUE 的空间分异性较大，呈现由南向北递减的趋势，其中灌溉区的效率较高，约为 2gC/（m²·mm），而旱地偏低，低于 1.5gC/（m²·mm）。对玉米期而言，用水效率空间分布也较为均匀，即中部地区，尤其是河北平原中西部 WUE 最高，大部分格点在 2.4gC/（m²·mm）左右。

4.2.5　ET 和 GPP 的年际变化

华北平原气候呈现明显的年际变化，在 2000～2009 年，年平均降水量为 734mm，其变率（标准偏差/平均值）为 15.6%；植被指数的变率为 5.8%，其中小麦和玉米期的变率分别为 9.9% 和 4.0%（图 4-13）。实际年蒸散量为 658 mm，变率为 5.8%（其中叶片蒸腾变率为 8.6% 、土壤蒸发为 7.7%),比大气蒸发力的变率(6.0%)稍低。虽然蒸散的变化小于降水的变化,但其年际变化的极值可达 60 多毫米,占年总量的 10% 左右;GPP 年际变化的极值差异可高达 25% 。因此,植被动态对气候变异的响应是不应该忽略的。据 Zhou 等(2001)对区域植被指数与年平均温度距平的分析发现,温度的波动与植被动态变化相当一致。实际蒸散变率较小的主要原因是该地区的大量灌溉,满足了作物的耗水需求。在灌溉设施齐全的农田,蒸散量的年际波动只有 20 mm 左右,而雨养地区的蒸散变幅较大。相对而言,小麦生育期内实际蒸散的波动幅度比玉米期稍高,可达 7.2% 。相对于蒸散,作物光合生产力的变化更高一些,约为 7.6% ,其中小麦光合生产力对气候波动的响应尤为敏感,年际变率可达 16.7% 。

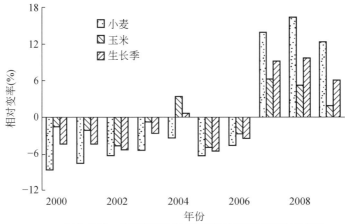

(a)生长季、小麦和玉米生育期累计NDVI的年际相对变率

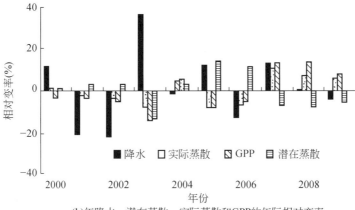

(b)年降水、潜在蒸散、实际蒸散和GPP的年际相对变率

图 4-13　华北平原季节 NDVI、GPP 和 ET 的年际波动

4.3　SRES 气候情景下蒸发和径流的变化

4.3.1　Thornthwaite-Schreiber 方法

以气温上升为主要标志的全球气候变化受到世界各国的普遍关注。气候因子, 如降水强度与频率, 以及气温等的变化, 直接影响到降水、蒸发、径流和土壤湿度等水循环要素, 改变全球水文循环和水资源的时空分配, 同时影响生态系统生物地球化学循环与生物多样性, 最终波及社会经济的各个方面, 威胁人类福祉。据全球大气环流模式 (GCMs) 预测, 随着大气温室气体浓度的增加, 21 世纪全球气候将进一步变暖, 并可能诱发全球气候系统更明显的变化 (IPCC, 2007)。气候变化及其影响具有显著的区域分异性。然而, 迄今为止, 典型区域的气候变化响应研究仍然不足。未来气候变化将不仅改变华北平原水资源的分布格局, 也关系到中国的粮食与水资源安全。下面通过 Thornthwaite – Schreiber 方法对华北平原 2001 ~ 2060 年实际蒸发及径流的时空变化进行评估。

气候变化情景数据采用国家气候中心气候变化业务产品 V1.0, 这里采用覆盖华北平原的 64 个格点 IPCC SRES 3 种情景 (A1B、A2、B1) 的气温、降水数据, 数据时间为 1971 ~ 2060 年, 未来预估数据分为 3 个时段 (T1: 2001 ~ 2020 年; T2: 2021 ~ 2040 年; T3: 2041 ~ 2060 年), 基准年为 1971 ~ 2000 年。

Budyko (1948) 进行全球水量和能量分析时发现, 流域实际蒸发受水量条件 (降水) 和动力条件 (蒸发能力) 的限制, 基于此, 他提出了将水量平衡和能量平衡耦合的假设。在 Budyko 假设的基础上, 许多学者依据不同流域的水热条件及实测资料, 提出了一些经验公式, 并且在澳洲、美洲、欧洲等国家的流域得到了验证, 如 Schreiber 公式 (Schreiber, 1904):

$$ET = P \times \left[1 - \exp\left(-\frac{ET_p}{P} \right) \right] \tag{4-18}$$

式中, ET 为年实际蒸发量 (mm); ET_p 为年潜在蒸发 (mm); P 为年降水量 (mm)。据水量平衡原理, 年径流可按式 (4-19) 计算 (Garnder, 2009):

$$R = P - ET = P - P \times \left[1 - \exp\left(-\frac{ET_p}{P} \right) \right] = P \times \exp\left(-\frac{ET_p}{P} \right) \tag{4-19}$$

式中, R 为年径流深 (mm)。

潜在蒸发的主要决定因子是净余辐射, 但净余辐射观测资料稀少。由于潜在蒸发通常与平均气温紧密相关, 基于月平均气温的 Thornthwaite 潜在蒸发估算方法, 尽管取得良好的效果, 但该方法在潮湿的热带和干燥的沙漠地带误差较大 (Willmott et al., 1985; Fisher et al., 2011)。逐月 ET_p 的计算可表示为 (Willmott et al., 1985)

$$\text{ET}_\text{p} = \begin{cases} 0 & T < 0 \\ 16\left(10\,\dfrac{T}{I}\right)^a\left(\dfrac{d}{12}\right)\left(\dfrac{N}{30}\right) & 0 \leqslant T \leqslant 26 \\ -415.85 + 32.24T - 0.43T^2 & T > 26 \end{cases} \qquad (4\text{-}20)$$

式中，T 为月平均气温（℃）；d 为各月第 15 日的日长（h）；N 为每月的天数；I 为热量指数；a 为经验系数。I 和 a 分别由式（4-21）和式（4-22）计算：

$$I = \sum_{n=1}^{12} (0.2T)1.514 \qquad (4\text{-}21)$$

$$a = 6.75 \times 10^{-7}I^3 - 7.71 \times 10^{-5}I^2 + 1.7912 \times 10^{-2}I + 0.492\,39 \qquad (4\text{-}22)$$

为了验证 Thornthwaite 方法计算的蒸发能否反映未来气候变化下的蒸发变化，将其与 Penman-Monteith（PM）公式的计算结果对比。在基准期（1971～2000 年）实测气象资料的基础上，分别将气温增加 0.5℃、1.0℃、1.5℃、2.0℃和 2.5℃，考察两种方法计算的蒸发变化量之间的关系。以华北平原 10 个气象站（石家庄、邢台、北京、保定、惠民、济南、兖州、驻马店、徐州和阜阳）为例进行分析。如图 4-14 所示，在气温变化小于 1.5℃时，两者离差较大，原因在于 Thornthwaite 公式在蒸发力处于低值时的估算误差较大，对气温增加的敏感性较 PM 公式弱。然而，随着气温增幅的加大，Thornthwaite 公式与 PM 公式对气温增加的敏感性逐渐趋于一致，两者离差明显减小，因此两种方法计算结果的相关性也逐渐增强。总体而言，将 Thornthwaite 公式用于预估蒸发与径流在气候条件变化下的改变量，结果是可信的。

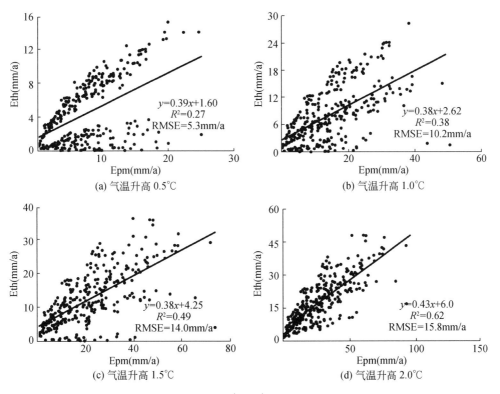

(a) 气温升高 0.5℃
(b) 气温升高 1.0℃
(c) 气温升高 1.5℃
(d) 气温升高 2.0℃

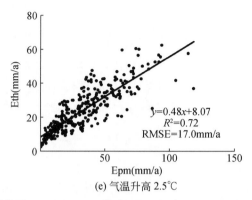

(e) 气温升高 2.5℃

图 4-14 不同增温幅度下 Schreiber-P-M 公式（Epm）与 Thornthwaite-Schreiber 公式（Eth）
计算的蒸发对比

4.3.2 蒸发变化

从年尺度来看，华北平原气温持续增加，且增温速率在 3 个时段之间较为均匀（图 4-15）。在 3 种 SRES 情景中，A1B 情景的 3 个时段之间气温增加速率最高，A2 情景次之，B1 情景最慢；随着时代的前移，增温的空间分异普遍增大，并且不同排放情景间的气温变化差异也逐渐明显。将夏半年（3~8 月）与冬半年（9 月~次年 2 月）的气温变化进行对比，华北平原冬半年的升温幅度在 3 种情景下均超过夏半年同期的升温水平，且冬半年升温的空间差异较夏半年略大。夏半年和冬半年在不同时段、情景间的变化规律与全年规律基本一致。

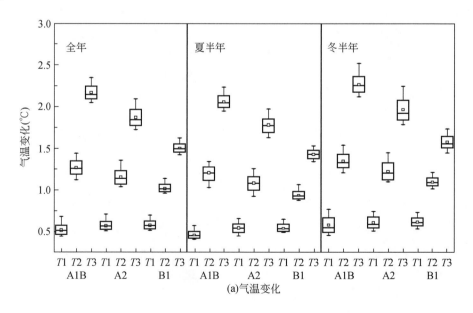

(a)气温变化

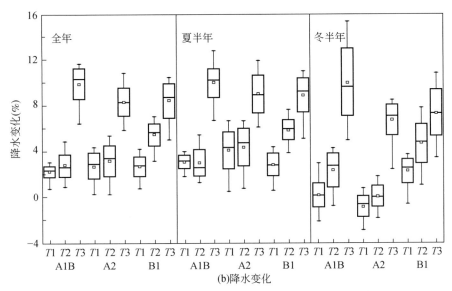

图 4-15　两种气候变化情景下华北平原 2001～2060 年气温、降水变化

注：盒子长度代表格点间对应值标准差，须对应的值代表最大、最小值，小方块对应值代表平均值，

盒中横线对应值代表 50% 中位数；A1B、A2 和 B1 这 3 种情景分别包括 T1、T2、T3 3 个时期

　　华北平原降水变化呈增加趋势，且 A1B、A2 情景的增幅在 2041～2060 年比之前的两个时段更为明显，由前两个时段的 3% 变为 9%（图 4-15）。Fu 等（2009）利用 19 种气候模式对华北平原降水变化分析的结果表明，华北平原未来降水增加的概率较大。在 3 种 SRES 情景中，A1B 情景的降水增加速度最快，A2 与 B1 情景的增加幅度几乎相当；随着时代的推移，降水变化的空间分异更为显著。华北平原夏半年降水在 3 种情景的 3 个时段均为增加，且对同一时段夏半年的增幅比冬半年大。在 T1 时段的冬半年里，有相当多格点的降水呈现减少趋势，但随着时间的推移，降水逐渐转变为增加趋势。在不同时段及不同情景下，夏半年降水的变化特征与全年基本一致，而冬半年降水变化特征略有差别。

　　华北平原气温和降水变幅的年内变化如图 4-16 所示。气温增加在年内小幅波动，其中冬季 12 月、1 月增幅较大，5 月及 8 月增幅最小。在 T1 时段，各月气温的增幅在不同情景下相近，而在 T2 和 T3 时段各月不同情景下差异增大，其中 A1B 情景下气温增加更

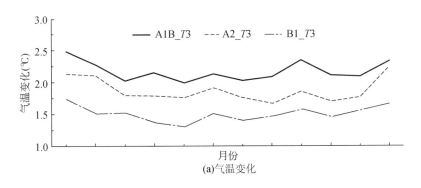

(a)气温变化

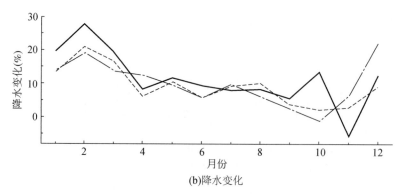

(b)降水变化

图 4-16　华北平原 2041～2060 年逐月气温及降水变化

多。降水变化在年内波动剧烈，在不同情景不同时段的年内变化特征有较大差异，但 2 月
降水增幅均达到峰值，而 12 月降水的增幅与其余月份相比也较大。总体来说，冬季降水
增加更明显，夏半年降水变化在 10% 左右，秋季降水变化较小，这种特征在各个情景不同
时段之间较为一致。8～11 月降水在 $T1$ 和 $T2$ 时段均出现了部分减少的现象。

华北平原气温的增加较有规律性，在 3 种情景 3 个时段下的增温幅度均为由西北向东
南递减。而与气温变化不同的是，降水变化的空间变异性较大，且不同情景和时段中，降
水增幅最大的位置有所不同（图 4-17）。在 $T1$ 时段，A2、B1 两种情景下降水增幅空间差
异较大，且降水增幅较大的点分别集中在华北平原中东部及中西部；A1B 情景下，降水增
幅较为均匀。在 $T2$ 时段，B1 情景下降水增幅更为明显，主要集中在华北平原北部地区，
而 A1B、A2 情景下的降水增幅主要集中在东部及中部地区。在 $T3$ 时段，A1B 情景下降水
的增幅最大，东部及北部地区增幅较大，而 A2、B1 两种情景下，中东部及东北部地区降
水增幅较大。

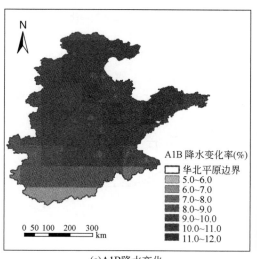

(a)A1B降水变化

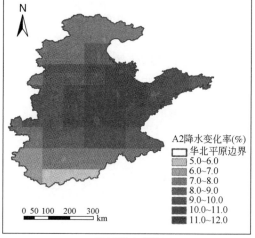

(b)A2降水变化

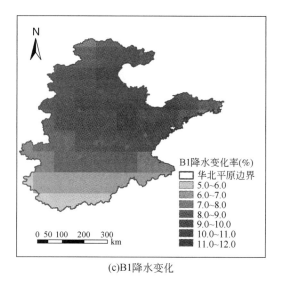

(c)B1降水变化

图4-17　华北平原2041～2060年降水变化

随着气候的变暖，华北平原潜在蒸发1971～2060年显示出稳步上升的趋势（图4-18），但在21世纪40年代呈现明显的波动，且波幅大于基准期，说明未来气候的年际变异性会更加显著，极端气候出现的概率会增多。1971～2040年，A2情景下潜在蒸发量小于A1B和B1情景，而A1B和B1情景下的潜在蒸发量则较为接近。相对于基准期，潜在蒸发增幅随时间的增加而增大，到50年代，3种情景的年潜在蒸发量都将增加约50mm/a。

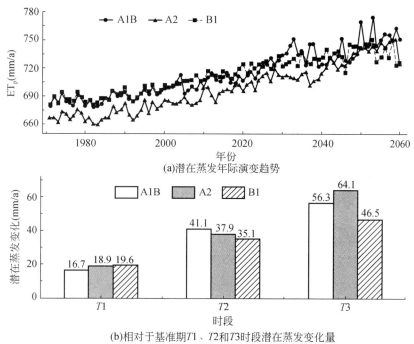

(a)潜在蒸发年际演变趋势

(b)相对于基准期T1、T2和T3时段潜在蒸发变化量

图4-18　1970～2060年华北平原潜在蒸发变化

气温和降水的增加导致华北平原蒸发也呈增加趋势（图4-19）。随着时间的推移，蒸发变幅也增加，不同情景下$T1$、$T2$和$T3$时段，蒸发增幅平均值分别为2.4%、4.4%和8.2%。在$T1$和$T2$时段，3种情景下蒸发变幅差距较小，而在$T3$时段，3种情景下蒸发将上升7.1%~9.4%，A1B情景变幅最显著。与此同时，$T2$、$T3$时段相比$T1$时段，蒸发变幅空间差异更为明显。3种排放情景下研究区蒸发变化的标准差（SD）在$T1$时段为0.35%~0.61%，而在$T2$、$T3$时段则分别为0.83%~1.09%和1.17%~1.52%。蒸发变化主要在北部及东部，与降水变化格局基本一致。在$T1$时段，A2和B1情景的空间差异较大；而在$T2$时段，各情景的蒸发空间分布格局相似；在$T3$时段，A1B空间差异则较大（图4-20）。

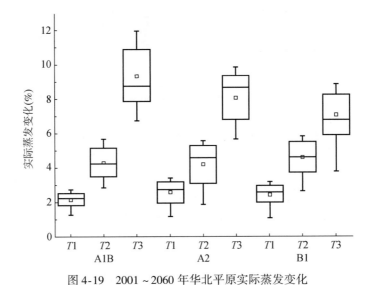

图4-19 2001~2060年华北平原实际蒸发变化

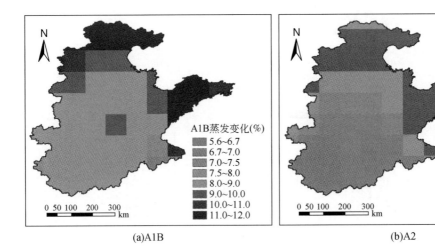

(a)A1B   (b)A2

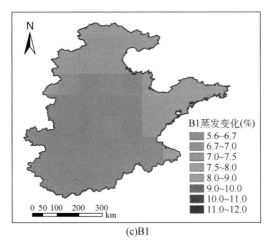

(c)B1

图 4-20　气候情景下 2041～2060 年华北平原实际蒸发变化空间分布

4.3.3　年径流变化

　　年径流受到以气温为表征的热量条件与降水的共同影响，而气温和降水的增加对年径流的影响具有相互抵消的作用，使得年径流的变化更为复杂。从华北平原整体来看，年径流值在未来呈增加趋势，2041～2060 年 3 种情景下径流变化达 8.7%～10.7%，且随着时间的推移，径流变化的空间差异增大（图 4-21）。在 B1 情景下，年径流增幅逐步加大，增加速率较为均匀；而在 A1B 和 A2 情景下，$T2$ 时段的年径流增幅较 $T1$ 时段有所下降，但在 $T3$ 时段有较明显的增加。在 $T1$ 和 $T2$ 时段中，有部分地区年径流将减少，可能是降水增加被蒸发上升所消耗的缘故；在 $T3$ 时段，由于降水增加较为明显，导致年径流显著

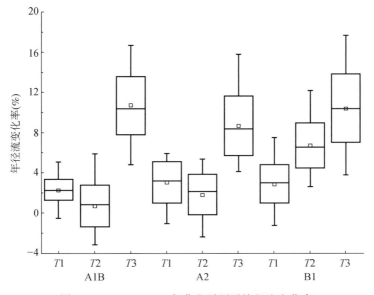

图 4-21　2001～2060 年华北平原平均径流变化率

增加。Fu 等（2009）通过双参数气候弹性关系得出，当华北平原未来降水增加<20%、气温增加>0.8℃时，径流有可能减少。丁相毅等（2010）预测，海河流域在2021～2051年，大多数年份径流量较基准期减少，变化为-60%～40%，且随着年代的增加，径流减少幅度加大。然而 Yuan 等（2005）的预测结果为海河流域2031～2070年径流较基准期有所增加。

华北平原代际间年径流变化的空间差异较大，但是增幅较大的地区集中在华北中部地区，由该区增幅较大的降水及相对较低的气温增幅所致（图4-22）。在 A1B 和 A2 情景下，$T2$ 时段径流减少的范围较广，主要分布在华北平原西南侧周边以及南部地区。

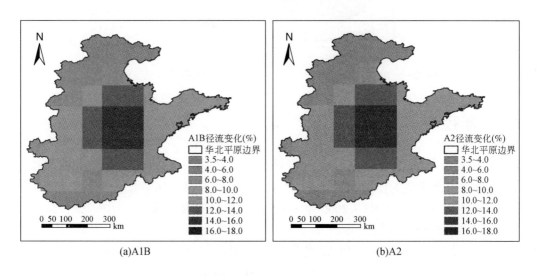

(a)A1B   (b)A2

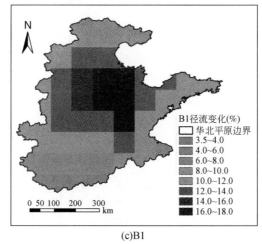

(c)B1

图4-22 2041～2060年华北平原平均径流变化空间分布

4.4 RCP 排放路径下黄淮海流域水资源变化

基于 VIP 生态水文动力学模型，假设未来作物种植状况不变，根据 IPCC 第五次评估报告的 3 种排放情景，即 RCP2.6、RCP4.5 和 RCP8.5，模拟预估了 21 世纪 20~50 年代华北地区（包括海河流域、淮河流域、黄河下游）地表蒸散和径流的变化。以下按三级子流域平均值展示模拟结果。基准期的区域平均年降水量为 678 mm，蒸散量为 597 mm，地表径流深为 127 mm。在 20 年代，南部地区降水减少，北部地区略为增加，RCP2.6 情景增加最多；在 30 年代，降水量明显增加，尤其是北部地区，其中 RCP2.6 情景降水增量最多；40 年代，降水量仍增加，其中 RCP4.5 情景降水增量可高达 14%，其次是 RCP8.5 和 RCP2.6。50 年代，全区降水量增加，增幅在北部地区为 8%~14%，南部则为 2%~8%（图 4-23）。

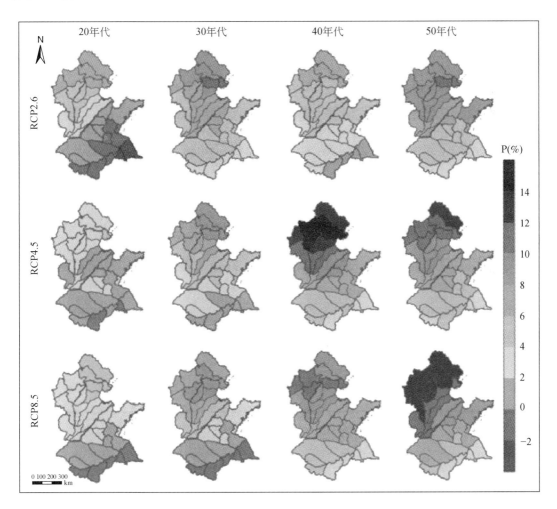

图 4-23 未来气候情景下 21 世纪华北地区三级流域年平均降水量（P）变化率

4.4.1 实际蒸散和径流的响应

总蒸散量在黄淮海全流域均增加，随着年代际的增加，ET 增幅加大。总体而言，ET 在北部和南部的增幅高于中部，21 世纪 50 年代，RCP4.5 和 RCP8.5 情景下 ET 增幅高达 10%，这是由于北部降水增加较多，土壤湿度上升，导致 ET 明显增加的缘故；而南部雨水较丰沛，在增温较多的情况下，大气蒸发能力的提高导致实际蒸散较大幅度的上升（图 4-24）。从整个区域平均而言，在 30 年代之前，RCP2.6 情景下降水增幅比其他两个情景略高，ET 增加也更明显（图 4-25）。在 40 年代后，RCP2.6 和 RCP4.5 下 ET 的增幅趋于平稳，而 RCP8.5 下，ET 呈稳步上升趋势，主要是由于降水和温度亦同步上升。总体而言，50 年代，ET 增幅为 6%～10%，略高于降水增幅。ET 增幅大于降水表明，在未来气候变化情景下流域的产流能力将有所下降，有效水资源量占总降水的比例将有所减少。

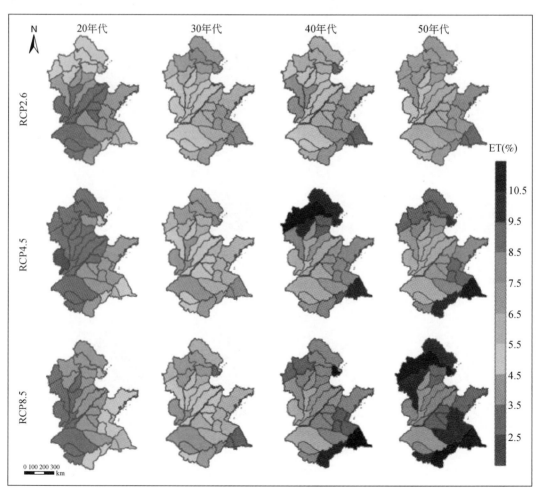

图 4-24　未来气候情景下 21 世纪华北地区三级流域平均年实际蒸散（ET）变化率

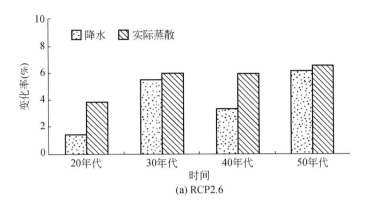

(a) RCP2.6

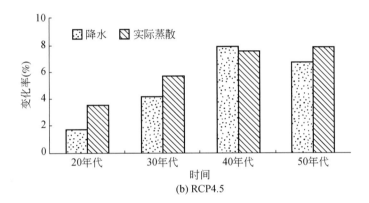

(b) RCP4.5

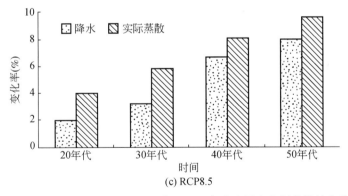

(c) RCP8.5

图 4-25　未来气候情景下 21 世纪华北地区年降水量和实际蒸散的变化率

在 3 个情景下，21 世纪 50 年代水稻-小麦轮作系统的耗水（ET）将增加 8% ~ 16%；小麦-玉米轮作系统地耗水将增加 7% ~ 10%。这意味着维持当前的耕作制度和灌溉管理措施，农业将消耗更多水资源，势必加剧区域水资源的紧张局面。

对于地表径流而言，基本呈现南部增幅小甚至减少的情况，而北部流域地表径流深因降水增加明显，径流增幅亦较大，在 RCP4.5 和 RCP8.5 情景下，21 世纪 50 年代地表径流增幅可达20%（图4-26）。在降水量不高的北方地区，径流对降水变化的响应呈放大效应，即地表径流增幅大于降水增幅；而在华北的南部地区，径流的增幅小于降水的增幅，因为增温导致的高水汽饱和差将加强蒸散速率，一定程度上抵消了降水的增加而可能引起的径流增加。

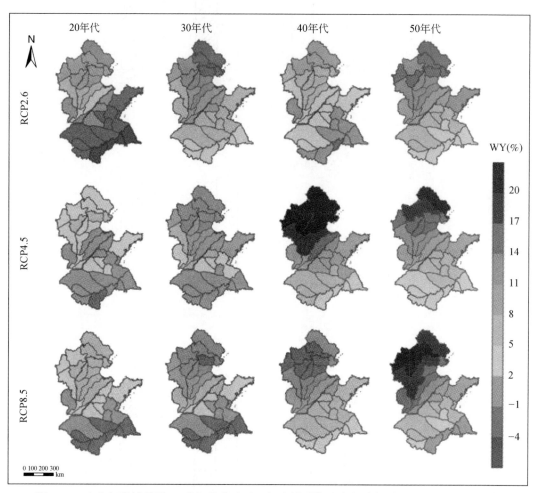

图4-26　未来气候情景下21世纪华北地区三级流域平均地表径流年总量（WY）的变化率

4.4.2　流域水量盈亏量的变化

这里定义年降水总量–蒸散量，即 P-ET 为流域水量盈亏量。由图4-27可见，21世纪50年代黄河以南的流域水分盈余量较大，为50～250mm；北部和西北的太行山区流域水量盈余为0～50mm。河北平原区水量基本是亏缺的，为-100～0mm。太行山前平原区为传统农业高产区，灌溉量大，需要外来调水和地下水超采补充。与基准期相比，华北地区水分盈余量下降，在从低到高的排放情景下，50年代水资源盈余量将下降4%～24%（图4-28），其中下降最为明显的是南部水稻种植区。因为在未来增温情景下，水稻灌溉需水量升幅可高达30%～50%，消耗更多水资源。而在工农业需水未能充分满足的情况下，农业需水量的增加势必抑制其他行业的水资源需求，加剧流域水资源的紧张状况。

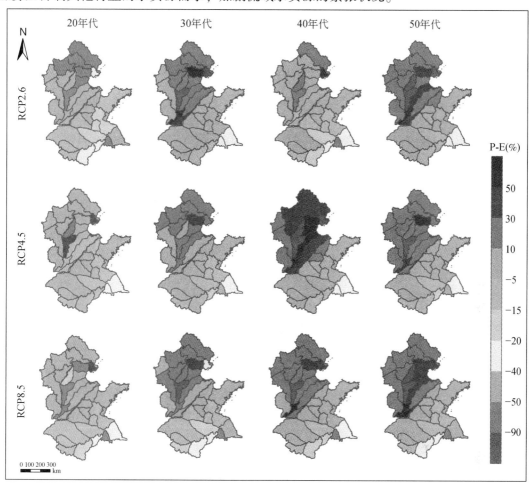

图 4-27 未来气候情景下 21 世纪华北地区三级流域水量盈亏（P-E）的变化

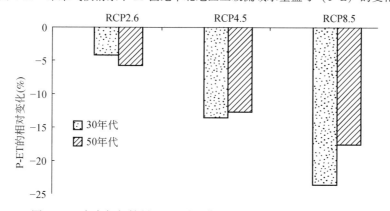

图 4-28 未来气候情景下 21 世纪华北地区平均水量盈亏的变化

为维持流域可持续发展，确保粮食安全和生态环境健康，减缓和适应气候变化的措施势必提到日程上来，包括发展节水农业，实施调亏灌溉；培育抗旱、抗逆品种；建设农田水利设施，提高农业水资源保障能力，发展信息化、数字化精准农业管理系统，高效优化配置农业水资源。同时，对农业种植格局和生产管理方式进行优化，提高水资源利用效率，是应对未来气候变化不利影响、保障粮食安全和水资源安全的有效措施和对策。

4.5 作物产量和耗水对气候变化的敏感性

黄淮海平原是中国重要的农业区，密集的双季作物轮作消耗大量水资源，粮食生产的稳定依赖于农业水资源供给的有效性。但水资源的安全有效供给极易受气候变异的影响，观测数据显示作物生长与气候变化密切相关。温度增加促进作物生长，缩短作物生育期，减少生物量累积时间，不利于作物经济产量的形成，导致粮食减产。然而，若满足作物水分需求，大气二氧化碳和光能利用率的提高则会促进作物产量，温度的负效应和 CO_2 肥效的正效应可能彼此抵消。

总结国内外相关研究，针对作物产量对气候变化响应的研究，主要有三种方式：第一，在作物产量及气候的历史数据中寻找作物产量对气候变化响应的证据（Tao et al.，2006；Egli，2008；Malone et al.，2009）；第二，利用天气发生器生成日天气数据，用于驱动作物模型，检验不同气候输入情景下作物产量的变化（Kou et al.，2007）；第三，也是应用最广泛的方法，即利用 GCM 的输出来驱动作物模型，模拟预测未来气候变化情景下作物产量的响应。目前，作物产量对气候变化的响应多数仍属于敏感性分析。

大气 CO_2 浓度升高的肥效可能有利于作物生长（Hendrey and Kimball，1994）。FACE 实验已证实这一现象，在野外环境下，CO_2 浓度升高至 550ppmV[①] 可以促进生物量及产量增长 5% ~ 15%（Ainsworth and Long，2005）。在考虑和不考虑 CO_2 的情况下会得出两种不同的气候变化影响的结果。通常情况下，由于气候变暖造成的减产会因 CO_2 肥效而减缓或逆转。尽管如此，CO_2 浓度上升对作物生长的潜在益处依然不明确。目前，研究多基于田间试验，并假设肥料、杀虫剂和水资源等的使用均接近理想状况，这有可能高估了 CO_2 浓度升高所产生的真实肥效。在这种情况下，CO_2 肥效则无法补偿其他关键因子所造成的胁迫。作物模型中考虑叶片光合速率和气孔导度之间的反馈机制，更加精细的驱动数据可以更好地预测 CO_2 升高对作物产量的影响。

冬小麦（C_3 作物）和夏玉米（C_4 作物）作物是黄淮海平原的主要作物类型。由于 C_4 植物叶片胞间 CO_2 浓度通常达到饱和，对高大气 CO_2 浓度响应较慢，因此 C_4 植物对 CO_2 升高的响应小于 C_3 植物。然而，通过元分析及长期效应分析，对于一些野生 C_4 植物来说事实并非如此，C_3 与 C_4 草地对 CO_2 响应的差别并没有目前研究的大。

在多数作物产量对气候变化响应的研究中，模型模拟通常仅关注一种作物。若考虑多种作物，则需要针对每种作物单独运行模型，或者单独计算每种作物的水量平衡。若可以

---

① ppm 即 mg/L，V 表示体积。

通过运行模型模拟连续的作物轮作系统，使得模型在模拟第二种作物水量平衡时可以考虑第一种作物的土壤水分亏缺状况将更具有实际意义。这种方法可以针对任何指定的气候和耕作系统，而不是单纯针对某一种作物。

由于黄淮海平原水分短缺，灌溉活动较多，尤其是北方各县，灌溉和雨养状况对作物产量影响不同，以黄淮海平原两个典型县——泊头和怀远为例，重点分析 C_3 和 C_4 作物产量对气候变化的响应。

泊头位于河北省的冲积平原上，总面积为 1007km^2，耕地面积为 54 500hm^2。多年平均气温为 12.6℃，多年平均降水为 610mm，且降水多出现在 7 月和 8 月。泊头日照充足，水资源却严重匮乏。地表径流多来源于洪水，且由于地势低洼平坦，通常难以控制。地下水分布具有多层结构，苦咸水多出现在浅层和中间层，因此，深层地下水成为唯一可利用的淡水资源。20 世纪 70 年代中期至今，该地区超采的地下水成为灌溉水的主要来源。

怀远位于安徽省，紧邻淮河，属于半湿润季风气候区。该地区主要土壤类型为黑土、水稻土、冲积土及棕壤，或根据美国农业部（USDA）的土壤分类法分为砂质黏壤土、粉土、壤质砂土及粉质黏土。多年平均降水为 900mm，且多集中在 6～8 月。由于地处典型季风气候区，该地区日照充足、无霜期长，极端寒冷时期较短，非常适宜作物生长。

4.5.1 气候变化情景

从多个角度来看，使用一组模型比使用任何一种单一模型都更能准确模拟气候状况，因而证实了近期多模型综合模拟在涉及归因和气候预测研究中的科学性（Qin et al.，2005；Bader et al.，2008）。基于这一状况，需要均化这些模型输出的气候预测结果。

表 4-2 显示了黄淮海平原 21 世纪 30 年平均气温和降水的预测变化（Qin et al.，2005）。区域变暖在黄淮海平原比其他区域表现更为强烈，截至 2020 年，平均气温在 A2 情景下增长了 1.4℃，B2 情景下增长了 1.5℃。到 2100 年，气温在 A2 情景下将增长 6.1℃，在 B2 情景下将增长 4.2℃。降水状况异常复杂，随着温度的增长波动越来越大。从长远来看，2020 年以前黄淮海平原整体降水有所增加。

表 4-2　黄淮海平原 21 世纪降水和温度变化的 30 年均值（40 个 GCM 模型的模拟值）

情景	时间	温度（℃）	降水（%）
A2	2020s	1.4（1.1，2）	−1（−4，2）
	2050s	2.9（2.2，4.2）	1（−8，12）
	2070s	4.8（3.6，6.9）	5（−7，21）
	2100s	6.1（4.2，8.8）	15（−4，45）
B2	2020s	1.5（1，2.1）	2（−7，8）
	2050s	2.7（1.7，4.6）	4（−2，16）
	2070s	3.9（3，6）	7（−3，27）
	2100s	4.2（2.9，6.7）	12（−2，24）

注：括号内的数字分别为最大值和最小值，A2 和 B2 分别为气候变化情景。
资料来源：Qin et al.，2005。

利用国家标准气象观测数据,选取距离泊头 33km 的沧州站 (38.18°N, 116.52°E) (1954~1995 年) 代表泊头,选取距离怀远 18km 的蚌埠站 (32.56°N, 117.21°E) (1952~2000 年) 代表怀远。两个站点大气温度和降水的历史年际变化均较明显。1954~1995 年,泊头多年平均气温增长速率为 0.27℃/10a,共计增加了 1.13℃。纵观 42 年记录,年均气温距平有 20 年为正、22 年为负,波动大致均等。然而,距平正值主要出现在 1980 年之后。年降水平稳波动中略有减少,其距平 19 年为正、23 年为负,大部分波动在平均值的 15%~30%。

怀远多年平均气温增长速率为 0.2℃/10a,共计 49 年内增长了 0.98℃。气温距平有 24 年为正、25 年为负,波动较为均衡。与泊头相似,怀远气温距平正值主要出现在 1980 年之后,而 20 世纪 60~70 年代为负值。年降水变化平稳,其中降水距平 26 年为正、23 年为负,偏差基本相等。同样,降水大部分波动在平均值的 15%~30%。两个站点的气象数据均显示出变暖趋势,尤其在 1980 年之后。

基于 40 个气候模型模拟的平均温度和降水变化及历史趋势,设定了温度增加 2℃、5℃以及降水波动为 ±15% 和 ±30% 的多种情景,并以两个站点 1996~2004 年的每 10 年气象数据日变化为基准。虽然研究重点是降水及温度的变化,但值得注意的是,数十年来其他一些气象要素在实际中也不是常数。例如,1981~2000 年黄淮海平原的风速减少速率为 0.016m/(s·a)(Mo et al., 2006;Liu et al., 2009)。此外,最低温的增加速率为 0.067℃/a,这比最高温的增长速率 0.047℃/a 要大,这极有可能造成水汽压的减少并降低大气需求。关注这些复杂的交互作用,可以更准确地预测未来气候变化。然而,由于研究工具的限制,本书着重分析降水、温度及 CO_2 浓度变化的响应。

4.5.2 对比方法

首先利用基准期 1996~2004 年的气象驱动数据评估了模型,然后利用不同气候情景下气候预测数据驱动模型。考虑两个地点、两种作物、有无 CO_2 肥效、灌溉和雨养、温度上升 2℃ 和 5℃、降水变化 15% 和 30% 的多种组合,在 96 种情景下运行了模拟(表 4-3)。1~48 情景下没有考虑 CO_2 肥效,49~96 情景下考虑了 CO_2 肥效。1~24 情景、49~72 情景针对泊头地区,25~48 情景、73~96 情景针对怀远地区。

表 4-3 针对不同气候变化情景和大气 CO_2 浓度升高的肥效,小麦(W)和玉米(M)的模拟次数

情景		灌溉	雨养	灌溉	雨养
		M	W	M	W
		泊头		怀远	
P: 0, T: +5℃	无	1	2	3	4	25	26	27	28
P: +30%, T: +5℃		5	6	7	8	29	30	31	32
P: −30%, T: +5℃		9	10	11	12	33	34	35	36
P: 0, T: +2℃		13	14	15	16	37	38	39	40
P: +15%, T: +2℃		17	18	19	20	41	42	43	44
P: −15%, T: +2℃		21	22	23	24	45	46	47	48

续表

情景		灌溉	雨养	灌溉	雨养
		M	W	M	W
		泊头		怀远	
P: 0, T: +5℃	有	49 50	51 52	73 74	75 76
P: +30%, T: +5℃		53 54	55 56	77 78	79 80
P: −30%, T: +5℃		57 58	59 60	81 82	83 84
P: 0, T: +2℃		61 62	63 64	85 86	87 88
P: +15%, T: +2℃		65 66	67 68	89 90	91 92
P: −15%, T: +2℃		69 70	71 72	93 94	95 96

"有"表示考虑了 CO_2 肥效；"无"则未考虑 CO_2 肥效；P 为降水变化；T 为温度变化。后同

无 CO_2 肥效情景所用 CO_2 浓度数据来源于 1996~2004 年 Mauna Loa, Hawaii 的测量值。对于有 CO_2 肥效情景，温度上升 2℃ 时 CO_2 浓度为 500ppmV，温度上升 5℃ 时 CO_2 浓度为 700ppmV。将温度和 CO_2 浓度比例设为常数是对二者共生关系的一种简化。在模拟过程中，当土壤水分少于田间持水量的 65% 时进行灌溉，这表示所需水分通常能够得到满足。我们分别比较了雨养和灌溉条件。对雨养条件，作物在长期干旱过程中可能遭受水分胁迫。对灌溉条件，假设当作物生长需要灌溉时，需水量能够得到满足，确定无水分胁迫条件下气候变化如何影响作物。

假设 Y_{case} 表示 96 种情景下模拟的作物产量，Y_{base} 表示当前气候条件下（历史时期 1996~2004 年）模拟的产量。相对产量变化 RYC（%）计算方法如下：

$$RTC = \frac{T_{case} - Y_{base}}{Y_{base}} \times 100\% \tag{4-23}$$

除直接比较 RYC 外，还利用统计检验分析了显著性。利用单样本 T 检验了 96 组气候变化情景下产量变化的显著性，所用零假设为 H_0。对 RYC 样本数据，标准化随机变量：

$$T = \frac{\overline{RYC} - \overline{RYC_0}}{s/\sqrt{n}} \tag{4-24}$$

式中，$\overline{RYC}$ 为 RYC 样本均值；$\overline{RYC_0}$ 为总体均值；n 为样本容量；s 为样本标准偏差。由下式计算得到：

$$S^2 = \frac{\sum_{i}^{n} RYC_i - \overline{RYC}}{n-1} \tag{4-25}$$

给定显著水平 α，在 t 分布表中，利用自由度（$n-1$）可得到第一个 T 值，即 T_1。RYC 均值 100（$1-\alpha$）置信区间相对于零假设的上限（LCV）、下限（UCV）可表示为

$$[LCV, UCV] = \left[\overline{RYC_0} - T_1\frac{s}{\sqrt{n}}, \overline{RYC_0} + T_1\frac{s}{\sqrt{n}}\right] \tag{4-26}$$

将样本 RYC 均值表示为 DS_ CV，能够得到 DS_ CV 的 T 值，即第二个 T_2。利用 T_2，通过查 t 分布表，能够得到 p。如果 $p<\alpha$，则在该显著水平上拒绝 H_0。如果 $p \geq \alpha$，则没有足够证据在该显著水平上拒绝 H_0。当 DS_ CV 位于 LCV−UCV 区间外时，也可以拒绝 H_0。

对双侧 T 检验，当零假设为真时（第一类错误，即显著水平 α），必须考虑拒绝 H_0 的概率（通常为给定值）。当零假设不为真时，我们也必须考虑不拒绝 H_0 的概率（第二类错误，表示为 β）。这里，统计量等于 $1-\beta$。当零假设不为真时，统计功效越大，拒绝零假设的可能性也越大（Park，2008）。通过计算 LCV 或 UCV 相对于 DS_ CV 的第三个 T 值 T_3（备择假设）。利用 T_3，查 t 分布表，可得到 β。进行 T 检验之前，通过正态概率作图和盒须图，利用偏态系数、峰度系数和整体性检验和虚拟检验等方法检验了正态分布假设（Edgington，1987）。对不服从正态分布的数据，为了使所有数据都为正，在原始数据上加上一个常数，然后再进行自然对数转换，而所加常数通常比数据样本中最小值的绝对值略大。如果数据仍不符合正态分布，增大所加的常数将实现预期结果。

T 检验从一个较小的 0.001 显著水平开始。如果检验结果是不拒绝零假设，将尝试更大的显著水平，0.01 或 0.05。这样，通过不同的显著水平，而不是任意选择一种显著水平，能够识别出显著性差异。较小的显著水平与较高置信水平对应。检验了每对气候变化情景下产量变化的显著水平，如温度上升 2℃ 和 5℃、降水上升和下降、有和无 CO_2 肥效、玉米和小麦、泊头和怀远。为了检验两个样本之间的差异的显著性，利用配对样本 t 检验，检验两个样本的均值是否相等，即两个样本均值之差是否为 0。这样，所有关于单样本 t 检验的理论能够应用到配对样本 t 检验。

4.5.3 不考虑 CO_2 肥效时作物产量对气候变化的响应

表 4-4 显示，没有 CO_2 肥效时，温度上升的情况下作物产量减少可高达 46%；从平均值来看，温度的变化与产量之间存在负相关关系，其可能原因是在更高的气温条件下植物生育期将缩短（热累积数相等，但自然日历时间更短）。增温 2℃ 下 24 组 RYC 平均值为 $-9.0\% \pm 6.7\%$，比增温 5℃ 下的 RYC（$-31.1\% \pm 6.7\%$）负效应要小，两者在 $a = 0.001$ 的水平上差异显著。怀远雨养型小麦在升温 5℃ 而降水减少 30% 的条件下，RYC 达到最低水平，为 -46.0%。Xiong 等（2007）发现，在不考虑 CO_2 肥效的 A2 和 B2 气候变化情景下，中国地区 3 种作物（水稻、小麦和玉米）的平均单位面积产量在 21 世纪 20 年代、50 年代和 80 年代 3 个年代际间将减少 18% ~ 37%。

表 4-4 不同气候变化情景和大气 CO_2 浓度变化肥效下小麦（W）和玉米（M）产量的相对变化

情景		灌溉		雨养		灌溉		雨养	
		M	W	M	W	M	W	M	W
		泊头				怀远			
P: 0, T: +5℃	无	−26.7	−18.5	−31.0	−24.6	−34.1	−36.2	−38.2	−36.5
P: +30%, T: +5℃		−25.7	−17.9	−24.5	−18.0	−32.5	−34.3	−32.6	−30.3
P: −30%, T: +5℃		−28.2	−19.3	−38.2	−34.1	−36.0	−38.3	−45.1	−46.0
P: 0, T: +2℃		−9.6	−3.5	−11.5	−6.5	−16.9	−2.2	−19.0	−1.8
P: +15%, T: +2℃		−8.7	−3.1	−8.1	−2.0	−16.7	−0.6	−14.5	2.3
P: −15%, T: +2℃		−10.3	−4.2	−15.0	−11.8	−17.8	−3.8	−21.8	−7.8

情景		灌溉		雨养		灌溉		雨养	
		M	W	M	W	M	W	M	W
		泊头				怀远			
P: 0，T: +5℃	有	−19.6	31.9	−22.0	38.8	−28.3	−8.1	−30.6	−5.8
P: +30%，T: +5℃		−17.8	32.9	−15.1	49.1	−26.5	−6.2	−23.8	1.5
P: −30%，T: +5℃		−20.5	31.6	−29.5	24.2	−29.1	−10.4	−37.6	−17.7
P: 0，T: +2℃		−5.7	19.7	−6.4	20.7	−12.5	16.4	−13.7	18.1
P: +15%，T: +2℃		−4.9	19.9	−2.8	26.1	−12.1	17.5	−8.1	22.9
P: −15%，T: +2℃		−6.3	19.0	−9.8	14.3	−14.0	14.8	−16.1	11.6

"有"表示考虑了 CO_2 肥效；"无"则未考虑

只有一个例外，在温度增加 2℃ 且降水增加 15% 时，怀远的雨养型小麦产量呈现弱的正响应（RYC 为 2.3%）。有趣的是，在温度增加更高（5℃）和更多降水（30%）的情况下，相同的地方并未出现这种正的产量响应。通常来讲，更高的温度会导致减产，而更多的降水会增加产量，这两种效应大致会相互抵消。结果表明，不考虑 CO_2 增加时，升温5℃ 导致的产量负效应无法被降水增加（即使高达 30%）的正效应所抵消；然而，升温2℃ 导致的产量负效应只需增加 15% 的降水就得以补偿。由此说明，如果 CO_2 不增加，全球变暖对作物产量的影响将非常严重，且降水的增加也可能无法改变其对作物产量的负效应。

4.5.4　考虑 CO_2 肥效时产量对气候变化的响应

考虑 CO_2 肥效时，多数模拟的 RYC 呈正向的变化。表 4-4 显示，升温 2℃ 和 5℃ 对应的 RYC 既有正效应也有负效应。平均而言，有 CO_2 肥效时，增温 2℃ 的 24 组 RYC 为正效应（4.46%±14.83%），而增温 5℃ 时为负效应，且方差更大（−5.78%±25.82%）。统计检验表明，有 CO_2 肥效时其差异只在 $a = 0.01$ 水平上显著，拒绝零假设的 p 值为 0.316。通过比较有、无 CO_2 肥效的情况，发现大气 CO_2 浓度增加有利于作物生长。随着 CO_2 浓度的增加，产量对变暖的负向响应得以减缓或转为正向响应，而原本正向的响应会变得更强。有、无 CO_2 肥效情况下 RYC 之间的差异达到 $a = 0.001$ 的显著性水平。

Tubiello 等（2000）在意大利两个地区的研究发现，模拟升温 4℃ 的气候变化的负效应要大于 CO_2 加倍且降水增加 10%～30% 的正效应。特别地，气候变暖会加速作物生长，缩短生育期，导致玉米和小麦干物质积累减少而产量下降 5%～50%。如此大的负效应可归结于大幅升温和高的降水变率，此外，可能是因为其所用模型采用基于 RUE 概念的公式来预测 CO_2 上升对作物产量的影响，且运行的时间步长为日，从而导致与基于物理过程的模型（如 VIP）估计的产量结果有所不同。

4.5.5　C_3 和 C_4 作物对气候变化的响应

不同的升温幅度导致的 RYC 差异因作物而异。对玉米和小麦来说，不同升温幅度的 RYC 之间的差异都在 $a=0.001$ 水平上显著，但后者拒绝零假设的 p 值为 0.124，且其在 $a=0.1$ 的显著性水平下拒绝零假设的 p 值达 0.963。玉米与小麦的 RYC 存在统计水平（$a=0.001$）上的显著差异。

C_3（小麦）和 C_4（玉米）作物对 CO_2 浓度增加的不同表现使得对温度的解释更为复杂。玉米作为一种 C_4 作物，无论 CO_2 浓度增加与否，其产量响应都是负向的。在没有 CO_2 浓度增加的情况下，玉米负的 RYC 绝对值要大于有 CO_2 浓度增加的情况，说明 CO_2 浓度的上升会减轻其减产程度。有、无 CO_2 肥效的情况下，最大的 RYC 负向响应分别为 -37.6% 和 -45.1%，最小的为 -2.8% 和 -8.1%，其平均值分别为 $-17.3\% \pm 9.6\%$ 和 $-23.5\% \pm 10.8\%$。玉米的 RYC 在有和无 CO_2 肥效情况下的差异在 $a=0.001$ 的水平上显著。

作为 C_3 作物的冬小麦，没有 CO_2 肥效下模拟的 RYC 负向响应在 CO_2 增加的情况下得以减缓或变为正向响应。有、无 CO_2 增加的情况下，负向最大的响应分别为 17.7% 和 -46.0%，而最大的正向响应为 49.1% 和 2.3%，其平均响应值为 $16.0\% \pm 16.5\%$ 和 $-16.2\% \pm 14.9\%$。CO_2 浓度的上升会减缓冬小麦 RYC 的负向变化，或反转某些负向响应，或使正向的响应更强烈。小麦的 RYC 在有和无 CO_2 肥效情况下的差异也达到 $a=0.001$ 的统计显著性水平。

上述结果表明，随着 CO_2 浓度的增加，小麦将获益而玉米仍然遭受损失。而 Lin 等（2005）和 Xiong 等（2007）研究发现，水稻、小麦和玉米 3 类作物在包含 CO_2 肥效影响下的 A2 和 B2 情景下产量都增加。本书的研究结果与其存在差异的原因可能有两方面：第一，这些研究对每类作物进行单独模拟，而本书研究考虑了多种作物轮作的农作系统；第二，本书采用基于生物化学过程的光合作用模型，与其他采用 RUE 模型来模拟光合作用（如 CERES、EPIC）明显不同。RUE 模型模拟的 C_4 作物 CO_2 肥效可能偏高。

维持当前的 CO_2 水平（对照组），几乎所有气候变化情景下怀远和泊头两个的玉米产量都略小于小麦产量，只有在某些气候变化情景下，泊头的玉米产量才稍高于小麦产量。然而，我们并不建议仅仅基于产量本身的比较来做决策，因为不同谷物之间以绝对产量值来进行直接比较是不合适的，其他方面也必须加以考虑，如净经济收益等。当然这会牵涉到更多的分析和假设。基于绝对产量值和 RYC 的比较，考虑到未来气候变化情景，冬小麦适应气候变化的能力高于玉米。

4.5.6　作物产量对降水变化的响应

通过比较降水不变、增加（+15% 或 +30%）和减少（-15% 或 -30%）情景下的 RYC，结果显示，对于 RYC 为负的情况，增加降水会减轻这类随着温度的升高产量呈负向的变化；而对于 RYC 为正的情况，那些降水增加的情景即是正向响应最大的。反之也是如此，即降水减少会使负的 RYC 变得更负，或者将降低与其他气候因子的联合获益。

在降水减少的条件下，升温 2℃ 与 5℃ 下 RYC 之间的差异在 $a = 0.001$ 的水平上显著（$p = 0.998$）；在降水增加的情况下，上述两者之间的差异在 $a = 0.01$ 的水平上显著（$p = 0.669$）。总的说来，增加与减少降水情况下 RYC 之间的差异达到 $a = 0.001$ 的显著性水平。

无论有无 CO_2 肥效，RYC 最强的负向和正向变化均发生于雨养型而非灌溉型农地。未考虑 CO_2 浓度增加时，最强的负向变化（−46.0%）出现于怀远的雨养地，其温度上升 5℃ 而降水减少 30%；最强的正向 RYC（2.3%）也发生于此，其温度上升 2℃ 而降水增加 15%。有 CO_2 肥效时，RYC 最强的负向变化（−37.6%）发生于怀远的雨养农地，其温度上升 5℃ 而降水减少 30%；而 RYC 最强的正向变化则发生于泊头的雨养农地，其温度上升 5℃ 而降水增加 30%。Zhang 和 Liu（2005）研究表明，未来年降水量增加 23%～37% 而温度上升 2～5℃ 的条件下，黄土高原小麦和玉米产量将显著增加，这是降水和 CO_2 浓度增加的结果，其联合效应超过了温度上升带来的不利影响。

4.5.7 灌溉在作物产量响应气候变化中的作用

表 4-4 表示灌溉在作物产量响应模拟的气候变化下的边际效应。对于灌溉和雨养地，升温 2℃ 和 5℃ 两者的 RYC 达到 $a = 0.001$ 水平上的显著性差异，而灌溉与雨养地两者 RYC 的差异也在 $a = 0.001$ 的统计水平上显著（p 仅为 0.055）。平均而言，没有 CO_2 增加时，灌溉地的平均 RYC（−18.5%±12.6%）比雨养地的（−21.5%±14.2%）负效应要小，其差异在 $a = 0.01$ 的水平上显著，p 为 0.297；而在有 CO_2 肥效的情况下，灌溉地和雨养地的平均 RYC 分别为 −0.8%±20.1% 和 −0.6%±23.2%，其差异即使在 $a = 0.1$ 的水平上也不显著，相关结果表明，增加 CO_2 浓度能平抑雨养条件下水分胁迫的影响。

表 4-5 显示，灌溉地与雨养地之间存在明显的产量差异。不管是对照或气候变化情景，灌溉地的产量总是高于雨养地，表明降水少于潜在蒸散的黄淮海平原通常受到水分的限制，适宜的灌溉有益于农业的高产和稳产。然而，Tubiello 等（2000）在意大利摩德纳的研究表明，在气候变化情景下，需要增加 60%～90% 的灌溉来维持产量，这意味着灌溉作物对气候变化的适应依赖于当地可利用的水资源。

表 4-5　考虑 CO_2 肥效下怀远县玉米（M）和小麦（W）的相对变化　（单位:%）

气候变化情景	灌溉		雨养	
	M	W	M	W
P：0，T：+5℃，CO_2：700ppm	−28.34	−8.11	−30.64	−5.76
P：+30%，T：+5℃，CO_2：700ppm	−26.50	−6.15	−23.83	1.525
P：−30%，T：+5℃，CO_2：700ppm	−29.14	−10.39	−37.55	−17.73
P：0，T：+2℃，CO_2：500ppm	−12.49	16.41	−13.67	18.13
P：+15%，T：+2℃，CO_2：500ppm	−12.06	17.49	−8.10	22.93
P：−15%，T：+2℃，CO_2：500ppm	−13.98	14.84	−16.10	11.62

CO_2 代表 CO_2 浓度

4.5.8 泊头和怀远作物产量波动对气候变化的响应

考虑作物产量变化驱动因子（即降水变化，CO_2 肥效，灌溉和作物类型）之间的交互作用，发现泊头和怀远两县农业生产随着气候的变化而趋向于损失加重。表 4-4 显示，泊头 48 组情景的平均 RYC 为 –4.9% ±21.2%，而怀远为 –15.8% ±17.9%。从所有情景来看，泊头比怀远遭遇的负向响应要弱，两县 RYC 之间的差异在 $a = 0.001$ 的统计水平上显著。没有 CO_2 肥效的情况下，泊头平均 RYC 为 –16.7% ±10.5%，而怀远为 –23.4% ±15.2%。CO_2 增加的条件下，泊头平均 RYC 为 –7.0% ±22.7%，而怀远为 –8.3% ±17.5%。这表明虽然 CO_2 的增加减缓了两地气候变化情景下的产量损失，但无论是否有 CO_2 肥效，泊头的负向响应都比怀远小。

进一步比较升温 2℃ 和 5℃、是否考虑 CO_2 肥效、不同作物及不同地点之间的响应差异，会发现更多有趣的结果。由两个地区之间平均状况的差异发现，两类作物对变暖的所有响应模式是合理的。表 4-6 显示，两个地区平均来看，玉米和小麦在有 CO_2 肥效情况下对升温 2℃ 与 5℃ 响应模式与无 CO_2 肥效的情况下是相似的，即负得更低与（或）正得更大。有 CO_2 肥效时，升温 2℃（–9.45% ±4.3%）下的玉米 12 组 RYC 比升温 5℃（–25.1% ±6.4%）下的平均负向效应要小；CO_2 不增加时，上述两者呈现相似的响应模式，平均 RYC 分别为 –14.2% ±4.5% 和 –32.7% ±6.1%。没有 CO_2 肥效的情况下，温度上升 2℃ 时的玉米平均 RYC 为 –3.7% ±3.7%，同样比升温 5℃（–29.5% ±9.5%）时的负向响应要小；类似地，考虑 CO_2 肥效时，增温 2℃（18.4% ±3.9%）的小麦平均 RYC 比增温 5℃（13.5% ±23.3%）的正效应更明显。

表 4-6   玉米（M）和小麦（W）产量相对变化的均值和偏差   （单位:%）

情景		泊头和怀远		泊头		怀远	
		+5℃	+2℃	+5℃	+2℃	+5℃	+2℃
无	M	–32.7±6.1	4.2±4.5	–29.1±5	–10.5±2.5	–36.7±4.4	–17.8±2.4
	W	–29.5±9.5	7±3.7	–22.1±6.4	–5.2±3.6	–36.5±4.9	–3.7±4.8
	M 和 W	–31.1±8	±6.7	–25.6±6.6	–7±4.1	–36.7±4.8	–10±8.6
有	M	–25.1±6.4	4±4.3	–20.8±4.9	–6±2.3	–29.3±4.7	–12.7±2.7
	W	13.5±23.3	4±3.9	34±8.4	19±3.7	–7.8±6.3	16.9±3.7
	M 和 W	–5.9±25.8	5±14.8	7±29.7	7±13.9	–18.6±12.4	2.1±15.8

"有" 表示考虑了 CO_2 肥效；"无" 则未考虑 CO_2 肥效

然而，将两个地区分开来看，情况有所不同。表 4-6 显示，没有 CO_2 肥效情况下，升温 2℃ 时怀远小麦的平均 RYC（–3.7% ±4.8%）比升温 5℃（–36.5% ±4.9%）时的 RYC 负效应要小；有 CO_2 肥效时，上述两者的 RYC 分别为 16.9% ±3.8% 和 –7.8% ±6.3%，前者为正效应而后者仍然为负效应。对玉米来讲，没有 CO_2 肥效时，升温 2℃ 的平均 RYC（–17.8% ±2.4%）比升温 5℃（–36.7% ±4.4%）的负效应要弱；当有 CO_2 增加时，上述两者的 RYC 分别为–12.7%±2.7% 和–29.3%±4.7%，仍是前者的负效应更小。

在泊头，CO_2 不增加的情况下，升温 2℃时玉米的平均 RYC（–10.5%±2.5%）比升温 5℃（–29.1%±5.0%）时的负效应要小；CO_2 增加时，上述两者的 RYC 分别为–5.2%± 0.6% 和–22.1%±6.4%，仍是前者的负效应更弱。就小麦而言，没有 CO_2 肥效的情况下，升温 2℃的平均 RYC（–5.2%±3.6%）比升温 5℃的平均 RYC（–22.1%±6.4%）的负效应要小；尤为特别的是，在有 CO_2 肥效的情况下，升温 2℃与 5℃的 RYC 都变为正向响应，分别为 19.9%±3.8% 和 34.7%±8.4%。

4.5.9 气候变化的适应性认识

毋庸置疑，升温对作物产量具有重要影响。温度与产量之间呈负相关，其原因在于作物生长期缩短、维持呼吸速率加强和极端高温对作物的损伤等。由于只模拟了两种温度变化情景下的作物产量，因此不能肯定地说所有温度上升的情景都将对农业产生不利的影响。例如，Liu 等（2004）采用不同的方法研究表明，小幅度的变暖可能是有利的。因此，识别作物产量响应的温度阈值需要连续的模拟和实验验证。

尽管温度上升 2~5℃都将使粮食产量降低，但对于不同状况，温度增加具有不同的效应。在相同的条件下，玉米总是呈现更为不利的响应。鉴于预测的气候变化情景，培育玉米新品种使之适应未来气候变化更为迫切。降水增加会减缓损失并增加作物产量的预计收益，相反，降水减少将加大损失并降低作物产量的预期收获。在黄淮海平原，温度对灌溉和雨养农业具有不同的效应，一定水平的灌溉有益于农业生产。但是，CO_2 浓度的增加会淡化灌溉的作用。

此外，黄淮海平原南部相对更为湿润，与相对干燥的北部相比，作物对气候变化更为敏感。泊头与怀远的 RYC 之间的差异达到 $a = 0.001$ 的显著性水平。不同程度变暖导致的 RYC 差异在南部和北部表现不同，对于南部的怀远，其差异的显著性水平为 $a = 0.001$，而对于北部的泊头，显著性水平仅为 $a = 0.01$。总体而言，考虑模拟的所有气候变量之间的交互作用，泊头和怀远两县对变暖很可能都表现为农业生产受损的响应。泊头与怀远两县作物产量对气候变化的响应不同。所有模拟情况中，泊头导致不利的响应都要比怀远的低，且不论有无 CO_2 肥效都为此种模式，暗示黄淮海平原南部农作系统对气候变化比北部更为敏感。虽然黄淮海平原南部当前的水资源比北部更为充沛，但这并不能保证未来气候变化下南部的农业系统比北部更为稳定。对于这里涉及的两个县和两种作物，与增温 5℃相比，不论有无 CO_2 肥效作用，增温 2℃的 RYC 通常表现出更低的负效应或是更强的正效应。但是，在 CO_2 浓度增加的情况下，更高增温幅度的泊头县小麦的产量更高，这再次表明，CO_2 肥效可能会抵消变暖所致的负效应，且在北部尤为明显；干燥气候条件下 CO_2 肥效的影响可能比湿润条件下的更大。

本书没有考虑的一个重要约束条件是农户如何适应气候变化。虽然考虑了灌溉，但施肥管理和作物品种选择等其他因素可能会减缓作物产量损失。由于缺乏表征此类适应性的数据，因此模型假设这些因子不发生变化，尚无法定量描述这些因子在模型模拟中的重要性。因此，水文、生态和适应之间的交互作用将是未来研究的重要领域之一。

4.6　CMIP5 RCP 多情景下华北冬小麦耗水和产量的响应

冬小麦是中国主要的粮食作物之一，相关研究表明，过去几十年间气候变暖已使冬小麦开花期和成熟期提前，生育期缩短，最终对产量造成影响（杨建莹等，2011）。农业适应性措施，如调整种植制度和种植模式，采用积温需求高、耐旱耐高温品种，可以规避气候变化的不利影响。通过作物模型定量评估气候变化和农业适应性措施对作物生产的影响已经进行了大量的研究工作（如 Challinor and Wheeler，2008；Chavas et al.，2009；Mo et al.，2009，2013；Tao et al.，2013），而这些研究工作多基于单点尺度，在区域尺度开展的模拟、评估尚不多见（Mo et al.，2012）。如何在正确预测气候变化对农业生产影响的基础上采取适应措施、降低气候变化的负面影响，是农业生产可持续发展研究的重点和热点领域。

IPCC 第五次评估报告（AR5）中采用了融入政策因素的代表性浓度路径（representative concentration pathways，RCPs）情景数据，取代第三次（TAR）、第四次（AR4）评估报告中使用的 SRES 情景，对极端天气具有更强的表现能力，因此 RCPs 数据在农业影响评估研究中更受青睐（Richard et al.，2008）。本节基于国家气候中心提供的 CMIP5 集成数据，利用 VIP 模型研究 RCP2.6、RCP4.5 和 RCP8.5 情景下黄淮海平原 2011～2059 年冬小麦产量、蒸散量、灌溉量对气候变化的响应，并评估农业适应性措施对缓解气候变化不利影响的效应和效益，提出保障粮食和水资源安全的措施和政策建议。

未来气候变化情景数据采用国家气候中心提供的 WCRP 耦合模式比较计划—阶段 5 的多模式数据（CMIP5），选取 1990～2000 年为基准年，2011～2059 年为预估年。由于 CMIP5 为月均气象数据，而 VIP 模型的气象驱动资料为日尺度，因此需要对 CMIP5 进行时间降尺度。根据 CMIP5 基准年模拟值与气候变化预测值之差，在现有观测资料的基础上，叠加此变化量，从而得到气候变化要素场，其中温度变化量为预估年的月平均温度减去 1990～2000 年相应月份的平均值；降水变化量为预估年的月平均降水除以 1990～2000 年相应月份的平均值。如无特别说明，书中不同情景下产量、蒸散量、灌溉量的变化均按照 RCP2.6、RCP4.5 和 RCP8.5 的顺序表述。

冬小麦播种、春化、开花以及收获时间受温度控制。黄淮海平原冬小麦一般在 10 月初播种，次年 6 月中上旬收获。当 10 月的日均温连续 3 天低于 18℃时，冬小麦开始播种；当气温高于 0℃且积温达到 1110℃时，冬小麦营养生长期结束进入生殖生长期；当积温达到 2000℃时，冬小麦收获。如果冬小麦在 6 月 15 日仍然达不到生育期的积温要求，则冬小麦将会在 6 月 15 日收获。

考虑到黄淮海平原大部分冬小麦种植区的灌溉条件已经能够满足冬小麦的生长所需，因此在冬小麦生长过程中，灌溉次数和灌溉量根据土壤水分状况确定。当根层土壤水分低于田间持水量的 70% 时进行灌溉，直至达到田间持水量的 100%。单位面积灌溉量 I_R（mm）

的计算如下：

$$I_R = \begin{cases} ET - P_e & ET \geqslant P_e \\ 0 & ET < P_e \end{cases} \tag{4-27}$$

式中，ET 为某一时段作物蒸散量（mm）；P_e 为对应时段的有效降水量（mm）。逐旬的有效降水量可以采用以下方法（刘钰等，2009）计算：

$$P_e = \begin{cases} P & P \leqslant ET \\ ET & P > ET \end{cases} \tag{4-28}$$

式中，P 为旬降水量（mm）。

为分析 CO_2 浓度升高对冬小麦生长的影响，在未来气候变化背景下，设定 1990 年大气 CO_2 浓度水平为 C1 情景，未来气候变化情景下 CO_2 浓度为 C2 情景。利用 C2 情景的模拟产量减去 C1 情景的模拟产量，即 CO_2 浓度增加导致的作物产量变化。

4.6.1 生育进程的响应

增温改变了冬小麦的生育进程，随着温度的增加，冬小麦生育期逐渐缩短，不利于冬小麦籽粒的干物质积累，影响最终经济产量。为缓解冬小麦生育期缩短对产量形成的不利影响，采用生育期积温需求较高的品种取代积温需求较低的品种，推迟播种期，维持作物收获期基本稳定，模拟分析两种情况下作物生长和产量的形成过程。

2011~2059 年气候变暖将使黄淮海平原冬小麦开花期呈现提前的趋势。与基准期相比，21 世纪 50 年代冬小麦开花期将提前 6~12d，虽然平原北部的温度增幅高于南部地区，但冬季的平均温度呈现南高北低的趋势，因此南部地区冬小麦开花期的提前幅度大于北部地区（图 4-29）。例如，1980~2009 年平原北部唐山冬小麦的开花期平均提前了 2.7d/10a，而平原中部的驻马店平均提前了 5.7d/10a（肖登攀等，2014）。

开花期提前改变了冬小麦不同生长发育阶段的长度，营养生长期因此而显著缩短（$p<0.01$），与基准期相比，21 世纪 50 年代营养生长期将缩短 5.4~13.4d，其空间格局变化与开花期变化相似。开花期提前缓解了升温对生殖生长期的影响，冬小麦生殖生长期的平均温度并无显著增加（$p<0.01$），与基准期相比，50 年代冬小麦生殖生长期将缩短 1.5~3.2d（图 4-29），其缩短幅度呈现北低南高的趋势。1980~2009 年，平原北部的唐山，冬小麦成熟期平均提前 1.9d/10a，而平原中部的驻马店平均提前 3.6d/10a（肖登攀等，2014）。对于平原北部地区，由于热量资源不足，增温降低了冬小麦积温需求无法满足的风险，将有利于小麦产量形成。基于华北平原冬小麦 1980~2009 年物候资料的分析表明，虽然营养生长阶段呈显著缩短趋势，但新品种积温需求的增加和由物候提前引起的相应生长阶段平均温度的降低，使得生殖生长阶段呈现延长趋势（肖登攀等，2014）。综上分析，气候变暖导致冬小麦整个生育期缩短，但气候变化对不同生长阶段的影响并不一致，营养生长期的缩短最明显。

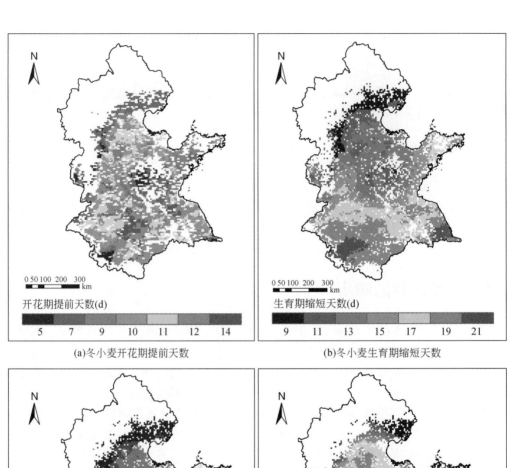

(a)冬小麦开花期提前天数　　　　　　　　　(b)冬小麦生育期缩短天数

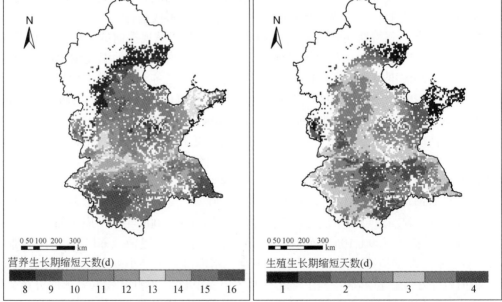

(c)冬小麦营养生长期缩短天数　　　　　　　(d)冬小麦生殖生长期缩短天数

图 4-29　未来气候变化情景下冬小麦开花期和生育期的变化

注：以 RCP4.5，21 世纪 50 年代为例。

4.6.2 产量和耗水的响应

未来气候变化背景下，CO_2 浓度升高，温度和降水变化及其交互作用使得冬小麦产量和蒸散耗水随之改变。作为作物光合作用的主要原料之一，大气 CO_2 浓度升高意味着叶片气孔腔内胞间 CO_2 浓度与外部环境的 CO_2 浓度差增大，有利于 CO_2 向气孔腔扩散，从而提高作物光合作用速率（Oliver et al.，2009；王建林等，2005）。VIP 模型模拟结果显示，当考虑大气 CO_2 肥效时，冬小麦产量呈现显著的增加趋势（$p<0.01$），21 世纪 50 年代 3 种气候变化情景下，区域平均产量将增加 8.7%、14.8% 和 22.4%，增产幅度由北向南逐渐降低（图 4-30）。FACE 试验的结果显示，无水分胁迫条件下，CO_2 浓度增加能使作物产量增加 12.8%。针对春小麦的人工气候室试验也得到了相似的结论（李伏生等，2003）。

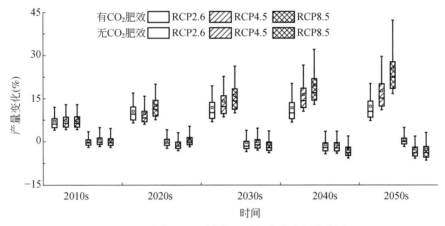

图 4-30 大气 CO_2 肥效作用对冬小麦产量的影响

盒子的边缘代表标准差，盒的上下竖线代表最大值和最小值，盒内小方块代表平均值，盒内的横线代表中值

3 种气候变化情景下，在无 CO_2 肥效时，冬小麦产量呈现微弱下降趋势，21 世纪 50 年代区域平均产量将下降 1.1%、2.5% 和 3.2%（图 4-31）。维持呼吸的增强和生殖生长期的缩短不利于作物干物质累积，是造成产量降低的主要原因。因此，CO_2 肥效是冬小麦产量增加的主要原因，其增产效果约为 0.11%/ppmV，与 FACE 试验的 0.06%/ppmV ～ 0.11%/ppmV 基本吻合（Amthor，2001；Tubiello et al.，2007）。

气候变化背景下，虽然增温加快作物蒸散速率（Walter et al.，2004），但生育期缩短将抵消其部分正效应，生育期总蒸散量也可能减少。未来 20～50 年黄淮海平原冬小麦蒸散量的变化如图 4-31 所示，由于平原南部地区的蒸散量高于北部地区（莫兴国等，2011），且增温使得南部地区的生育期缩短幅度高于北部地区，加大了南部地区总蒸散量的降幅，因此冬小麦总蒸散量降幅由北向南逐渐增加。华北北部地区冬小麦生育期并未随温度升高而显著缩短，3 种气候变化情景下，21 世纪 50 年代冬小麦总蒸散量将增加 0.1%、0.4% 和 0.7%。除北部地区外，3 种气候变化情景下，50 年代冬小麦蒸散量将降低 1.4%、2.1% 和 3.8%。50 年代 RCP8.5、RCP4.5 和 RCP2.6 情景下冬小麦蒸散量的空间变异系数分别为33.3%、41.5%和55.6%，显示其空间分异性与增温幅度成正比。

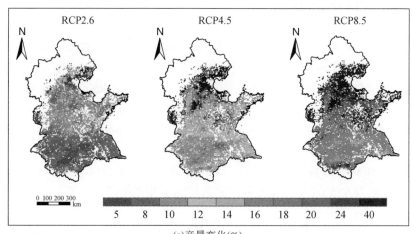

(a)产量变化(%)

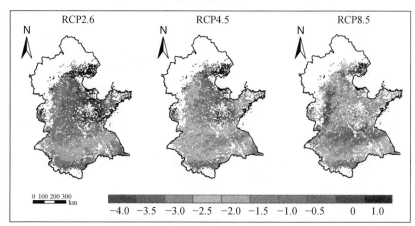

(b)蒸散量变化(%)

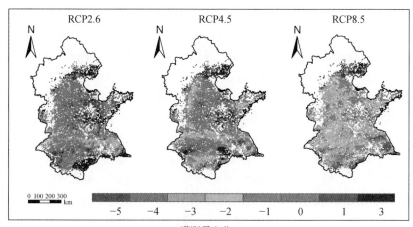

(c)灌溉量变化(%)

图4-31 未来气候情景下华北冬小麦产量、蒸散量和灌溉量变化（以21世纪50年代为例）

增温改变冬小麦各生长发育阶段的长度及其需水量，在生殖生长期蒸散量随温度升高呈微弱增加的趋势，在营养生长期蒸散量则呈减少趋势。蒸散量在这两个生长期的反向变化改变水分消耗比例，至 21 世纪 50 年代，生殖生长期的耗水比例将增加 1.7% ~ 2.9%，更多的水分被用于生殖生长期，有利于产量形成，但对水分亏缺更敏感。

冬小麦生育期降水量增加和蒸散量降低将减少灌溉需水量。3 种气候变化情景下，21 世纪 50 年代冬小麦灌溉量将分别降低 2.4%、4.1% 和 6.5%，其降幅由北向南逐渐增加（图 4-31），其中河北北部，由于蒸散的增量大于降水的增量，50 年代冬小麦灌溉量将增加 0.6% ~ 1.3%。

在充分灌溉的条件下，作物产量和耗水量的变化主要受 CO_2 浓度升高及增温的影响。目前，大部分研究表明，CO_2 肥效能缓解气候变化的不利影响，增加作物产量（Porteaus et al.，2009；房世波等，2010），但关于 CO_2 增产效果却存在较大分歧。多数作物机理模型的模拟结果显示，CO_2 升高对 C3 作物的增产率为 0.05%/ppm ~ 0.09%/ppm（Lin et al.，2005；居辉等，2005；田展等，2006），VIP 模型模拟的增产率为 0.11%/ppm，与 CO_2 肥效实验结果（0.06%/ppm ~ 0.11%/ppm）（Amthor，2001）基本一致。部分学者认为，作物模型中 CO_2 肥效是基于室内试验（如温室试验、OTC 试验）数据建立的经验关系，未能反映农田的真实状况，可能高估了 CO_2 浓度升高对作物产量的正效应（Long et al.，2006）。也有学者认为，开放式 CO_2 浓度升高试验（FACE）避免了气室试验的缺陷，能较为准确地反映自然状况下作物对 CO_2 浓度升高的响应，作物模型并未高估 CO_2 的增产效应（Tubiello et al.，2007）。CO_2 的增产效应与作物的水分胁迫和养分胁迫状况有关，田间试验的结果表明，高氮肥条件下 CO_2 的增产效应比低氮肥条件下高 12.8%；水分胁迫影响植物对氮素的吸收，进而影响 CO_2 肥效的充分发挥。

增温缩短了冬小麦生育期，改善其越冬条件，减轻或消除其遭受冻害的风险，有利于冬小麦灌浆和千粒重提高（房世波等，2012），但同时也增加灌浆成熟期高温危害的概率和灾损程度。历史产量的统计分析表明，20 世纪 80 年代以来的增温使得全球小麦减产 2.5%（Lobell et al.，2011），其中中国小麦减产约 4.5%（You et al.，2009）。VIP 模拟结果显示，温度每增加 1℃，冬小麦产量将减少 1.1%。其他模型的模拟结果也表明，温度每升高 1℃，冬小麦产量变化为 -5% ~ 5%（杜瑞英等，2006；Xiong et al.，2007；Guo et al.，2010）。虽然增温对冬小麦产量的影响尚无定论，但不同研究均指出气候变暖是冬小麦物候变化的主要驱动因子（Xiao et al.，2013；房世波等，2012）。基于物候资料的统计结果表明，1980 ~ 2009 年气候变暖使得中国 30% 的农业气象站小麦生育期和营养生长阶段缩短，60% 的研究站点小麦生殖生长阶段呈延长趋势（Tao et al.，2012），其中西北地区更明显（邓振镛等，2008）。作物新品种积温需求增加和生殖生长期延长将有利于小麦适应气候变化，提高产量。

4.6.3 收获期稳定对作物产量和耗水量的影响

基于冬小麦收获期基本稳定的假设，RCP2.6、RCP4.5 和 RCP8.5 3 种气候变化情景下，21 世纪 50 年代研究区冬小麦平均产量将增加 10.7%、18.6% 和 26.9%。与作物品种和播种期调整前相比，冬小麦产量增幅更加显著，其频率分布峰值由 6% ~ 15% 增加至 9% ~ 20%，说明在增温背景下，通过调整作物品种、延长作物生育期，能有效地提高作物产量。RCP8.5 情景下，CO_2 浓度增幅最为显著，当调整品种，维持收获期基本稳定之后，该情景下冬小麦产量增幅最大，说明维持作物收获期的稳定将更有效地利用 CO_2 肥效，提高经济产量。

气候变化背景下，冬小麦生育期缩短是其蒸散量减少的主要原因，当调整作物品种，增加冬小麦各生育期积温需求，增温带来的蒸散速率增加将使得华北平原 95% 以上的地区总蒸散量由减少变为增加（图 4-32）。作物品种调整后，21 世纪 50 年代 ET 将增加 4% ~ 6%，其频率分布峰值将由 -3.5% ~ -1.5% 增加至 3.5% ~ 6.0%，变异系数由 33.3% ~ 55.6% 降低至 22.3% ~ 24.3%，品种调整明显降低 ET 变化的空间分异性。蒸散量的增加导致灌溉量增加，50 年代华北地区冬小麦灌溉量将增加 4.5% ~ 6.8%，其频率分布峰值由 -2.2% ~ -0.1% 增加至 4.5% ~ 6.5%（图 4-32）。

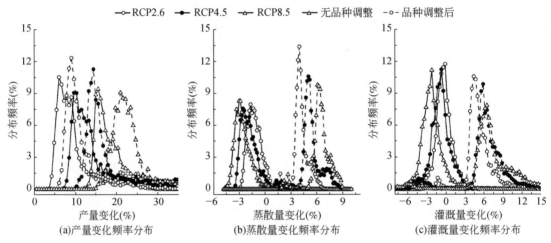

图 4-32　未来气候情景下冬小麦品种调整对产量、蒸散量和灌溉量的影响

（以 21 世纪 50 年代为例实线标记为无品和调整，虚线标记为品种调整后）

上述模拟结果表明，通过品种培育和更新，维持冬小麦收获期的基本稳定，将有助于产量的提高，如果大气 CO_2 浓度上升的肥效能充分实现，前景将更乐观。然而，作物蒸散耗水也随之增加，这在水资源不足的地区要未雨绸缪，开展水利和节水工程建设，保障农业水资源的供给，实现农业的稳产高产。

4.7　多模式集合预测冬小麦-夏玉米蒸散和产量的变化

全球气候模式（GCMs）对多种气象因子的预测，尤其是对降水的预测，仍然存在很大不确定性（Stainforth et al.，2005）。气候模式预估的不确定性、气候模式输出和作物模型输入的尺度不匹配、作物模型的不确定性等将使得预估气候变化影响变得复杂和不确定，不可避免地削弱农业生态系统对气候变化响应预测的可靠性。

自 1950 年以来，全球粮食作物（如小麦、玉米、水稻和大豆）产量稳步增长。试验观测（田间和人工气候室试验）、农业记录的统计分析和作物机理模型是诊断和预测气候变化影响的主要方法。在对作物产量长期趋势的分析中，机理模型具有将气候变化因子与作物品种演替及农业管理措施改进等要素分离的优势（Mo et al.，2009）。

为评估气候预测不确定性的影响，基于 IPCC4 中 6 种 GCM 模式的输出数据，采用集合预报的方法，通过 VIP 生态水文动力学模型模拟研究了 21 世纪 50 年代和 80 年代 A2 和 B2 情景下气候变化对华北平原冬小麦和夏玉米生产力与耗水量的影响，并对适应措施进行了评估。

4.7.1 未来气候要素变化

考虑到研究区内站点分布稀疏，空间插值生成的栅格数据有一定的误差，这里尝试采用 WRF 模式系统（3.0 版，http：//www/wrf-model. org）生成基准期大气驱动场，其运行时间尺度为 2000～2008 年，空间分辨率为 30km×30km，时间步长为半小时。WRF 模式的初始和边界数据源自 NCEP/NCAR 全球再分析计划（ds090.0），其空间分辨率为 2.5°，时间步长为 6h。同时，基于全球陆地数据同化系统（GLDAS）提供的 0.25°×0.25° 逐日气温数据，采用统计误差修正方法（Fedderson and Andersen，2005）提升 WRF 模式对温度预测的精度。GLDAS 数据与 49 个气候站点实测数据之间具有较好的一致性，因此可采用 GLDAS 数据来验证 WRF 模式的预测能力。假设标准化的温度序列服从正态分布，并且 WRF 预测与 GLDAS 观测的累积分布函数（CDF）之间具有相似性，通过比较两者的 CDF，获得校正的误差函数，并将其应用于修正当前气候状况下 WRF 模式输出的温度，以提高 WRF 预测值与 GLDAS 的日平均温度数据之间的一致性。

未来气候数据采用差值叠加的统计降尺度方法获取。通过将 GCMs 预测值预估期和基准期气象要素的变化量，叠加到对应的高精度 WRF 模式数据基准期日数据上来获取未来气候情景数据。为评估 IPCC SRES 情景下不同 GCMs 对气候变化预测的不确定性，选择 6 个 IPCC 推荐的、模拟效果较优的 GCM 模式，包括哈得莱中心耦合模式（HADM3）、地球物理流体动力实验室模式（GFDL）、欧洲中心中尺度天气预报与汉堡模式（ECHM）、澳大利亚联邦科工组织（CSIRO）模式、气候研究系统中心和国家环境研究所模式（NIES），以及第二代耦合的全球气候模式（CGCM）。A2 和 B2 情景数据由 IPCC 网站下载。A2 和 B2 情景下，6 个 GCMs 模式预测的气温表现为相似的增加趋势，降水和辐射变化趋势却迥异。图 4-33 为 B2 情景下 6 个 GCM 预测的月平均气候要素变化。A2 和 B2 两个情景下的温度、降水和辐射的季节变化见表 4-7～表 4-9。

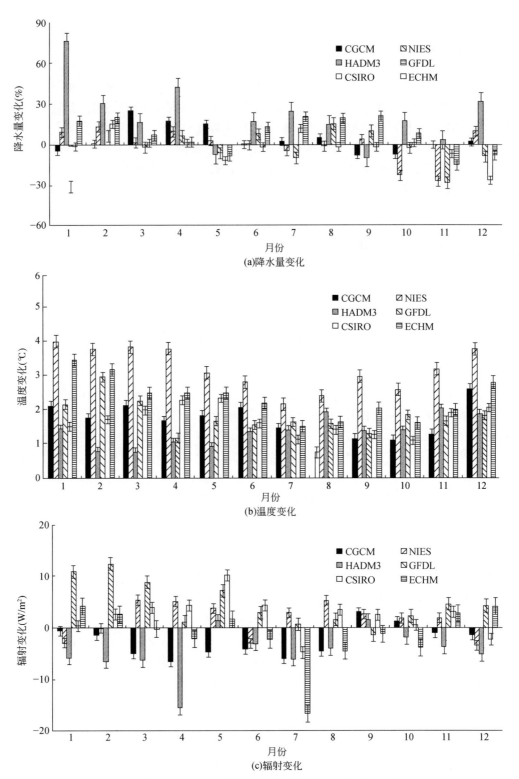

图 4-33　21 世纪 50 年代 B2 情景下华北平原降水、温度和辐射的变化

表4-7 不同情景下温度季节变化 （单位：℃）

季节	B2 2050s	B2 2080s	A2 2050s	A2 2080s
春季	2.1（0.9~3.5）	3.2（1.9~5.2）	2.5（1.6~3.6）	4.8（2.4~7.4）
夏季	1.7（1.4~2.4）	2.6（1.9~3.8）	2.0（1.5~2.8）	3.7（2.2~5.4）
秋季	1.7（1.2~2.9）	2.4（1.3~3.9）	1.8（1.4~3.0）	3.6（2.7~5.4）
冬季	2.4（1.3~3.8）	3.3（1.4~5.4）	2.6（1.6~4.0）	4.9（3.4~7.4）
年平均	2.0（1.3~3.2）	2.9（2.2~4.6）	2.2（1.6~3.3）	4.3（2.7~6.4）

表4-8 不同情景下降水季节变化 （单位：%）

季节	B2 2050s	B2 2080s	A2 2050s	A2 2080s
春季	6.2（-3.3~19.3）	12.7（4.0~36.7）	3.2（-4.5~13.6）	13.0（3.8~28.3）
夏季	7.3（-2.1~18.7）	10.9（-0.4~24.2）	7.4（-0.9~17.4）	19.0（-2.3~40.9）
秋季	-3.7（-15.6~4.7）	0.4（-21.4~27.6）	3.7（-16.7~30.3）	9.8（-3.7~28.4）
冬季	8.3（-11.4~46.1）	25.9（-6.4~83.9）	14.3（-8.2~57.2）	41.5（-11.3~102.8）
年平均	4.5（-3.7~21.4）	12.5（-2.7~35.9）	7.1（-4.6~26.2）	20.8（3.5~50.1）

表4-9 不同情景下辐射季节变化 （单位：W/m²）

季节	B2 2050s	B2 2080s	A2 2050s	A2 2080s
春季	0.7（-6.8~6.2）	1.1（-10.8~8.8）	-1.7（-9.0~2.5）	0.8（-13.1~13.8）
夏季	-2.1（-7.8~1.8）	0.2（-10.6~11.1）	-1.9（-11.9~3.3）	-0.5（-14.3~10.7）
秋季	0.8（-1.4~2.2）	1.3（-5.5~5.5）	-1.2（-7.6~3.0）	-0.8（-5.6~4.4）
冬季	0.7（-5.8~9.3）	0.1（-7.9~9.9）	-0.8（-5.7~2.7）	-2.1（-9.2~2.4）
年平均	0.1（-4.6~4.7）	0.7（-5.6~5.8）	-1.4（-3.9~2.2）	-0.6（-6.8~7.4）

未来B2和A2气候情景下，各模式模拟的温度均表现为增加趋势。降水随季节变化较大，B2情景下21世纪50年代和80年代各模式均呈小幅增加趋势，A2情景下50年代降水只有一个模式表现为减少趋势，其余均为增加趋势，到80年代均为显著增加趋势；辐射量在不同情景下增和减的趋势均有，但总体变化趋势不明显。

4.7.2 作物产量对气候变化的响应

历史条件下华北平原平均小麦产量为2286~7362kg/hm²，南部充足的光温资源使得冬小麦产量呈现南高北低的分布格局（图4-34），区域平均产量为（5739±892）kg/hm²；玉米产量为 4878～9272kg/hm²，区域平均产量为（8120±701）kg/hm²。由于玉米生长季灌溉较少，以雨养为主，其产量的空间分布受降水量分布的影响较大（图 4-34）。

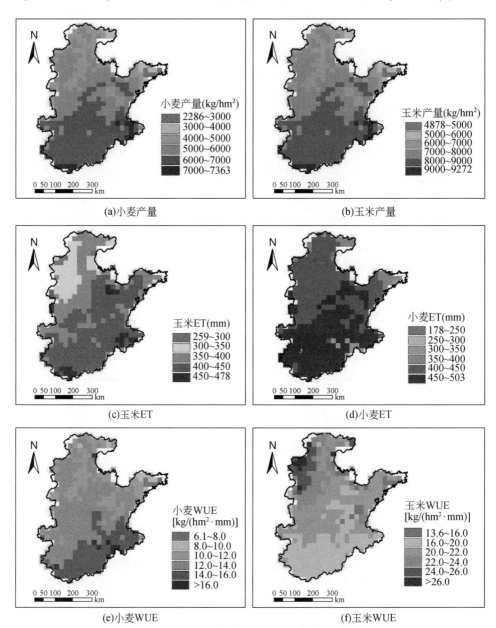

(a)小麦产量   (b)玉米产量

(c)玉米ET   (d)小麦ET

(e)小麦WUE   (f)玉米WUE

图 4-34　基准期小麦和玉米产量、蒸散量和水分利用效率（WUE）的空间分布

为了刻画气候变化情景的不确定性对作物响应模拟的影响，我们分析了 B2 和 A2 两种情景下 21 世纪 50 年代和 80 年代 GFDL、NIES、CGCM、CSIRO、HADM3 和 ECHM 6 种模式输出结果驱动的作物模拟产量变化特征（图 4-35）。结果表明，在未来气候变化情景下，无论 B2 还是 A2 情景，各个模式驱动的小麦模拟产量均呈增加趋势，而玉米产量呈减

少趋势（表 4-10）。就小麦而言，B2 情景下 50 年代和 80 年代 GFDL 和 ECHM 模式预测的产量高于其他模式，而 A2 情景下则是 ECHM 模式预测的产量高于其他模式。对于玉米产量而言，在 B2 和 A2 两种情景下，50 年代和 80 年代均是 NIES 模式预测的玉米产量减少最为显著。

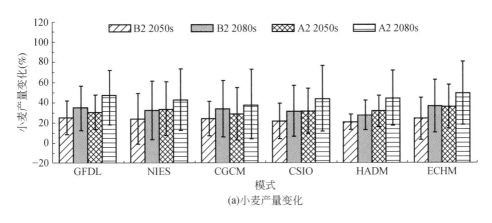

(a)小麦产量变化

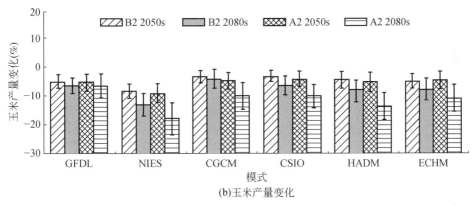

(b)玉米产量变化

图 4-35 不同 GCM 模式预测气候变化对小麦和玉米产量的影响

表 4-10 不同情景下作物产量变化趋势 （单位:%）

情景	B2 2050s	B2 2080s	A2 2050s	A2 2080s
小麦产量	21.3±1.4	30.0±2.7	29.5±2.5	40.6±3.7
玉米产量	−5.0±1.9	−7.9±3.0	−5.7±1.8	−11.7±3.9

以 ECHM 模式的 B2 情景为例，分别给出了 21 世纪 50 年代小麦和玉米产量变化的空间分布格局（图 4-36）。由图 4-36 可见，小麦产量的变化具有明显的南北差异，北部的增加幅度比南部大，而玉米产量的变化南北差异不太明显，但西部减产较东部更突出。

在 6 个模式预测的情景下，小麦和玉米产量的空间概率分布存在明显差异，如图 4-37 所示。结果表明，B2 情景下，小麦产量的平均值变化 10% ~ 20%，6 种模式中 CSIRO 模

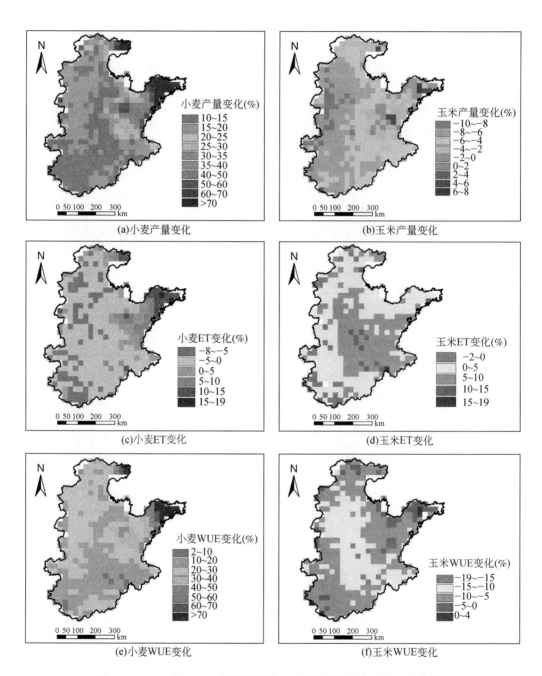

图 4-36　2050 年 ECHM 模式预测的 B2 情景下华北小麦和玉米产量、
蒸散量和水分利用效率变化的分布

式预测的产量变化量最小；ECHM 模式和 NIES 模式比较接近，其平均值出现的概率较大
（约为 17%）；GFDL 模式和 HADM3 模式驱动的预测结果比较接近；CGCM 模式驱动的小
麦预测产量变化范围较广，最大值出现的概率相对于其他模式出现的次数稍少。玉米产量

变化的范围为 -11% ~ -2%，NIES 模式驱动的玉米预测产量变化最小，ECHM 模式和 GFDL 模式驱动的预测玉米产量的分布比较接近，CSIRO 模式和 CGCM 模式也是如此，HADM3 模式驱动的玉米预测产量变化的高值出现的次数较少。A2 情景下小麦产量平均增加 15% ~ 30%，6 个模式中 CGCM 模式驱动的预测产量平均值最小，NIES 模式和 GFDL 模式驱动的预测产量平均值最大。玉米产量的变化幅度则是 NIES 模式平均值较小，CSIO 模式驱动的预测产量平均值最大，其中 NIES 模式和 ECHM 模式预测的产量分布均为双峰曲线，具有两个相对高值。

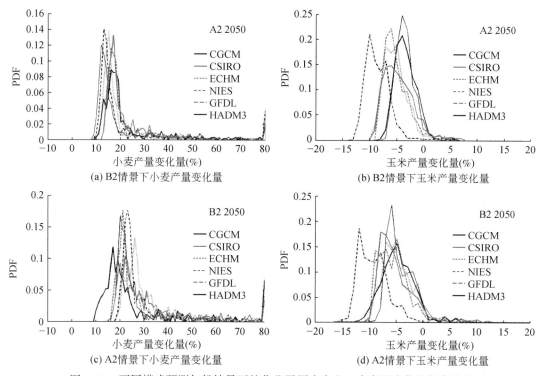

图 4-37 不同模式预测气候情景下的华北平原小麦和玉米产量变化的频率分布

4.7.3 作物蒸散量对气候变化的响应

历史条件下，冬小麦蒸散量区域平均值为（439±33）mm，变化幅度为 178 ~ 502mm，呈现由北向南递增的趋势，北部位于 400 ~ 450mm，南部位于 450 ~ 500mm。玉米蒸散量变化幅度为 259 ~ 477 mm，北部地区低于南部地区。北部为 300 ~ 400mm，南部为 400 ~ 450mm，其区域平均值为（397±39）mm。

B2 和 A2 两种情景下，21 世纪 50 年代和 80 年代 GFDL、NIES、CGCM、CSIRO、HADM 3 和 ECHM 6 种模式对应的作物蒸散量变化如图 4-38 所示。若不考虑品种热量需求的变化，因增温导致作物生育期长度缩短，多数 GCM 情景的小麦总蒸散量均呈明显减少趋势，玉米蒸散量变化稍弱（表 4-11）。21 世纪 50 年代 B2 情景下，NIES 模式驱动的小麦预测蒸散量减少较多（−3.3%），HADM3 模式驱动的预测蒸散量则略为增加（0.3%）；80 年代总蒸散的变化幅度比 50 年代更大，NIES 模式驱动的小麦预测蒸散量将减少6.0%。A2 情景下小麦蒸散量变化虽与 B2 情景基本一致，但幅度稍大，仍以 NIES 模式驱动的蒸散量减少最多，50 年代和 80 年代分别为−4.2%和−11.1%。对于玉米生育期蒸散量而言，各模式预测的结果差异较大，有增有减，这是由于夏季雨热同期，增温伴随更高的蒸散速率所致。

表 4-11　不同情景下作物蒸散量变化趋势　　　　　　　　（单位:%）

情景	B2 2050s	B2 2080s	A2 2050s	A2 2080s
小麦蒸散量	−1.5±1.2	−3.1±1.8	−2.7±1.3	−6.3±3.3
玉米蒸散量	−0.4±4.9	0.01±5.0	−1.2±4.1	0.5±6.1

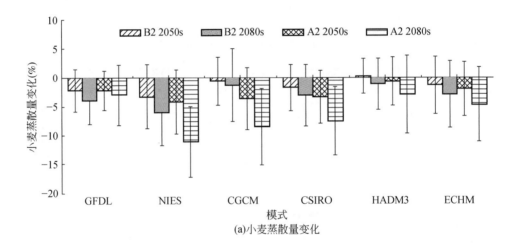
(a)小麦蒸散量变化

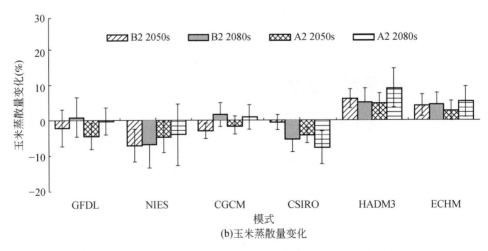
(b)玉米蒸散量变化

图 4-38　不同模式预测情景下小麦和玉米蒸散量变化

6 种模式气候情景下，作物蒸散量的频率分布存在明显差异（图 4-39）。对于 B2 情景，小麦生育期总蒸散量的变化为–7% ~ 0，NIES 模式驱动的蒸散量变化最小，最大值出现的概率比其他模式低；HADM3 模式驱动的预测值增加较大。玉米生育期区域平均蒸散量的变化范围为–10% ~ 8%，其中 HADM3 模式驱动的 ET 预测值变化最大，NIES 模式驱动的预测值变化最小，GFDL 模式驱动的预测值的变化范围最广。A2 情景下小麦蒸散量变化为–8% ~ 2%，平均值最大和最小的两个模式分别为 HADM3 模式和 CGCM 模式。玉米蒸散量的变化范围为–8% ~ 8%，平均值最大和最小的两个模式分别为 HADM3 模式和 NIES 模式。此外，图 4-36 中给出了其中一种模式 ECHM 在 B2 情景 21 世纪 50 年代的小麦和玉米蒸散量的空间分布，显示大部分区域冬小麦蒸散量变化以减少为主，而玉米蒸散量变化以增加为主。

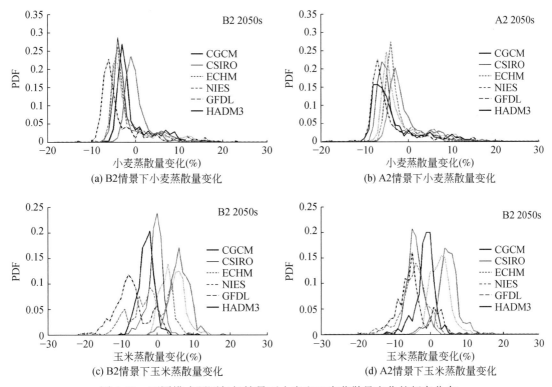

图 4-39　不同模式预测气候情景下小麦和玉米蒸散量变化的频率分布

4.7.4　气候变化对作物水分利用效率的影响

历史条件下，冬小麦水分利用效率区域平均为（13.1±2.0）kg/（hm²·mm），但存在显著的空间分异性（图 4-34）。整个区域冬小麦 WUE 为 6.1 ~ 27.9 kg/（hm²·mm），北部地区为 10 ~ 12kg/（hm²·mm），南部地区为 13 ~ 16kg/（hm²·mm）。基准期玉米水分利用效率区域平均为（20.6±2.3）kg/（hm²·mm），整个区域玉米 WUE 为 13.7 ~

29.4kg/（hm^2·mm），北部地区玉米水分利用效率高于南部地区，北部为 20 ~ 26kg/（hm^2·mm），南部为 15 ~ 20kg/（hm^2·mm）。未来气候变化情景下，不同模式预测的小麦水分利用效率均呈增加趋势。多数 GCM 模式预测的玉米水分利用效率呈减少趋势（表 4-12）。一般而言，气候变化情景下，小麦水分利用效率的提高主要得益于大气 CO_2 浓度升高的肥效作用和 ET 的减少；而玉米水分利用效率的下降，则主要由于玉米是 C$_4$ 植物，CO_2 的肥效作用小，产量因生育期缩短而下降明显，水分利用效率也随之下降。

表 4-12　不同情景下作物水分利用效率变化趋势　　　　（单位：%）

情景	B2 2050s	B2 2080s	A2 2050s	A2 2080s
小麦	24.7±2.7	36.4±4.4	35.1±3.0	52.9±4.6
玉米	-4.3±4.1	-7.5±4.3	-4.2±3.6	-11.7±6.6

小麦水分利用效率的变化受灌溉量和降水量的共同影响。B2 和 A2 两种情景下 21 世纪 50 年代灌溉量的变化分别为 3.9%±13.1% 和 1.0%±14.0%，80 年代的灌溉量变化分别为 -2.8%±15.1% 和 -7.3%±16.5%。HADM3 模式和 ECHM 模式模拟的降水量在 50 年代和 80 年代均明显增加，降水量的增加缓解了小麦生育期的灌溉需求，故这两个模式模拟的小麦灌溉量总体呈现减少趋势，尤其是 HADM3 模式。

第5章 气候变化对黄土高原水资源的影响

5.1 气候变化对径流的影响

根据黄土高原的水文站长期积累的数据显示（图 5-1），自 1766 年以来的近 240 年，黄土高原出现了径流量明显减少的现象，18 世纪末至 19 世纪最初的 5 年，出现丰水时段（潘威等，2013）。1919～2010 年径流量总体呈减少趋势，其中包含着阶段性变化，经历了枯—丰—枯 3 个阶段的变化，即 1922～1932 年的枯水期，1933～1970 年的丰水期和 1971～2010 年的枯水期，最近几年正处于枯水期（李二辉等，2014）。水文站实测的径流量的减少存在两方面的原因：一是气候的波动；二是人类活动的影响。自 20 世纪 70 年代，黄土高原开展了大规模的水土保持工作，改变了下垫面条件，拦截了大量雨水，提高了蒸散，减少了地表径流。

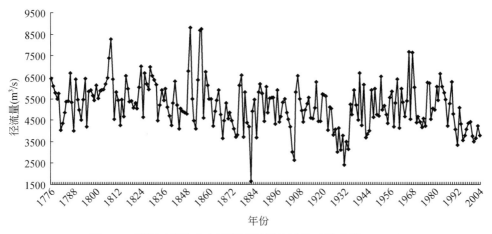

图 5-1　黄河三门峡水文站断面汛期径流量（潘威等，2013）

图 5-2 为黄河中游区间分区图，包含 3 个分区，即河口–龙门区间、龙门–三门峡区间和三门峡–花园口区间（分别简称为河龙区间、龙三区间、三花区间）。根据黄河水利委员会还原计算得到的 3 个分区的天然径流量（水文站测量的径流量加上引用水量）与夏季风指数数据（图 5-3）的关系来看，两者高度相关。自 1873 年以来，从 5 年滑动的平均值来看，东亚夏季风与河龙（河口–龙门）区间的径流量之间具有很好的对应关系，相关系数超过 0.7，说明东亚夏季风的减弱是导致黄土高原径流量减少的一个重要因素（Xu，2011）。但黄土高原其他部分，尤其是龙门–三门峡和三门峡–花园口之间的径流量并没有呈现明显的持续减少趋势，反而呈现出一种先增加后减少的格局，即在 20 世纪 60 年代

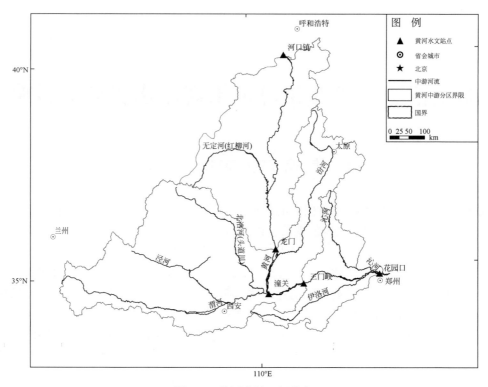

图 5-2　黄河中游区间分布

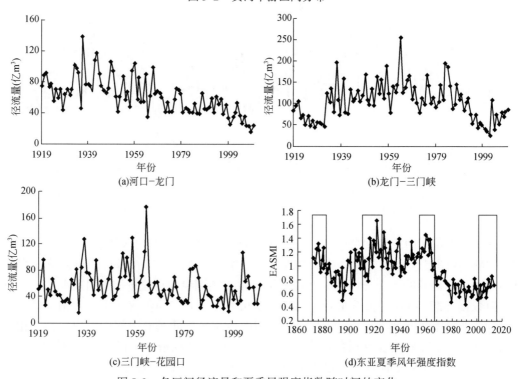

图 5-3　各区间径流量和夏季风强度指数随时间的变化

达到峰值，之后逐渐下降，说明该区降水除了受夏季风的影响外，还受其他气候驱动因子的影响。综上所述，气候对黄土高原径流量的影响主要是由季风的减弱造成的，一方面削弱了水汽供给，使得降水量减少，另一方面是气温升高导致蒸发量加大，两者的共同作用促使了径流量的减少。径流量的减少存在明显的区域差异，这不仅取决于季风的输送路径和强度，还受控于黄土高原的特殊地形。

5.2　气候变化对黄土高原典型流域生态水文过程的影响

5.2.1　无定河流域水量平衡的分布式模拟

在气候变化和土地利用/覆被变化的影响下，降水分布、植被类型和地表特性也随之改变，进而作用于流域生态和水文过程。探究流域水文循环驱动力，构建分布式生态水文动力学模式，是揭示流域水循环对全球变化响应机制的重要途径（Wigmost et al.，1994；Dawes et al.，1997；Habets et al.，1999；Strasser and Mauser，2001）。在半干旱、干旱地区，大部分降水消耗于蒸散，蒸散是水量平衡方程中的最大支出项。因此，用生态水文过程模型解析流域水循环变化的驱动机制显得尤为重要。蒸腾是蒸散的重要分量，并与植被的碳同化过程紧密相连，是流域水循环和生物地球化学循环的重要纽带。加强水文过程与生态过程的耦合研究，将深化人们对水循环规律的理解。该方面的研究成果对黄土高原水资源评价、植被生态系统恢复、适应气候变化等都有理论指导意义。

在流域尺度上，土壤、植被、大气之间相互作用的关系十分复杂，植被蒸散的估算存在不确定性。鉴于分布式水文模型通过流域面上的地理、生态和气象信息，预测流域水文过程的时空演变过程，是研究流域水循环变化的理想工具。在可见光、热红外和微波遥感信息的辅助下，分布式模型已广泛用于流域和区域尺度的蒸散和径流变化研究中（Liang et al.，1994；Silberstein and Sivapalan，1995；Choudhury，2000；Wang and Takahashi，1994；王守荣等，2002；Xu and Li，2003；Mo et al.，2003；Mu et al.，2007b；Ruhoff et al.，2013；Liu et al.，2013）。

本节以无定河流域作为研究对象，利用面上的地理遥感信息确定流域植被参数的空间分布格局，模拟分析无定河流域地表水量平衡和能量平衡的时空格局，以及不同土地利用/覆被变化情景下的水文效应。

5.2.1.1　流域概况

无定河发源于黄土高原的白于山，是黄河中游河口-龙门区间的最大支流，由西向东经清涧县河口村汇入黄河。流域总面积为 30 261km²，无定河干流长为 491km，主要的支流有大理河、红柳河、榆溪河、芦河、马湖峪河、纳林河和海流兔河。流域地形地貌复杂，其中有风沙区、黄土高原丘陵沟壑区和梁峁地区。该区属温带大陆性干旱-半干旱季风气候类型，多年平均降水量约为 400mm，主要集中在 7~8 月，且多由若干次高强度的暴雨、大暴雨构成。流域布设雨量站90多个、河道水文站11个（图5-4）。

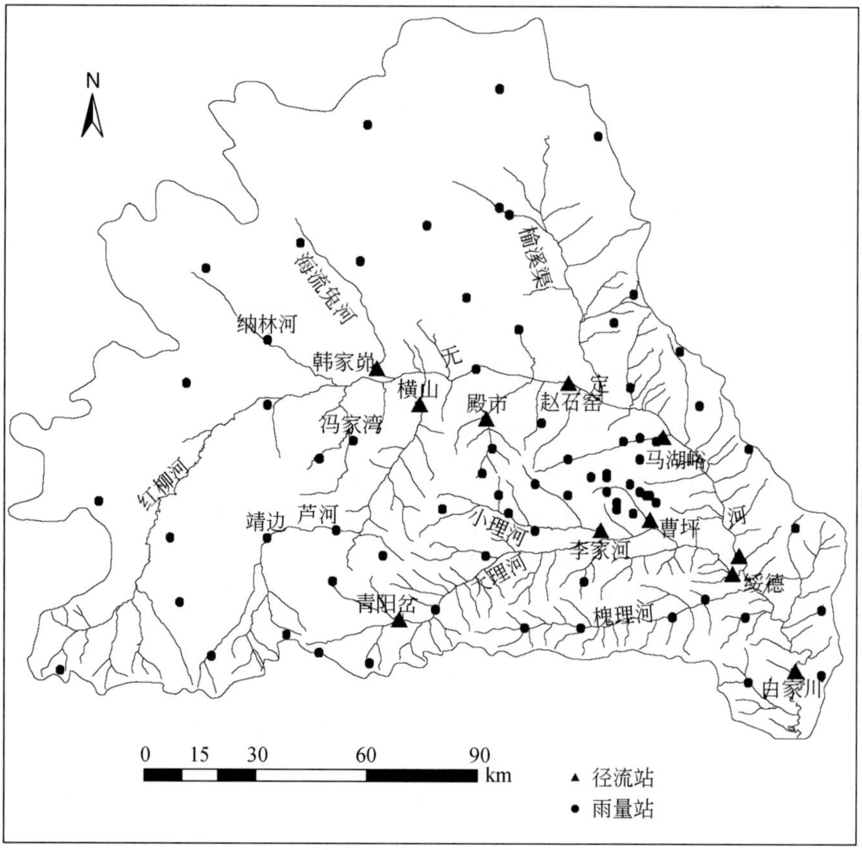

图 5-4　无定河流域

　　流域土地利用/覆被主要为农业用地、草地和荒漠，林地不到10%。整个流域植被覆盖度较低，是中国水土流失和沙尘暴的重要源区之一。根据各年实测降水资料，利用距离平方反比法，内插出无定河流域的降水量，如图5-5所示。无定河流域多年平均降水量为382mm/a，变异系数为24%（均方差/平均值）。降水量有下降的趋势，趋势线的斜率为－0.64mm/a。流域1954~1997年平均径流深为46mm/a，径流系数为0.123。实测径流呈明显下降趋势（图5-5）。1975年是该流域径流变化的重要分界点，之前平均年径流深为58mm，之后为36mm。以1965年为例，当年的降水量为187mm，径流深为46mm，而1997年的降水量为254mm，径流深却只有25mm，径流系数由20世纪70年代以前的15%下降到80年代和90年代的10%，流域的产流状况发生了显著改变。文献记录调查发现，径流下降的主要原因是由于70年代初大规模修建水保工程，建梯级淤地坝，拦截洪水，导致流域出口径流量大幅度减少。但是径流与其他因素的关系，如植被–水文相互作用如何影响径流，至今仍然是尚未明了的难题。

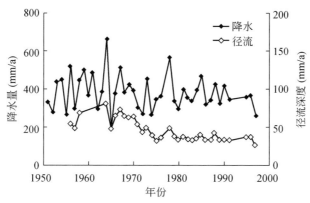

图 5-5　无定河流域降水量、径流深的年际变化

5.2.1.2　植被冠层叶面积指数的反演

地表植被的盖度、密度与光谱植被指数有很好的相关关系。因此，卫星遥感的光谱植被指数常被用来反演冠层叶面积指数。选取 1982 ~ 1991 年 NOAA-AVHRR 两星期最大值合成的归一化差值植被指数（NDVI），由 NASA/Goddard 空间飞行中心 GIMMS（global inventory mapping and monitoring study）研究小组技术处理后发布。该数据集由 3 个系列卫星观测而得，即 1982 年 1 月 ~ 1985 年 2 月，为 NOAA-7；1985 年 2 月 ~ 1988 年 10 月为 NOAA-9；1988 年 10 月 ~ 1991 年 12 月为 NOAA-11。原数据栅格大小为 4.2km×4.2km，兰勃特等积方位投影。

无定河流域植被指数最大值年际之间变化显著（图 5-6），最高值为 0.266（1988 年），最低值为 0.121（1989 年），变异系数高达 24%。冬季的 NDVI 约为 0.04，在地表有雪被的情况下，植被指数会更低。然而，植被指数全年和生长季（4 ~ 9 月）平均值的年际间变化很不明显，最大值与最小值之间相差 8%，变异系数只有 2.3%，远小于该期间降水的变异系数（14%）。对无定河流域而言，植被指数与年降水量的线性关系也不明显，降水量多的年份不一定对应高的植被指数，说明地表覆被度的变化并不完全由降水量控制。

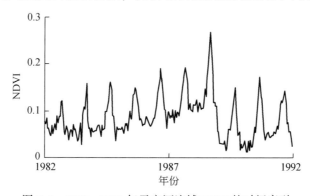

图 5-6　1982 ~ 1991 年无定河流域 NDVI 的时间序列

当 NDVI 低于 0.05 时，地表基本上无植被覆盖（孙睿等，2003；Justice et al.，1984）。根据无定河 NDVI 的年变化过程，发现冬天的 NDVI 值在 0.05 左右。如果地面有雪盖，NDVI 值会更低。因此，假定 NDVI 小于 0.05 时，叶面积指数为零，利用表 5-1 的经验公式估算植被冠层叶面积指数。

表 5-1　不同类型植被叶面积指数的反演方法

植被类型	反演方法
农作物	$LAI = -2.5\log(1.2 - 2NDVI)$
草地	$LAI = 0.21\exp(0.264NDVI)$
落叶阔叶林	$LAI = LAI_{max}\dfrac{F_{PAR}}{0.95}$
针叶林	$LAI = 0.65\exp(0.34NDVI)$

注：LAI_{max} 为最大叶面积指数；NDVI 为标准化植被指数；F_{PAR} 为冠层截获光合有效辐射的比例。

5.2.1.3　模型的运算

首先将流域的土地利用图、土壤质地图、DEM 和遥感数据图转换成兰勃特等积方位投影的栅格图，分辨率均为 1km，然后再将水文气象要素内插到每个栅格上，驱动模型进行模拟计算。模型的主要未知变量有冠层温度、地表温度、叶片胞间 CO_2 浓度，模型的输出为能量平衡分量、蒸散及其分量、土壤水分和植被生产力。计算步长为 1h，模拟运算的时段 1980～1991 年共 12 年，前两年为预热期。

5.2.1.4　流域水量平衡

模拟结果显示，1982～1991 年，径流只占降水的 9.3%，90% 以上的降水消耗于蒸散。蒸散的主要分量是土壤蒸发和植被蒸腾，蒸腾与蒸发的比例反映一个流域生态系统覆被状况。1982～1991 年，无定河流域年平均净辐射为（1450±45）mm/a，年降水量为（372±53）mm，实际年蒸散量为（334±33）mm/a，其中蒸腾量为（130±21）mm，蒸腾与蒸散的比为 0.39±0.03（图 5-7）；而南部的岔巴沟子流域（曹坪站控制，187 km²）的植被盖度比北部大一些，年蒸散为（380±45）mm，蒸腾与蒸散之比为 0.54。无定河流域和岔巴沟子流域模拟与水量平衡得到的年蒸散量基本一致（图 5-8）（假定无定河流域地下水与外流域的年交换量可忽略不计）。整个流域的年蒸散量均方根误差（RMSE）为 13 mm、子流域岔巴沟为 18 mm，相对误差均小于 5%。

用无定河流域及其 6 个子流域出口的观测值对模型模拟的 1988～1997 年的日流量进行了验证（图 5-9）。模拟值和观测值的皮尔逊相关系数为 0.70，年流量相对偏差的绝对值除了两年较高外，其他年份都低于 13%。1988 年 6 个子流域年流量相对偏差的绝对值平均为 14%。在半干旱流域，降水-径流过程不仅与植被状况有关，还与降水强度、土壤导水率有关。径流模拟的偏差可能来自于地表产流模式中参数的不确定性。

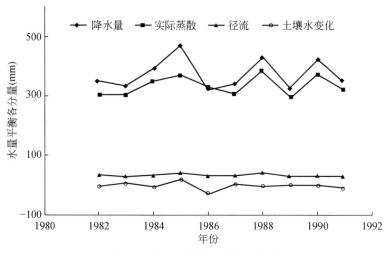

图 5-7　水量平衡分量的年际变化

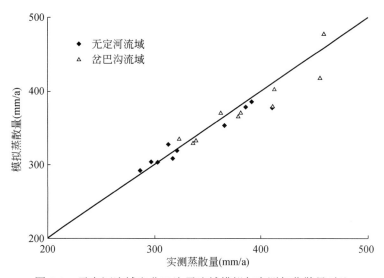

图 5-8　无定河流域和岔巴沟子流域模拟与实测年蒸散量对比

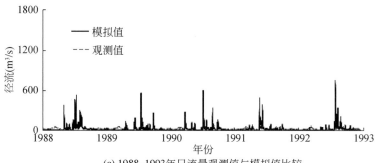

(a) 1988~1993年日流量观测值与模拟值比较

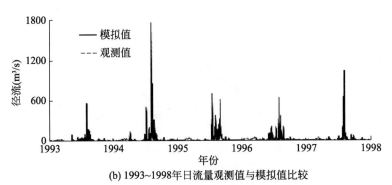

(b) 1993~1998年日流量观测值与模拟值比较

图 5-9　1988～1997 年无定河流域出口日流量观测值和模拟值比较

5.2.1.5　水量平衡的季节变化

在无定河流域，蒸散量（ET）与降水量（P）、净辐射的季节变化大体是一致的 [图5-10（a）]。6~8 月的月蒸散量最高，约为 80mm，冬季月蒸散量则较低，约为 6mm，表现出典型的季风气候特征。6 月和 7 月的蒸散量稍微高于降水量，9 月的降水量则高于蒸散量。在 3 月冻土和积雪消融时，月径流深（Q）可达 4.5 mm，比夏季的径流量还要大，这是无定河流域径流的一个典型特征。径流的峰值出现在冻土和积雪消融的 3 月。流域内，蒸腾、土壤蒸发/蒸散的比例（f_{EC} 和 f_{ES}）也随季节而变，f_{EC} 在 7~8 月最大，可达 0.6；而冬季 f_{EC} 为 0.2 左右，f_{ES} 则高达 0.8 以上，土壤蒸发占蒸散的大部分 [图 5-10（b）]。

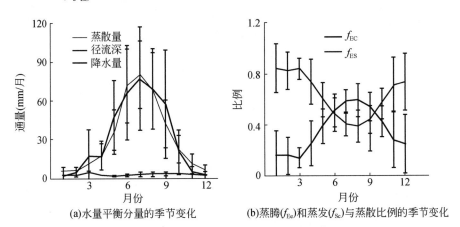

(a)水量平衡分量的季节变化　　(b)蒸腾(f_{Ee})和蒸发(f_{Se})与蒸散比例的季节变化

图 5-10　无定河流域水量平衡季节变化

5.2.1.6　空间分布

无定河流域的降水量、蒸散量、地表径流都有显著的空间变异性（图 5-11）。由东南向西北方向呈现明显的降水梯度，南北年降水量相差约 100mm，流域的西北部是低雨区，其降水量约为 250mm/a。流域的东南部为降水的高值区，降水量为 430mm/a。蒸散量的空间分布除了受降水量的影响外，还受地表覆被类型和土壤持水特性的影响。南部地区蒸散量约为400mm/a，北部草地约为320mm/a，沙漠约为260mm/a。地表径流主要产生于流域内的大理河、榆林地区，以及红柳河和卢河的上游。曹坪（岔巴沟子流域）、白家川等地区降水量大，地表径流量也较大，是洪水和侵蚀频繁发生之地。在沙漠地带，土质为颗粒较大的沙土，相当一部分降水入渗形成地下水，进而形成地下径流。以海流兔河子流域为例，虽然4~9月降水占年总降水量的80%以上，但期间的径流量只有全年的50%左右。无定河流域北部的沙漠地区是该流域冬季径流的主要来源。

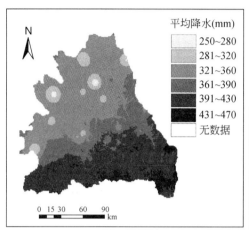

(a)多年平均降水

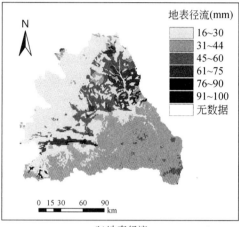

(b)地表径流

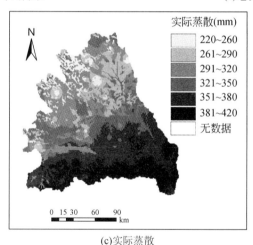

(c)实际蒸散

图5-11　无定河流域的多年平均降水、实际蒸散和地表径流的空间分布

5.2.1.7　土地利用/土地覆被变化的水文效应

土地利用/土地覆被变化对流域水循环有显著影响。Huang 等（2003）对比黄土高原草地覆被和落叶林覆被的两个小流域后发现，落叶林覆被的流域年径流减小32%。本书以子流域岔巴沟1991 年的土地利用和覆被度（农田50%，灌木17%，针叶林4%，草地29%）为例，依次假定全流域均覆盖以农田、灌木、针叶林、落叶阔叶林、混交林、草地

和荒漠，模拟不同土地利用情景下流域水量平衡和能量平衡的响应。结果表明，在全流域都变成荒漠的情景下，蒸腾为零，地表径流，土壤蒸发和实际总蒸散都发生显著变化（表5-2）。这个结论与公众的感性认识是一致的。

但是当全流域都覆盖某一种植被的情况下，一个有趣的发现是，净辐射的变化小于10%，地表径流的变化较明显，为-5.6%～1.8%。但实际总蒸散的变化并不显著，小于1%。蒸腾和土壤蒸发的变化非常明显，范围为-23.7%～30.5%。由于蒸腾和土壤蒸发的变化往往相互抵消，导致蒸散的变化不显著。冠层截留量的变化最大，但因其为蒸散组分中的小量，对总蒸散量的影响并不明显。在干旱、半干旱地区，蒸发力远大于实际蒸散，降水的大部分消耗于蒸散，因此无论何种土地覆被类型，蒸散量都接近于降水量，不同覆被类型对总蒸散和地表径流的影响都不太明显。据此可知，有限的降水资源需要在植被蒸腾和土壤蒸发之间达到平衡。因郁闭的林木植被耗水更多，如果盲目地大面积植树造林并不一定能达到预期效果。这表明在西北干旱-半干旱区，土地利用/土地覆被变化对水量平衡的影响非常复杂，对西北流域水资源进行评估和制定生态系统恢复对策时必须谨慎小心。

表5-2　以1991的土地利用和气候状况为参考值，不同土地利用/覆被情景下岔巴沟子流域的水文效应　（单位:%）

土地利用/覆被类型	净辐射	蒸散	蒸腾	蒸发	冠层截留	地表径流
农田	0.0	-0.22	-23.7	24.7	-59.4	1.8
灌木	1.8	-0.02	23.2	-21.5	84.6	0.2
针叶林	5.4	-0.01	22.8	-21.1	84.6	0.1
落叶林	9.2	0.71	30.5	-29.7	247.4	-5.6
混交林	2.6	0.26	-15.7	18.1	-54.2	-2.1
草地	-0.3	0.20	14.9	-12.2	23.4	-1.6
荒漠	-1.1	-16.87	-100.0	64.2	-100.0	134.5

（1）植被盖度格局变化的水文效应

由于半干旱地区植被生态系统受水分条件的限制，其蒸散在月尺度和年尺度上对植被覆盖随时间的变化非常敏感，同时对土壤水分的消耗也可能改变地表径流量（Williams and Albertson，2005；Kabat et al.，1997）。因此，不同的土地覆被度对径流过程也有明显影响。2000～2003年，流域内植被叶面积指数（LAI）的季节和年际变化非常明显，与降水强度的变化和时间分布一致（图5-12），这4年的降水量分别为304mm、481mm、469mm和495mm。基于2000年的水文气象条件进行敏感性分析，将植被LAI在2001年和2003年的空间格局设定为植被覆盖变化的不同情景，并分别对其水文过程进行模拟。2001年的LAI累积量与其他3年之间的相对变化分别为10%、34%和30%。根据2000年的LAI格局，以流域出口断面处预测的径流系列为基准，图5-13展示了2001年、2002年和2003年LAI空间格局下的日径流变化。结果显示，从年内第180～第227d，偏差逐渐增高，同时伴随着雨季的开始，植被覆盖度增加；随着秋季植被冠层叶片的衰落，偏差减少。偏差的振幅与年LAI格局的一致性明显，这说明较高的LAI值将减小径流量，如

2002 年的格局显示，最大径流量可能达到 15 m^3/s（为流量峰值的 6%）。蒸散对土壤水分的消耗导致了最终的偏差。土壤水分的变化会影响降水的下渗量，进一步影响降水对地下水的补给量。因此，地下水储量的变化影响了河道径流的补给。此外，冬季显著的径流差异说明植被密度会显著影响地下水，进而影响河道基流。由于地下水层导水率低，河道水流对植被变化的响应滞后，持续时间长。这种情况下，与 2000 年植被格局下的基流量相比，各年地下水基流量的相对衰减率分别为 1%、8% 和 7%，说明年径流对植被覆盖变化的响应较为敏感。在无定河流域，地下水是径流的重要来源，通过植被状况调控降水对地下水的补给是流域水资源综合管理的重要途径。由于无定河流域植被盖度较低，冠层截流的影响可以忽略。然而，在潮湿、植被密度较高且年降水量为 700~800mm 的流域，冠层截流能够显著降低暴雨事件中的流量峰值。

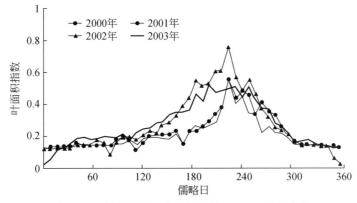

图 5-12　流域平均的叶面积指数（LAI）季节变化

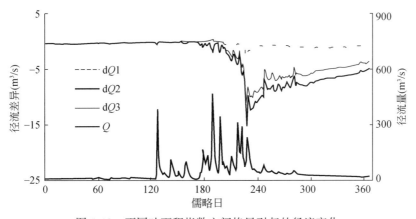

图 5-13　不同叶面积指数空间格局引起的径流变化

dQ1、dQ2 和 dQ3 分别表示 2001 年、2002 年、2003 年 LAI 格局相对 2000 年 LAI 格局导致的径流变化；Q 表示径流量

　　蒸散的季节变化受降水时间分布的影响显著，同时与 LAI 的物候过程一致，即夏季高、冬季低（图 5-14）。在 2000 年 LAI 格局下，流域年蒸散量为 314mm，与 2001 年、2002 年和 2003 年模式之间的偏差为 3.3mm、16.8mm 和 11.7mm，分别占年蒸散量的 1%、

5% 和 4%，与对应的径流之间的偏差相比显得较低。Sahin 和 Hall（1996）指出，地表灌木覆盖面积增加 10%，年净流量将减少 5mm。通常，流域植被覆盖度的年际变化能够对年蒸散量产生轻微的影响。

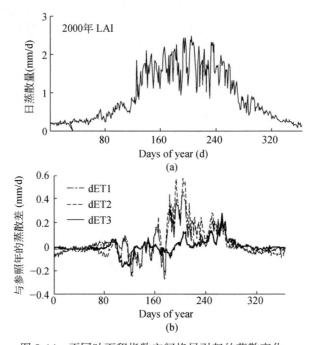

图 5-14　不同叶面积指数空间格局引起的蒸散变化

d*ET*1、d*ET*2 和 d*ET*3 分别表示 2001 年、2002 年、2003 年 LAI 格局相对 2000 年 LAI 格局导致的蒸散量变化

（2）对土地利用变化情景的响应

研究区的植树造林活动证实，该流域大部分地区的气候条件适合草本植物和灌木生长。模型预测结果显示，退耕还草导致流域出口径流量减少；而草地开垦则导致径流量增加（图 5-15）。在年尺度上，不同情景的径流量与目前状况相比变化了 4% 左右。夏玉米作为输入模型的唯一作物类型，通常在 5 月播种，9 月下旬收获。考虑到大部分降水发生在夏季，此时植被生长旺盛，草地与作物从春季展叶到秋季枯黄的物候期大致重叠，同时

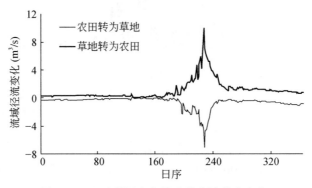

图 5-15　土地利用变化导致的流域径流变化

二者在研究区内的蒸散率也极为相似，因此在两种不同土地利用情景下，水文差异较小。Lahmer 等（2001）对欧洲两个流域的模拟同样显示，缓慢的土地利用变化只会在很小程度上改变水量平衡各项的变化。

5.2.2　无定河流域土壤水分的时空演变特征

对于土壤侵蚀严重、生态脆弱的黄土高原地区，模拟预测流域土壤湿度的长时期变化趋势，可以为土地退化预警、环境治理和生态恢复、水土资源有效利用等提供科学认识和决策依据。然而，就全世界范围而言，长时间尺度的土壤湿度数据都十分缺乏。因此，从时空的角度，采用陆面过程模型和遥感信息来获取土壤湿度数据是一条行之有效的途径。

土壤湿度在水文循环中是一项很重要的要素，它是水和能量在土壤、植被和大气之间的迁移转换路径上的重要一环（Karl et al. , 1991, 1993；Folland et al. , 1992；Stenchikov and Robock，1995；Robock et al. , 2000）。微波遥感可以有效地反演区域尺度的表层土壤湿度变化，促进土壤湿度的研究。然而，对于土壤水分的长期演变趋势研究，目前的遥感土壤湿度系列还是远远不够的。采用基于物理过程的生态水文动力学模型，能够再现长时间尺度的土壤湿度演变过程。

在时间序列分析方面，目前至少有三种比较常用的方法：第一种，通过时间序列绘出线性回归趋势线，分析是否有上升或下降的趋势（Robock et al. , 2000）；第二种是做非参数 Mann-Kendall 趋势检验（Mann，1945；Kendall，1975；Hirsch and Slack，1984；Gilbert，1978），并根据 Mann-Kendall 检验判断变化趋势（Sheffield and Wood，2008a）；第三种是比较每十年的土壤水分平均值的距平（Yan et al. , 1999）。对于大多数地区，土壤水分的长序列会出现明显的年际和代际变化，这就削弱了趋势的显著性，需要对序列进行去除自相关性处理（Sheffield and Wood，2008a）。

由于 Mann-Kendall 趋势检验的自由分布的特性，这种方法在水文数据检测上比参数调试方法更加合适，在水文领域得到广泛的应用。然而，使用 Mann-Kendall 趋势检验时，所使用的数据被假定为具有独立性和显著性分布。一种解决方案是将真实数据转变成时间序列，这样数据的自相关系数就变为 0。自相关系数为 0 就意味着数据序列是独立且分布一致。这样问题就转变为如何将数据序列从自相关系数非 0 变成 0。其中，一种方法叫做"预白噪声化"，即 von Storch 方法（von Storch，1995）。这种方法假定特定数据系列是一个相关系数非 0 的序列，可以应用于第一阶自回归模型中（Box et al. , 1994；Kulkarni and von Storch，1995；Douglas et al. , 2000；Zhang et al. , 2001）。

$$y_i = x_i - e_1 x_{i-1} \qquad (5-1)$$

式中，e_1 是自相关系数。然而，经预白噪声化处理的时间序列得到的趋势变得更弱，这是因为处理后序列的趋势有一个坡度（Wang and Swail，2001），即

$$\mu_{pw} = (1-e_1) \mu \qquad (5-2)$$

式中，μ_{pw} 和 μ 分别是预处理数据和原数据的趋势系数。

至少有两种方法可以避免这种问题。一种方法是利用迭代程序，这种方法由 Zhang

（2000）提出，称作 Zhang 法，Wang 和 Swail（2001）、Zhang 和 Zwiers（2007）进行了改进。该法先消除数据系列的显著趋势，然后进行自相关的计算。这一过程重复进行，直到估算的坡度与在两次连续迭代之间的差异变得可忽略不计。再通过 Mann-Kendall 检验序列的趋势性，并用 Sen 逼近法（Sen，1968）计算坡度。

另一种方法是 Yue 和 Wang（2002）提出的趋势自由预白噪声化（trend free pre-whitening）方法。这种方法，样本数据的趋势坡度用 Sen（1968）提出的逼近法估算。假设趋势是线性的，样本数据就会被去趋势化，即从样本数据中减去其中趋势，Lag-1 数据相关系数（ρ_1）的去趋势序列就计算出来了。如果与 0 的区别不是很明显，样本数据就被认为是独立序列，Mann-Kendall 检验就可以直接应用到原样本数据中。否则，就要考虑序列相关性和预白噪声化，以便消除去趋势序列中的第一阶自回归过程。经过上述处理后，所得出的系列就应该是独立的。识别出的趋势和残差相结合成为混合序列，仅包括一个趋势和一个噪声，这将不再受序列相关性的影响。之后，用 Mann-Kendall 方法检验混合序列，评估序列的显著性。

除了以上两种研究方法外，关于预处理有着广泛而深入的讨论（Bayazit and Onoz，2004，2007；Hamed，2007，2008，2009），其中很多讨论是基于 Monte-Carlo 方法产生的随机合成数据，预白噪声化的依据是基于理论分析得到的。事实上，实际观测数据比单纯随机合成数据复杂得多，通过第一阶自回归模型几乎不可能描述出具体数据，也就是说，基于纯合成数据来进行趋势估计的精确讨论，可能不是完全可用。

VIP 模型描述了水分和能量在土壤–植被–大气系统中转换的详细信息，这里通过 VIP 模型模拟无定河流域长时间尺度的土壤湿度变化过程，并利用站点观测的微波遥感表层土壤湿度数据验证模拟结果。然后，对土壤湿度序列预白噪声化，采用 Mann-Kendall 检验分析土壤湿度的变化趋势。

趋势分析。趋势分析是通过 Mann-Kendall 检验和 Sen 斜率（Salmi et al.，2002）分析方法获取的。Mann-Kendall 检验主要是检验序列的趋势性，而 Sen 方法主要用于计算趋势的斜率。

一个序列可以假设遵从以下模型：

$$x_i = f(t) + \varepsilon_i \qquad (5\text{-}3)$$

式中，$f(t)$ 为连续的单调递增或递减函数；ε_i 为残差。

原假设为序列没有趋势，呈现均匀分布，而且对立假设为序列呈现单调增加或者减少。为了检验原假设，构建一个统计量 S，即

$$S = \sum_{k=1}^{n=1} \sum_{j=k+1}^{n} \text{sgn}(x_j - \sigma_k) \qquad (5\text{-}4)$$

式中，x_i 和 x_k 分别为第 j 和第 k 年的统计量，$j>k$；n 为变量的总个数。

$$\text{sgn}(x_j - x_k) = \begin{cases} 1, & (x_j - x_k > 0) \\ 0, & (x_j - x_k = 0) \\ -1, & (x_j - x_k < 0) \end{cases} \qquad (5\text{-}5)$$

在独立同分布的假设前提下（Kendall，1955），对于统计变量 S 的期望为 0，方差

如下：

$$VAR(s) = \frac{1}{18}\left[n(n-1)(2n+5) - \sum_{p-1}^{q} t_p(t_p-1)(2t_p+5) \right] \qquad (5\text{-}6)$$

式中，q 为连接组数；t_p 为第 p 组里数据的个数。

通过用统计变量 S 及其方差 VAR (S)，可以构建一个新的标准统计变量 Z，用于检验 n 大于 10 的情况：

$$Z = \begin{cases} \dfrac{S-1}{\sqrt{VAR\ (S)}}, & (S>0) \\ 0, & (S=0) \\ \dfrac{S+1}{\sqrt{VAR\ (S)}}, & (S<0) \end{cases} \qquad (5\text{-}7)$$

如果 Z 值为正，则代表增加的趋势，反之如果 Z 值为负，则代表减少的趋势。标准化的 Mann-Kendall 检验 Z 值遵从平均值为 0 方差为 1 的均匀正态分布。通过查询标准正态分布表即可获得。如图 5-16 所示，如果 Z 的绝对值等于或者超过了，那么在置信水平为 α 的情况下，接受原假设 H_0 的概率则非常低，换句话说，对立假设 H_1 序列非常可能呈单调变化趋势。在遵从正态分布的情况下，置信水平 α＝0.01 代表序列只存在 1% 的可能性不会拒绝原假设 H_0。

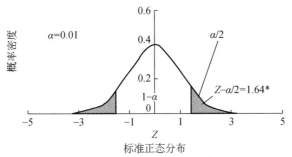

图 5-16　Mann-Kendall 检验中正态分布的双尾假设

一个存在趋势的序列 $f(t)$ 可以写为

$$f(t) = \mu t + B \qquad (5\text{-}8)$$

式中，μ 为斜率；B 为常数。

斜率的估计可以通过式（5-9）获得：

$$\mu_i = \frac{x_j - x_k}{j-k} \qquad (5\text{-}9)$$

式中，$j>k$。但如果序列 x_j 有 n 个不同的值，那么对斜率 μ_i 的估计则有 $N=Cn^2=\frac{n(n-2)}{2}$ 个值。

在 Sen 方法中，斜率的估计是 N 个估计的中值，即

如果 N 是奇数，　　　　$\mu=\mu[(N+1)/2]$

如果 N 是偶数，　　　　$\mu=\frac{1}{2}\mu(N/2)+\mu[(N+2)/i] \qquad (5\text{-}10)$

为了给定斜率估计值的置信域，我们定义了一个变量：

$$Ca = Z_1 - a/2 \sqrt{\mathrm{VAR}\ (S)} \tag{5-11}$$

然后，计算 $M_1 = (N-Ca)/2$ 和 $M_2 = (N+Ca)/2$。置信域的上下限 μ_{max} 和 μ_{min} 定义为在估计 μ_i 的时候 M_1 和 M_2 的最大值。如果 M_1 和 M_2 并不是针对全部的数，上下限则通过插补获得。

对斜率 μ 估计的情况下，很容易获得截距 B 的估计，即可从式（5-8）中得到 $x_i - \mu t_i$，其中值即为斜率 B 的估计值，类似 μ 的估计，也可获得 B 的置信域。

考虑到序列的自相关性可能影响到 Mann-Kendall 检验的结果，对原始序列和预白化处理后的序列分别进行 Mann-Kendall 检验，对比检验结果。为了比较土壤水分序列和其他气候–生态–水文序列的趋势，将所有的序列按照 Liu 等（2001）的方法进行了标准化。

为了评估预白化效果的影响，在估计序列的斜率时，也给出其置信水平。在计算线性趋势的置信水平时，仅分析其相关系数的置信水平。

为观测数据是否序列相关，需要评估 lag-1 序列相关系数 ρ_1 在双位检验 $\alpha = 0.01$ 水平的显著性（Anderson，1942；Yevjevich，1972；Salas et al.，1980；Yue et al.，2002），如

$$\frac{-1 - 1.645 \sqrt{n-2}}{n-1} \leqslant e_1 \leqslant \frac{-1 + 1.645 \sqrt{n-2}}{n-1} \tag{5-12}$$

数据可以分为 3 部分，原位和遥感的土壤水分观测数据、气象和水文数据，以及土地利用类型数据。

（1）土壤水分观测数据

该流域有两个土壤水分观测站，分别是绥德（110.21°E，37.5°N）和榆林（109.7°E，38.23°N），如图 5-17 所示。土壤水分是通过重量法测得的，1992～2005 年的每月 8 日、18 日、28 日以 10cm 间隔分层测量 0～50cm 的土壤水分含量。这些土壤水分原位观测数据被用来验证模型模拟精度。

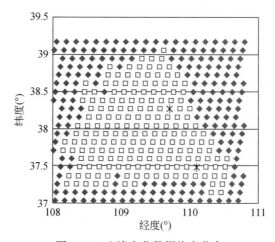

图 5-17　土壤水分数据格点分布

菱形：TUW 土壤水分数据栅格点，12.5km×12.5km；189 个方框；与 TUW 数据配对的 VIP 土壤水分模拟栅格点，8km×8km；星号：两个土壤水分观测站，绥德和榆林

除了土壤水分的原位观测数据外，也采用了遥感反演的全球土壤水分数据产品。该产品由维也纳科技大学（TUW）发布（Wagner et al.，1999），微波数据源来自欧洲的 ERS-1 和 ERS-2 卫星上的微波辐射计。由于微波穿透能力有限，只能对 2～5cm 的土壤水分进行估算。这套全球土壤水分数据时段从 1991 年 8 月 1 日到 2007 年 5 月 1 日，空间分辨率为 12.5km×12.5km。在 TUW 的反演算法中，40°入射角度的后向散射微波被用来推演土壤水分，根据最大值（代表最湿润）和最小值（代表最干旱）进行归一化，由此推算出顶层 0～5cm 土壤的水分（Naeimi et al.，2009）。

（2）气象和水文数据

流域内部及其周边 15 个气象站点的观测值，经反距离插值得到流域栅格的大气驱动数据。气象数据包括日最高、最低气温、空气湿度、风速、降水、辐射。另外，9 个测站 1956～2004 年的径流数据用来验证模型。

（3）土地利用类型数据

模型通过地形、植被类型和密度、土壤质地和土地利用来描述流域地面特征。空间分辨率为 150m 的地形数据是从 1∶25 万的地形图中获得。土壤质地数据来自于 1∶1400 万的全国土壤质地图（中国科学院南京土壤研究所，1986）。土地利用数据来自于 1∶10 万的 20 世纪 80 年代中国土地利用类型图（http：//www. resdc. cn/），其中土地利用类型主要划分为 5 种类型，包括农田、混交林、灌木、草地和荒漠。在该地区，这 5 种土地利用类型比例分别为 29%、3%、4%、43% 和 21%。农田主要位于南部的河谷地带、坡地和梯田，主要种植玉米、小米、大豆、水稻和小麦。流域内的原生植被稀少，过度的耕种和放牧导致流域植被退化和土壤侵蚀等。

模型设置和分析。在 VIP 模型中，在每个单元格上分别计算其水分和能量收支过程。由于只有少部分的沿河岸农田有灌溉条件，所以在模拟过程中所有农田都视为雨养。

为了与 NOAA AVHRR 的 NDVI 数据的空间分辨率相匹配，所有的地理和植被覆盖数据均被重采样到 8km。模型模拟时间是 1956～2004 年。验证期为 1991～2004 年，验证是通过两个土壤水分测站每隔 10d 和遥感每周的观测数据。

模拟和原位观测的土壤数据通过式（5-13）全部归一化到与 TUW 数据相同的尺度上。

$$\text{Range}^{VIP} = \max(\text{SM}^{VIP}) - \min(\text{SM}^{VIP}) \tag{5-13}$$

$$\text{Range}^{obs} = \max(\text{SM}^{obs}) - \min(\text{SM}^{obs}) \tag{5-14}$$

$$\text{Range}^{TVW} = \max(\text{SM}^{TVU}) - \min(\text{SM}^{TVM}) \tag{5-15}$$

$$\text{SM}^{VIP\_normalized} = \frac{(\text{SM}_i^{VIP} - \min(\text{SM}^{VIP})) \times \text{Range}^{TVW}}{\text{Range}^{VIP}} + \min(\text{SM}^{TVW}) \tag{5-16}$$

$$\text{SM}^{obs\_normalized} = \frac{(\text{SM}_i^{obs} - \min(\text{SM}^{obs})) \times \text{Range}^{TVW}}{\text{Range}^{obs}} + \min(\text{SM}^{TVW}) \tag{5-17}$$

按照上述方法，从 VIP 模拟和原位观测中提取了相对土壤含水量（%）。为了方便比较区域尺度上的 VIP 模拟结果和 TUW 数据，将 VIP 模拟结果重采样到与 TUW 相同的投影坐标系。

为了预热模型,对第一年的 1956 年模拟了两次,从而减少了初始场的误差。用 Mann-Kendall 检验和 Sen 方法分析流域土壤水分变化趋势,并与气候、生态和水文变量进行比较。我们用变异系数 C_v 来进一步分析土壤水分的时间变化规律。

5.2.2.1 模型模拟的验证

在绥德和榆林两个站点,用原位观测和 TUW 土壤水分对 VIP 模拟的土壤水分进行了对比分析,如图 5-18 所示。这三者之间的相关系数有些偏低,这主要是因为原位观测非常稀疏,土壤水分数值在大部分情况下比较低,但从图 5-19 可以看出,VIP 的土壤水分动态模拟和 TUW 数据具有很好的一致性,同时与绥德和榆林站的原位观测也能较好地吻合。

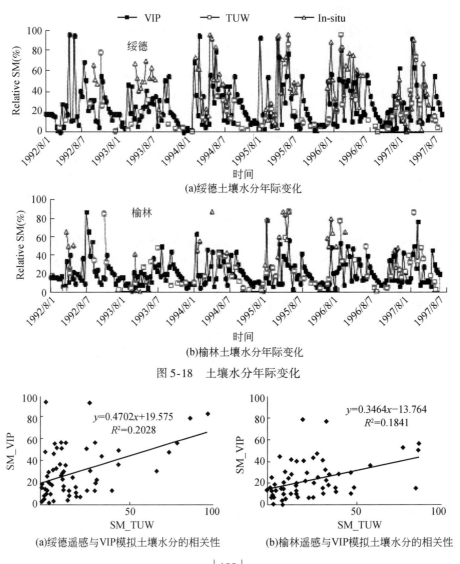

(a)绥德土壤水分年际变化

(b)榆林土壤水分年际变化

图 5-18   土壤水分年际变化

(a)绥德遥感与VIP模拟土壤水分的相关性

(b)榆林遥感与VIP模拟土壤水分的相关性

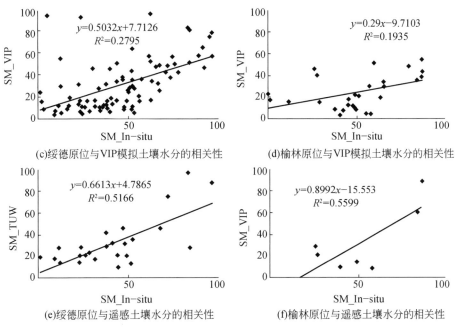

(c)绥德原位与VIP模拟土壤水分的相关性　　(d)榆林原位与VIP模拟土壤水分的相关性

(e)绥德原位与遥感土壤水分的相关性　　(f)榆林原位与遥感土壤水分的相关性

图 5-19　原位、遥感和 VIP 模拟土壤水分之间的相关关系

在区域尺度上，图 5-20 展示了 1992～1997 年 VIP 模拟和遥感观测土壤水分的相对变化。整体上来说，除在冬季具有明显的差异外，大部分情况下，VIP 模型模拟的流域土壤水分平均值和 TUW 数据非常一致。在冬季，VIP 模型模拟的土壤水分明显大于 TUW 数据，这主要是因为 TUW 冬季土壤水分数据误差较大。冬季冻土情况下，微波的后向散射信号与正常情况有所不同，地表有雪盖时，微波后向散射信号会发生突变，此时土壤水分反演非常困难（Albergel et al.，2009）。

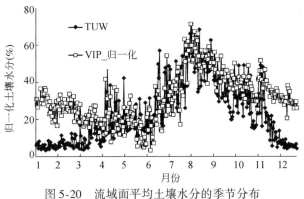

图 5-20　流域面平均土壤水分的季节分布

VIP 模拟为 1～10cm 土壤水分，遥感来自于 TUW

基于实测径流量计算的年蒸散发量与 VIP 模型模拟蒸散进行对比，验证模型水量支出的最大项（蒸散）。图 5-21 显示了 9 个无定河子流域在验证期的模拟效果，其确定性系数为 0.90。

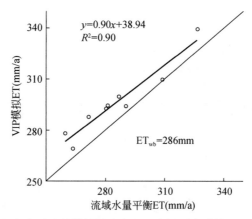

图 5-21 无定河九个子流域模拟的和由基于水量平衡计算的 2000 年蒸散对比

5.2.2.2 日尺度和月尺度上的土壤水分季节和多年变化

在进行土壤水分长期变化趋势分析之前，对土壤水分在日、月、年和年代季尺度上的变化进行分析是非常有意义的。首先探索了土壤水分的季节变化和多年尺度变化（图 5-22）。如图 5-23 ~ 图 5-25 所示，土壤水分的变化和其他气候、生态、水文变量的变化规律一致，都由夏季风控制。在夏季，表层和根层土壤水分达到了一年中的最大值。在春季，整个流域的土壤水分都相对稳定。表层和根层土壤水分 1 ~ 2 月有一个急剧的降低过程，这主要是由于流域的最低温度出现在 1 月而不是 12 月，表层土壤或者整个土壤剖面水分出现冻结，从而导致土壤水分最低出现在初春季节。根层土壤水分在 5 月出现了一个小峰，其对应的气温相对较高，冻土融化，土壤水分的增加。这也是春季径流增加的原因，不同于土壤水分，春季地表冰雪融化，3 月出现春季洪峰。

除了大气驱动因子会影响土壤水分的变化外，植被动态也会影响土壤水分。随着雨季的到来，表层和根层土壤水分会很快增长到 15% 和 12%。当过了植被生长期后，土壤水分也趋于平稳。同时也可以发现，表层土壤水分的峰值早于 LAI 和根层土壤水分的峰值，这指示了植被生长对降水的依赖。在植被叶面积指数达到峰值的过程中，植被对水的需求较大。由于这个时期降水较多，土壤湿度一直保持在比较高的水平。随着 9 月之后降水逐渐减少，土壤水分也趋于降低。

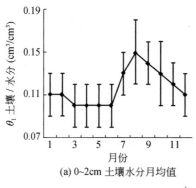

(a) 0~2cm 土壤水分月均值

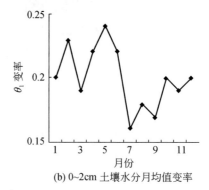

(b) 0~2cm 土壤水分月均值变率

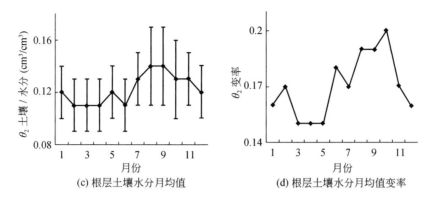

(c) 根层土壤水分月均值   (d) 根层土壤水分月均值变率

图 5-22 1957～2004 年流域月平均表层（θ_1，0～2cm）和根层（θ_2）土壤水分变化

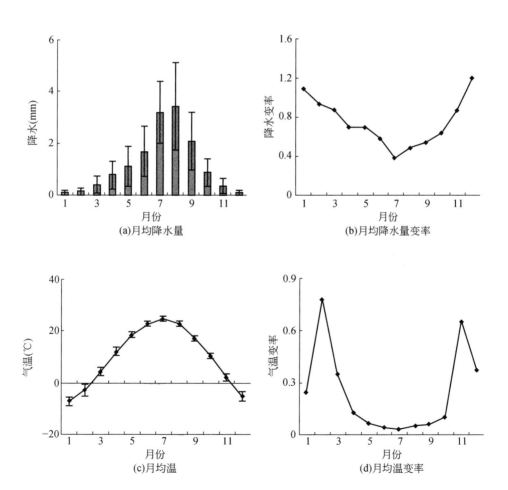

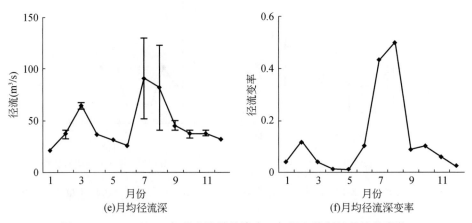

图 5-23　1957~2004 年整个流域的降水、气温和控制站径流月变化

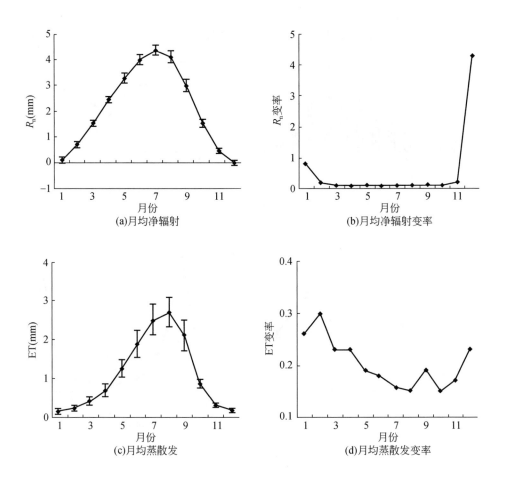

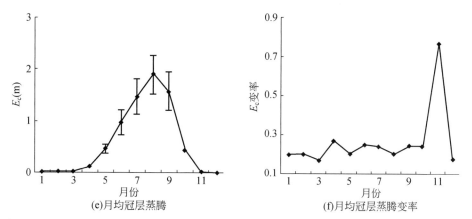

(e)月均冠层蒸腾   (f)月均冠层蒸腾变率

图 5-24   1957~2004 年整个流域的净辐射（R_n）、蒸散发（ET）和冠层蒸腾（E_C）月变化

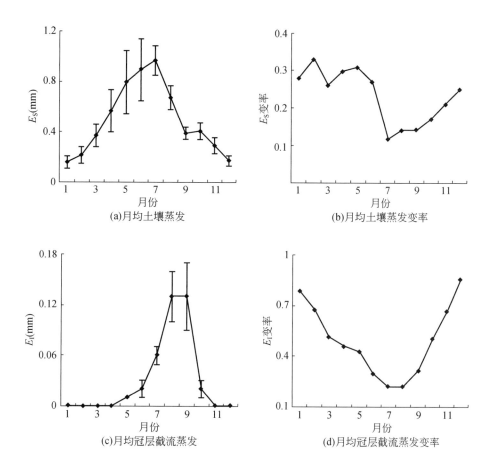

(a)月均土壤蒸发   (b)月均土壤蒸发变率

(c)月均冠层截流蒸发   (d)月均冠层截流蒸发变率

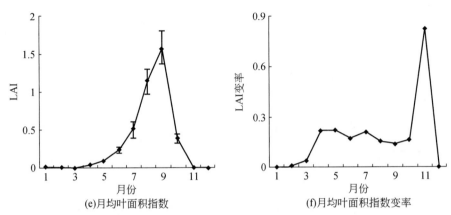

(e)月均叶面积指数　　　　　　　　　(f)月均叶面积指数变率

图 5-25　1957~2004 年流域平均土壤蒸发（E_s）、冠层截流蒸发（E_I）和叶面积指数（LAI）月变化

　　月尺度上，净辐射、降水和蒸散的最大值出现在 8 月。冠层蒸腾和截留蒸发在 8 月和 9 月达到最大值，对应着植被高 LAI 下的高水分消耗。由于降水和温度的原因，土壤蒸发的最大值出现在夏季，而不是出现在植被覆盖较高的 9 月。土壤蒸发的最大值出现在 7 月，这主要由于当月土壤中比较多的水分。在生长季节，冠层蒸腾/总蒸散的比例远大于土壤蒸发/总蒸散的比例，所以总蒸散量的变化和冠层蒸腾量的变化规律非常相似。

　　各气候、生态水文变量的 C_V 变化格局可以划分为两组：第一组，C_V 变化格局和各变量的变化格局非常吻合，如根层土壤水分、产流量、LAI 和冠层蒸腾；第二组，C_V 的变化格局和各变量变化格局正好相反，如表层土壤水分、降水、温度、净辐射、总蒸散、土壤蒸发和冠层截留蒸发。对于每个变量，其状态和 C_V 的峰值出现时间并不完全吻合。

　　总体来说，在 1956~2004 年土壤水分的年际变化是各气候、生态、水文变量中最小的（表 5-3）。由于流域的径流可以在流域出口断面进行直接测量，所以其趋势常作为流域水文过程变化的重要指标（Zhang et al., 1998；Xu, 2004；Li et al., 2007）。但是由于径流自身周期变化显著，很难用于趋势分析。相对于径流量来说，土壤水分年际变化更弱，可以作为一个衡量流域水文过程变化的重要指标。

表 5-3　流域 11 个气候–生态–水文要素在日、月和年尺度上的平均值、范围和最大值

时间尺度	类别	R_n	ET	E_c	E_s	E_I	LAI	θ_1	θ_2	P	T	Q
日尺度	平均	1.08	0.31	0.40	0.35	1.89	0.20	0.26	0.18	2.93	0.81	0.65
	范围	20.02	0.24	1.24	0.41	6.28	1.84	0.24	0.12	4.75	45.80	2.78
	最大	20.19	0.43	1.43	0.62	6.86	1.84	0.43	0.26	6.15	45.88	2.97
月尺度	平均	0.49	0.20	0.26	0.23	0.50	0.18	0.20	0.17	0.75	0.24	0.13
	范围	4.21	0.15	0.60	0.21	0.66	0.82	0.08	0.05	0.82	0.75	0.49
	最大	4.27	0.30	0.77	0.33	0.87	0.82	0.24	0.20	1.20	0.78	0.50

时间尺度	类别	R_n	ET	E_c	E_s	E_I	LAI	θ_1	θ_2	P	T	Q
	平均	0.82	0.92	1.33	0.70	2.31	1.53	0.28	0.17	3.14	1.17	1.06
年尺度	范围	0.15	0.24	0.24	0.34	0.91	0.28	0.19	0.17	1.75	0.51	2.18
	最大	0.87	1.07	1.46	0.88	2.82	1.65	0.36	0.27	4.21	1.47	2.68

根层土壤水分的年际变化要比表层土壤水分的年际变化小。在过去的年际变化中，表层土壤水分最大变率出现在春季峰值阶段，而最小变率出现在夏季峰值阶段，这与夏季的降水变率较小正好相反。根层土壤水分的最小变率出现在春季峰值阶段，最大变率出现在夏季峰值阶段，这表明表层土壤水分与降水和净辐射的关系密切，相比较而言，根层土壤水分与蒸散联系更紧密。

在夏季，不管土壤水分的变率是否显著，表层和根层土壤水分的 C_V 具有强烈的周期性变化，而这种变化主要是由降水所致。在灌溉情景下，C_V 的变化更为稳定（Mahmood and Hubbard，2004）。然而，由于气候因子（降水和温度）多变，植物需水和供水量及时间的不稳定通常导致土壤含水量峰谷交替出现。

土壤水分季节尺度与日和月尺度变化相比可以发现，在季节尺度上，土壤水分和其他的气候、生态水文变量比较相似，如图 5-26 所示。同时可以预见，土壤水分从一个月到

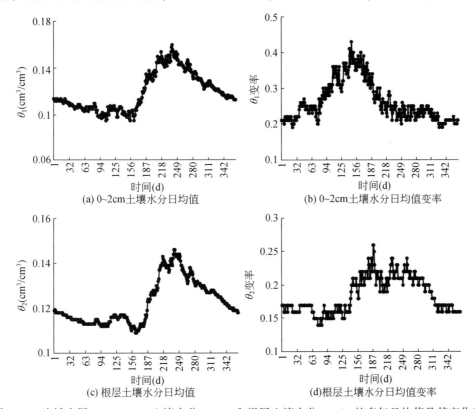

(a) 0~2cm土壤水分日均值

(b) 0~2cm土壤水分日均值变率

(c) 根层土壤水分日均值

(d)根层土壤水分日均值变率

图 5-26　流域表层（0~2cm）土壤水分（θ_1）和根层土壤水分（θ_2）的多年日均值及其变化率

另一个月的变化不如日时间尺度的变化这么剧烈。整体上，相对于日尺度而言，月尺度上的变化更为平缓，月尺度的平均 C_V 要小于日尺度的平均 C_V，如图 5-27 所示。局地气候变异，如干湿变化，肯定要比月尺度上的变化小，这也导致了土壤水分在月尺度上变化较平缓。由于在月尺度上一些变量被坦化了，所以土壤水分在月尺度上的变化肯定比日尺度清晰。例如，在月尺度上土壤水分存在双峰现象，而在日尺度上则不明显。

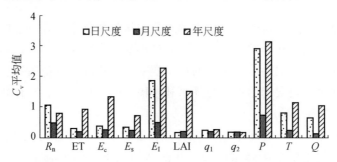

图 5-27   在日、月和年尺度上的气候、生态参量的 C_V 平均值（q_1 和 q_2 分别代表 θ_1 和 θ_2）

土壤水分在日、月和年尺度上的 C_V 变化比其他气候、生态和水文要素小。土壤水分变化幅度较小，主要可以从以下两个方面来解释：第一，无定河流域位于半干旱−半湿润地区，年降水量约为 400mm，且大部分集中在夏季。较低的降水量使表层土壤处于干燥状态，接近于凋萎湿度；第二，已有的研究发现，土壤水分和冰川积雪相较于其他水文要素而言，对大气的驱动作用具有更长的记忆周期（Delworth and Manabe，1988，1993；Robock et al.，2000）。这些证据都支持我们对于无定河流域土壤水分的初步分析结果。

对于这些气候、生态和水文变量的标准偏差和 C_V 需要深入的综合分析。只通过单一的标准偏差或者 C_V 对变量进行分析是不够的（Liu et al.，2001；Mahmood and Hubbard，2004）。例如，夏季净辐射的标准偏差要大于冬季，但是夏季的 C_V 比冬季的 C_V 更能说明问题。通常情况下，标准偏差和变量本身之间的关系是正向的，而 C_V 和变量本身的关系是负向的。利用 C_V 对变量的变化进行分析时存在一个不足之处，如当变量的值从负数转化为正数时候，C_V 的值常常偏高。当变量的平均值比较低，且从高值变到低值时，C_V 的值明显偏高。但是，这并不代表着这段时间的变率要明显高于其他时段的变率。

5.2.2.3   年际和年内的土壤水分变化

图 5-28 显示了土壤水分年际和年内的变化。表层和根层土壤水分均有明显下降的趋势。1999 年是模拟期内最干的一年。不同年份年内的变化几乎一致。土壤水分和产水量的格局完全与降水一致，从图 5-28 中可以看出，降水、土壤水分和产水量均呈现明显下降的趋势。与其他气候、生态和水文变量相比，土壤水分的年内变化是最小的。

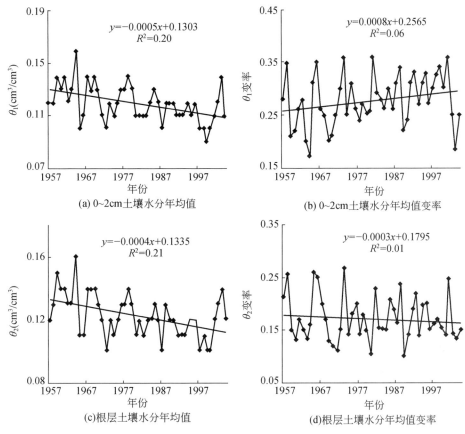

图 5-28 流域表层 (0~2cm) 土壤水分 (θ_1) 和根层土壤水分 (θ_2) 的年均值及其变化率

表 5-4 显示了土壤水分在 20 世纪 50 年代、60 年代和 70 年代要高于多年平均值,而 80 年代、90 年代和 21 世纪比较低。平均而言,根层土壤水分以 0.01cm³/(cm³·10a) 的速率在下降。Nie 等 (2008) 基于 1981~1998 年数据对该地区 0~50cm 的土壤层进行观测发现,土壤水分以 0.000 72kg/kg 的速率下降,与本书的研究结果比较一致。

表 5-4 无定河流域生态水文要素的年代际平均值及其相对距平

时间	P	R_n	ET	E_C	E_S	E_1	GPP	NPP	Q	θ_2	T
1950~	502.3	776.4	442.3	237.2	193.3	11.9	42.2	243.0	103.7	0.12	9.73
1959 年	0.16	0.00	0.09	0.10	0.07	0.05	0.04	0.18	0.72	0.05	-0.03
1960~	482.8	785.9	421.5	216.2	194.2	11.1	37.2	188.1	93.7	0.1	9.73
1969 年	0.11	0.01	0.03	0.00	0.08	-0.02	-0.09	-0.08	0.56	0.12	-0.03
1970~	422.9	773.7	402.8	213.1	178.1	11.6	38.9	199.5	55.8	0.1	9.83
1979 年	-0.02	0.00	-0.01	-0.01	-0.01	0.03	-0.05	-0.03	-0.07	0.03	-0.02
1980~	418.5	762.7	403.9	216.0	176.7	11.2	42.3	213.4	49.5	0.1	9.80
1989 年	-0.03	-0.02	-0.01	0.00	-0.02	-0.01	0.04	0.04	-0.18	-0.03	-0.02

时间	P	R_n	ET	E_C	E_S	E_I	GPP	NPP	Q	θ_2	T
1990 ~ 1999 年	392.9	777.4	391.8	21.7	168.1	11.0	43.1	209.0	36.2	0.1	10.6
	-0.09	0.00	-0.04	-0.02	-0.07	-0.03	0.06	0.02	-0.04	-0.11	0.05
2000 ~ 2009 年	424.9	777.5	408.1	217.4	179.1	11.6	42.6	203.4	45.1	0.1	10.74
	-0.02	0.00	0.00	0.01	-0.01	0.03	0.05	-0.01	-0.25	-0.02	0.07

5.2.2.4 1956 ~ 2004 年的土壤水分变化趋势

用 M-K 检验的方法探索土壤水分下降的显著性。尽管以前的研究建议：由于夏季的干旱伴随着全球变暖，可采用土壤水分在夏季（6 ~ 8 月）的变化进行趋势分析（Robock et al.，2005）。但是考虑到年均值更具有代表性，所以这里趋势分析基于土壤水分的年平均值进行。

在进行 M-K 检验之前，为了移除序列自相关性，分别按照由 von Storch，Zhang 和 Yue 提出的 3 种预白化处理方法对序列进行处理。为了比较预白化处理之前和之后的序列变化，对比计算了序列的线性趋势析及其显著性，结果见表 5-5。

表 5-5 对 11 个气候–生态–水文变量的原始 M-K 趋势检验和预白后的趋势检验
（von Storch、Zhang 和 Yue 预白化处理方法）

生态水文变量	原来的 M-K				von Storch 化 M-K 方法				Zhang 化 M-K 方法				Yue 化 M-K 方法			
	ρ_1 (1)	Z (2)	显著水平 (3)	μ (4)	ρ_1 (5)	Z (6)	显著水平 (7)	μ (8)	ρ_1 (9)	Z (10)	显著水平 (11)	μ (12)	ρ_1 (13)	Z (14)	显著水平 (15)	μ (16)
P	-0.15	-1.72	d	-0.020	0.02	-2.35	c	-0.027	-0.25	-2.42	c	-0.028	-0.01	-2.02	c	-0.024
R_n	-0.06	-1.03		-0.011	-0.01	-1.01		-0.011	-0.06	-1.01		-0.011	-0.01	-0.97		-0.010
ET	0.30	-1.54		-0.018	0.05	-0.62		-0.006	0.27	-0.70		-0.007	0.08	-1.03		-0.012
E_C	0.12	-0.42		-0.006	0.06	0.00		-0.001	0.13	0.00		0.001	0.07	0.00		0.000
E_S	0.41	-2.07	c	-0.026	0.05	-1.34		-0.013	0.33	-1.39		-0.016	0.13	-2.22	c	-0.024
E_I	-0.41	-0.35		-0.004	-0.02	0.11		0.001	-0.41	0.11		0.001	-0.02	0.37		0.003
GPP	0.07	3.10	b	0.034	0.00	3.08	b	0.034	-0.19	4.04	a	0.044	0.03	3.26	b	0.037
NPP	-0.23	0.65		0.009	0.00	1.83	d	0.017	-0.25	1.91	d	0.018	-0.02	1.65	d	0.015
Q	0.08	-3.33	a	-0.019	0.00	-3.01	b	-0.018	-0.14	-3.76	a	-0.026	0.02	-3.19	b	-0.020
θ_2	0.20	-2.83	b	-0.031	0.03	-2.94	b	-0.031	0.04	-2.94	b	-0.031	0.12	-3.34	a	-0.037
T	0.42	3.39	a	0.035	-0.05	1.80	d	0.022	0.23	2.55		0.029	0.12	3.08	b	0.037

注：Z 和 μ 在前文中有解释，ρ_1 为滞后 1 阶的自相关系数。a 表示通过显著水平 0.001 的检验；b 表示通过显著性水平 0.01 的检验；c 表示通过显著性水平 0.05 的检验；d 表示通过显著性水平 0.1 的检验。

在大多数情况下，不管运用了什么样的预白化处理方法，这些处理方法总会引起序列显著性水平的潜在误判。对于降水、净辐射、总蒸腾、冠层蒸腾、土壤蒸发和温度，这些方法总会带来与数值分析相似的结果（Yue et al.，2002；Zhang et al.，2000）。通过预白化处理移除正向 lag-1 的自相关会导致一定程度的趋势显著性下降，从而减少拒绝原假设的可能性，但实际情况可能是原序列存在趋势。相反，移除负向的 lag-1 自相关会导致序列趋势的增加，从而增加了拒绝原假设的可能性，而实际情况可能是原序列不存在趋势（Yue and Wang，2002）。对于趋势非常小的冠层蒸腾和净初级生产力，以及趋势比较明显的总初级生产力和径流量来说，则不会出现上述情况。

最终对序列趋势性的计算主要是根据自相关性是否显著。当序列的自相关性并不显著时，趋势检验采用 M-K 检验和 Sen 检验方法；当序列的自相关性比较显著时，则从这 3 种方法中选出自相关最小的方法来计算趋势性。表 5-6 是 11 个气候–生态–水文变量的趋势计算最终结果。

表 5-6　对 11 个气候–生态–水文变量的趋势检验最终结果

变量 (1)	原来时间尺度 (2)	标准化线性趋势时间尺度 (3)	显著水平 (4)	Lag-1 cor		趋势的最终估值		
				ρ_1 (5)	显著水平 (6)	Z (7)	显著水平 (8)	μ (9)
P	−0.2886	−0.021	d	−0.15		−1.715	d	−0.020
R_n	−0.0972	−0.007		−0.06		−1.031		−0.011
ET	−0.2378	−0.017		0.295	c	−1.027		−0.012
E_C	−0.0897	−0.006		0.124		−0.418		−0.006
E_S	−0.3462	−0.025	c	0.411	b	−2.219	c	−0.024
E_1	0.0072	0.0005		−0.41		0.367		0.003
GPP	0.4381	0.0313	b	0.074		3.102	b	0.034
NPP	0.0837	0.006		−0.23		0.649		0.009
Q	−0.4345	−0.031	b	0.076		−3.333	a	−0.019
θ_2	−0.3877	−0.028	c	0.204		−2.826	b	−0.031
T	0.546	0.039	a	0.423	b	3.081	b	0.037

注：第四和第六列分别为通过 Yue 等（2002）的方法得到的趋势检验置信水平和滞后 1 阶的自相关系数，第二和第三列分别为原始和标准化后的趋势。a 表示通过显著性水平 0.001 的检验，上下界分别为−0.49 和 0.45；b 表示通过显著性水平 0.01 的检验，上下界分别为−0.39 和 0.35；c 表示通过显著性水平 0.05 的检验，上下界分别为−0.30 和 0.26；d 表示通过显著性水平 0.1 的检验，上下界分别为−0.26 和 0.22。

尽管基于最小二乘法对线性趋势的估算很容易受到总体误差的影响，同时其所估计的置信区间很容易受到原分布非正态性的影响（Sen，1968；Wang and Swail，2001），但是我们依然用这一种方法来估计序列的趋势。结果发现，序列在数值和时间上进行归一化后，序列的数值和时间的相关性正好等于归一化后线性趋势的相关性。

从表 5-6 可以看出，在置信水平 0.01 的情况下，无定河流域干旱化的趋势是显著的。径流、降水和土壤蒸发都呈现了相似的趋势。土壤水分趋势的显著性水平要小于径流趋势（置信水平 0.001），但是要大于降水和土壤蒸发趋势的显著性水平（置信水平分别为 0.1 和 0.05）。温度呈现增加趋势，其显著性水平和土壤水分相当。净辐射、冠层蒸腾和冠层截流的趋势性并不显著，通过 M-K 检验发现，净辐射、总蒸腾和冠层蒸腾呈现减少趋势，冠层截留呈现增加的趋势，但是所有的置信水平均未达到 0.1。

从表 5-6 可以看出，尽管土壤水分有减少的趋势，但是植被的净初级生产力和总初级生产力都呈现显著增加的趋势。同时，可以看到温度也呈现增加的趋势。在中国北方，如果不考虑大气 CO_2 施肥效应，作物产量肯定会随着温度的增加而减少（Liu et al.，2009）。但是，如果考虑大气 CO_2 施肥效应，作物产量可能会增加。由于我们的模型不仅考虑了水文作用过程，同时也考虑了植被动态，产量对降水、CO_2 和温度的响应。因此，即使土壤有干旱化的趋势，但作物产量依然会增加。

5.2.3 气候变化对无定河流域生态水文过程的影响

气候变化改变了降水的空间格局、季节分配，显著影响了流域生态水文过程，继而影响了径流的形成、水资源的稳定性和植被生产力，导致植被空间格局和土地利用方式的适应性变化。已有关于气候变化对水文水资源影响的研究主要通过两种途径：其一，根据历史的温度、降水和径流序列，采用小波分析、Kendall 检验等统计方法，检测径流对气候变化的响应信号（曹建廷等，2005；陈亚宁等，2004）；其二，以温度和降水未来变化情景（GCMs 预测，在目前气候状况下按比例增减）为模型输入，采用集总或分布式水文模型模拟分析流域水文水资源的响应（刘春蓁，1997；邓慧平等，1998；陈军峰等，2004；袁飞等，2005；Ludwing et al.，2004；Niemann and Eltahir，2005）。研究结果显示，径流通常放大气候变化的信号，而蒸散则抑制这些信号，相对而言，径流对温度的变化不甚敏感。

近年来，描述生态和水文过程相互作用的生态水文模式（Loseen et al.，1997；Rodriguez-Iturbe，2000；Arora，2002b；Montaldo et al.，2005；Zierl and Bugmann，2005）被用于分析生态系统对土地利用和气候变化的水文响应，从生态系统过程角度揭示气候变化对水文过程的影响机理（王守荣等，2002b；Krysanova et al.，1999；Lahmer et al.，2001；Middelkoop et al.，2001；Quinn et al.，2004），成为研究气候变化对水文过程影响的热点。

迄今为止，用生态水文过程机理模式研究水文过程对气候变化响应的一个明显不足是对水文-植被结构动态-气候响应关系方面尚少有涉猎。陆地水文循环与生态系统之间存在着复杂的相互作用，如植被冠层结构调节地气界面的物质、能量和动量交换，影响如截留、入渗、蒸散、地表径流和地下水补给等水文过程，以及光合作用等生理生态过程。在水分条件为主要限制因子的干旱半干旱地区，植被动态与降水强度及其季节分配的关系更加密切，所以研究这些地区的水文过程对气候变化的响应特别需要重视水文-植被动态的耦合关系。

以黄土高原无定河流域为例，利用考虑植被结构动态响应的 VIP 生态水文模式，分析大尺度流域生态水文过程对气候变化的响应方式和幅度。

5.2.3.1 模拟方案

按 8km 网格分辨率，将无定河流域及其周围气象站（15 个）和雨量站（1975 年之后为 82 个雨量站，之前雨量站为 30~70 个）的逐日观测值，通过距离平方反比法内插到流域的所有网格点上，连续模拟 1957~1997 年该流域水量平衡和植被生产力的变化过程。

根据 Had CM3 大气环流模式预报的气候变化情景（月降水量、最高和最低气温）（http：//www. cru. uea. ac. uk/link/），通过 3 年平均，得到 21 世纪 3 个时段（2001~2030年、2031~2060 年和 2061~2090 年）的气候变化情况（表 5-7），在 1970~2000 年时间序列的基础上叠加变化量，模拟分析流域生态水文过程的动态响应。

表 5-7　HadCM3 的未来气候变化情景

时间	ΔP（%）	ΔT_{max}（K）	ΔT_{min}（K）	ΔCO_2（ppm）
2001~2030 年	0.096	0.262	0.801	40
2031~2060 年	0.191	1.530	2.240	80
2061~2090 年	0.253	2.500	3.761	120

注：与 1970~2000 年平均气候对比。

5.2.3.2　模式验证

利用流域把口站（白家川站）观测的年径流量对模型模拟的径流进行验证，此外，还利用流域附近延安农业气象站的土壤水分多年观测数据验证模型。无定河流域 1958~1997 年模拟的流域径流深模拟值为 44mm/a，平均实测径流深为 41mm/a，相对偏差约为 7%。在地表径流深较大的年份，模拟与实测值的偏差较大。从模式本身而言，误差主要来源于降水–径流产生的参数化方案。在黄土高原半干旱流域，只采用日降水量，而不考虑降水强度，很容易造成较大的径流模拟误差。此外，流域河道上的库坝拦蓄所引起的水面蒸发损失也是误差的来源之一。

图 5-29 为无定河流域邻近的延安农业气象观测站土壤水分的逐旬变化。观测点的土壤质地为黏性粉壤土，作物为夏玉米，根层（0~1m）土层的蓄水量基本上在 100~250mm 波动，表现为夏季补充，春季消耗的季节变化过程，而年际之间因降水量的波动而起伏不定。总体上看，模拟的土壤蓄水量与观测值的消长过程基本一致。

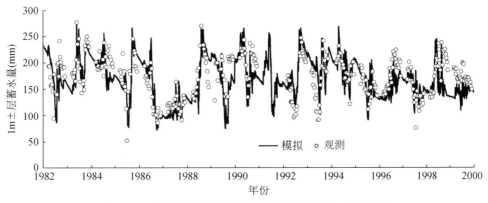

图 5-29　模拟和实测农田根层土壤水分的逐旬变化过程

5.2.3.3 气候波动对流域水文过程的影响

无定河流域 1958 ~ 1997 年降水量存在明显的年际波动，变异系数 C_V（标准方差/平均值）为 0.23，而温度、日照时数和净辐射的年际变异系数分别为 0.07、0.06 和 0.03，远小于降水的 C_V。在这 40 年中，蒸散（ET）及其分量［蒸腾（Ec）和蒸发（Es）］没有明显的上升或下降趋势。但降水量等气候因素的波动显著影响植被根层土壤的蓄水量，植物为维持生存和生长，需要调整其耗水策略，以防止土壤水分在下次降水前枯竭，因此不同年份植被通常表现出不同的耗水过程（莫兴国等，2004）。通常而言，蒸散及其分量受净辐射能和土壤供水能力的共同调节，其对降水的响应受到净辐射的抑制。1958 ~ 1997 年，无定河流域年蒸腾量和土壤蒸发量的变异系数约为 0.12，明显低于降水，较低的蒸散变异性有助于土壤水库在丰枯水年间的调蓄。流域出口处观测的年总径流量（Q）变异系数约为 0.27，而模拟值为 0.36，其差别来源于流域河道水利工程的截流和模式本身误差，但仍可看出径流放大了降水变化的幅度。此外，模拟结果显示，无定河流域年总蒸散量占年降水量的 0.91±0.19，蒸腾占总蒸散的比例为 0.48±0.04，径流占降水的 0.11±0.03（20 世纪 80 年代后该值约为 0.09，由此估计出人工拦蓄导致的径流损失约为降水量的 0.02），土壤水分的调蓄量较小，周转的时间尺度约为 5 年。与 20 世纪 70 年代和 80 年代相比，90 年代降水量低于 450mm，土壤水分的调蓄幅度明显变小，土壤水分有干化的趋势（图 5-30）。

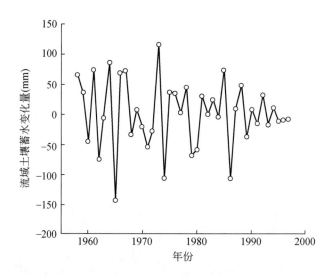

图 5-30   无定河流域土壤蓄水量变化

图 5-31 表示 1958 ~ 1997 年流域水循环分量的年际变化幅度和范围，其中降水的变化范围要比蒸散和径流大得多，蒸散的中值范围趋于高值端，与降水一致，而径流则趋于低值端。说明蒸散直接响应降水的变化，而径流的响应则有一定的延滞性。

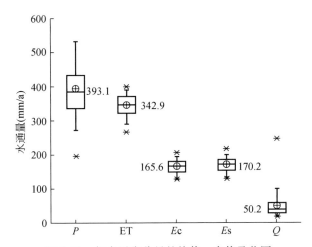

图 5-31　年水平衡分量的均值、中值及范围

P 代表降水，ET 代表蒸散，Ec 代表蒸腾，Es 代表蒸发，Q 代表径流

5.2.3.4　气候波动对流域植被生产力和水分利用效率的影响

黄土高原植物群落经常处于水分胁迫之下，即使是降水集中的夏季，根层土壤含水量也很少达到田间持水量，植物叶片的光合生产处于较低水平，同时气候的年际波动（降水频率、强度和温度）对生产力有明显影响。模拟结果显示，无定河流域 40 年（1958 ~ 1997 年）平均的植被总初级生产力（GPP）为（361±37）gC/m²，净初级生产力（NPP）为（171±22）gC/m²，NPP 与 GPP 之比为 0.47±0.02（图 5-32）。NPP 的模拟值与陕北黄土高原植被生产力观测值符合（山仑等，2004；许红梅等，2005）。

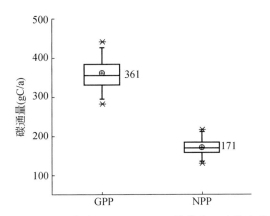

图 5-32　植被生产力（GPP，NPP）的均值、中值和范围

不同植被类型间的生产力有明显差异，农田最高，林地次之，草地最小，与这些植被类型的最大光合潜力相一致。由于大气 CO_2 浓度的持续增加，GPP 呈现明显的上升趋势（斜率为 1.6，$r^2 = 0.26$）；而因温度上升，呼吸作用加强，抵消了部分因大气 CO_2 浓度上升

而增加的碳固定量，NPP 呈现稍弱的上升趋势（斜率为 0.6，$r^2=0.10$）。水分利用效率（即 NPP 与蒸腾量之比）为（1.04 ± 0.14）$gC/(mm \cdot H_2Om^2)$，也呈现弱的上升趋势（图 5-33）。

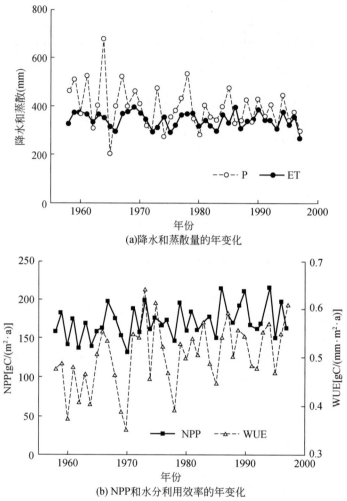

(a)降水和蒸散量的年变化

(b) NPP和水分利用效率的年变化

图 5-33　降水、蒸散、NPP 和水分利用效率的年变化

5.2.3.5　生态水文过程对气候变化的响应

降水变化和大气 CO_2浓度上升对生态系统的影响有协同作用，CO_2浓度增加将减小植物叶片气孔导度，进而降低蒸腾速率，导致地表温度升高；另外，降水的增加则使植被叶面积指数增加，蒸腾随之增加，补偿了 CO_2浓度增加的效应，但其对植物生理和植被密度的影响广泛而深远（Betts et al.，1997，2000）。在水分为限制因子的地区，与温度和大气 CO_2浓度相比而言，降水变化对生态水文过程的影响更为明显。为考虑年降水量及其季节分配对生态水文过程的影响，先对 10 年逐日降水量进行归一化，再设定不同年降水量情景，模拟 10 年平均的蒸散量和植被生产力。图 5-34 为年降水量变化对草地蒸腾/蒸散比例和 NPP/GPP 的影

响。虽然 GPP 和 NPP 均随降水量增加呈抛物线式上升，但 NPP 的上升要缓慢些。在年降水量低于 200mm 时，植被生产力增加非常快，其后就相对平缓。在降水量增加到 450mm 后，植被生产力的限制因子逐步由土壤水分转为土壤营养物质供给能力，表现为对叶绿细胞最大光合能力的限制。NPP 与 GPP 之比由低降水量时的 0.5 逐步下降到 0.4，这是因为降水量较高时，植被生产力升高，维持呼吸作用加强，消耗的光合作用产物也增多，导致该比例明显下降。在降水较低时，蒸腾（Ec）与蒸散（ET）之比随降水的增加而增加，当降水量约为 400mm 时，该比例达最大，约为 0.55；之后随降水增加，该比例略微下降。

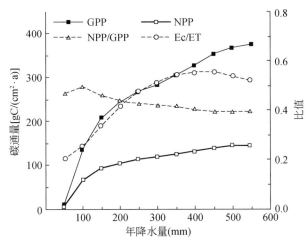

图 5-34　草地 GPP、NPP 和蒸腾/蒸散比例对年降水量变化的响应

根据 GCM 预测，黄土高原地区未来气候变化的总体趋势是气温上升，降水增加（秦大河等，2002）。根据表 5-7 的情景，模拟无定河流域生态水文过程的响应，得到流域 30 年平均的水量平衡和生产力的相对变化（表 5-8）。净辐射的增加在 12% 以内时，蒸散的增加略小于降水的增加，蒸腾和地表径流的增幅为降水量增幅的 1.6 倍左右，增幅最大的是冠层截留水量，达 70%，而土壤蒸发的变化较小，不足 5%。植被生产力也有非常明显的变化，GPP 的变幅比 NPP 大，NPP 的增幅与 CO_2 的增幅基本一致，接近 40%。杨永辉等（2002）利用太行山自然植被的气候变化适应性试验，发现温度增加 2℃、降水增加 20% 时，植被生产力增加 20%。Zhang 等（2005）通过土壤侵蚀和作物生产力模型模拟，结果显示，21 世纪末黄土高原作物产量、径流和蒸散都有显著增加。以上结果和分析说明，位于黄土高原的无定河流域，其植被覆盖水平在未来的气候变化情景下会有增加的趋势，这对黄土高原地区流域的植被建设将非常有利。

表 5-8　未来气候变化情景下，无定河流域水量平衡和生产力的响应　（单位：%）

时间	R_n	ET	E_c	E_s	E_i	GPP	NPP	Q
2001～2030 年	2.7	7.7	12.4	2.5	22.9	22.3	13.9	23.8
2031～2060 年	7.6	16.8	28.5	3.8	49.7	48.5	28.6	38.4
2061～2090 年	11.9	23.3	40.5	4.3	72.4	71.8	38.9	45.0

5.2.3.6 径流对气候变化的响应

模型模拟结果表明，在无定河流域和6个子流域中，降水量增加10%时，径流将增加 11%～20%，而降水量减少10%时，径流将减少13%～22%（表5-9）。降水量不变时，气温升高将导致径流减少。模拟得到的径流对气候变化（如相对变化）的响应范围与文献报导类似，Jones 等（2006）的研究表明，澳大利亚流域的年降水量变化1%将导致径流变化2.1%～2.5%。通常情况下，径流会扩大降水变化的影响，而气温升高会减弱降水增加导致的径流变化。

表5-9 无定河流域径流对气候变化的相对变化

要素	曹坪	李家河	青阳岔	横山	绥德	丁家沟	白家川
面积（km²）	187	807	662	2 415	3 893	23 422	29 662
降水量（mm）	503	435	434	423	444	419	424
径流量（$10^4 m^3$）	2.96	6.02	7.73	18.73	44.03	236.02	341.24
T：+0.5℃，P：+10%	0.19	0.15	0.13	0.16	0.15	0.18	0.19
T：+0.5℃，P：-10%	-0.20	-0.15	-0.13	-0.16	-0.17	-0.17	-0.20
T：+1.0℃，P：+10%	0.18	0.12	0.11	0.16	0.13	0.16	0.16
T：+1.0℃，P：-10%	-0.21	-0.17	-0.14	-0.16	-0.18	-0.18	-0.22

注：+0.5℃，+1.0℃为温度变化，±10%为降水变化

通过对比可以看出，气温增加1.0℃时，即使降水减少10%，地表蒸散也会略微增加（约2%），这是由生长期的延长和水汽压差的增大引起的。在以上气候变化情景下，由降水增加或减少引起的蒸散相对变化比径流相对变化小得多。

同时，模拟结果表明，径流对气候变化的响应在整个无定河流域及其子流域尺度上具有较大差异，这与子流域之间的气候和地形特点的空间变异性有关（Drogue et al.，2004）。一般而言，径流对气候变化响应的变异性主要与该时段降水序列的差异有关。在流域的年尺度上，径流响应与降水量的皮尔逊相关系数为0.29～0.43，相比之下，径流响应与径流深的相关性较好，皮尔逊相关系数为0.35～0.61。日尺度的模拟结果说明，在半干旱流域，特定暴雨事件的降水量以及雨季初始的土壤含水量与径流的关系比降水年总量更显著。

气候变化下流域水文响应的变异性主要来自两个方面：①旱季高温将加大地表蒸散速率，消耗更多土壤水，从而减少对地下水的补给，最终导致径流减少；②地表径流对日降水量的响应是非线性的，且与植被状况有关，因此降水增加相同的百分比，所引起的径流变化也不同。

第6章 气候变化对松花江流域水文水资源的影响

松花江流域位于高纬度地区，气候寒冷。全流域有嫩江和第二松花江两大支流，嫩江发源于大兴安岭支脉伊勒呼里山中段南侧，西北向东南流，全长为1370km，流域面积为29.7万km²；第二松花江发源于长白山天池，由东南流向西北，全长为987km，流域面积为7.34万km²。嫩江和第二松花江汇合后形成坡度较缓、河面更加宽阔的河道，即松花江干流。松花江干流继续流向东北方向，直至汇入黑龙江，全长为939km。松花江流域海拔为50～2700m，在嫩江和第二松花江汇合处形成了广阔的松嫩平原（图6-1）。

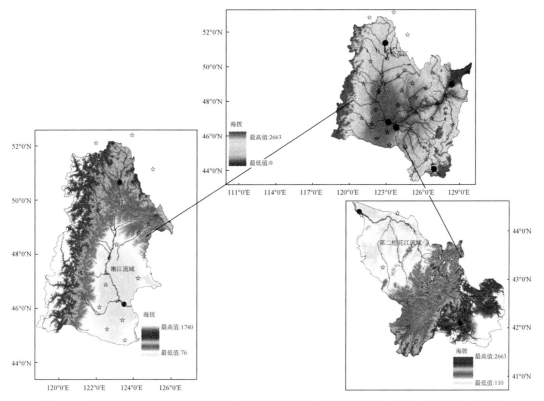

图6-1 松花江流域及其两支流流域（嫩江流域和第二松花江流域）和水文气象站点分布

松花江流域内的平原区不仅是中国重要产粮区，而且还分布有中国最大的平原沼泽湿地。气候变化下流域水资源的变化，既涉及国家粮食增产计划能否顺利实现，也涉及湿地保护和生态建设，因此该流域水资源安全受到高度关注。与中国其他地区相比，东北地区的水文水资源对气候变化敏感（Ying，2000），松花江干流径流（哈尔滨站）在1951～

2000 年下降了 14%（Xu et al.，2010）。针对未来气候变化情景，因为模型和情景资料的不同，预测的水资源变化结果并不一致。例如，Guo 等（2002）报道，到 2030 年该地区的年径流将下降 0～5% 或 15%～22%；而 Arnell（1999）则认为，2050 年该地区年径流将增加 0～25mm 或 0～50mm。因此，进一步开展气候变化的科学研究与评估，揭示松花江流域水循环的响应机制及其对水资源的影响，将有助于流域防洪规划、水资源管理、农业发展和生态保护。

当前用于评估气候变化对径流影响的方法主要有两种：其一，经验统计模型方法，即基于历史实测数据，建立径流量与同期气象要素之间的统计关系（Vogel et al.，1999；Novotny and Stefan，2007；Yang et al.，2009），或者分析径流对气候变化的敏感性（气候弹性）（Sankarasubramanian et al.，2001；Sankarasubramanian and Vogel，2003；Niemann and Eltahir，2005；Chiew，2006；Fu et al.，2007；Ma et al.，2010）。若未来气候变化在历史气候范围内，则基于历史数据的方法比较可信，而当未来气候变化超过历史气候范围时，其可信度就会受到影响（Gardner，2009）。而根据目前的预测，未来气候不可能是历史气候的完全重复，未来极端气候事件有增多的趋势，这将使得统计经验模型的应用越来越受到限制。此外，经验统计需要较长时段的观测资料，这也是其应用受限的主要原因。其二，水文模型模拟方法，即将水文模型（概念模型、分布式水文模型）与未来气候情景数据相结合，模拟未来径流的变化（Guo et al.，2002；Arora，2002；Menzel and Burger，2002；Chen et al.，2007；Jiang et al.，2007）。尽管分布式水文模型能够正确描述流域土壤、植被、气候和水文的时空特征和相互作用，合理预测流域水文变量，但模型参数较多，其率定和验证较为复杂，一定程度上限制了分布式水文模型的广泛应用（Liu and Cui，2011）。基于水和能量平衡的 Budyko 模型，相对简单，也可用于评价气候变化对年径流的影响（Arora，2002；Gardner，2009）。

目前，预测未来径流变化主要考虑的气象因素是降水和温度，这是因为气温上升是气候变化的主要特点，而降水是径流的主要来源。尽管如此，其他因子，如风速、气压和日照时数的变化在径流变化中也发挥着不可忽视的作用。因此，在评估气候变化对径流影响之前，应该分析各气候因子对径流变化的贡献。识别主要的影响因子，也称作归因分析，已经广泛用于潜在蒸散和径流变化的研究中（Roderick et al.，2007；Zheng et al.，2009；Donohue et al.，2010；Meng and Mo，2012）。

6.1 潜在蒸散和径流变化的归因分析

6.1.1 基于 Budyko 公式的潜在蒸散和径流变化归因分析方法

潜在蒸散是大气水汽需求和植被水分最大传输能力共同限制下的陆面蒸散速率，是陆面能量场和植被无水分限制下生产力的一种量度。潜在蒸散同时受到温度、辐射、风速和湿度因素的共同作用。20 世纪下半叶，全球陆地蒸发皿蒸发量（pan evaporation）呈下降趋势，与全球变暖趋势、水循环加快的认识相反，即所谓的"蒸发悖论"（evaporation paradox）（Roderick and Farquhar，2002）。蒸发皿蒸发量（或蒸发力）的下降与全球云覆盖和气溶胶浓度增加引起的入射短波辐射下降、风速减小直接关联（Zheng et al.，2009；Meng and Mo，2012）。作物参考蒸散是指供水充足的矮草地上的蒸散，是陆面潜在蒸散的常用度量方式，可由 FAO 修订的 Penman-Monteith（P-M）公式进行计算（Allen et al.，1998）：

$$ET_p = \frac{0.408\Delta(R_n - G) + \gamma\frac{900}{T_a + 273}U_2(e_s - e_a)}{\Delta + \gamma(1 + 0.34U_2)} \tag{6-1}$$

式中，ET_p 为日潜在蒸散（mm/d）；R_n 为地表面净辐射 $[MJ/(m^2 \cdot d)]$；G 为土壤热通量 $[MJ/(m^2 \cdot d)]$；T_a 为 2m 高度的日均温（℃）；U_2 为 2m 高度的风速（m/s）；e_s 为饱和水汽压（kPa）；e_a 为实际水汽压（kPa）；$(e_s - e_a)$ 为饱和水汽压差（kPa）；Δ 为温度–饱和水汽压曲线斜率（kPa/℃）；γ 为干湿表常数（kPa/℃）。

蒸发受到水分和能量因素的限制，当环境极其干燥时，降水将全部转化为蒸发，在这种情况下，蒸发受到水分条件的制约；反之，当环境极其湿润时，实际蒸发将达到最大蒸发能力，蒸发受到能量因素的制约。这个假设描述了降水在蒸发和径流之间的分配，并且揭示了水分分配在水文循环中的实质。基于这一假设，Budyko（1948）提出了一个描述蒸发、潜在蒸发和降水关系的一般形式：

$$\frac{ET}{P} = f\left(\frac{ET_p}{P}\right) \tag{6-2}$$

在同等的水热条件下，Arora（2002）对比了 5 种 Budyko 类型公式（Schreiber、Ol'dekop、Budyko、Turc-Pike 和 Zhang 公式）对径流变化的模拟能力，发现这 5 种类型公式的模拟效果较为接近。因此，本书选取 Schreiber（1904）公式对年径流进行模拟：

$$R_y = P_y - ET_y = P_y - P_y \times \left[1 - \exp\left(\frac{-ET_{py}}{P_y}\right)\right] = P_y \times \exp\left(\frac{-ET_{py}}{P_y}\right) \tag{6-3}$$

式中，R_y 为年径流深（mm）；P_y 为年降水量（mm）；ET_y 为年实际蒸发量（mm）；ET_{py} 为年潜在蒸发量（mm）。

Roderick 等（2007）采用微分 Penman 公式的方法，对蒸发皿蒸发的长期变化趋势进行归因分析，揭示全球变暖、空气动力、辐射强迫对水循环的驱动机制。这里，通过求式（6-1）的全微分，分离各气候要素对潜在蒸散长期变化的贡献。假定选取的气候要素互相独立或者相关关系微弱，日尺度和年尺度上潜在蒸散的变化率可分别表示如下：

$$dET_{pd} = \frac{\partial ET_{pd}}{\partial S}dS + \frac{\partial ET_{pd}}{\partial T}dT + \frac{\partial ET_{pd}}{\partial U}dU + \frac{\partial ET_{pd}}{\partial e_a}de_a + \varepsilon_1 \tag{6-4}$$

$$\frac{dET_{py}}{dt_y} = \sum_{i=1}^{n}\frac{\partial ET_{pd}}{\partial S}\frac{dS}{dt_y} + \sum_{i=1}^{n}\frac{\partial ET_{pd}}{\partial T}\frac{dT}{dt_y} + \sum_{i=1}^{n}\frac{\partial ET_{pd}}{\partial U}\frac{dU}{dt_y} + \sum_{i=1}^{n}\frac{\partial ET_{pd}}{\partial e_a}\frac{de_a}{dt_y} + \varepsilon_2$$
$$= C_1(S) + C_1(T) + C_1(U) + C_1(e_a) + \varepsilon_2 \tag{6-5}$$

式中，S、T、U 和 e_a 分别为日照时数、日均温、风速和实际水汽压；t_y 为时间（a）；相应地，dS、dT、dU、de_a 分别为其变化量；下标 d 为日尺度变量；下标 y 为年尺度变量，n 为一年中的儒略日；$C_1(S)$、$C_1(T)$、$C_1(U)$ 和 $C_1(e_a)$ 分别为 S、T、U 和 e_a 对潜在蒸散变化的贡献。

由于本书更关注年际变化，因此做了以下假设

$$\frac{\mathrm{d}S}{\mathrm{d}t_y} = \frac{\mathrm{d}\bar{S}}{\mathrm{d}t_y}, \ \frac{\mathrm{d}T}{\mathrm{d}t_y} = \frac{\mathrm{d}\bar{T}}{\mathrm{d}t_y}, \ \frac{\mathrm{d}U}{\mathrm{d}t_y} = \frac{\mathrm{d}\bar{U}}{\mathrm{d}t_y}, \ \frac{\mathrm{d}e_a}{\mathrm{d}t_y} = \frac{\mathrm{d}\bar{e}_a}{\mathrm{d}t_y}$$

式中，$\bar{S}$、$\bar{T}$、$\bar{U}$ 和 $\bar{e}_a$ 分别为 S、T、U 和 e_a 的年均值。式（6-1）～式（6-5）中，ε_1 和 ε_2 为系统误差。

各个气候要素的偏微分形式如下：

$$\frac{\partial \mathrm{ET_{pd}}}{\partial S} = \frac{0.408\Delta}{\Delta + \gamma(1 + 0.34U)}\left[\frac{0.385R_a}{N} - \sigma(273 + T)^4(0.34 - 0.14\sqrt{e_a})\left(\frac{0.9}{N}\right)\right]$$

(6-6)

$$\frac{\partial \mathrm{ET_{pd}}}{\partial U} = \frac{\frac{900\gamma}{T + 273}(e_s - e_a)[\Delta + \gamma(1 + 0.34U)] - 0.34\gamma\left[0.408\Delta(R_n - G) + \gamma\frac{900}{T + 273}U(e_s - e_a)\right]}{[\Delta + \gamma(1 + 0.34U)]^2}$$

(6-7)

$$\frac{\partial \mathrm{ET_{pd}}}{\partial e_a} = \frac{0.028\,56\Delta\sigma\sqrt{\frac{1}{e_a}}\left(\frac{0.9S}{N} + 0.1\right)(273 + T)^4 - U\frac{900\gamma}{T + 273}}{\Delta + \gamma(1 + 0.34U)}$$

(6-8)

$$\frac{\partial \mathrm{ET_{pd}}}{\partial T} = \frac{A(B + C) - D}{A^2}$$

(6-9)

其中，$A = 1 + \dfrac{\gamma(1 + 0.34U)}{\Delta}$

$$B = -0.155\,04 - 0.408\sigma\left(\frac{0.9S}{N} + 0.1\right)\left[4(T + 273)^3(0.34 - 0.14\sqrt{e_a})\right]$$

$$C = \frac{900\gamma U[2(1 - \mathrm{RH})(T + 237.3)(T + 273) - (1 - \mathrm{RH})(T + 237.3)^2 + 4098.2\mathrm{RH}(T + 273)]}{4098(T + 273)^2}$$

$$D = \frac{\gamma(1 + 0.34U)}{4098e_s}\left[0.408(R_n - G) + \frac{900\gamma U}{\Delta}\frac{(e_s - e_a)}{T + 273}\right][2(T + 237.3) - 4098.2]$$

式中，σ 为 Stefan-Boltzmann 常数，其值为 $4.903\times10^{-9}\ \mathrm{MJ/(K^4 \cdot m^2 \cdot d)}$；$N$ 为最大日照历时（h/d）；RH 为相对湿度。

根据 Budyko 公式，年径流变化主要受水分和能量两个因素的影响，表现为降水和潜在蒸散，而潜在蒸散同时受到温度、辐射、风速和湿度因素的共同作用。下面首先确定径流变化与降水变化和潜在蒸散变化的关系。根据全微分方程规则，年径流的全微分形式可以表示为

$$\mathrm{d}R_y = \frac{\partial R_y}{\partial \mathrm{ET_{py}}}\mathrm{dET_{py}} + \frac{\partial R_y}{\partial P_y}\mathrm{d}P_y + \varepsilon$$

$$= -\exp\left(-\frac{\mathrm{ET_{py}}}{P_y}\right)\mathrm{dET_{py}} + \left(\frac{\mathrm{ET_{py}}}{P_y} + 1\right)\exp\left(-\frac{\mathrm{ET_{py}}}{P_y}\right)\mathrm{d}P_y + \varepsilon$$

(6-10)

式中，ε 为误差；$\mathrm{dET_{py}}$ 和 $\mathrm{d}P_y$ 为 $\mathrm{ET_{py}}$ 和 P_y 的微分形式，并且 $\mathrm{d}R_y$，$\mathrm{dET_{py}}$ 和 $\mathrm{d}P_y$ 也可看作是

R_y，ET_{py} 和 P_y 的变化量。因此，年径流变化率可以表示如下：

$$\frac{\mathrm{d}R_y}{\mathrm{d}t_y} = -\exp\left(-\frac{\mathrm{ET}_{py}}{P_y}\right)\frac{\mathrm{d}\mathrm{ET}_{py}}{\mathrm{d}t_y} + \left(\frac{\mathrm{ET}_{py}}{P_y}+1\right)\exp\left(-\frac{\mathrm{ET}_{py}}{P_y}\right)\frac{\mathrm{d}P_y}{\mathrm{d}t_y} + \varepsilon$$

$$= C(\mathrm{ET}_{py}) + C(P_y) + \varepsilon \tag{6-11}$$

式中，$\dfrac{\mathrm{d}\mathrm{ET}_{py}}{\mathrm{d}t_y}$ 和 $\dfrac{\mathrm{d}P_y}{\mathrm{d}t_y}$ 为 ET_{py} 及 P_y 的变化率，表示其长期变化趋势，可以通过 ET_{py} 和 P_y 对时间 t 的线性回归方程的斜率得到。在本书中，$C(\mathrm{ET}_{py})$ 和 $C(P_y)$ 为 ET_{py} 以及 P_y 对年径流变化的贡献。

在此方法的基础上，结合式（6-5）和式（6-11），即可得各个气候要素对年径流变化的贡献：

$$\frac{\mathrm{d}R_y}{\mathrm{d}t_y} = -\exp\left(-\frac{\mathrm{ET}_{py}}{P_y}\right)\left(\sum_{i=1}^{n}\frac{\partial\mathrm{ET}_{pd}}{\partial S}\frac{\mathrm{d}S}{\mathrm{d}t_y} + \sum_{i=1}^{n}\frac{\partial\mathrm{ET}_{pd}}{\partial T}\frac{\mathrm{d}T}{\mathrm{d}t_y} + \sum_{i=1}^{n}\frac{\partial\mathrm{ET}_{pd}}{\partial U}\frac{\mathrm{d}U}{\mathrm{d}t_y} + \sum_{i=1}^{n}\frac{\partial\mathrm{ET}_{pd}}{\partial e_a}\frac{\mathrm{d}e_a}{\mathrm{d}t_y}\right)$$

$$+ \left(\frac{\mathrm{ET}_{py}}{P_y}+1\right)\exp\left(-\frac{\mathrm{ET}_{py}}{P_y}\right)\frac{\mathrm{d}P_y}{\mathrm{d}t_y} + \varepsilon$$

$$= C(S) + C(T) + C(U) + C(e_a) + C(P_y) + \varepsilon \tag{6-12}$$

式中，$C(S)$、$C(T)$、$C(U)$ 和 $C(e_a)$ 分别为 S、T、U 和 e_a 对年径流变化的贡献。

6.1.2 潜在蒸散对气象要素敏感性分析

气象要素的贡献可以看成是潜在蒸发对某气象要素的敏感性与该气象要素自身变化率的共同作用。为了更加明确气象要素变化贡献的结果，在进行归因分析之前，首先分析径流和潜在蒸发对各个气象要素的敏感性。敏感系数是表征某要素对另一要素敏感性的重要指标，定义为因变量的相对变化与自变量的相对变化之比（McCuen，1974）：

$$S_x = \lim\left(\frac{\Delta y/y}{\Delta x/x}\right) = \frac{\partial y}{\partial x}\times\frac{x}{y} \tag{6-13}$$

式中，x 为某气象要素；S_x 为 y（即径流或潜在蒸发）对 x 的敏感系数，无量纲。

1951～2012 年，松花江流域年平均蒸发力为 705mm±27mm，呈显著上升趋势（R^2 = 0.13，$p<0.01$），表现出约 30 年的波动周期，而同期年降水呈弱下降趋势。ET_p 上升阶段主要有 1951～1982 年（$R^2=0.42$，$p<0.001$）、1983～2008 年（$R^2=0.49$，$p<0.001$），之后又持续下降。某些年的变化非常显著，如 1981 年与 1982 年 ET_p 急剧减少达 90mm，主要由 1982 年云量增加、日照时数显著减少导致入射辐射减少所致（图6-2）。

计算结果表明，松花江流域年潜在蒸发对日照时数、温度、风速和实际水汽压的敏感程度分别为 0.264、0.257、0.306 和 -1.364，其年变化如图6-3 所示。年潜在蒸发对实际水汽压最为敏感，且随实际水汽压的增加而减少。对于其余 3 个气象要素，潜在蒸发会随其增大而增加，且对风速相对敏感。

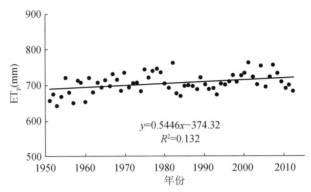

图 6-2 1951～2012 年松花江流域潜在蒸散的年际变化

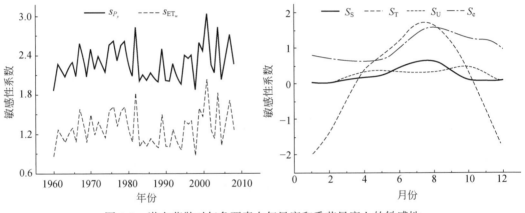

图 6-3 潜在蒸散对气象要素在年尺度和季节尺度上的敏感性

6.1.3 Budyko 模型模拟年径流的验证

为了对 Budyko 经验模型模拟年径流的效果进行验证，通过流域内部或周边国家气象站点的日气象数据，利用距离平方反比插值方法，得到格点日尺度气象数据（空间分辨率为1km），计算格点年径流深，同时根据流域内水文站点划分子流域，利用计算出的格点年径流深，求出每个子流域平均年径流深，然后将其与水文站点的实测年径流深进行对比。计算得到的径流深与实测值的确定性系数为 0.69，相对均方根误差 r_{RMSE} 为 25%（图 6-4）。虽然模拟结果与观测结果具有较好的一致性，但仍存在不可忽视的误差，其原因主要包括：①Schreiber 方程最初用来描述天然流域，受人类活动影响轻微，而松花江流域用于工业生产和生活的地表水资源达到 5.02%（1995 年、2000 年和 2006 年平均值，引自《松花江区及辽河区水资源规划》，水利部松辽委员会），因此实际观测径流少于天然径流；②Schreiber 方程没有流域特征参数，无法通过调参来适应不同流域的地理和气候条件。考虑到年径流计算值与实测值的一致性，经验模型在松花江流域的模拟精度是可接受的。

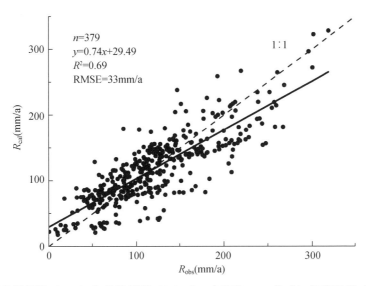

图 6-4　流域实测径流（R_{obs}）与经验模型（Schreiber 方程和 P-M 公式）计算径流（R_{cal}）的对比

6.1.4　松花江流域气候因子对径流和潜在蒸散的贡献率

气候变化对流域径流的影响是由各个气象要素共同作用的结果，一些研究采用求微分的方法来分离影响潜在蒸发变化的各气象要素的作用（Zheng et al.，2009；Donohue et al.，2010）。这里借鉴这些方法，将相关气候要素对年径流变化的贡献进行分离。

各个气候要素变化对年径流变化的贡献以及这些贡献导致年径流的变化见表 6-1。分析表明，松花江流域各站点降水对年径流的贡献均大于潜在蒸散对年径流的贡献。在各气象要素中，温度对潜在蒸散的贡献最大，风速、日照时数与实际水汽压对潜在蒸散的贡献程度有所不同。尽管潜在蒸散对实际水汽压最为敏感，但是各子流域实际水汽压的变化率普遍非常小，最终导致实际水汽压对潜在蒸散的贡献也很小。气候要素的贡献由其对潜在蒸散的敏感程度和变化率共同决定。实际水汽压的增加以及日照时数和风速的下降使潜在蒸散减少，而三者的共同作用抵消了温度上升导致的潜在蒸散增加贡献，因此潜在蒸散呈下降趋势，其速率为-0.193mm/a。

表 6-1　气候因子对径流和潜在蒸发变化的贡献率

年径流变化率（dR_y/dt_y）			
-0.482			
P 对径流的贡献	ET_p 对径流的贡献		
	0.052		
	ET_p 的变化率		
	-0.193		
-0.534	S 对 ET_p 的贡献	T 对 ET_p 的贡献	U 对 ET_p 的贡献	e_a 对 E_Tp 的贡献
	-0.203	1.997	-1.201	-0.786

6.2 气候变化与人类活动对松花江流域径流影响的分离

变化环境下水文水资源的响应研究已成为当今社会研究的热点问题之一。作为变化环境的重要体现和组成部分，气候变化和人类活动对流域水文过程带来了不同程度的影响。合理分析气候变化和人类活动对径流的影响并定量区分二者的贡献率显得极为重要，同时，也是变化环境下水文水资源响应研究的一个难点。本节试图通过径流对降水和蒸散发的敏感性方法，定量分析气候变化和人类活动对松花江流域径流过程的影响，识别引起径流变化的主要因素，为流域水资源规划和调控提供科学依据。

6.2.1 集水区划分及水文气象数据收集

由于地貌和海拔等因素存在较大的差异，松花江流域内气候和水文条件空间差异明显。因此，在本书中，将松花江流域分为嫩江流域、第二松花江流域和松花江干流区三大部分进行分析。同时，又将嫩江和第二松花江流域分别分为上游区和下游区。

我们收集了 1960～2009 年的降水、气温、风速、相对湿度、日照时数等要素的日数据。在此基础上，通过 Penman-Monteith 公式（Allen et al.，1998）计算流域的潜在蒸散发。每一个子流域内降水和潜在蒸散发的平均值采取泰森多边形法进行计算。选取流域内5 个水文站点（表6-2）1960～2009 年的月径流数据。水文站点观测数据用来确定不同集水区内的径流变化：①石灰窑和高丽城子水文站的流量数据分别用来表示嫩江上游（UNRB）和第二松花江上游（USSRB）的径流；②大赉和石灰窑之间的流量差值用来表示嫩江下游（LNRB）的径流，扶余和高丽城子之间的流量差值用来代表第二松花江下游的径流（LSSRB）；③佳木斯与大赉和扶余之间的流量差值用来表示松花江干流区的径流（LSRB）。通过选取的流量数据计算出各个子流域内的月径流量，继而得出 5 个集水区的径流深数据。

表6-2 不同集水区内代表水文站的位置及集水面积

所在区域	水文站	经度	纬度	集水区面积（km²）
嫩江上游	石灰窑	125°19′12″E	50°03′00″N	17 205
嫩江下游	大赉	124°16′12″E	45°33′00″N	204 510
二松上游	高丽城子	127°13′48″E	42°21′00″N	4，728
二松下游	扶余	124°49′12″E	45°10′12″N	67 055
松花江干流	佳木斯	130°19′12″E	46°48′00″N	234 799

此外，我们收集了 1975 年、1986 年、1996 年和 2005 年的流域土地利用/覆被数据，在此基础上分别计算出嫩江流域、第二松花江流域和松花江干流区内水田、旱地、林地、草地、水域、建设用地、未利用地和湿地 8 种土地利用类型的面积。

6.2.2 气候变化和人类活动对径流影响的定量区分方法

流域河川径流的变化是区域气候条件与流域下垫面共同作用的结果，如何定量化界定人类活动和气候因素对径流变化的贡献程度，是环境变化条件下水文研究的热点和难题之一。这是因为在水资源评价、管理、规划和利用中，不可避免地需要考虑两种因素对径流的影响。天然的下垫面因素主要是指流域地形、地貌、植被分布和状态，以及水体分布等。人类活动主要通过人口增长、城市化、土地利用方式改变、植被覆盖变化、水利设施的增减、用水方式变化等形式改变流域下垫面条件，从而影响流域生态水文过程，改变产汇流机制，进而影响河道径流。

根据人类活动的作用方式，以及流域本身的特点，目前用来分解人类活动与自然气候变化对径流的贡献方法有：①相似降水场对比。在有较长时间序列的实测水文气象资料前提下，对比分析相似降水条件下流域水文要素的变化，来揭示人类活动的影响程度。本方法的局限主要是相似降水条件比较难以达到，且要求水文气候长序列资料。②相似流域对比分析，即在同一气候区内，选择相邻试验流域，一个保持原状作为参考流域，一个进行一定程度的人类活动扰动，进而分析两者之间水文要素的差异，揭示人类活动的影响程度。本方法适用于小流域试验研究，但成本较高。③分项组合叠加分析。基于水量平衡原理，根据对人类活动性质的分类，基于试验或调查给出不同活动类型对水文要素的影响，进行不同的组合，来分析不同人类活动的影响效果。本方法多局限于较小流域或小区试验，应用到较大流域、区域尺度时，不确定因素较多，难以实行。④天然径流还原分析。通过还原人类活动期间的天然径流量，来评价气候变化和人类活动的贡献。本方法假定气候变化与人类活动是互相独立的要素，人类活动在水文模型中非显式表达，只是表示为模拟的还原天然径流与实测径流的差值。其主要难点在于如何界定人类活动影响时期，如何保证还原径流的高可信度。人类活动时期的径流还原通常采用水文模型计算，基准期的降水径流关系确定既有采用概念性模型的，也有采用集总式或分布式水文模型确定的。利用天然时期的气象水文资料率定模型，保持模型参数不变，将人类活动作用时期的气象要素驱动模型，得到人类活动时期的天然径流量。本方法相对简单，在人为干扰不大的流域精度相对较高。目前，采用基于模型的天然径流还原分析方法的研究较多（刘春蓁等，2014）。

（1）天然时期和人类活动影响时期的划分

人类活动对流域扰动强度的不同，水文序列会呈现出阶段或趋势性的变化，即受人类活动显著影响的水文序列基本特征值在某种程度上会与变化前有所差异。因此，可通过趋势性检验及突变检验等方法将长时间序列划分为天然时期和人类活动时期。其中，突变之前为天然时期，也称基准期，表示人类活动对径流的影响较小，径流变化主要是由气候变化引起的；而相对于天然时期，人类活动时期的径流变化则同时受气候变化和人类活动的影响。考虑到人类社会发展的阶段性与渐进性，人们更加关心人类活动影响在各个年代（如 10 年）的变化情况，因此又将人类活动时期按年代分为若干子时期。突变点划分方法主要有时间序列滑动平均法、有序聚类法、时间序列累积值相关曲线、Mann-Kendall 突变点检测法、小波分析等（曹明亮等，2008；许炯心和孙季，2003；Yang et al.，2009；李占玲等，2008）。本书中，采用时间序列滑动平均法和时间序列累积值相关曲线法结合来确定水文气象序列的突变点。

首先采用滑动 t 检验分析水文气象要素系列的突变点。在滑动 t 检验中，n 个样本的系列被随机变量分成 x_1 和 x_2 两个子系列，系列长度分别为 n_1 和 n_2。子序列分别有各自的均值（$\bar{x_1}$ 和 $\bar{x_2}$）和方差（s_1 和 s_2）。统计经验公式如下：

$$t = \frac{\bar{x_2} - \bar{x_1}}{s\sqrt{\dfrac{1}{n_1} + \dfrac{1}{n_2}}} \tag{6-14}$$

$$s = \sqrt{\frac{(n_1 - 1)s_1^2 + (n_2 - 1)s_2^2}{n_1 + n_2 - 2}} \tag{6-15}$$

式中，统计变量 t 遵循 $t(n_1 + n_2 - 2)$ 分布。原假设 x_1 和 x_2 之间无差别，在给定 α 显著水平下，若 $|t_0| > t_\alpha/2$，则拒绝原假设，表明子序列 x_1 和 x_2 之间存在显著差别。

此外，降水-径流累积曲线能够直观地表现流域降水、径流变化的一致性，通常情况下为一条直线，当曲线发生偏移即曲线的倾斜度发生变化，则表明流域的降水径流特性发生了变化。本书中将其作为确定径流突变点的辅助工具。

当然，水文气象序列的突变点分析只是统计分析的结果，要准确划分天然时期和人类活动时期，仍然需要从物理成因的角度，考虑历史时期的人类活动变化信息的特点和水文资料完整性综合分析来确定，并应该验证研究时段划分的合理性。

（2）气候变化和人类活动影响贡献率推求方法

我们采用概念模型的方法来计算气候变化和人类活动对径流影响的贡献率。基于径流对降水及潜在蒸散发的敏感性，确定气候变化对径流的贡献，然后得到人类活动对径流变化的贡献。流域水量平衡可表示为

$$P = E + Q + \Delta S \tag{6-16}$$

式中，P 为流域降水量；E 为实际蒸发量；Q 为径流深；ΔS 为流域蓄水容量变化，对于长时间序列，ΔS 可视为 0。

实际蒸发量可由降水和潜在蒸散发根据下式计算：

$$\frac{E}{P} = 1 + \frac{\text{PET}}{P} - \left[1 + \left(\frac{\text{PET}}{P}\right)^w\right]^{1/w} \tag{6-17}$$

式中，PET 为潜在蒸散发；w 为待定参数，表示一个地区植被覆盖条件的参数。

根据径流对降水及潜在蒸散发的敏感性，气候变化对径流的影响可计算为

$$\Delta \bar{Q}_{\text{clim}} = \frac{\partial Q}{\partial P}\Delta P + \frac{\partial Q}{\partial \text{PET}}\Delta \text{PET} \tag{6-18}$$

式中，ΔP、ΔPET 分别为降水、潜在蒸发较天然基准期的变化值；$\partial Q/\partial P$、$\partial Q/\partial \text{PET}$ 分别为径流对降水及潜在蒸发的敏感性系数，计算公式分别为

$$\frac{\partial Q}{\partial P} = \frac{1 + 2x + 3wx}{(1 + x + wx^2)^2} \qquad (6\text{-}19)$$

$$\frac{\partial Q}{\partial \mathrm{PET}} = \frac{1 + 2wx}{(1 + x + wx^2)^2} \qquad (6\text{-}20)$$

$$\rho_{\mathrm{clim}} = \frac{|\Delta Q_{\mathrm{clim}}|}{|\Delta Q_{\mathrm{clim}} + \Delta Q_{\mathrm{hum}}|} \qquad (6\text{-}21)$$

$$\rho_{\mathrm{hum}} = \frac{|\Delta Q_{\mathrm{hum}}|}{|\Delta Q_{\mathrm{clim}} + \Delta Q_{\mathrm{hum}}|} \qquad (6\text{-}22)$$

6.2.3 气候变化和人类活动对松花江流域径流变化的贡献

(1) 降水和潜在蒸散发的变化特征

1960~2009 年，松花江流域平均气温显著升高，降水却以 5.8mm/10a 的速率下降。松花江流域多年平均降水量为 563mm（表 6-3），以 1998 年最大（716mm），2001 年最小（428mm）。降水分布空间分异显著，平均年降水量由嫩江下游的 450mm 到第二松花江上游的 815mm。第二松花江的降水量高于嫩江降水量；且在嫩江和第二松花江流域，上游降水量大于下游降水量（表 6-3）。

表 6-3 各集水区内多年平均降水量、潜在蒸散发和径流深

集水区	水文站	降水量（mm）	潜在蒸散发（mm）	径流深（mm）
嫩江上游	石灰窑	507	731	161
嫩江下游	大赉	450	963	81
第二松花江上游	高丽城子	815	814	493
第二松花江下游	扶余	656	842	173
松花江干流	佳木斯	563	847	112

尽管 1960~2009 年气温上升的趋势非常明显，松花江流域的潜在蒸散发量只表现出微弱的上升。根据 Mann-Kendall 趋势检验结果显示，1960~2009 年松花江流域潜在蒸散发以 1.1mm/10a 的速率呈微弱增加的趋势（表 6-4）。松花江流域多年平均潜在蒸散发为 878mm，1960 年最低，为 731mm，1982 年达 987mm。空间上，嫩江下游的潜在蒸散发最小（731mm），嫩江上游的潜在蒸散发量最大（963mm）。

表 6-4 松花江流域降水、潜在蒸散发、径流深的变化趋势和突变点分析

水平衡分量	平均值（mm/a）	变化速率（mm/10a）	Mann-Kendall 检验		滑动 t 检验
			Z	显著水平	
降水	562.9	−6.8	−0.74	—	—
蒸散发	877.5	1.1	0.27	—	—
径流	116.0	−9.9	−2.61	0.05	1974

（2）流域径流的变化趋势及突变点分析

在1960~2009年的50年中，松花江流域年径流深多年平均值为116mm，最低值为47mm（1979年、2008年），最高值为200mm以上（1960年、1998年）。全流域平均年径流深以10mm/10a的速率显著下降（$Z = -2.61$；$\alpha = 95\%$）。空间上，嫩江下游平均径流深最低（81mm）、第二松花江上游最高（493mm），并且嫩江上游、第二松花江下游和松花江干流区径流深为112~173mm。

滑动 t 检验结果表明，松花江流域平均径流深在1974年前后发生突变（表6-4）。为了验证滑动 t 检验的准确性，分别根据嫩江上游、嫩江下游、第二松花江上游、第二松花江下游和松花江流域下游站点的年均降水和年均径流资料绘制降水–径流双累积曲线，如图6-5所示。由累积降水–径流曲线可以看出，在嫩江流域、第二松花江流域和松花江干流区，累积降水和径流在1974年之前呈现出较好的一致性，1974年以后开始发生变化。

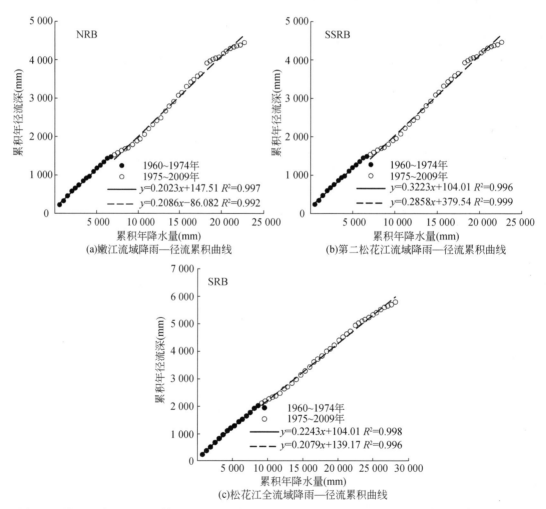

图6-5　嫩江流域（NRB）、第二松花江流域（SSRB）和松花江全流域（SRB）降水–径流累积曲线

结合突变点检验和降水–径流双累积曲线，可确定 1974 年为松花江流域径流发生突变的年份。据此，本书将 1960～1974 年作为天然基准期，1975～2009 年作为有人类活动影响期。为具体分析不同年代人类活动影响程度，进一步将人类活动影响期分为 1975～1989 年、1990～1999 年和 2000～2009 年 3 个子时期。

（3）不同时期降水、潜在蒸散发和径流的相对变化

相对基准期（1960～1974 年），1975～2009 年松花江流域平均年降水量有所减少，不同集水区减少幅度为 0.2%～8%。对于不同子时期，平均年降水量在不同集水区内减少了 1%～11%，但是 20 世纪 90 年代嫩江上、下游和松花江干流区以及 1975～1989 年的嫩江下游，降水相对增加（表6-5）。

表 6-5　松花江流域不同集水区降水量、潜在蒸散发和径流深在不同时期的变化

（单位：%）

集水区	时段	降水量变化	降水率变化	降水量变化量	潜在蒸散发变化率	降水量变化量	径流深变化
嫩江上游	1960～1974 年	—	—	—	—	—	—
	1975～1989 年	−5	−1	8	1	3	2
	1990～1999 年	30	6	−3	−0.4	17	10
	2000～2009 年	−26	−5	41	6	−40	−24
	1975～2009 年	−1	−0.2	14	2	−6	−3
嫩江下游	1960～1974 年	—	—	—	—	—	—
	1975～1989 年	19	4	21	2	−12	−12
	1990～1999 年	40	9	−10	−1	19	20
	2000～2009 年	−51	−11	28	3	−51	−55
	1975～2009 年	5	1	14	2	−14	−14
第二松花江上游	1960～1974 年	—	—	—	—	—	—
	1975～1989 年	−81	−9	4	0.5	−92	−17
	1990～1999 年	−43	−5	−21	−3	−62	−11
	2000～2009 年	−65	−8	−16	−2	−132	−24
	1975～2009 年	−65	−8	−9	−1	−95	−17
第二松花江下游	1960～1974 年	—	—	—	—	—	—
	1975～1989 年	−13	−2	9	1	−32	−16
	1990～1999 年	−6	−1	−5	−1	−30	−15
	2000～2009 年	−38	−6	21	3	−48	−24
	1975～2009 年	−18	−3	8	1	−36	−18
松花江干流	1960～1974 年	—	—	—	—	—	—
	1975～1989 年	−36	−6	22	3	−26	−19
	1990～1999 年	1	0.1	−7	−1	−15	−11
	2000～2009 年	−52	−9	9	1	−64	−46
	1975～2009 年	−30	−5	10	1	−34	−24

相对于基准期，嫩江上游和嫩江下游的潜在蒸散发分别增加了 1%～6% 和 2%～3%，但 20 世纪 90 年代则分别减少了 0.4% 和 1%。对于第二松花江上游，潜在蒸散发在 1975～1989年增加了 0.5%，而在 90 年代和 21 世纪初分别减少了 3% 和 2%。对于第二松花江下游和松花江干流区，潜在蒸散发量除 20 世纪 90 年代略有减少外，其他时期内均有所增加（表 6-5）。

与基准期相比，整个人类活动影响期（1975～2009 年）的平均年径流深在 5 个集水区内都有不同程度的减少（3%～24%）。第二松花江和松花江干流内径流在 3 个子时期均有减少，尤其在 1975～1989 年和 2000～2009 年更为明显。不同的是，在嫩江流域内径流的变化在时间和空间上有所不同。嫩江上游径流深在 1975～1989 年和 1990～1999 年分别增加了 2% 和 10%，而在 2000～2009 年减少了 24%。然而，松花江干流区径流在 1975～1989 年和 2000～2009 年分别减少了 12% 和 55%，在 1990～2009 年增加了 20%（表 6-5）。

（4）气候变化和人类活动对径流影响的贡献率

气候变化和人类活动对松花江流域径流的影响存在着时间和空间上的变化。定量区分结果显示，在嫩江上游区除了 1975～1989 年和 20 世纪 90 年代之外，气候变化和人类活动均导致径流的减少（表 6-6）。总体而言，除 1975～1989 年，气候变化为影响嫩江上游径流变化的主要因素，其中 90 年代和 21 世纪初气候变化对径流变化的贡献率分别为 86% 和 55%。

表 6-6　气候变化和人类活动对径流变化的贡献

集水区	时段	径流 （mm）	降水 （mm）	潜在蒸散 发（mm）	径流变化 （mm）	气候变化影响 （mm）	气候变化影 响率（%）	人类活动影响 （mm）	人类活动影 响率（%）
嫩江上游	1960～1974 年	165	507	724					
	1975～1989 年	168	502	732	3	−5	39	8	61
	1990～1999 年	181	537	721	17	20	86	−3	14
	2000～2009 年	125	481	765	−40	−22	55	−18	45
嫩江下游	1960～1974 年	93	447	953					
	1975～1989 年	82	466	974	−12	3	17	−14	83
	1990～1999 年	112	487	943	19	16	85	3	15
	2000～2009 年	42	396	981	−51	−9	18	−42	82
第二松花江 上游	1960～1974 年	559	861	820					
	1975～1989 年	467	780	824	−92	−60	65	−32	35
	1990～1999 年	497	818	799	−62	−26	42	−36	57
	2000～2009 年	427	795	805	−132	−44	34	−88	66

集水区	时段	径流 (mm)	降水 (mm)	潜在蒸散 发 (mm)	径流变化 (mm)	气候变化影响 (mm)	气候变化影 响率 (%)	人类活动影响 (mm)	人类活动影 响率 (%)
第二松花江 下游	1960~1974 年	202	671	835					
	1975~1989 年	170	658	845	−32	−8	27	−23	73
	1990~1999 年	172	665	830	−30	−2	6	−28	94
	2000~2009 年	154	633	856	−48	−18	38	−30	62
松花江干流	1960~1974 年	140	586	840					
	1975~1989 年	114	551	862	−26	−17	63	−10	37
	1990~1999 年	125	587	833	−15	2	9	−17	91
	2000~2009 年	76	534	848	−64	−14	23	−50	78

对嫩江下游而言，1975~1989 年和 21 世纪初的径流减少，人类活动起主导作用，贡献程度分别为 83% 和 82%。然而，20 世纪 90 年代嫩江下游径流增加，气候变化是主导因素，其贡献率高达 85%。

对第二松花江而言，在不同时期内，无论上游还是下游，气候变化和人类活动均起到减少径流的作用。在上游区，1989 年之前的径流减少，气候变化起主导作用，贡献率为 65%。此后，人类活动影响强度不断上升，20 世纪 90 年代和 21 世纪初的径流减少，人类活动的影响贡献率分别达 57% 和 66%。在下游区，人类活动影响是径流减少的主要因素，其中 20 世纪 90 年代其贡献率高达 94%（表 6-6）。

在松花江干流区，除 1990~1999 年气候变化导致增加径流外，气候变化和人类活动均引起径流的减少。人类活动影响的相对较大，贡献率为 62%~70%。对于不同时期，气候变化和人类活动对径流的影响都在增强，其中人类活动对径流变化的影响程度更大一些。

6.3 植被蒸散和生产力的时空格局及演变

蒸散（ET）是水量平衡中的重要组成部分。植被冠层叶片通过蒸腾消耗水分的同时，也使得植物能够从土壤吸收矿质养分，并吸收太阳光合有效辐射（PAR），从而合成有机物，获得植物生物量（Monteith，1977）。蒸散及植被生产力与气候、土壤特性（质地、肥力、水分状况）等因素密切相关，因为气候、土壤的空间异质性，导致植被生产力和蒸散也常表现出较大的空间分异性。植被生产力与蒸散关系紧密，二者决定水分利用效率（WUE）的高低。因此，准确估算 ET 与作物生产力，精确刻画二者的空间格局，对水文预报、水资源管理、灌溉制度制定及水分利用效率评估至关重要（Leuning et al.，2008），其也一直是水文、农业、生态及气象等科学领域的研究重点（Mo et al.，2004a，2004b；Cleugh et al.，2007；Fisher et al.，2008；Venturini et al.，2008；Baker et al.，2010）。

针对植被蒸散和生产力的估算已经研发了多种方法。目前，用于计算 ET 的方法主要有 Penman- Monteith（P- M）公式（Monteith，1965），Priestley- Taylor（P- T）公式（Priestley and Taylor，1972）以及 Budyko 公式（Budyko，1974），已经广泛用于月和季节尺度 ET 的估算（Jiang and Islam，2000；Zhang et al.，2004a；Leuning et al.，2008；Yang et al.，2009）。

区域尺度的植被生产力估计，目前通常采用以下两种方式计算：其一，相对简单的光能利用率模型。由于 PAR 能够由遥感信息反演获取（Gower et al.，1999；Yuan et al.，2007），并且不同的植被类型通常具有各自恒定的最大光能利用率（ε_{max}），因而区域尺度碳同化过程可以通过光能利用率模型结合遥感数据进行估算（Goetz et al.，1999；Bastiaanssen and Ali，2003；Ollinger and Smith，2005；Xiao et al.，2005；Heinsch et al.，2006；Beer et al.，2010）。然而，光合作用对光强的响应过程是高度非线性的，简单的光能利用率模型对光合作用的描述往往会产生较大偏差。其二，基于光合生理生态的生化过程模型。针对光能利用率简化模式的不足，光合作用与受叶片气孔导度控制的蒸腾作用密切相关，Farquhar 等（1980）通过融合 Ball- Berry 气孔导度模型（Ball et al.，1987），开发出基于生物化学过程的光合作用模式，改进了光能利用率模型对植被净初级生产力（GPP）的估算。这些研究成果有效地提高了生态水文要素的预测精度，并由此增强了基于这些生态水文要素的水资源配置方案的可靠性。

卫星遥感技术的快速发展，使得人们能够通过所获取的地表植被光谱和热红外信息反演得到地表特征参数（地表反照率、覆被类型和叶面积指数等）空间分布的连续序列。随之而来涌现出许多新的遥感方法与模型广泛用于水资源管理，以及自然植被/作物水分生产力的估算（Bastiaanssen et al.，1998；Su，2002；Anderson et al.，2008；Teixeira et al.，2009；Lu and Zhuang，2010）。这些方法将可见光、近红外和热红外数据与气象数据结合，进而获得区域能量及 ET 的时空演变图像。由于卫星热红外传感器难以获取有云覆盖时期的地表温度，通过热红外估算长时间序列 ET 的方法缺乏可行性，而光学遥感植被指数具有时空连续性，利用其与气象数据的经验关系进行大尺度 ET 反演（Nagler et al.，2005），或利用 P- M 公式对中低分辨率的 ET 进行估算（Choudhury and Digirolamo，1998；Fisher et al.，2008）。通过陆面植被遥感产品与物理过程模型的融合，可以连续动态地预测不同空间分辨率（10~1000m）和时间分辨率（日、月尺度）的陆面生态系统生产力和蒸散量（Su et al.，2005a；Piao et al.，2006；Cleugh et al.，2007；Mu et al.，2007a，2007b；Jin et al.，2011；Mao et al.，2012），表明遥感信息和陆面过程机理模型的有机结合具有光明的应用前景。

年际间气候变异能够显著影响近地层水热格局的季节变化，相应地，植被对气候变化的响应（如作物返青期，植被覆盖度等）也十分显著（Piao et al.，2006）。在丰水年，旺盛的植被生长在增加垂直水汽通量的同时，将减小地表径流，反之亦然（Rodriguez- Iturbe et al.，2001；Zhang et al.，2001a；Montaldo et al.，2005）。由于气候变化与植物生长、水循环过程之间存在复杂的互馈机制，定量评估特定区域气候波动/变化对水循环和植被生产力的影响，对地区农业和相关产业的发展规划尤为重要。融合遥感信息的陆面过程机理模型是达成这一目标的有力工具。

松花江流域是重要的粮食生产基地，近年来随着水稻种植面积的大幅增加，消耗更多的水资源，导致流域水循环受到干扰（刘正茂等，2011）。一些学者利用 P-M 公式，估算了松花江流域潜在蒸散的时空变化（Liu et al.，2012；Meng and Mo，2012），还有学者估算了其月尺度的实际 ET（Gao et al.，2007；Zeng et al.，2011）。然而，针对松花江流域，实际 ET 和 GPP 的时空分布格局及其耦合关系的研究还很少。

这里利用 VIP 生态水文动力学模型，结合 MODIS 遥感数据，对松花江流域 2000 ~ 2010 年 ET 与 GPP 季节和其年际的空间分布，以及其对气候波动的响应进行了分析，旨在为集约型农业生产及水资源管理提供科学支持。

6.3.1 研究方法和数据

模型模拟使用的地理、水文气候和遥感数据主要有以下几种。

地理信息：土地利用/覆被由 Terra-MODIS 影像解译得到，其中农田根据中国资源环境数据中心提供的信息划分为水田和旱地。土壤质地图比例尺为 1∶1 000 000，表示为砂粒、粉粒和黏粒的百分比。

气象数据：气象驱动数据由流域内部及周边 85 个气象站提供，包括逐日气温（平均、最高和最低气温）、水汽压、风速、日照时数和降水，通过梯度距离平方反比法进行空间插值，得到气象信息的栅格数据，并利用正弦函数（Campbell and Norman，1998）将日气温数据降尺度到小时。

遥感数据：遥感信息用于识别植被覆盖度、叶面积（LAI）及土地利用类型等地表特征。由于遥感叶面积数据可以直接根据辐射传输模型和植被光谱反射率计算得到，目前已有大量研究利用 LAI 遥感产品估算 ET 和 GPP。尽管 LAI 产品存在较大的不确定性，直接影响 ET 与 GPP 的估算精度，且产品中有较多的缺失值，但 LAI 仍然是指示大范围地表植被特征参数的主要产品之一。采用 MODIS-Terra 获取的 8d 1km 分辨率 LAI（MOD15A2），通过 S-G 滤波（Savitzky and Golay，1964）对 LAI 序列进行误差校正，由拉格朗日多项式将 LAI 数据内插到日尺度。MOD15A2 LAI 产品缺值的部分，采用经验公式利用 NDVI 序列计算的 LAI 数据填补。

6.3.2 ET 和 GPP 验证

流域水量平衡是验证大尺度水循环模拟精度的主要手段。我们将 VIP 模型模拟得到的多个子流域（35 个子流域）多年（2001 年、2003 年、2005 年、2006 年和 2007 年 5 年）的实际 ET（AET_m）与利用水量平衡余项法（降雨减去与径流实测值和土壤蓄水量变化的模拟值）计算得到的实际 ET（AET_{ob}）进行了对比验证，如图 6-6 所示。通过对比流域内观测点的根层土壤含水量和模拟值发现，土壤含水量的年际变化小于 30mm，ET 模拟值与观测值的决定系数（R^2）为 0.64，均方根误差（RMSE）为 70mm，平均绝对误差（MAE）为 60mm。所有子流域 AET_m 与 AET_{ob} 的年均值分别为 336mm 和 364mm。Zhang 等

（2008）等的研究结果显示，ET 模拟值（P-M 公式）与实测值之间的 R^2 为 $0.66 \sim 0.78$，而 RMSE 为 $67 \sim 87 \mathrm{mm}$。利用 Budyko 模型，Zhang 等（2004a）发现 ET 模拟值与实测值间的 R^2 为 0.89，MAE 为 54mm，而 Yang 和 Rong（2007）发现二者间 R^2 为 0.95，RMSE 为 15.8mm，MAE 为 20.5mm。Ryu 等（2011）利用陆面过程模型，结合 Terra-MODIS 遥感产品得到 ET 实测值与模拟值间的 R^2 为 0.78，RMSE 为 168mm。综上所述，VIP 模型对年 ET 的低值存在高估，同时对年 ET 的高值存在低估。除去模型本身的不确定性外，利用水量平衡方法估算 ET 也存在着不确定性。首先，这里没有考虑人类活动所消耗的水量，如生活用水，畜牧业及工业生产用水（大约占水资源总量的 70%，约等于 10mm 径流深）。其次，有限的气象实测数据、地形对气候变量的影响均有可能降低降水和 $\mathrm{AET_m}$ 估算的精度。最后，降水再分配格局的分异性以及山区土层较浅也可能影响水分收支的估算。

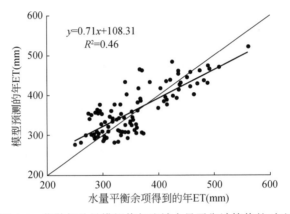

图 6-6　蒸散年总量模拟值与流域水量平衡计算值的对比

我们还使用了流域东南部长白山森林站（42°24′9″N，128°5′45″E）涡度相关系统测定的 ET 和 GPP 8d 累计值，将其与对应像元模拟值进行了对比（图 6-7）。2003 年实测（施婷婷等，2006）及模拟的 ET 值分别为 453mm 和 474mm。逐月 ET 模拟值与观测值的相关性较高（R^2 达到 0.96）。2003 年和 2004 年通量塔 GPP 的实测值分别为 $1433 \mathrm{gC/m^2}$ 和 $1312 \mathrm{gC/m^2}$（Wu

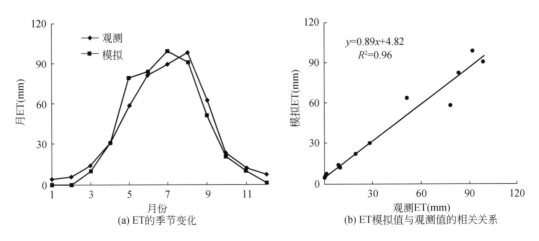

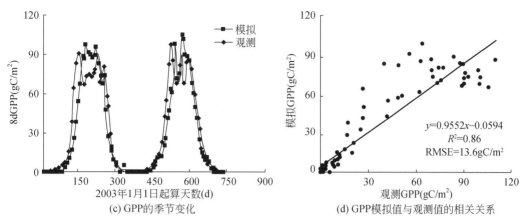

(c) GPP的季节变化 (d) GPP模拟值与观测值的相关关系

图 6-7 ET 和 GPP 模拟值与涡度相关实测值的对比

et al.，2009)，而模型模拟值分别为1514gC/m² 和1400gC/m²，两者的相对偏差小于10%。GPP 的 8d 实测累计值与模拟值在春、夏两季差别较明显。由于夏初晴朗天气居多，8d 累计 GPP 模拟值达到一年的高值，随着夏季云雨天气的逐渐增多，GPP 开始减少。在7~8月模拟与实测偏差明显的一个重要原因是，水碳通量测量值在雨季往往存在较大的误差。

6.3.3 ET 和 GPP 时空格局及驱动机制

松花江流域年均降水为（458±100）mm，最大年降水发生在东南部长白山区（922mm），而最小降水出现在长白山中部及西南部的雨影区（294mm）。流域蒸散年均值为（374±56）mm，其时空格局与降水格局一致，且受土地利用类型控制。在湖泊、水田及湿地，年 ET 值较高，为600~900mm，大于降水值且接近潜在蒸散值。年降水量最小的地区年 ET 值最低，约为200mm。ET 与降水的关联性可分为3类：对农田、森林和灌木而言，二者 R^2 为0.96，斜率为0.82；对湿地和水田而言，二者 R^2 为1，斜率为0.79；而二者在水体上则表现出和其土地利用类型截然不同的关系。

在各植被类型中，草地蒸散量最低，为297mm，水田最高，达到624 mm，其次为针叶林、混交林和落叶阔叶林，ET 分别为394mm、388mm 和412mm（图6-8）。长白山地区林地的 ET 值为400~600mm。欧洲寒带和温带森林34 个站点的年 ET 值为328~628mm（Liski et al.，2003）。

松花江流域湿地 ET 平均为578mm。Du 等（2013）利用 SEBAL 模型计算得到的流域东北部湿地的 ET 值为578mm。刘大庆和许士国（2006）得出，流域西部扎龙湿地的耗水量为802.5mm，Sun 和 Song（2008）得出，东北部生长季淡水湿地的 ET 值为340mm。根据2003~2007年涡度相关测量数据，Zhou 等（2010）依据涡度相关系统观测，给出季节性湿地年 ET 值为452mm。尽管他人所得年 ET 总量与本结果没有完全吻合，但其偏差在合理范围内。

研究时段内松花江流域 Ec/ET 均值为0.6，不同年份比值为0.58~0.63，与当年植被状况和土壤水分胁迫一致。该比值与降水和植被覆盖有较高的相关性，高比值区对应降水

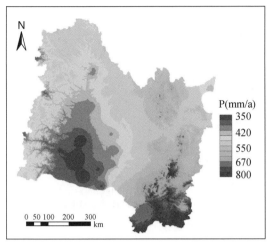

(a)降水的空间分布

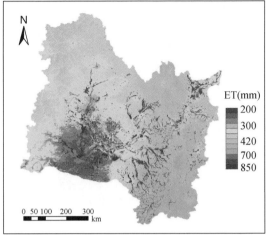

(b)蒸散的空间分布

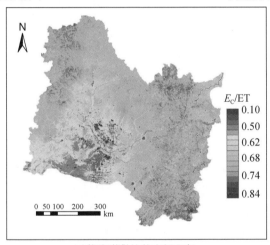

(c)蒸腾/蒸散比的空间分布

图 6-8 松花江流域降水、ET 和蒸腾/蒸散比

高值区和植被高盖度。在中部及西南地区该比值较低，对应较低的年降水量和较低的植被盖度。例外的是，由于冠层下方蒸发率较高，E_c/ET 在水田及湿地显示出较低值。E_c/ET 比值还随冠层高度而降低：森林（0.72～0.70）、灌木（0.69）、农田（0.65）、草地（0.59）、水田（0.51）及湿地（0.38）。

多年平均 GPP 的空间格局表现出显著的空间分异性，全流域年均值为 $1067\mathrm{gC/m^2}$（图 6-9）。一般而言，最高年 GPP 值出现在农田区及松花江下游地带，其次在长白山和小兴安岭林区；与 ET 相似，年 GPP 的低值出现在植被盖度低、降水少的区域。所有土地利用类型的年 GPP（不考虑水体）与降水均呈现良好的相关性，表明年尺度上降水对 GPP 的影响比对 ET 的影响更明显。

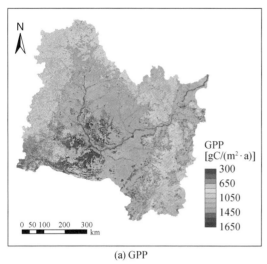 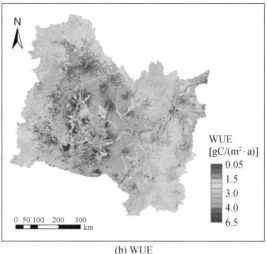

(a) GPP (b) WUE

图 6-9 松花江流域多年平均 GPP 和 WUE 的空间格局

流域内不同植被类型 GPP 年总量呈现明显的差异。由于植被盖度高和冠层密度大，落叶林的 GPP 最高，达到 1449gC/m²，而冠层密度较低的草地和湿地，GPP 最低，约为 800gC/m²。水田 GPP 值高于雨养农田，约为 1300gC/m²。Yuan 等（2010）估算的年 GPP 值为 500～1500gC/m²。利用 NOAA-AVHRR 0.5°分辨率数据，Mu 等（2007b）估算该区域生长季 GPP 值为 300～1200gC/m²。

为评估植被耗水的效率，计算了植被的水分利用效率（定义为年 GPP 与 ET 的比值）。流域尺度上 WUE 具有明显的空间分异性，2000～2010 年流域平均值为 2.86gC/（m²·mm）。不同植被类型的 ET 与 GPP 差异导致了其 WUE 值的差别。林地和雨养农田的 WUE 大于 3gC/（m²·mm），且高于水田和草地。由于水田和湿地有浅水层，蒸发通常消耗较多的水分，因而其 WUE 值相对较低。美洲大陆类似生态系统也具有相似的 WUE 值（Lu and Zhuang，2010）。分析发现，WUE 与降水也存在较明显的相关关系。降水较多的区域，如林地、草地和雨养农田，WUE 值相对较高；而降水少、植被覆盖度低的地区，WUE 值较低。同样，水田和湿地的 WUE 也出现了明显的低值，这仍然与冠层下部较高的蒸发率有关。

从整个流域看，10 种土地利用类型的 ET 空间变异性小于 GPP，平均变异系数（C_V）为 0.15。年 GPP 的平均 C_V 为 0.19，低于降水的 C_V（0.22），高于辐射的 C_V（0.05）。蒸腾的 C_V 较高（0.23），而土壤湿度的 C_V 较低，因而 ET 的 C_V 介于两者之间，主要由蒸腾贡献。在某些土地利用类型 ET 与 GPP 存在较高的变异性，如草地，而其他土地利用类型的变异性不大，如水田。ET 与 GPP 在草地的高变异性主要由流域西部水分短缺、植被生产力年际波动大所导致。水田 GPP 和 ET 的时空变异性较低则与农田管理水平比较一致、作物长势较均匀有关。

6.3.4 ET 和 GPP 的年际变化

流域内植被动态和年际气候波动有密切联系,主要体现在生长季植被盖度和绿度的变化上。我们采用归一化植被指数(NDVI)来表征植被盖度和绿度,分析 NDVI 与气候波动之间的关系。

2000～2010 年,松花江流域生长季累计 NDVI(年内 81～305d)距平变化范围为－2.0%～1.6%,并呈明显增加趋势($R^2 = 0.25$)。其中,农田年累计 NDVI 上升趋势更明显($R^2 = 0.30$),但其他植被类型没有类似的增长趋势。所以,流域绿度增加主要来源于农田的贡献。

整个流域生长季的平均累计 NDVI 与年降水和平均气温呈现明显的正相关关系,确定性系数分别为 0.21 和 0.15,说明该地区植被的生长主要受控于水热条件。NDVI 在干旱年份(2001 年)和湿润年份(2002 年)有相似的季节变化过程。但是春季和初夏,NDVI 在湿润年份比干旱年份高,也说明水热条件对绿度的决定性作用。但较低的确定性系数也反映了植被生长动态过程的非线性和复杂性。这种关系因植被类型而异,如农田生长季的累计 NDVI 与降水的相关性($R^2 = 0.64$)高于草地累计 NDVI 和降水的相关性($R^2 = 0.55$)。然而,森林生长季累计 NDVI 对年际降水的变化不敏感。这是因为,植被对降水的敏感度还取决于植被的根系深度,植被根系层土壤蓄水量控制着植被可利用水量,同时反映植被对周期性干旱的缓冲能力。Ju 等(2006)曾报道,加拿大针叶林地区日尺度的蒸散和初级生产力在干旱季节无显著的下降趋势,归因于深层土壤充足的水分供应弥补了旱年降水的不足。

2000～2010 年,松花江流域年 ET 呈现微弱的上升趋势,但各种土地利用类型的蒸散量变化并不一致。农田和草地的年蒸散量有明显增加的趋势,水体和湿地的年蒸散量有明显减少的趋势,其他土地利用类型的 ET 变化趋势不明显。在干旱年份,如 2007 年,稻田、湿地和水体的蒸散增加,但其他土地利用类型的蒸散降低。流域年 ET 的距平变化(－7.4%～5.2%)明显比蒸腾的距平变化(－9.2%～9.6%)低,二者同全年降水变化不完全一致。这是因为,湿润年份较多的雨水入渗补给深层土壤水分,可用于干旱年份的蒸腾,从而缓解干旱的不利影响。已有的研究表明,土地利用变化会导致植被蒸腾略微增加和土壤蒸发略微降低,但是蒸散整体上变化不明显(莫兴国等,2004)。

2000～2010 年,松花江流域年 GPP 没有明显的变化趋势。与生长季累计 NDVI 仅农田增加趋势明显相比,流域农田和草地的 GPP 均有略微增加的趋势,但其他植被类型的 GPP 有所减少,所以整体上该流域 GPP 并未呈现增加的趋势。年 GPP 距平变化幅度为－4.3%～2.2%,与净辐射的相关关系显著,二者的确定性系数为 0.45。例如,2003 年虽然降水充足,但该年生长季辐射较低,导致 GPP 偏低,说明净辐射是松花江流域植被生产力的主要控制因子(图 6-10)。

2000～2010 年,松花江流域 WUE 的年际距平变化为－8.3%～8.1%,与 ET 有明显的负相关关系($R^2 = 0.86$),与降水存在时间尺度上的负相关、空间格局上的正相关。除了极端干旱年份,降水对 GPP 的影响不如对 ET 的影响明显,这导致湿润年份的 WUE 降低。

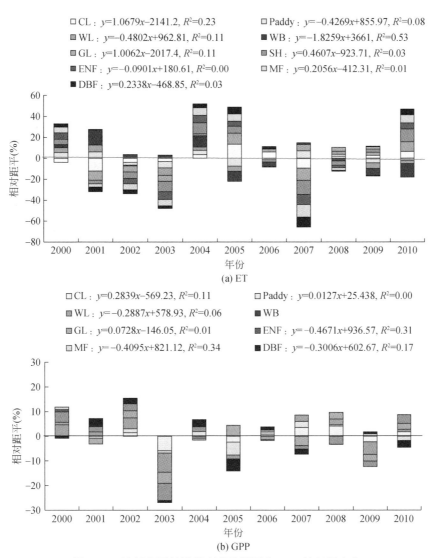

图 6-10 流域主要植被类型蒸散距平和 GPP 的年际变化

季节性的 WUE 会随着水分胁迫增加而增加，但是在极端干旱年份 WUE 会降低。在干旱年份，WUE 略高于其他年份，主要原因是：一方面，前期的土壤水分会补偿干旱年的水分胁迫；另一方面，干旱年份的辐射偏强和蒸腾损失偏少。

6.4 基于 Budyko 模型的松花江流域年径流未来变化预测

预测未来气候变化对径流的影响、评估流域未来水资源状况，对于区域水资源规划、管理和水利工程调度具有重要的意义。目前，预测流域水资源状况、分析水资源对变化环境的响应的研究主要集中在分析气候变化对未来径流的影响，其中以利用 GCMs 气候模式的输出结果耦合水文模型的方法居多。这类研究主要是以现阶段实际观测的水文气象数据率定水文模型，获取描述流域天然状况的模型参数，并保持参数不变，将未来气候变化情景的气象要素输入到水文模型，模拟流域径流过程的响应，评价气候变化对径流的影响（向亮等，2011）。

本节中，我们选用概念性水文模型 Budyko 模型［见 6.1.1 节，式（6-3）］，根据 IPCC 第三次评估采用的气候模式（HadCM3，CCSR/NIES，CGCM2，CSIRO-MK2，ECHAM4）的输出结果，计算了 5 个模式在未来气候情景下松花江流域径流深，分析未来径流变化特征。

5 个气候模式的基本信息见表 6-7。各模式输出的 2010～2039 年（21 世纪 20 年代），2040～2069 年（21 世纪 50 年代），2070～2099 年（21 世纪 80 年代）3 个代际 A2（高排放），B2（低排放）两种情景下的气候要素变化值（相对于 1960～1990 年的平均水平），如图 6-11 所示。由于数据基于大尺度网格，因此将覆盖流域的网格数值做算术平均，得到整个流域的平均值。

表 6-7　气候模式基本信息

气候模式	国家	空间分辨率
CCSR/NIES	日本	$5.6° \times 5.6°$
CGCM2	加拿大	$3.7° \times 3.7°$
CSIRO-MK2	澳大利亚	$5.6° \times 3.2°$
ECHAM4	德国	$2.8° \times 2.8°$
HadCM3	英国	$2.5° \times 3.75°$

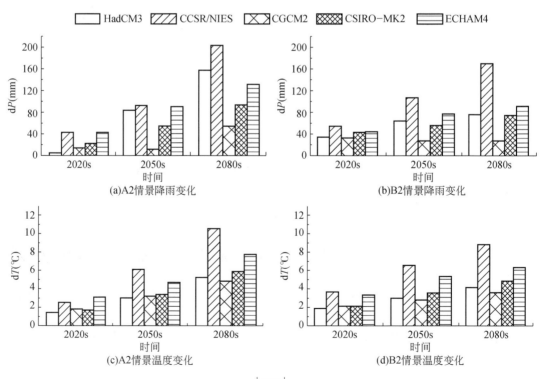

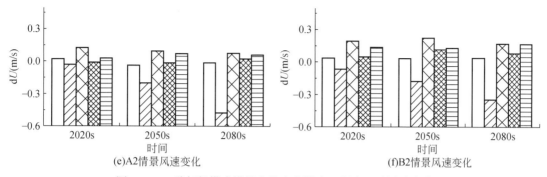

(e)A2情景风速变化   (f)B2情景风速变化

图6-11　5种气候模式模拟出的未来降水、温度以及风速变化

从5个气候模式的平均结果来看，未来松花江流域降水、温度均呈增加趋势，A2情景下21世纪20年代和B2情景下21世纪20年代、21世纪50年代风速有所增加。降水、温度和风速的变幅随年代际而增大。5种气候模式对降水和风速的预估结果具有较大的差异，对温度预估结果的差异性较小。

基于5种气候模式预测的3种未来气候变化情景，计算得到松花江流域年径流在21世纪20年代、21世纪50年代和21世纪80年代均呈减少趋势（与基准期1960～1990年相比），减少幅度为8.4～16.8mm/a，为松花江流域多年平均径流量的5.77%～11.53%。在同一时期，A2情景下松花江流域径流变化幅度大于B2情景。两种情景下，除A2情景下的80年代，流域年径流的减少量随着年代际的增加而增大，可能是由于HadCM3模型数据计算结果偏大。21世纪20～80年代，各个模式计算结果的差异性增大（标准偏差）。在5种模式的结果中，HadCM3模式的计算结果普遍偏高，CGCM2模式计算结果偏小。在松花江流域，高排放情景（A2）相比于低排放情景（B2）将导致未来年径流出现更大幅度的减少（图6-12），说明在两种未来排放情景下，随着时间推移，气候变化对径流的影响会逐渐累积。

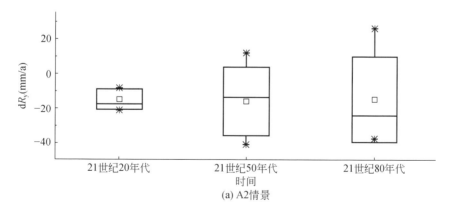

(a) A2情景

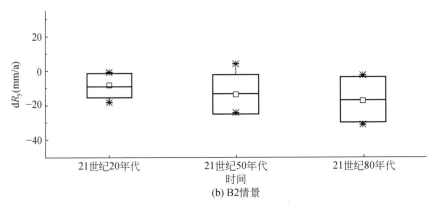

(b) B2情景

图 6-12　5 种气候模式数据模拟的未来 3 个代际相对于基准期的年径流变化

Guo 等（2002）采用水量平衡模型预测，到 2030 年松花江流域年径流将减少 0% ~5% 或 15% ~22%。与这里预测得到的 21 世纪 20 年代松花江流域年径流将减少 5.81% ~ 14.65%（A2 情景平均值为 10.4%）或减少 0.66% ~12.54%（B2 平均值为 5.77%）比较接近。然而，Arnell（1999）基于大尺度概念性模型与 HadCM2（GGax）和 HadCM3（GGa1）数据得到松花江区域年径流在 50 年代将增加 0 ~25mm 或者 0 ~50mm，与这里的预估结果差异较大。在同一时间段，我们的结果显示，在 A2 情景下，年径流变化为 –41.47 ~ –11.9mm（平均变化为 –16.1mm），在 B2 情景下，年径流变化为 –24.2 ~ –3.9mm（平均值为 –13.7mm），差异由不同的水文模型、GCMs 和情景共同导致。

6.5　基于 SWAT 模型的松花江流域径流未来变化预测

本节采用 IPCC 第五次评估结果（CMIP5）的两种情景（RCP4.5 和 RCP8.5）数据，驱动经率定的分布式水文模型 SWAT，模拟代表站点的流量和径流深，分析松花江流域未来水资源的变化趋势。

由于采用的未来气候情景数据只有月平均气温、月最高气温、月最低气温和月降水数据，而 SWAT 模型需要输入日气温和降水数据，因此通过天气发生器对降水和气温数据进行时间尺度降解，生成日数据输入到模型中。

6.5.1　未来气候情景下径流变化趋势

（1）流域径流的年内变化特征

与基准期（1980 ~ 2009 年）的径流观测值相比较发现，RCP4.5 和 RCP8.5 情景下，流域出口佳木斯站的径流模拟值年内分特征和基准期的基本相似（图 6-13）。未来径流主要集中在 6 ~ 10 月，峰值出现在 8 月，RCP4.5 和 RCP8.5 情景的年内分配曲线形状更为接近。RCP4.5 情景下，1 月、3 月、7 月、11 月和 12 月的径流较基准期增加，其他月份减少；类似地，RCP8.5 情景下，1 月、2 月、3 月和 12 月径流不同程度的增加，3 月径流增加最为明显，增加了 63%，而径流在 4 月、5 月、6 月的减少幅度最大，减少 55% ~ 75%。总体而言，RCP8.5 情景下径流较基准期的变化更大一些，且从各月径流分配来看，RCP8.5 情景下径流的年内差异相对较小。

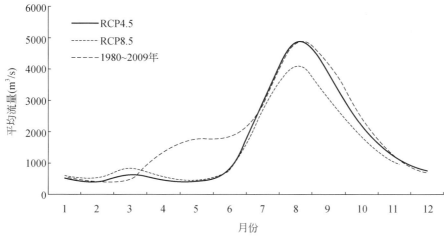

图 6-13　基准期（1980 ~ 2009 年）与 2020 ~ 2049 年松花江流域
（佳木斯站）径流年内分布特征

（2）径流的年际变化趋势

采用率定的 SWAT 模型，对未来 30 年（2020 ~ 2049 年）松花江流域径流进行模拟预测。结果表明（图 6-14），在 RCP4.5 情景下，大赉站、扶余站和佳木斯站的年平均流量在 2020 ~ 2049 年将以每年 11.5m³/s、6.4 m³/s 和 29.4m³/s 的速率下降；RCP8.5 情景下，大赉站、扶余站和佳木斯站年平均流量的下降速率分别为 11.2m³/s、6.2m³/s 和 28.7m³/s。两种情境下，嫩江流域径流变化趋势基本一致。而第二松花江和松花江流域则是 RCP4.5 情景比 RCP8.5 情景产流量稍高，但变化趋势大致一致。

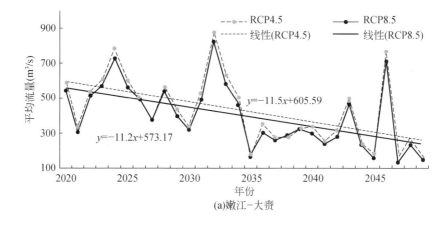

(a)嫩江-大赉

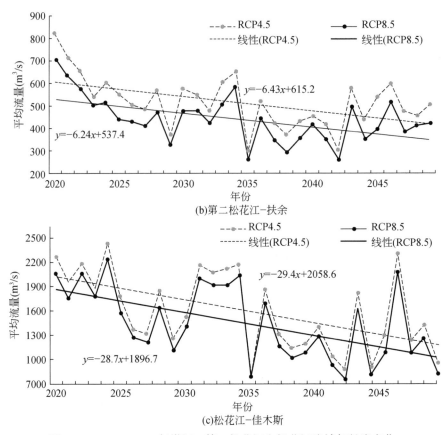

图6-14　2020～2049年嫩江、第二松花江和松花江流域年径流变化

6.5.2　未来径流空间分布特征

根据模型输出的径流资料，计算各子流域年代平均径流深，绘制年径流深空间分布图（图6-15）。可以看出，未来情景下（RCP4.5和RCP8.5）松花江流域内各年代径流深在逐渐减少。

通过径流深变化空间分布图（图6-16）可以看出，与基准期（1980～2009年）相比，RCP4.5和RCP8.5情景下未来30年（2020～2049年）径流的减少均主要集中在嫩江上游和松花江干流区，减少量可达40～70mm，且RCP8.5情景下，径流深的减少量更为明显。嫩江下游和第二松花江内径流深则有所增加，尤其RCP4.5情景下径流深增加幅度更大。

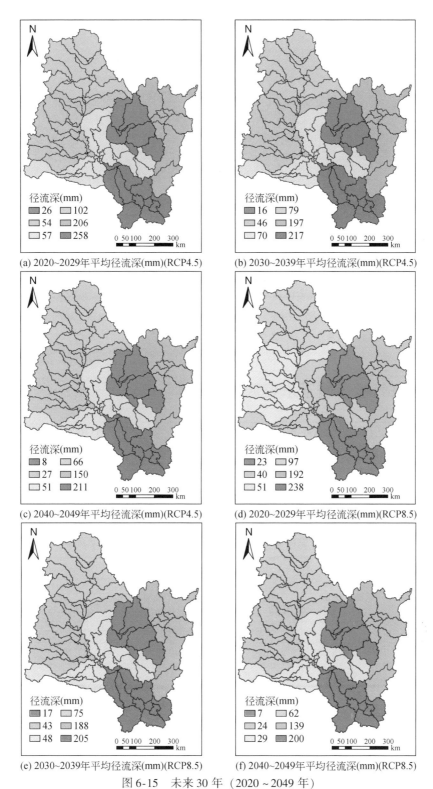

(a) 2020~2029年平均径流深(mm)(RCP4.5)　　(b) 2030~2039年平均径流深(mm)(RCP4.5)

(c) 2040~2049年平均径流深(mm)(RCP4.5)　　(d) 2020~2029年平均径流深(mm)(RCP8.5)

(e) 2030~2039年平均径流深(mm)(RCP8.5)　　(f) 2040~2049年平均径流深(mm)(RCP8.5)

图 6-15　未来 30 年（2020～2049 年）

（RCP4.5 和 RCP8.5 情景下）松花江流域年径流深空间分布

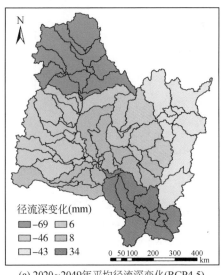
(a) 2020~2049年平均径流深变化(RCP4.5)

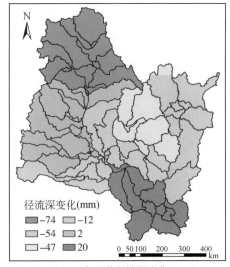
(b) 2020~2049年平均径流深变化(RCP8.5)

图 6-16　与基准期（1980～2009 年）相比未来 30 年（2020～2049 年）

（RCP4.5 和 RCP8.5 情景下）松花江流域年径流深变化

6.5.3　未来气候情景下水资源量预估

通过与基准期（1980～2009 年）的对比可以发现（表 6-8），在 RCP4.5 情景下，2020～2049 年嫩江流域、松花江下游控制站点的年径流量分别减少 33% 和 15.9%，而第二松花江下游的扶余站年径流量则由基准期的 138.8 亿 m^3 增加到 163.3 亿 m^3。RCP8.5 情景下，2020～2049 年嫩江流域、松花江下游控制站点的年径流量分别减少 37.8% 和 24.2%，而第二松花江下游的扶余站年径流量则由基准期的 138.8 亿 m^3 增加到 152.2 亿 m^3。

表 6-8　未来气候情景（RCP4.5 和 RCP8.5）下水资源量的变化

流域	1980～2009 年平均（亿 m^3）	RCP4.5		RCP8.5	
		2020～2049 年平均（亿 m^3）	相对变化（%）	2020～2049 年平均（亿 m^3）	相对变化（%）
嫩江（大赉）	202.8	135.9	−33	126.1	−37.8
第二松花江（扶余）	138.8	163.3	17.7	152.2	9.68
松花江（佳木斯）	604.7	508.8	−15.9	458.1	−24.2

6.6　气候变化对松嫩平原作物耗水和灌溉需水的影响

开展气候变化对作物耗水及灌溉需水的影响研究，有助于加深气候变化对农业生产与水资源安全影响的认识，从而更好地在保障粮食安全与水资源可持续利用之间进行平衡，满足国家粮食安全和生态安全保障的重大需求。松嫩-三江平原是中国粮食核心主产区和重要的商品粮基地,对于保障国家粮食安全具有举足轻重的地位。在全球气候变暖的背景下,随着活动积温的增高,作物适宜种植界线向北推移,为水稻种植面积的扩张提供了热量条件,由于水稻种植属于高耗水生产,其大规模扩张势必对区域水资源利用格局产生深刻的影响。分析未来可能的作物耗水格局和灌溉需求,将为未来的水利设施建设、水资源高效配置提供重要的科学参考。

6.6.1 研究方法

(1)数据来源

气象资料为松嫩平原内 20 个国家气象站及周边 14 个气象站 1961～2009 年的逐日数据,来源于国家气象信息中心中国气象科学数据共享服务网。

松嫩平原土地利用图(1975 年、1985 年、1996 年、2005 年)来源于中国科学院东北地理与农业生态研究所遥感与地理信息研究中心,为陆地卫星 TM 影像解译成果。

水稻生育期观测资料来源于松原市前郭灌区灌溉管理局重点试验站。

(2)松嫩平原作物系数估算

采用 FAO 推荐的作物系数法估算作物生长季内各生育阶段的耗水量。FAO 56 指南中推荐的基础作物系数(K_c)为土壤表层干燥,但根层水分含量仍能完全维持作物蒸腾时的作物需水量(ET_c)与潜在蒸散(ET_0)的比值。它代表在没有灌溉或降水对土壤蒸发产生额外影响情况下的作物系数,反映作物在标准状态下的蒸散特性。FAO 56 指南中给出了全球各种主要作物的播种日期、各生长阶段的长度,以及一般气候条件下〔亚湿润型气候、白天最小相对湿度(RH_{min})约 45%、平均风速约为 2m/s〕的典型作物系数值。由于 K_c 主要考虑作物特性和个别气象因素,从而使得 K_c 标准值在不同地点、不同气候区经修订后能互相通用。K_{cm} 修正公式如下:

$$K_{c_i} = K_{cprew} + \left[\frac{i - \sum (L_{stage})}{L_{stage}} \right] (K_{cnext} - K_{cprew}) \qquad (6-23)$$

$$K_{cm} = K_c + 0.04 \times (U_2 - 2) - 0.004 \times (RH_{min} - 45) \times (h/3)^{0.3} \qquad (6-24)$$

式中,K_{c_i} 为水稻生育期第 i 天的作物系数;K_{cprew} 为第 i 天所在生育时期的前一个生育时期的 K_c 值;K_{cnext} 为第 i 天所在生育时期的后一个生育时期的 K_c 值;L_{stage} 为第 i 天所在生育时期历时天数(d);$\sum (L_{stage})$ 为第 i 天所在生育时期之前所有生育时期历时天数之和(d);U_2 为作物生长中、晚期 2 m 高处 1～6 m/s 日风速平均值;RH_{min} 为作物生长中、晚期 20%～80% 的最低相对湿度平均值;h 为作物生长中、晚期日最低相对湿度在 20%～80% 情况下的植株平均高度(m)。

松嫩平原种植一季水稻,根据松原市前郭灌区灌溉管理局重点试验站近 10 年水稻栽培生育期观测记录数据,松嫩平原水稻种植制度年际间变化较为稳定。水稻育秧采用温室大棚,一般是 4 月初开始育秧,苗期 1 个月左右,一般在 5 月 5 日前后移栽大田,水稻收割一般在 10 月 1 日前后,水稻大田生育期为 153d。结合 FAO 56 推荐的水稻时段历时的划分,对松嫩平原水稻本田期生育时段及历时进行了划分(表6-9)。发育期与发育中期修正之后的作物系数略高于推荐值,其原因在于松嫩平原风速较大且相对湿度较低。修正之后的生育后期作物系数略高于推荐值,其原因在于松嫩平原地处高纬度,9月温度较低。

表6-9 松嫩平原水稻(中晚熟品种/组合)生育时期划分级作物系数

生育时期	生育早期	发育期	生育中期	生育后期
	返青–分蘖期	分蘖盛期–拔节期	孕穗–乳熟期	黄熟期
日期	5.1~5.31	6.1~6.30	7.1~8.31	9.1~9.30
历时(d)	31	30	62	30
FAO 推荐 K_c	1.05	1.05~1.20	1.20	0.90~0.60
修正 K_{cm}	1.05	1.05~1.22	1.22	0.80~0.70

根据上述作物系数估算方法,计算松嫩平原及周边34个气象台站水稻生育期内逐日作物系数,统计得到不同生育时段作物系数均值。应用 GIS 软件 Kriging 插值法对20个气象台站水稻不同生育时段作物系数进行空间插值,得到水稻作物系数空间分布。

(3) 1970~2009年松嫩平原水稻需水量估算

实际作物蒸散耗水根据作物参考蒸散和作物系数求得,表示为

$$ET_c = K_{cm} \cdot ET_0 \tag{6-25}$$

式中,ET_0 为潜在蒸散量(mm/d);ET_0 采用为 FAO 推荐的修正的 Penman-Monteith 公式[式(6-1)]进行计算。计算中,因松嫩平原水稻生育期除晒田外,其他时期都保持一定的水层,加上昼夜温差较大,白天太阳辐射增加水温,晚上水温随之降低。忽略土壤热通量。

在不考虑水稻品种变化的情况下,根据作物系数法估算松嫩平原及周边34个气象台站水稻生育期内日需水量,统计得到水稻不同生育时段需水量,分年代统计34个气象台站水稻生育期内需水量,应用 GIS 软件 Kriging 法对水稻生育期内需水量进行空间插值,得到水稻需水量年代际空间分布。

(4) 2014~2049年松嫩平原水稻需水量估算

气候变化情景选取国家气象中心提供的区域气候模式 CMIP5 RCP4.5 排放情景数据集(0.5°×0.5°)。该数据集只提供了月均温度、月均最低、最高温度及月均降水量数据。根据松嫩平原经纬度坐标,提取了81个格点数据。未来40年松嫩平原水稻需水量估算过程如下。

建立历史时期(1961~2005年)实测月均温度数据与 GCM 模式月均温度之间的统计关系,用以校正预估的未来月均温度。

建立历史时期(1961~2005年)实测月均降水量数据与 GCM 模式月均降水量之间的统计关系,用以校正预估的未来月均降水量。

采用 McCloud 模型基于气温估算历史时期(1970~2009年)潜在蒸发量,同时采用 P-M 模型估算历史时期(1970~2009年)潜在蒸散量,建立 P-M 模型与 McCloud 模型估

算的潜在蒸散量线性回归模型：

$$\mathrm{ET_{Mc}} = 25.4KW^{1.8T} \tag{6-26}$$

$$\mathrm{ET_{P-M}} = a \cdot \mathrm{ET_{Mc}} + b \tag{6-27}$$

式中，$\mathrm{ET_{Mc}}$ 为潜在蒸散量（mm）；$K = 0.01$；$W = 1.07$；T 为月平均温度（℃）。应用 McCloud 模型估算 2014 ~ 2049 年水稻生育期内（5 ~ 9 月）潜在蒸散量，换算成 P-M 模型估算的潜在蒸散量（表 6-10）。在不考虑水稻品种变化的情况下，根据作物系数法估算未来 40 年松嫩平原 34 个气象台站水稻生育期内月均需水量，统计得到水稻不同生育时段需水量。分年代统计 2014 ~ 2049 年 34 个气象台站水稻生育期内需水量，应用 GIS 软件 Kriging 插值法对水稻生育期内需水量进行空间插值，得到水稻需水量年代际空间分布。

表 6-10　历史时期 McCloud 模型和 P-M 模型估算月均潜在蒸散线性模型

月份	线性模型（$n = 800$）	$R^2 (P < 0.05)$
1	$y = 0.056x - 0.032$	0.950
2	$y = 0.056x + 0.124$	0.915
3	$y = 0.073x + 1.166$	0.753
4	$y = 0.158x + 2.639$	0.815
5	$y = 0.348x + 3.646$	0.741
6	$y = 0.748x + 11.74$	0.751
7	$y = 1.366x + 7.294$	0.613
8	$y = 1.111x + 9.877$	0.812
9	$y = 0.503x + 4.853$	0.596
10	$y = 0.229x - 0.159$	0.530
11	$y = 0.108x - 0.055$	0.729
12	$y = 0.072x - 0.097$	0.930
年均值	$y = 0.517x + 48.05$	0.884

（5）水稻灌溉需水量

松嫩平原水稻本田期除晒田和黄熟期田间不保持水层外，其他生育时期均保持不同的水层深度，因此有效降水量指总降水量中把田面水深补充到最大适宜深度的部分，以及供作物蒸发蒸腾利用的部分和改善土壤环境的深层渗漏部分之和，不包括形成地表径流和无效深层渗漏部分。有效降水量采用美国农业部水土保持司推荐的方法计算：

$$P_{\mathrm{eff}} = P_{\mathrm{month}} \times (125 - 0.2 \times P_{\mathrm{month}})/125 \quad (P_{\mathrm{month}} \leqslant 250\mathrm{mm})$$

$$P_{\mathrm{eff}} = 125 + 0.1 \times P_{\mathrm{month}} \quad (P_{\mathrm{month}} > 250\mathrm{mm}) \tag{6-28}$$

式中，P_{eff} 为月有效降水量（mm/月）；P_{month} 为月总降水量（mm/月）。

水稻的灌溉需水量等于各生育时段作物需水量与有效降水量的差值，再加上苗期需水量、泡田水量和田间渗漏量。根据松原市前郭灌区灌溉管理局重点试验站多年监测数据，采用温室大棚育秧，秧田与大田面积比例为 1∶80，苗期需水量换算成大田需水量约为 5mm；大田泡田定额为 $100\mathrm{m}^3/667\mathrm{m}^2$（约为 150mm）；田间渗漏量为 1mm/d，大田期存在田间渗漏的天数约为 100d。所以，水稻生育期灌溉需水量（I_s）公式及不同生育时段灌溉需水量（I_{s_nj}）可分别表达如下：

$$I_s = \sum_{i=1}^{n=4} \mathrm{ET}_c - \sum_{i=1}^{n=4} P_{\mathrm{eff}} + 255 \qquad (6\text{-}29)$$

$$I_{s\_nj} = \sum_{i=1}^{nj} \mathrm{ET}_{c\_nj-i} - \sum_{i=1}^{nj} P_{\mathrm{eff}\_nj-i} + nj \qquad (6\text{-}30)$$

式中，nj 为第 j 生育时段天数；ET_{c_nj-i} 为第 j 个生育阶段第 i 天的蒸散量（mm/d）；P_{eff_nj-i} 为第 j 个生育阶段第 i 天的有效降水量（mm/d）。

以松嫩平原 20 个国家气象台站估算的水稻需灌溉水量，插值得到 1970 ~ 2009 年的空间分布值，然后以相应年代的水稻空间分布取其均值作为该年代水稻需灌溉水量均值；再以流域内 81 个格点估算的水稻灌溉需水量插值得到 2014 ~ 2049 年的空间分布图。

（6）气候变化对水稻需水量贡献率计算

以 20 世纪 70 年代水稻需水量为基准，计算气候变化对松嫩平原水稻需水量的贡献率。作物需水量（water requirement，WR）与潜在蒸散量及作物系数相关，在不考虑小气候的影响时与作物种植面积无关。假定水稻品种和栽培技术不变，水稻需水量的增加来源于气候变化，则气候变化对水稻需水量贡献率（contribution rate of climate change，CRCC）和气候变化增加灌溉需水量（irrigation water requirement by climate change，IWR_{cc}）按下面方法计算：

$$\mathrm{CRCC}_i = \frac{\mathrm{WR}_i - \mathrm{WR}_{70s}}{\mathrm{WR}_{70s}} \times 100\% \qquad (6\text{-}31)$$

$$\mathrm{IWR}_{cci} = \mathrm{CRCC}_i \times S_i \times \mathrm{IWR}_i \qquad (6\text{-}32)$$

式中，WR_i 为 i 年代水稻需水量（mm）；S_i 为第 i 年代水稻种植面积（$10^4 \mathrm{hm}^2$）；IWR_i 为 i 年代灌溉需水量（$10^8 \mathrm{m}^3$）。

6.6.2 水稻全生育期需灌溉水量变化

（1）1970 ~ 2009 年灌溉需水量的时空变化

1970 ~ 2009 年，气候变暖导致松嫩平原水稻全生育期需水量及灌溉需水量均呈波动增加的趋势（图 6-17），其中需水量以 38.1mm/10a 的速率增长，灌溉需水量以 44.2mm/10a 的速率增长，比需水量增长速率高 16.0%。其原因在于有效降水量呈波动下降趋势，以 6.1mm/10a 的速率减少。

1970 ~ 2009 年，气候变化对松嫩平原水稻全生育期需灌溉水量整体呈上升趋势（图 6-18）。空间上，需灌溉水量等值线沿西南—东北方向递减，同一需灌溉水量等值线北移。时间上，需灌溉水量随年代呈显著增加趋势；20 世纪 70 年代需灌溉水量为 300 ~ 550mm，21 世纪 20 年代需灌溉水量为 400 ~ 750 mm，为 20 世纪 70 年代灌溉需水量的 1.33 ~ 1.36 倍。

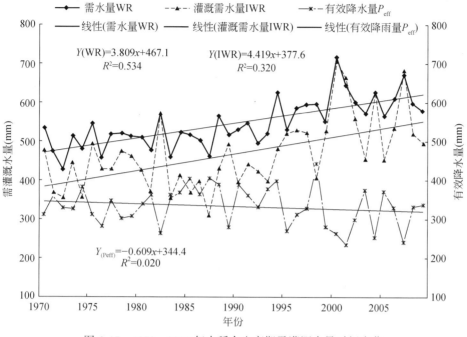

图 6-17 1970～2009 年水稻全生育期需灌溉水量时间变化

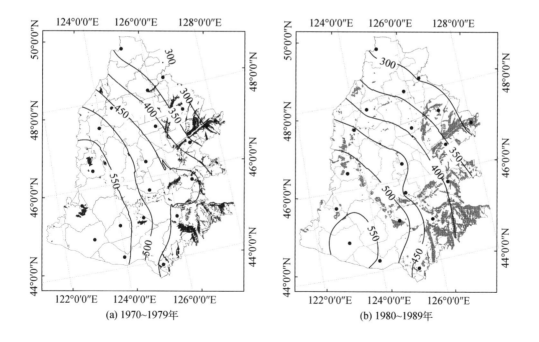

(a) 1970~1979年　　　　　(b) 1980~1989年

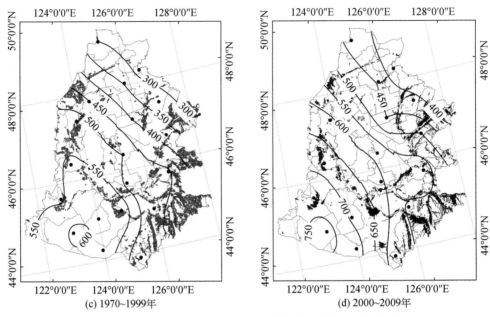

图 6-18　1970～2009 年水稻全生育期灌溉需水量空间变化

（2）2014～2049 年灌溉需水量时空变化

2014～2049 年，松嫩平原水稻全生育期需水量及灌溉需水量均呈波动增加趋势（图 6-19），其中需水量以 32.5mm/10a 的速率增长，灌溉需水量以 19.9mm/10a 的速率增长，比需水量增长速率低 38.8%。其原因在于有效降水量以 12.6mm/10a 波动上升，缓解了水稻需水量增加带来的水分需求。

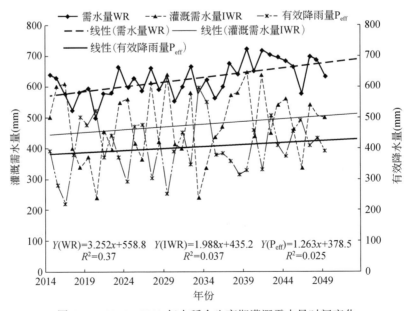

图 6-19　2014～2049 年水稻全生育期灌溉需水量时间变化

2014～2049 年，虽然气候变化对松嫩平原水稻全生育期需灌溉水量空间变化影响相对较小，但水稻灌溉需水量仍呈增加趋势（图 6-20）。在空间变化上，灌溉需水量等值线沿西南—东北方向递减；同一灌溉需水量等值线北移，但幅度较过去 40 年小。在时间变化上，灌溉需水量随年代增加呈增加趋势；21 世纪 10 年代灌溉需水量为 250～650mm，40 年代灌溉需水量为 300～750mm，为 10 年代灌溉需水量的 1.20～1.15 倍，说明未来气候变化对松嫩平原水稻灌溉水分需求的影响相对减弱。

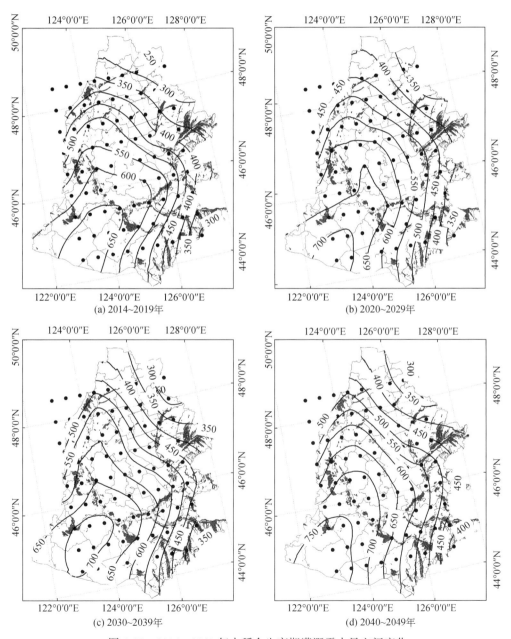

图 6-20 2014～2049 年水稻全生育期灌溉需水量空间变化

6.6.3 不同生育时段需灌溉水量变化

（1）1970～2009 年的时空变化

1970～2009 年，松嫩平原水稻不同生育时段灌溉需水量随年代际均呈显著增加趋势（图 6-21）。移栽期灌溉需水量为 118～151mm，拔节期灌溉需水量为 116～148mm，孕穗开花期灌溉需水量为 189～220mm，灌浆成熟期灌溉需水量为 75～96mm。移栽期灌溉需水量稍高于拔节期，因为 6 月是松嫩平原雨季的开始，较充沛的降水，缓解了水稻对水分的需求。

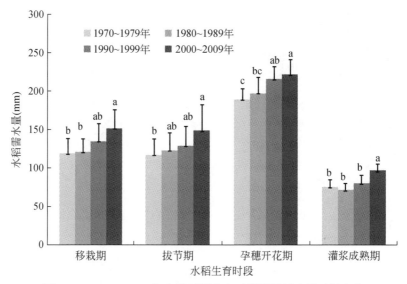

图 6-21 1970～2009 年水稻不同生育时段灌溉需水量时间变化

孕穗开花期是水稻生长的关键时期，1970～2009 年，气候变化对松嫩平原水稻孕穗开花期灌溉需水量影响较小（图 6-22），说明孕穗开花期松嫩平原水稻需水量与降水量相对较稳定。在空间变化上，孕穗开花期灌溉需水量等值线沿西南—东北方向递减，同一灌溉需水量等值线北移距离较小。在时间变化上，孕穗开花期灌溉需水量随年代的增加呈增加趋势，但不显著；20 世纪 80 年代灌溉需水量较低，为 40～120mm，其他 3 个年代际灌溉需水量差别不大，为 60～160mm。

（2）2014～2049 年的时空变化

2014～2049 年，松嫩平原水稻不同生育时段灌溉需水量，移栽期为 124～157mm，拔节期为 122～145mm，孕穗开花期为 233～262mm，灌浆成熟期为 78～107mm（图 6-23）。移栽期灌溉需水量稍高于拔节期，是因为 6 月是松嫩平原雨季的开始，较充沛的降水，缓解了水稻对水分的需求。气候变化背景下，移栽期与灌浆成熟期水稻灌溉需水量随年代际显著增加，说明未来气候变化对这两个时段影响较大；而拔节期与孕穗开花期水稻灌溉需水量随年代际变化不显著，说明未来气候变化对这两个时段影响较小。

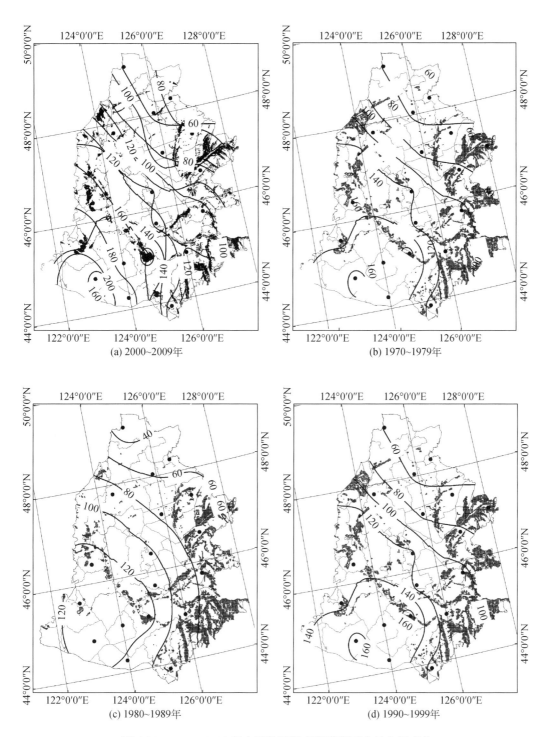

图 6-22　1970～2009 年水稻孕穗开花期灌溉需水量空间变化

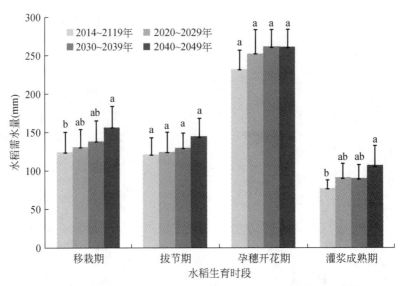

图 6-23 2014～2049 年水稻不同生育时段需灌溉水量时间变化

　　2014～2049 年，气候变化对松嫩平原水稻孕穗开花期需灌溉水量影响较大，主要是孕穗开花期水稻需水量增加较多（图 6-24）。在空间变化上，孕穗开花期需灌溉水量等值线沿西南—东北方向递减，同一灌溉需水量等值线北移距离较小。在时间变化上，孕穗开花期灌溉需水量随年代呈显著增加趋势；21 世纪最初 10 年水稻需灌溉水量最低，为 30～150mm，其他 3 个年代际需灌溉水量差别不大，为 40～200mm。

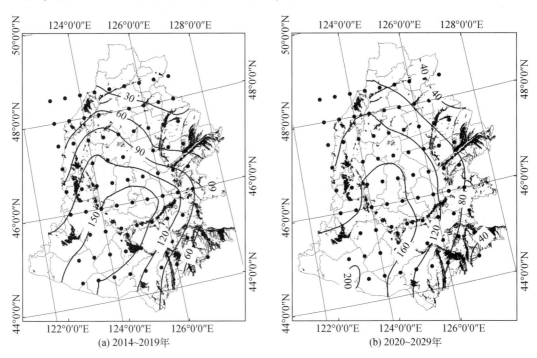

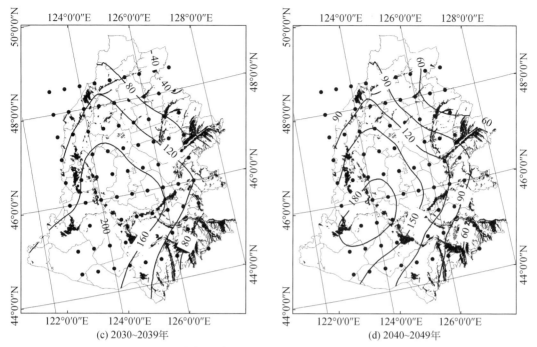

(c) 2030~2039年　　　　　　　　　　　(d) 2040~2049年

图 6-24　未来 40 年水稻孕穗开花期灌溉水量空间变化

6.6.4　气候变化对水稻水分需求贡献率

松嫩平原不同年代水稻灌溉需水量计算结果见表 6-11。1970~2009 年，随着气候变化与水稻种植面积的增加，水稻灌溉需水量呈显著增加。21 世纪最初 10 年水稻种植面积比 20 世纪 70 年代面积增加 40.0%，而水稻灌溉需水量增加 105.2%。未来情景下，气候变化对水稻需水量的贡献率呈波动上升，与 20 世纪 70 年代相比，在不考虑水稻新品种及新栽培技术应用的情况下，21 世纪最初 10 年气候变化对水稻需水量的贡献率为 23.6%，40 年代气候变化对水稻需水量的贡献率为 34.4%。气候变化将增加水稻水分需求，在不考虑水稻新品种及新栽培技术的应用情况下，与 20 世纪 70 年代相比，21 世纪最初 10 年代将增加 14.8 亿 m³ 灌溉水量，40 年代将增加 21.2 亿 m³ 灌溉水量。

表 6-11　气候变化对松嫩平原水稻需水量贡献率

时间	面积（万 hm²）	全生育期			与 20 世纪 70 年代相比	
		需水量（mm）	需灌溉水量（mm）	需灌溉水量（亿 m³）	贡献率（%）	增加需灌溉水量（亿 m³）
1970~1979 年	75.0	498.2	409.6	30.7	0.0	0.0
1980~1989 年	80.1	509.7	388.7	31.2	2.3	0.7
1990~1999 年	109.5	557.3	446.1	48.9	11.9	5.8
2000~2009 年	115.0	615.6	547.7	63.0	23.6	14.8

续表

时间	面积 （万 hm²）	全生育期			与20世纪70年代相比	
		需水量 （mm）	需灌溉水量 （mm）	需灌溉水量 （亿 m³）	贡献率 （%）	增加需灌溉水量 （亿 m³）
2010~2019 年	115.0	556.5	447.9	51.5	11.7	6.0
2020~2029 年	115.0	600.0	485.6	55.9	20.4	11.4
2030~2039 年	115.0	621.3	494.7	56.9	24.7	14.1
2040~2049 年	115.0	669.6	535.1	61.6	34.4	21.2

6.6.5 2010~2049 年水稻需水量及灌溉水量预估

基于国家气候中心《中国地区气候变化预估数据集》（Version3.0）的未来气候变化情景数据，在未来40年水稻种植面积维持1725万亩①和按粮食增产工程规划2030年水稻田面积达到2500万亩的两种方案下，分别预估了2010~2049年RCP4.5和RCP8.5两种气候变化情景下松嫩平原水稻需水量及灌溉水量时空变化（表6-12，表6-13）。如果维持现状水稻种植面积，RCP4.5和RCP8.5情景下，松嫩平原2010~2039年灌溉需水量将在70亿~85亿 m³ 变化。如果2030年达到2500万亩，则灌溉需水量将达到105亿 m³ 以上，与目前灌溉水量比，将新增35亿 m³ 以上的灌溉需求。

表6-12 假定未来40年松嫩平原水稻种植面积不变松嫩平原水稻需水量与缺水量预估

		2000s	2010s	2020s	2030s	2040s
	面积（万亩）	1725	1725	1725	1725	1725
RCP_4.5	需水量（亿 m³）	71.4	64.9	70.0	72.5	78.1
	缺水量（亿 m³）	29.9	19.2	25.0	25.1	28.6
RCP_8.5	需水量（亿 m³）	71.4	67.6	75.3	75.7	84.7
	缺水量（亿 m³）	29.9	19.0	29.8	26.4	41.4

表6-13 根据粮食工程增产规划2030年水田面积达到2500万亩松嫩平原水稻需水量与缺水量预估

		2000s	2010s	2020s	2030s	2040s
	面积（万亩）	1725	2022	2264	2500	2500
RCP_4.5	需水量（亿 m³）	71.4	76.1	91.8	105.0	113.1
	缺水量（亿 m³）	29.9	22.5	32.8	36.4	41.4
RCP_8.5	需水量（亿 m³）	71.4	79.2	98.8	109.7	122.8
	灌溉水量（亿 m³）	29.9	22.2	39.1	38.3	59.9

---

① 1 亩 ≈ 666.7 m²。

第7章 中国陆域蒸散和径流的演变趋势

7.1 蒸散格局与演变趋势

地表蒸散（ET）是全球水循环的主要组成部分，水分蒸发时带走的潜热是大气水汽凝结时的主要热量来源，作为水分和能量循环的关键要素，蒸散在气候系统和生物地球化学循环中起着至关重要的作用。全球陆地年降水量约为800mm，其中约60%的水分通过蒸散返回大气（Baumgartner and Reichel，1975；Oki and Kanae，2006），在半湿润、半干旱和干旱区，ET可占降水的90%以上。ET的准确估算，对改善农业管理水平（van Niel and McVicar，2004），提高径流和洪水预测精度，增强干旱检测和灾害评估的能力（McVicar and Jupp，1998），以及促进水资源的科学管理等方面都十分重要。

地表蒸散主要受植被/土壤特征（如叶面积指数、气孔导度、土壤湿度等）、太阳辐射和大气状况的影响。过去几十年，ET的直接观测只能在站点尺度进行，主要通过涡度相关技术和波文比系统进行（Baldocchi et al.，2001；Brümmer et al.，2011）。20世纪90年代中后期，大孔径闪烁仪开始应用于较大尺度（500～5000m）的水热通量观测，因而在中分辨率卫星传感器的象元尺度（1km），ET也可直接测定得到（Liu et al.，2013）。

区域尺度ET的估算只能通过间接方式获得。过去，大范围的ET多基于水量平衡原理，通过降水量减去径流量来估算，由于缺少土壤剖面蓄水量变化的资料，其精度受到限制（Zhang et al.，2001；Mo et al.，2004b）。由于ET具有较大的空间异质性，在站点稀缺地区通过插值获取区域ET值是不可靠的。目前，基于生物物理和生物化学过程的机理模型可以集成遥感植被信息提高预测精度，成为预测区域ET空间格局和变化的主要手段（Bastiaanssen et al.，1998；Liu，2004；Choudhury and Digirolamo，1998；Mu et al.，2007a；Fisher et al.，2008；Leuning et al.，2008；Zhou et al.，2009；Zhang et al.，2010）。鉴于地表温度（LST）是与植被冠层水分状况紧密关联的变量，通过地表能量平衡法（Bastiaanssen et al.，1998；Kustas et al.，1998），遥感LST数据被广泛用于估算潜热通量或ET。然而，由于云和气溶胶的影响，LST数据的精度不高，难以满足地表湍流热通量计算方法的精度要求，限制了其在蒸散连续监测中的应用（Li，2009）。光学植被指数是可见光红光（RED）与近红外波段（NIR）波谱反射率的比值[增强植被指数（EVI）用的是蓝波段]，能够精确地检测植被绿度变化，它包含了冠层叶面积、叶绿素含量、叶片角度和覆盖度等信息。在中分辨率像元尺度，ET与植被指数和温度的乘积高度相关，而由于存在景观异质性，ET与地表和上层大气之间的温度梯度没有明显关系（Nagler et al.，2005b）。近年来，植被指数被集成到蒸散物理模型中，如Penman-Monteith（P-M）模型和Priestley-Taylor（P-T）模型，这些模型广泛用于周、月时间尺度和区域、全球空间尺度蒸散的模拟（Liu et al.，2003a；Cleugh et al.，2007；Fisher et al.，2008；Guerschman，2009；Yuan et al.，2010；Mu et al.，2011；Vinukollu et al.，2011；Ruhoff et al.，2013）。在 P-M 模型中，叶面气孔导度是控制冠层蒸腾的关键，需要仔细校准，尤其在植被稀疏状况下更是如此（Leuning et al.，2008；Zhang et al.，2009）。同时，在某些生态系统中，植被密度季节性变化较大的，如农田和草地，土壤蒸发可能占到年 ET 的 1/3，甚至更多。而当前遥感蒸散模型中的土壤蒸发模式较为简单，大多忽略了降水强度和土壤含水量对土壤蒸发的影响（Mu et al.，2011；Kochendorfer and Ramirez，2010；Leuning et al.，2008）。

全球气候变化将加剧潜在蒸散和实际蒸散的水文循环过程，遥感蒸散常用于判断区域乃至全球尺度上的水文循环趋势（Zhang et al.，2009；Wang et al.，2010；Jung，2010）。20 世纪 80 年代初到 90 年代末，辐射强度的增加和增温使得全球陆地蒸散量增加，然而受南半球土壤湿度的限制，蒸散增加趋势似乎于 1997 年出现了转折（Jung，2010）。90 年代中期之前，由于风速和日照时数下降的负效应大于气温升高对蒸发能力增加的正效应（Thomas，2000；Xu et al.，2006；Roderick et al.，2007；Burn and Hesch，2007；Mo et al.，2009；Zhang et al.，2009；Yin et al.，2010；Liu et al.，2012），全球某些区域的蒸发皿观测值表现出相应的下降趋势（Thomas，2000；Burn and Hesch，2007；Roderick and Farquhar，2002；Yang H and Yang D，2012）。相关研究表明，在区域和全球尺度上，过去几十年的陆地实际蒸散存在显著的年代际变化（约为 10%）（Wang et al.，2010）。气候变化背景下，中国蒸散量变化呈现多样化趋势（Gao et al.，2007）。由于森林砍伐、灌溉和气候变化，中国东部半湿润区和湿润区 20 世纪 50 ~ 90 年代实际蒸散量呈下降趋势，中国西部干旱和半干旱区呈上升趋势（Liu，2008）。20 世纪 80 年代至 2009 年，灌溉和全球变暖使得华北平原冬小麦和夏玉米的实际蒸散量呈现增加趋势（Zhang et al.，2011）。在美国本土大部分区域（Walter et al.，2004）和阿拉斯加州绝大部分区域也存在蒸散量增加的证据（Zhang et al.，2009）。

本节采用 VIP 模型系统中的遥感蒸散模型（详见 4.2 节），基于 NOAA AVHRR 和 MODIS NDVI 数据，模拟了 1981 ~ 2010 年中国陆域的季节蒸散。通过分析蒸散的空间格局演变和年际变化特征，评估气候变化对中国陆地蒸散的影响。

7.1.1 数据及其处理方法

遥感数据：包括土地利用土地覆被类型数据、NDVI 时间序列数据。其中，土地利用/土地覆被数据采用 Terra-MODIS 影像①［图 7-1（a）］。NDVI 数据包括 1981 ~ 2006 年 15d 间隔、8km 时空分辨率的 AVHRR GIMMS NDVI 产品②，2000 ~ 2010 年的 Terra-MODIS 16 天合成 NDVI 产品③。通过对区域 MODIS 和 AVHRR 数据进行线性回归，建立 2007 ~ 2010

---

① Moderate Resolution Imaging Spectroradiometer Data home page. http：//modis. gsfc. nasa. gov/data/dataprod/mod12. php.

② Goddard Earth Sciences Data and Information Ser vices Center. Data home page. http：//disc. sci. gsfc. nasa. gov/landbio/.

③ Moderate Resolution Imaging Spectroradiometer Data home page. http：//modis. gsfc. nasa. gov/data/dataprod/mod13. php.

年的 MODIS NDVI 和 AVHRR NDVI 的线性关系，获取 2007 ～ 2010 年的半月尺度的 NDVI 数据。采用 S-G 滤波（Savitzky and Golay，1964）对 NDVI 数据进行平滑，进一步去除云的污染和噪声，通过拉格朗日多项式方法将数据插值到日尺度上。

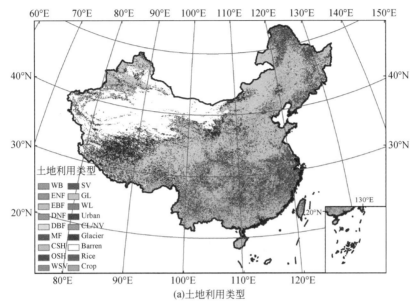

(a)土地利用类型

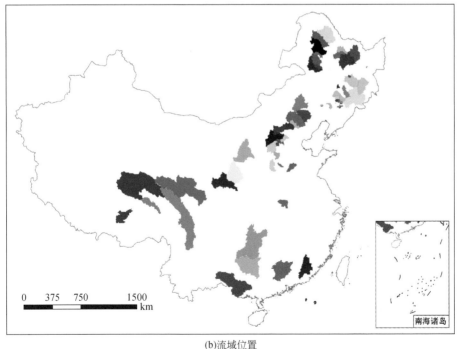

(b)流域位置

图 7-1　中国土地利用/土地覆被类型流域蒸散验证的空间分布

WB：水体；ENF：常绿针叶林；EBF：常绿阔叶林；DNF：落叶针叶林；DBF：落叶阔叶林；MF：混交林；CSH：郁闭灌丛；OSH：稀疏灌木；WSV：木本热带稀树草原；SV：热带稀树草原；GL：草地；WL：湿地；CL/NV：作物/自然植被（下同）[图（a）]。水量平衡方法计算 ET 用到流域的位置

气象数据：全国 730 个站点的日气象数据，来自国家气象数据共享网（http：//cdc. cma. gov. cn/）。采用梯度反距离平方法（GIDS）（Nalder and Wein，1998）插值到全国 8km 栅格。GIDS 方法中利用多元回归分析方法解析地形、经度和纬度对插值的影响，通过交叉验证方法发现其精度高于 IDS（反距离平方）方法（林忠辉等，2002）。

站点通量观测数据：来自禹城农业生态站（YC）（116°38′E，36°57′N）、桃源农业生态站（TY）（111°30′E，28°55′N）和锡林郭勒草原生态站（XL）（43°38′N，116°42′E）的涡度相关通量观测数据。通量数据为半小时平均值，用于验证 VIP 模型的水汽通量模拟结果。涡度相关观测系统中，水汽通量由 Li-Cor7500 开路式 CO_2/H_2O 分析仪测定。禹城站种植的作物是冬小麦和夏玉米，桃源站种植双季稻，锡林郭勒站为天然草地。

水文站点观测数据：2000~2010 年 62 个水文站点的流量观测数据。对应中国东部从南至北 62 个流域，面积为 300~130 000km²，这些流域的总面积覆盖了全国 13.8% ［图 7-1（b）］。基于水文站流量观测数据，通过水量平衡余项法，考虑了根区土壤剖面蓄水量的变化，计算流域年蒸散量，用于蒸散模拟结果的验证。

7.1.2　ET 模拟结果的多尺度验证

对比分析表明，日蒸散量 VIP 模型模拟值和禹城站、桃源站和锡林郭勒站 3 个站的观测值显著相关，决定系数（R^2）分别为 0.61、0.73 和 0.61，均方根误差（RMSEs）分别为 1.03mm/d、0.79mm/d 和 0.70mm/d，最佳拟合线均在 1∶1 线附近 ［图 7-2（a）~图 7-2（c）］。由于涡度相关湍流通量测量值存在能量不闭合的问题，使得蒸散值存在 10%~20% 的观测误差。禹城站和桃源站的年蒸散量模拟值分别为 714mm 和 712mm，该值与水量平衡方法和大孔径闪烁仪方法的观测值基本一致（Mo et al.，2012；Wang et al.，2004）。文献调研表明，VIP 模型与其他遥感模型的模拟精度较为接近，如 Mu 等（2007a）报道，蒸散量的模拟值与涡度相关观测值间的 RMSEs 为 0.96~2.27mm/d；澳大利亚常绿森林和热带稀树草原生态系统蒸散观测值与模拟值间的 R^2 为 0.74mm/d、RMSE 为 0.95mm/d（Cleugh et al.，2007）。

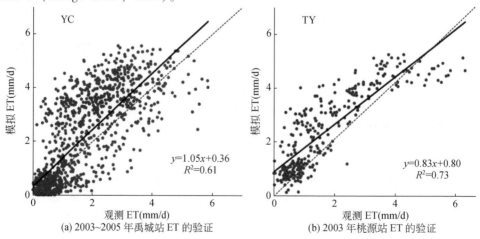

(a) 2003~2005 年禹城站 ET 的验证　　(b) 2003 年桃源站 ET 的验证

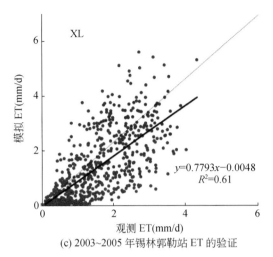

(c) 2003~2005 年锡林郭勒站 ET 的验证

图 7-2　用禹城（YC）、桃源（TY）和锡林郭勒（XL）站的涡度相关观测值验证模型模拟的蒸散量

在面积不等的 62 个流域验证 ET，结果表明，年实际蒸散量模拟值与流域水量平衡计算值表现出较好的一致性，其中 R^2 为 0.71、相对误差为 15%、RMSEs 为 102.5 mm（图 7-3）。Zhang 等（2010）选用涵盖全球 61% 陆地面积的 261 个流域，通过比较遥感蒸散与流域水量平衡计算值，得到两者的平均 RMSE 为 186mm，R^2 为 0.80；类似地，Zhang 等（2008）对比澳大利亚 128 个流域，得到模拟和观测 ET 的 RMSE 为 78.6mm。

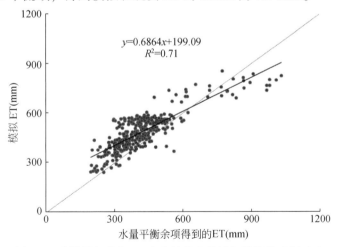

图 7-3　蒸散模拟值与 62 个流域的水量平衡计算值进行对比

7.1.3　年参考蒸散和实际蒸散的空间变化

在年际或更长时间尺度上，区域地表实际蒸散量受到降水和有效能量的控制（Budyko，1974）。地表获得的有效能量可通过潜在蒸散［本书采用 FAO 作物参考蒸散

（ET_p）〕量化。如图 7-4 （b）所示，ET_p 的空间分异性显示了其与地形、高程和纬度的显著相关性。全国空间平均年 ET_p 值为（916±21）mm，主要分布在 700 ~ 1300mm。在气候较冷的东北地区和青藏高原，ET_p 较低，年总量为 500 ~ 700mm；在南方地区、华北平原和西北干旱区，ET_p 较高，为 1000 ~ 1400mm。

全国陆域年实际蒸散（ET_a）具有较大的空间分异性，为 60 ~ 1400mm，总体呈现出由东南至西北逐渐减少的趋势〔图 7-4 （c）〕。蒸散量的空间分布与年降水量（PPT）〔图 7-4 （a）〕大体一致，表明大尺度上年蒸散量主要受降水支配。然而，在水分限制地区，灌溉农田的年蒸散量高于降水量，生长季灌溉农田的 NDVI 值通常也比自然植被高。

全国陆域 ET_a 多年平均值为（415±12）mm，约为降水量的 72%、ET_p 的 45%。该结果与其他学者对全国蒸散的研究结果相似。例如，周蕾等（2009）得到年平均 ET_a 为 442mm；Liu（2008）表明，20 世纪 90 年代年平均 ET_a 为 432mm，与年降水的比值为 0.73；Bing 等（2012）报道，过去 30 年年 ET_a 为 330 ~ 410mm。中国年平均 ET_a 低于全球陆地均值，如 Ryu 等（2011）、Fisher 等（2008）、Yuan 等（2010）和 Jung（2010）模拟得到全球陆地年蒸散分别为 500mm、444mm、417mm 和 516mm。

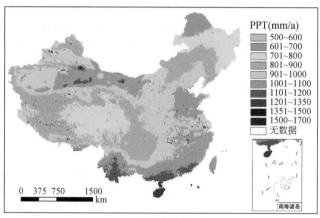

(a)年均降水

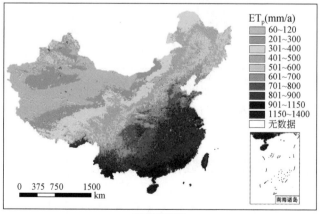

(b)潜在蒸散

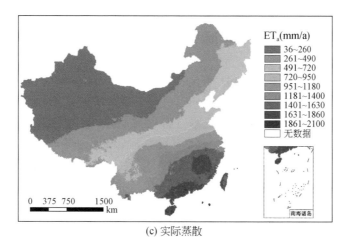

(c) 实际蒸散

图 7-4 1981～2010 年中国年均降水 （PPT）、潜在蒸散 （ET_p） 和实际蒸散 （ET_a） 的空间分布

全国年降水量、潜在蒸散和实际蒸散的频率分布如图 7-5 （a）～图 7-5 （c） 所示。ET_a 和 PPT 的频率分布非常相似，均为 4 个峰值，不过 ET_a 的分布曲线没有 PPT 的分布曲线那么陡，这表明 ET_a 的空间分布不只受降水支配，还包括其他因素，如 ET_p 和植被特征等。年 ET_p 大多数为 700～1400mm，变异性较小，主要由地面有效能量的变异性决定。

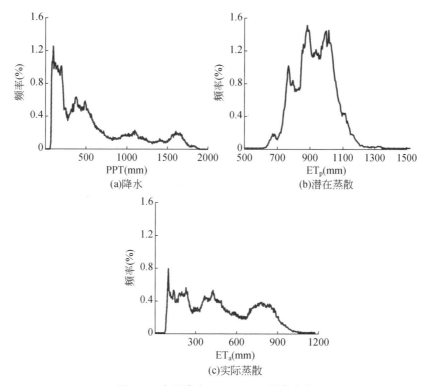

图 7-5 中国降水、ET_p、ET_a 频率分布

7.1.4 实际蒸散的季节和年际变化

全国陆域平均月蒸散量的季节性变化特征，主要受控于降水和净辐射的季节变化（图7-6）。1月蒸散最小 [（7.4 ±0.8）mm]，其后逐渐增加，7月达到最大值 [（76.1±3.9）mm]，秋季和冬季又逐渐降低。夏季（JJA）累积蒸散约占年蒸散的50%。月蒸散量标准差呈现夏季稍高而冬季稍低的特征，与夏季高温潮湿、冬季干燥寒冷的东亚季风气候相对应。除12月以外，月蒸散量低于降水量；全年月蒸散和降水均低于净辐射（水当量）。全年约43.4%的有效能量用于潜热通量。

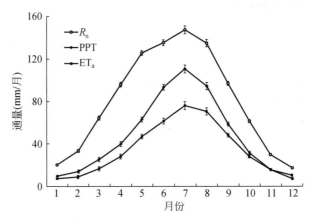

图7-6 全国平均月净辐射（R_n）（以水当量表示），
降水（PPT）和实际蒸散（ET_a）的季节变化

全国陆域蒸散的空间分布呈现显著的季节差异（图7-7）。冬季（DJF），由于植被休眠，且降水少，大部分区域的ET_a低于26 mm/月。春季太阳辐射充足，气温升高，土壤解冻，自然植被和作物返青生长，使得东南部地区的ET_a达到40～70mm/月。特别是，由于冬小麦在灌溉条件下生长旺盛，华北平原的ET_a明显高于周围区域。在夏季（JJA），中国东部地区受到海洋季风的影响，降水充足，ET_a最大达到150mm/月。在作物生长阶段，除了依赖灌溉水的绿洲区以外，西北沙漠区的ET_a都较低。在秋季，雨季结束，气温开始降低，东部植被覆盖区的ET_a显著降低，不过处于亚热带的南部、西南地区，最大ET_a仍然可以达到80mm/月左右。上述分析说明，ET_a空间分布的季节差异明显，植被覆盖区水分主要在夏季通过蒸散散失到大气中。

全国平均ET_p在1992年以前呈现减小趋势，之后开始上升 [图7-8（a）]。ET_p的减少主要由于低空大气边界层风速和下行太阳辐射减少，抵消了空气变暖对ET_p的正效应（Liu et al.，2004）。然而，1992年以后，空气变暖对蒸散量增加的正效应大于风速和太阳辐射减少带来的负效应（Liu et al.，2011）。

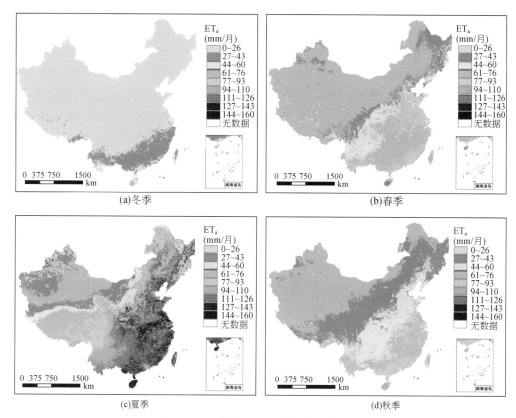

图 7-7 中国陆地季节蒸散的空间变化

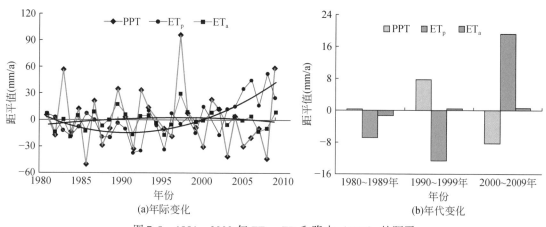

图 7-8 1981~2009 年 ET_p、ET_a 和降水（PPT）的距平

全国 ET_a 在 2000 年以前，呈略微上升的趋势，2000 年以后，略微下降。Jung（2010）指出全球 ET_a 具有相似趋势。ET_p 和 ET_a 的相反趋势验证了 ET_a 和 ET_p 存在互补关系的假设。ET_a 年距平值为 -20~30mm，约为 ET_p 距平值的一半。另外，年 ET_a 与 PPT 呈显著相关（$R^2 = $

0.60，$p<0.01$），表明 ET_a 在很大程度上受到年降水量的控制。由于根区蓄水量可以减缓气候波动带来的蒸散量年代际波动，ET_a 的年代际变化不如 PPT 和 ET_p 显著 ［图 7-8（b）］。

　　PPT、ET_p 和 ET_a 的年际变化趋势具有显著的空间分异性（图 7-9）。东北地区和南方地区的 PPT 和 ET_p 通常呈现出相反的变化趋势，因为降水的减少使得入射太阳短波辐射和水汽压差增大，从而使 ET_p 增加。中国中部地区、西南地区和东北地区的 ET_a 呈增加趋势，与气候变干的趋势相一致。然而，华北平原、东北平原和西北地区的 ET_a 也呈现增加趋势，主要原因可能是农业发展伴随的灌溉水增加，使作物耗水量也增加。在南方大部分地区，PPT 的减少导致 ET_a 减少。在青藏高原西部，PPT 和 ET_a 上升，而 ET_p 略微下降。

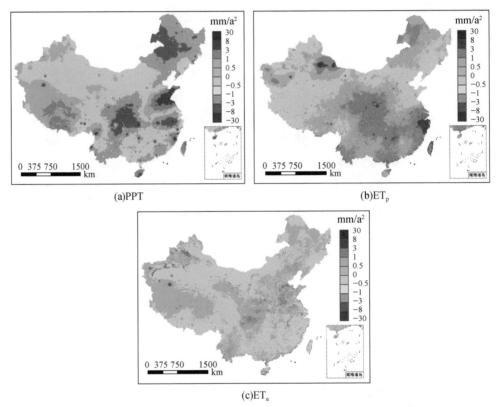

(a)PPT

(b)ET_p

(c)ET_a

图 7-9　1981～2010 年中国降水（PPT）、潜在蒸散（ET_p）和实际蒸散（ET_a）的趋势

　　图 7-10 从空间上显示了年 PPT、ET_p 和 ET_a 趋势的显著性检验结果（F 检验）。对降水而言，中国大部分区域变化趋势不显著（$\alpha=0.01$），仅内蒙古东部地区和西南部分地区出现下降趋势，青藏高原北部出现上升趋势。相比之下，潜在蒸散在南方大部分地区、中部地区和东北地区西部显著增加，而只有几个网格的 ET_p 呈现显著减少的趋势。实际蒸散在中西部地区呈现显著升高的趋势，由于近几十年来中国经济快速发展使得大气气溶胶浓度增加，日照时数呈现明显下降的趋势（Kaiser and Qian，2002；Streets et al.，2008），东部从南至北大部分地区的 ET_a 均呈现显著下降趋势。

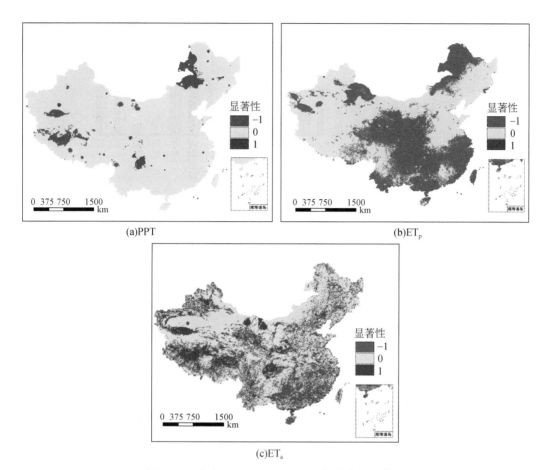

(a)PPT

(b)ET$_p$

(c)ET$_a$

图 7-10　降水（PPT）、ET$_p$ 和 ET$_a$ 年趋势的显著性

图例中–1，0 和 1 分别代表在 1% 置信水平下显著，不显著，增加趋势显著

7.1.5　不同植被类型的 ET$_a$ 年际变化

不同土地利用/植被覆盖类型的年平均 PPT 和 ET$_a$ 变化显著（图 7-11）。水稻的年 ET$_a$ 最大，草地、稀疏灌丛和无植被区最低。湿地、农田/自然植被复合地和森林稀树草原上的产水量（PPT 减去 ET$_a$ 的正残差）明显不同。所有植被类型的年 ET$_a$、ET$_p$ 和 PPT 的平均变异系数（C_V）分别低于 10%、7% 和 20%，表明 ET$_a$ 的年际波动更趋于 ET$_p$，而非降水。分别分析各种土地利用/植被覆盖类型上的年 ET$_a$ 与 PPT、ET$_p$ 的相关性，发现年 ET$_a$ 与年 PPT（$R^2=0.92$）和 ET$_p$（$R^2=0.84$，不包括水体和裸地）具有较好的一致性（图 7-12），说明年 ET$_a$ 在数量上主要取决于 PPT 和 ET$_p$。

在所有植被类型中，只有草地和稀疏灌丛的 ET$_a$ 在 1981~2010 年呈现显著增加的趋势（图 7-13），与降水的增加趋势一致。鉴于草地主要位于北方半干旱区，蒸散的加强可能会导致由于土壤水枯竭而引起的严重干旱胁迫。

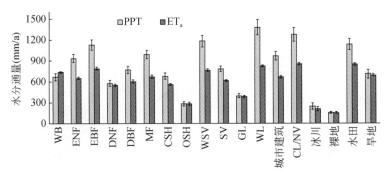

图 7-11 1981~2010 年不同植被类型的年实际蒸散（ET_a）和降水（PPT）

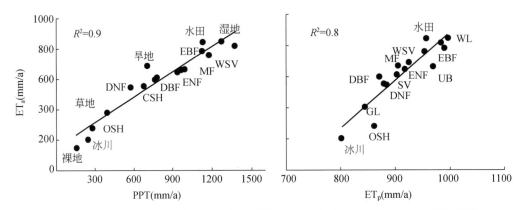

图 7-12 全国主要土地覆盖类型上实际蒸散（ET_a）与降水（PPT）和 ET_p 的相关性

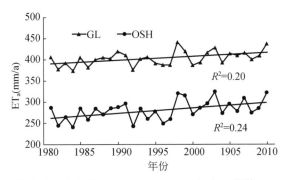

图 7-13 草地（GL）和稀疏灌丛（OSH）的年实际蒸散（ET_a）趋势

7.2 中国东部季风强度变化预测径流响应

某一流域河川径流的大小，主要取决于降水和蒸散发之间的比例关系，也受气候条件的限制。中国东部季风区的降水空间分布格局和季节分配直接受季风活动控制，并同时受到副热带高压运行轨迹的影响。这里探讨了东部季风区降水、径流与夏季风、副热带高压活动之间的关系，并试图以表征季风强度的夏季风指数与中国东部季风区各流域的径流建立统计关系，从统计学角度探讨以季风指数预报径流的可能变化情况。

本节中，东亚夏季风强度指数采用 6 ~ 8 月郭其蕴指数（郭其蕴，1983），即 10°N ~ 50°N 每 10°纬圈上 110°E 与 106°E 之间的海平面气压差≤5hPa 的所有值之和。各流域径流深采用 VIC 模型，基于 0.25°网格进行计算（李夫星等，2015）。

7.2.1 东部径流变化与夏季风强度指数的关联性

东亚夏季风（EASM）对中国季风区径流的影响程度具有很大的空间差异性。图 7-14 给出了东亚夏季风指数（EASMI）与中国季风区径流深 M-K 趋势相关性的空间分布图。从图 7-14 中可以看出，黄河以北区域径流深与东亚夏季风强度指数基本呈正相关，其中华北平原的大部（包括河北、山西、陕西省北部及山东半岛）、东北平原、辽宁半岛和三江平原径流深与 EASMI 相关性置信度都超过了 99%，说明 EASMI 越强，黄河北部地区径流深越大。除此之外，EASMI 与四川盆地径流深也呈正相关，而且置信度区间在大部分地区超过了 95%，部分区域超过了 99%。与北部季风区相比，EASMI 与黄河以南地区径流深基本呈负相关，说明随着 EASMI 的增大，该区域径流深呈减少的趋势，长江中下游流域的大部分区域置信度超过了 90%，其中湖南大部、贵州东南部、广西北部、江西中部地区置信度均超过了 99%。由此可见，东亚夏季风强度的变动是中国东部季风区径流量变化的重要气候驱动因子。

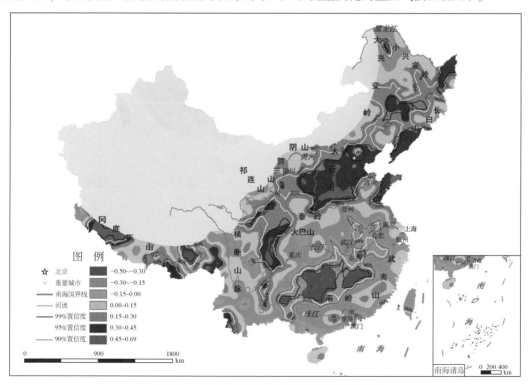

图 7-14 东亚夏季风与中国径流 M-K 相关性

在以上 M-K 的趋势性相关分析中，摒除了南亚夏季风的影响。鉴于有文献指出，南亚夏季风对中国东部降水也有重要影响。所以也给出了南亚夏季风指数（SASMI）与中国季风区径流深 M-K 趋势相关性的空间分布图（图 7-15）（注：SASMI 数值来自中国科学院大气物理所李建平的个人网站）。同样，计算结果也摒除了东亚夏季风的影响。南亚夏季风对中国东部季风区径流的影响范围较小，主要分布在华南区域，其中广西西南部及中部、湖南与江西的南部、广东的北部和东南部沿海地区以及台湾地区径流深与 SASMI 具有很好的正相关性，置信度大都超过了 95%，说明随着南亚夏季风强度的增大，该地区径流呈增大的趋势。SASMI 与华中部分地区呈负相关，这部分面积较小，主要分布在四川东部及西北部地区，该区域随着 SASMI 的增强，径流量具有减少的趋势。

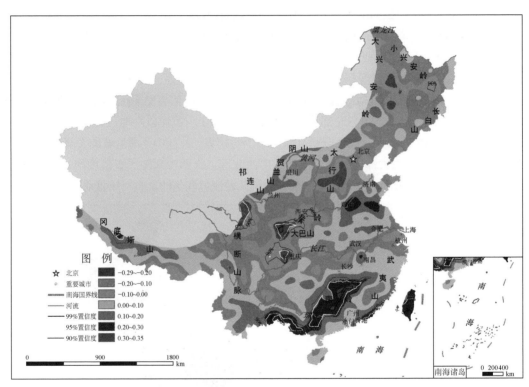

图 7-15　南亚夏季风与中国径流 M-K 相关性

7.2.2　西太平洋副热带高压对径流变化的影响

通过分析西太平洋副热带高压的强度变化和空间伸缩对东部季风区径流的控制作用，揭示西太副高与夏季风的交互作用及其对研究区域降水的影响机理。

除东亚夏季风外，西太副高是影响中国夏季降水或径流的另一个重要因子；描述西太平洋副热带高压活动的指标因子主要有 3 个，分别是副高强度、西界和北界，它们各自反映副热带高压的强度变化，脊点西伸和北进的位置。西太平洋副热带高压本身为中国季风系统的重要成员之一，但是除了副高北界之外，副高强度及东西位置与夏季风指数相关很小，其变化与夏季风活动有相当大的独立性（郭其蕴，1983）。研究分析表明，夏季风的强弱对中国夏季降水格局起主导作用，而西太平洋副热带高压变化的影响次之。考虑到中国降水与东亚夏季风及西太平洋副热带高压关系的复杂性，首先将夏季风分为强弱季风年两组，然后根据西太平洋副热带高压 3 个指标的变化，分析在两者共同影响下中国夏季风降水和径流的变化情况。将东亚夏季风指数超过均值一个方差的年份定义为强季风年，小于均值一个方差的年份为弱季风年，两者之间为正常年。

在强季风年，中国降水基本呈北方多雨、南方少雨的两极格局；同时受副热带高压强度变化影响，当年的夏季雨带也会随之呈现不同程度的位置移动。根据图 7-16（a），图 7-16（b）两图的对比可以看出，在强季风强副高年，中国北方雨带主要分布在东北黑龙江流域和华北的黄河中下游地区，随着副高强度减弱夏季雨带具有南移的趋势，从黑龙江流域转移到了海河流域，从黄河中下游地区扩展到淮河流域。对于黄河流域来讲，夏季风雨带也有一定程度的南移趋势，多雨区从黄河中上游的宁蒙地区转移到兰州南部地区及黄河的中下游流域，从而对黄河流域径流变化产生一定影响。

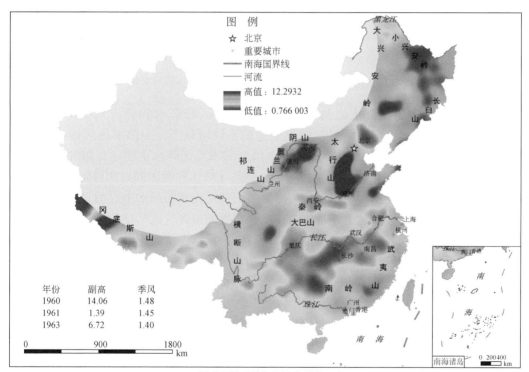

(a)强副高强季风与径流相关性分布

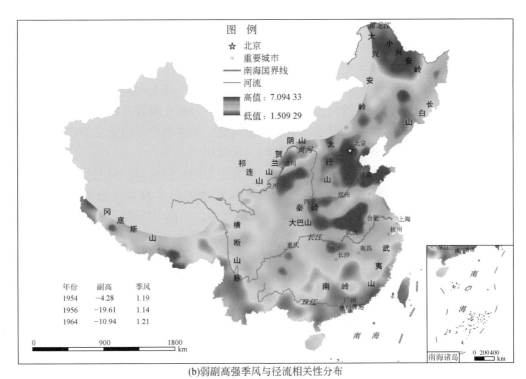

(b)弱副高强季风与径流相关性分布

图 7-16　强季风年副高强弱带来季风区降水格局变化

在强季风年，除副高强度之外，副高西界也对区域降水和径流具有一定的影响。图7-17反映了强季风年，副高西界在西伸东退的不同情景下，中国季风区雨带的变化情况。从图 7-17 中可以看出，在强季风年，中国东部季风区降水主要还是以北方多雨、南方少雨的传统格局存在。通过对图 7-17（a），图 7-17（b）两图的对比可以发现，随着副高脊点的西伸，东北地区雨带南移至黄河流域，而黄河流域的降水中心明显由原来的黄河下游地区扩展到兰州附近，这主要是因为在副高西界的位置气流活动较为剧烈，因此很容易形成降水，而随着西界的西伸，雨带也伴随着向西移动，从而为黄河中上游地区带来大量降水，导致黄河上游地区径流增大，产生大的洪水。

在强季风年，西太副高北界的波动也对区域降水和径流具有一定的影响。图 7-18 反映在强季风年，东部季风区雨带随着副高北界的北进南退的变化情况。西太副高作为东亚季风系统中的一员，其北界与东亚夏季风具有一定的相关性，一般表现为夏季风强度越大，副高北界北跳幅度越大，反之亦然。通过对图 7-18（a），图 7-18（b）两图的比较可以发现，在强季风年，中国东部季风区降水仍然呈现北多南少的两极格局。在副高北界北跳幅度较大的年份，雨带主要集中在黄河中下游及东北黑龙江松花江流域。但是随着北界的南移，雨带逐渐南缩至黄河中上游地区，并为黄河流域带来大量降水，导致中上游径流量急剧增加，进而导致中下游地区洪涝灾害的发生。1958 年，黄河三门峡到花园口的大水就是在此情景下产生的。其主要原因是副高北界地区盛行反气旋，与中高纬度的冷气流相遇形成降水，因此副高北界北跳幅度越大，雨带越靠北；反之，若副高北界南移，就会伴随着雨带的向南移动。

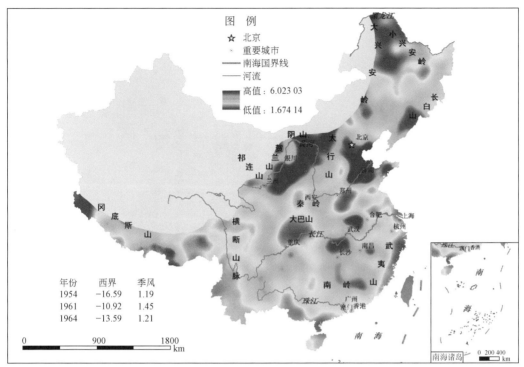

(a)强西界强季风与径流相关性分布

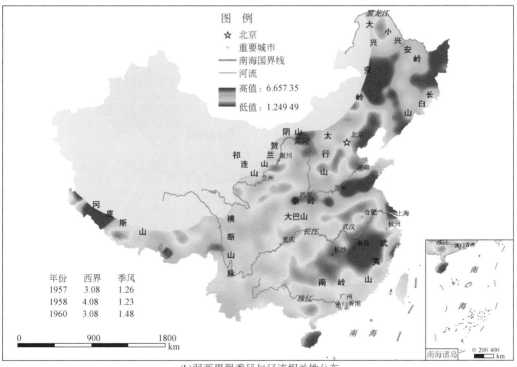

(b)弱西界强季风与径流相关性分布

图 7-17　强季风年西界西伸带来季风区降水格局变化

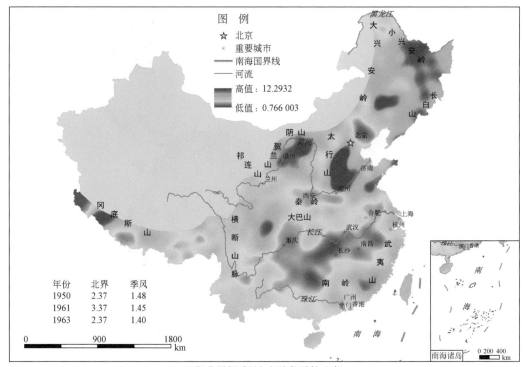

(a)强北界强季风与径流相关性分布

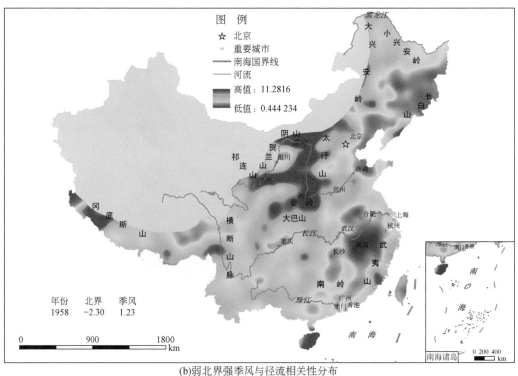

(b)弱北界强季风与径流相关性分布

图 7-18　强季风年北界进退带来季风区降水格局变化

在弱季风年，中国东部季风区的降水从北向南呈现"强—弱—强"的三极格局，即东北多雨，黄河流域及华北平原少雨，长江中下游多雨。图7-19，图7-20及图7-21反映当弱季风年时，副高强弱变化、副高西界西伸及北界北进情景下的降水及径流变化情况。

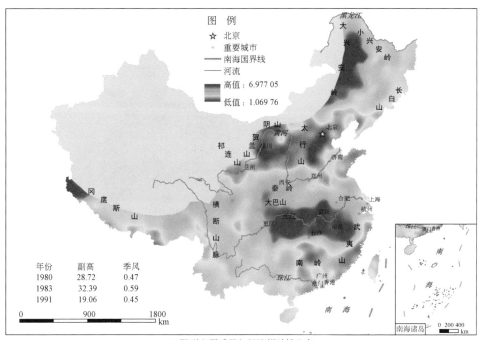

(a)强副高弱季风与径流相关性分布

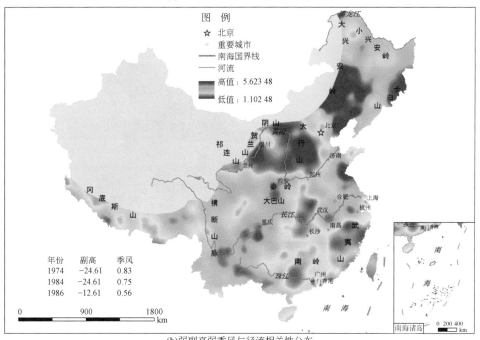

(b)弱副高弱季风与径流相关性分布

图 7-19   弱季风年副高强弱带来季风区降水格局变化

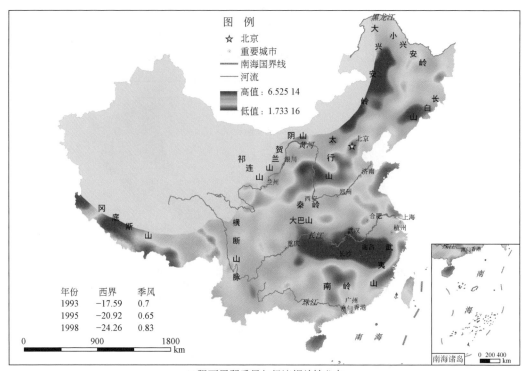

(a)强西界弱季风与径流相关性分布

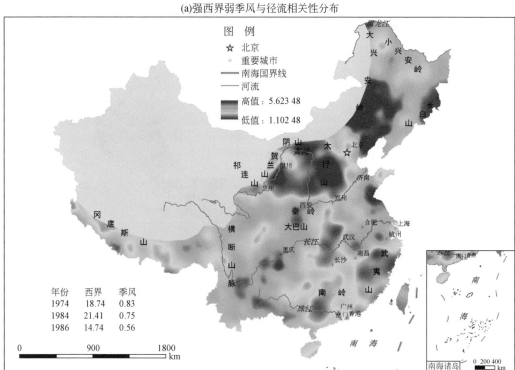

(b)弱西界弱季风与径流相关性分布

图 7-20 弱季风年副高西伸带来季风区降水格局变化

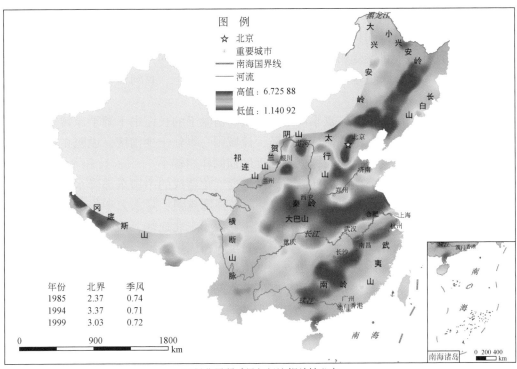

图 例
☆ 北京
。 重要城市
—— 南海国界线
—— 河流
■ 高值：6.725 88
低值：1.140 92

年份	北界	季风
1985	2.37	0.74
1994	3.37	0.71
1999	3.03	0.72

0   900   1800 km

(a)强北界弱季风与径流相关性分布

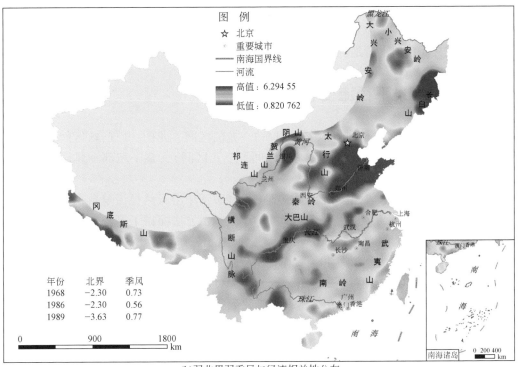

图 例
☆ 北京
。 重要城市
—— 南海国界线
—— 河流
■ 高值：6.294 55
低值：0.820 762

年份	北界	季风
1968	-2.30	0.73
1986	-2.30	0.56
1989	-3.63	0.77

0   900   1800 km

(b)弱北界弱季风与径流相关性分布

图 7-21   弱季风年北界进退带来季风区降水格局变化

| 269 |

在弱季风、强副高情景下，东部地区夏季雨带主要分布在东北松花江流域以及长江中下游地区〔图7-19（a）、图7-19（b）〕。这也是造成中国1998年松花江和长江洪水的重要原因。对黄河流域而讲，受弱季风影响，水汽较难到达黄河内陆地区，同时受副热带高压控制，盛行下沉气流，更难形成降水，在两者共同作用下，黄河流域炎热干旱，径流量也随之减少。

在弱季风、弱副高情景下，夏季雨带由强副高情景下的长江中下游平原转移到了长江上游地区。但是无论副高强度如何变化，黄河流域则一直处于少雨区，说明在弱季风年黄河流域径流及降水基本受季风影响，副高强度的控制作用较小。

在弱季风情景下，副高西界的伸缩与副高强度变化造成的中国东部降水及径流变化基本相一致（图7-20）。随着副高西界越偏西，副高强度越强，降水大多集中于东北和长江中下游地区；而在西界偏东情景下，夏季雨带主要位于东北地区，而长江中下游地区雨带不再集中，扩散至淮河和长江上游地区。但是对于黄河流域而言，在弱季风的影响下，始终处于少雨的大格局中，因此径流量也处于低值期，整个黄河流域较为干旱。

在弱季风情景下，副高北界的跳动对东部降水与径流影响也比较明显（图7-21）。由于副高北界伴随着反气旋的产生，容易产生降水，副高北界北跳幅度越大，雨带越靠北，所以副高北界的移动对雨带的南北变化具有较大的控制作用。从图7-21（a），图7-21（b）的比较来看，在北界北跳幅度较大的年份，受副高北界及南部边缘反气旋及大气紊流的影响，雨带大多集中在东北地区及长江以南的区域，而黄淮流域受副热带高压的控制，盛行下沉气流，则属于干旱少雨区。而受北界反气旋的影响，黄河上游地区处于多雨区，下游地区则受副热带高压控制，降水较少，干旱严重。随着北界的南移，多雨区则主要集中于长江流域，而黄河上游地区依然处于多雨区，但是下游地区干旱趋势加重。

7.2.3 未来情景下径流变化预测

对黄河中游河段3个汇流区间，即河口镇—龙门区间、龙门—三门峡区间和三门峡—花园口区间（分别简称为河龙区间、龙三区间、三花区间）、整个东部季风区的径流变化进行了预测。

我们基于百余年夏季风强度指数（EASMI）和黄河中游天然径流量数据，利用小波理论分析了它们的周期特点，并利用交叉小波和小波相干方法探讨了夏季风对黄河中游径流量在不同年代际周期上的影响。分析表明，黄河中游各区间径流量与东亚夏季风在80年周期上具有较好的一致性，而在40年周期上一致性较差。

为此，我们将GCM模型预测的结果（SRES A1B中等排放情景）与1873～2013年EASMI同化，延长EASMI到2060年。预测结果表明：中国将于21世纪30年代末开始进入强季风和北方强降水时期，窗口为10～15年。图7-22（a）为2014年3月预测的2014年和2015年季风区径流水资源格局，其中辽宁、山东、内蒙古近两年有干旱趋势，长江中下游径流偏少。图7-22（b）为2034～2043中长期预测的结果，届时中国三江平原、华北平原以及渭河流域降水增多，而长江中下游地区、河南、山东、川东地区径流偏少。

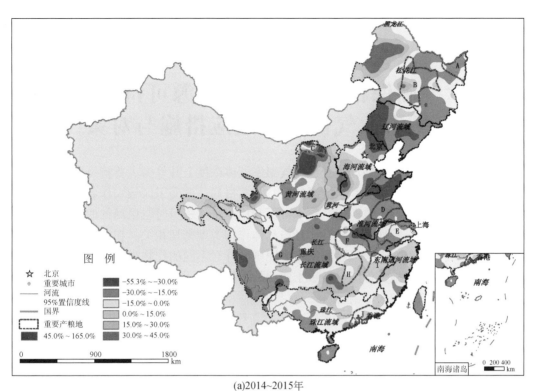

(a)2014~2015年

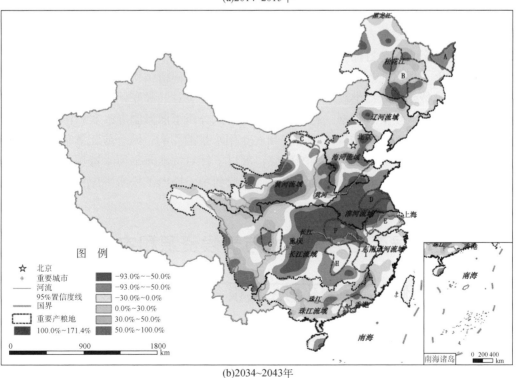

(b)2034~2043年

图 7-22　预测季风区短期和中长期径流深变化

第8章 确保粮食安全和水资源可持续利用的 区域农业气候变化适应措施与对策

以气温升高、降水时空格局改变、大气温室气体浓度上升等为主要特征的全球气候变化,形成了新的农业气候资源和水资源的时空分布格局,改变了区域农作物生长发育的环境条件,不可避免地影响了农业生产和水资源利用。自然资源时空格局的改变对农业生产有利有弊,表现出显著的地域分异性,且与具体作物类型密切相关。在评估气候变化对农业生产可能影响的基础之上,以趋利避害为原则,针对不同的作物生产和调控目标,提出相应的适应性对策和措施,保障区域水土资源的可持续利用,是国家适应气候变化战略中有关农业适应气候变化的核心内容。

黄淮海平原、东北松嫩—三江平原地处中高纬度地区,是中国最重要的粮食生产区,承担着保障国家粮食安全的重任,但都面临着区域水资源供应不足、农业生产对气候变化敏感、生态环境持续恶化等问题的挑战。针对气候变化对农业生产和水资源利用的影响,已经开始实施了一些适应措施。例如,随着气温的上升,华北平原出现的弱冬性小麦品种选育和大面积种植、松嫩—三江平原水稻大面积扩种、农业节水技术和措施的推广,这些都是国家和农业生产经营者主动适应气候变化的表现。以确保水资源可持续利用、保障农业稳定和生态安全为综合目标,在综合评估气候变化对农业生产、生态环境和社会经济发展影响的基础上,提出北方地区水土资源优化配置、农业种植结构调整的思路和方案,为区域社会经济可持续发展提供政策建议,是这两个地区应对气候变化的共同任务。

本章基于未来气候情景数据,利用 VIP 模型模拟分析了灌溉制度改变和作物品种(主要是生育期变化)对黄淮海地区作物产量和农业用水量的影响,结合前面章节关于过去气候变化对农业生产和水资源消耗影响的研究,探讨了针对黄淮海平原水资源紧缺状况下的农业适应气候变化策略,并针对松花江流域水资源利用,提出了松嫩平原应对气候变化的适应对策和措施。

8.1 历史气候变化对中国北方气候资源和农业生产的影响

8.1.1 农业气候资源的变化对主要粮食作物生产的影响

从热量资源看,中国地表年平均气温呈显著上升趋势。1913~2012 年中国地表平均气温上升了 0.91℃(中国气候变化监测公报,2012)。1951~2009 年,全国地表平均气温增速 0.27℃/10a,东北为 0.39℃/10a,华北为 0.33℃/10a,均高出全国平均水平(虞海燕等,2011a)。总体而言,作物生长的热量条件趋好,作物生长的有效积温增加(刘少华等，2013），中高纬度和高原地区生长季延长，作物种植界限北移和上移，作物复种指数提高，偏晚熟品种播种面积逐步扩大，单产潜力得以发挥，区域粮食产量有所增加。

华北、东北地区四季增温明显，尤其是春季和冬季，改变了越冬和春播作物的生长条件。冬小麦、玉米、水稻等作物的种植北界在华北、东北均有不同程度的北移（郝志新等，2001；云雅茹等，2007；杨晓光等，2010）。对冬小麦生长而言，有利因素包括各生育期普遍提前，越冬冻害减轻，有利于提高分蘖成穗率，穗分化期延长和灌浆期提前，有利于增加粒数和粒重。在华北地区，冬小麦播期推迟 7 ~ 10d（胡玮等，2014，陈群等，2014），可为下茬复种腾出更多积温。气温升高的不利因素包括作物生长发育加快、呼吸消耗增加，不利于干物质积累和产量形成。值得注意的是，因为气候波动幅度较大，冬小麦返青期提前，低温灾害的风险也存在增加的可能，尤其是在新近的小麦种植北扩区域，小麦生长的脆弱性较大。在华北平原，实际生产中因冬小麦适宜播期的推迟，夏玉米品种普遍更替为中晚熟品种，充分发挥了玉米中晚熟品种的高产特性，相比于早熟品种，夏玉米生育期延长了 10 ~ 20d，玉米产量得到大幅度提高。对东北地区而言，春玉米生长季初霜日推后 8d 左右，无霜期延长 15 ~ 20d，种植界限北移到了 52°N，东扩到吉林东部山区，适宜种植面积增加。同时，玉米种植品种由产量潜力较高的中晚熟品种所替代，霜冻灾害概率降低，提高了产量（纪瑞鹏等，2012；袁彬等，2012）。对水稻而言，1970 ~ 2009年，东北大于 10℃ 的有效积温平均上升了 177℃，黑龙江水稻种植中心北移了 110km，到达 52°N（张卫建等，2012），农业气象记录显示，三江平原地区水稻移栽日期提前了 10d。东北水稻种植面积的快速扩张和产量增长，与气候增暖具有直接的关系。

从光照资源看，1951 ~ 2009 年全国年日照时数每 10 年平均减少 36.9h，20 世纪 60 年代中期以来，几乎呈线性下降（虞海燕等，2011b）。相应地，全国地表太阳辐射经历了 1961 ~ 1990 年的显著下降，速率为 $-7.87W/(m^2 \cdot 10a)$，以及 1990 年以后的上升，上升速率为 $2.4\ W/(m^2 \cdot 10a)$（杨溯等，2013）。风速减小，大气气溶胶浓度上升，是导致日照时数下降的一个重要因素。尽管直接辐射下降伴随着散射辐射上升，对作物群体光合作用有利（Zheng et al.，2011），但辐射下降对作物产量存在负面影响。模拟结果显示，黄淮海平原冬小麦、夏玉米产量波动与辐射变化基本同步。分离 1961 ~ 2003 年影响因素的贡献后，郑州冬小麦产量因辐射下降而减少 5.2%，玉米产量下降幅度为 4.8%，华北北部的北京产量下降幅度更大（Yang et al.，2013）。

极端天气、气候事件发生频率增加，加大了作物种植的旱涝灾害风险。例如，1997 年长江以北罕见的大范围持续高温，1998 年嫩江流域的特大洪涝，2000 年北方大旱等对华北、东北的粮食生产都产生了重大影响。半干旱地区界限向东南扩张，导致农作物生长的灌溉用水需求加大，使得华北北部的水资源供需矛盾进一步加剧。

8.1.2 作物生长其他条件的改变对作物生产的影响

气候变化对作物生长的影响，除了气候要素本身的直接影响外，还受与之密切相关的土壤环境、病虫草害等因素的影响。气候变暖使土壤有机碳库的分解和碳循环过程加快，降低土壤肥力（陈书涛等，2012）。东北黑土区土壤有机碳含量较高，土壤呼吸作用较强。气候变暖还将加快氮素挥发，增升化肥施用成本，并导致大气和水体的污染，所释放的氧化亚氮也是重要的温室气体。

气候变暖导致农业病、虫、草害发生区域扩大，不利于作物生长，并可能延长其危害期。昆虫繁殖代数增加，作物受害加重（霍治国等，2012）。气候变化背景下，环境温度升高、降水以及耕作栽培制度变化等，在一定程度上改善了农田微环境中有害生物的生存条件，致使农作物病虫害的适生区域、发生时段、发生与流行程度、种群结构等发生变化，总体上朝着有利于病虫害暴发灾变的方向发展。此外，气候变暖使得一些杂草也有北扩的趋势（Clements and Ditommaso，2012；Stratonovitch et al.，2012），势必增加除草剂的用量和施用范围，对环境造成不利影响，也可能危及农业有害生物的天敌。同时，一些原本高发于南方的作物病害将北移，如小麦赤霉病从长江流域扩展到了黄淮流域，也将对华北的粮食稳定产生一定的影响。

8.2　农业适应气候变化的内涵

8.2.1　农业适应气候变化的措施

IPCC 将"适应"定义为自然、社会或经济系统为应对实际发生的或预估的气候变化及其影响，旨在减轻不利影响或利用有利影响而采取的调整措施、政策方案、科学技术等（IPCC，2007）。农业适应气候变化，就是要采用农业生物技术措施、工程措施、经济措施和政策措施，通过对农业生态系统结构、功能的调控，使农业生态系统能够适应变化的气候和环境条件，维持农业生产的经济效益和生态效益相平衡。

农业适应气候变化应在综合分析气候变化各因素对农业生产影响程度的基础上，充分利用气候变化的有利因素，减轻不利影响，趋利避害，从政府、行业主管部门、产业部门到农户等不同层次，制定相应的对策，从而建立应对变化环境的农业生产结构与技术体系，优化水、土、气、生资源配置，实现农业生态系统稳定和可持续发展。

从政府层面，应加强灾害监测预警体系建设和应对气候变化工程措施的实施，包括建立现代农情监测网络、旱涝灾害和农作物病虫害监测预警体系等，还应加强应对灾害的物质准备。加强应对气候变化工程措施的实施力度，包括农田基本建设、土地整治、节水灌溉设施和技术推广等，以提高种植业适应能力；加强应对气候变化的信息服务，包括对公众的信息宣传、技术培训和包括转基因新品种在内的科普宣传，提高民众应对气候变化的能力。

从科学层面，研究部门应提供坚实的研究成果，为农业适应气候变化政策的制定提供依据。具体而言，着力在以下 4 个方面开展工作：首先，加快抗逆能力突出的作物新品种培育，尤其是抗旱、耐高温、抗虫、抗病新品种的筛选；其次，在水资源供需矛盾加剧的地区，应深入研究旱作农业新技术、节水新技术和保护性耕作等的环境效应；再次，应更为准确地评估农业适应措施的综合效果；最后，在流域、区域尺度上，应结合抗逆新品种的研发应用,以水土资源合理配置为基础,设计精细的农业种植区划和品种布局,确立新的种植制度,优化水土资源利用,构建针对性强、适应气候变化的农业和生态保护技术体系。

从生产者层面,要加强提高其应对气候变化的能力。首先,北方农区应以推广和改进灌溉技术为重点,提高灌溉水利用率。北方地区农业用水占取用水的 60%~70%,节水潜力巨大,如何提高水的利用效率不仅是用水者的责任,也需要研究部门和决策执行部门的通力合作。其次,应改进耕作方式,推行保护性耕作措施,提高土壤固碳能力,减少化肥施用量,减少其挥发和淋失,减少温室气体排放。最后,在生产者层次上,还应加强气候变化相关的科学知识普及和政策宣传,提高生产者适应气候变化的综合素质和主动适应能力。

8.2.2　农业适应气候变化措施的评估

评估气候变化对农业生产的影响,是制定气候变化适应措施的基础。目前,适应性措施的评估,主要局限于现有农业技术的选择分析上。对多种综合措施的评估,则需要基于过程的生态系统模型模拟分析,并辅之以经济效益评估。

针对历史气候变化和未来情景下的适应措施评估,通常涵盖田间、流域、区域和国家尺度等。首要工作是估算气候变化对农业生产和资源消耗的影响程度。基于一定的基准条件,预测适应措施对农业生态系统和资源消耗的减缓作用,评价其实施效果。目前的相关评估多是在小尺度上选择现有技术,根据调查统计数据进行农业技术和经济分析,评价适应措施的效果(张兵等,2011)。针对未来的情形,主要是 GCMs 模式预测的情景数据,采用生态系统模型或作物模型,模拟不同适应措施下农业系统服务功能和效率的差异性,评估适应措施的经济和生态效应。

8.3　基于水资源安全的黄淮海地区气候变化适应

黄淮海地区作为中国重要的粮食生产基地之一,年降水量偏少且季节分布不均,使得该区亩均占有水资源量成为全国最低的地区之一。日趋紧张的水资源问题已经成为制约流域生态、农业可持续发展的瓶颈。未来气候变化对黄淮海地区农业的影响将是多方面的。对大田作物而言,温度升高或暖冬出现,一方面它并不能显著增加作物生长所需要的有效积温,另一方面却加速土壤水分的蒸发强度,易于触发干旱旱情。所以,以温度升高为主要特征的气候变化将加剧该区水资源短缺,威胁农业生产的稳定和粮食安全。为保障流域粮食、生态和水资源安全,调整农业生产结构与作物品种布局,减少农业用水量,将是应对气候变化的重要途径。

8.3.1　未来气候变化对黄淮海地区水资源供需影响分析

第 4 章的研究结果显示,与基准期相比,21 世纪 50 年代黄淮海平原农作物蒸散量呈增加趋势。以 RCP4.5 情景 21 世纪 50 年代为例，海河流域和淮河流域农作物蒸散量增幅分别为 11.5% 和 10.9%。由于海河流域主要农作物（冬小麦和夏玉米）的蒸散量增幅（11.8% 和 10.8%）均高于淮河流域的增幅（冬小麦 11.2%，夏玉米 10.2% 和水稻 9.1%），种植业结构差异和作物蒸散量增幅的地域差异是海河流域农作物蒸散总量增幅大于淮河流域的主要原因。

虽然海河流域作物蒸散量呈现增加趋势，但未来降水量增加使得海河流域可利用水资源量呈现增加趋势（图 8-1），21 世纪 50 年代 3 种气候变化情景（RCP2.6、RCP4.5 和 RCP8.5）下，流域可利用水资源量将增加 3.5% ～ 4.8%。然而，淮河流域情况相反，可利用水资源量呈现减少趋势，21 世纪 50 年代 3 种气候变化情景下流域可利用水资源量将减少 0.1% ～ 2.5%。

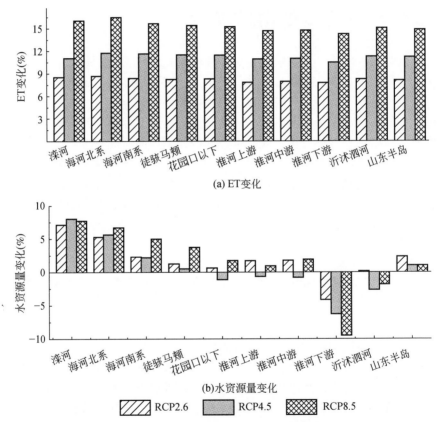

(a) ET变化

(b)水资源量变化

图 8-1　未来气候变化情景下黄淮海平原各流域水资源量及蒸散量变化（以 21 世纪 50 年代为例）

可利用水资源总量和作物蒸散量的变化改变了流域水资源的供需状况，21 世纪 50 年代黄淮海平原各二级子流域水资源供需状况，如图 8-2 所示。海河流域在农业可供水量增加的情况下，各二级子流域农业用水盈亏量将出现不同程度的变化，其中由于滦河和海河北系水资源量增幅较大，50 年代该流域农业用水盈余量将增加，而山东半岛由于灌溉需水量增幅较大，流域农业用水盈余量略有降低（除 RCP2.6 情景外）。未来气候变化情景下，灌溉需水量的大幅增加将导致海河南系和徒骇马颊河流域农业用水亏缺加剧。与基准期相比，50年代，RCP2.6、RCP4.5和RCP8.5情景下海河南系农业用水亏缺量将分别增加0.9亿m³（2.6%）、9.2亿m³（27.4%）和12.9亿m³（38.4%）；徒骇马颊河流域将分别增加-0.7亿m³（-2.4%）、2.4亿m³（8.4%）和4.3亿m³（15.1%）。

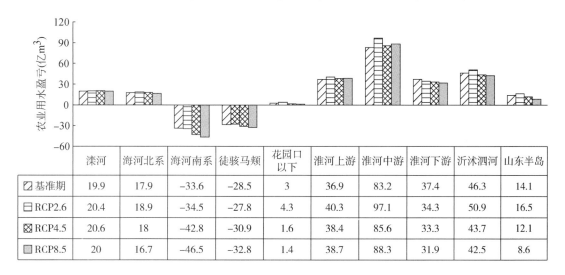

	滦河	海河北系	海河南系	徒骇马颊	花园口以下	淮河上游	淮河中游	淮河下游	沂沭泗河	山东半岛
基准期	19.9	17.9	-33.6	-28.5	3	36.9	83.2	37.4	46.3	14.1
RCP2.6	20.4	18.9	-34.5	-27.8	4.3	40.3	97.1	34.3	50.9	16.5
RCP4.5	20.6	18	-42.8	-30.9	1.6	38.4	85.6	33.3	43.7	12.1
RCP8.5	20	16.7	-46.5	-32.8	1.4	38.7	88.3	31.9	42.5	8.6

图8-2　21世纪50年代黄淮海平原二级子流域农业用水盈亏

淮河流域在可利用水资源量减少的背景下，其二级子流域农业用水仍然保持盈余状态，其中淮河中游和淮河上游农业用水盈余量呈现增加趋势，淮河下游和沂沭泗河农业用水盈余量将呈现减少趋势，尤其是淮河下游，农业用水盈余量降幅最为显著，与基准期相比，21世纪50年代3种气候变化情景下淮河下游农业用水盈余量将减少3.1亿~5.5亿m³（8.3%~14.7%）。

8.3.2　黄淮海地区几种农业适应性措施的效果模拟评估

黄淮海地区农业对气候变化适应主要表现在三个方面：第一，品种将发生明显的改变，尤其是一些需要低温完成春化作用的冬小麦品种将无法继续种植，将被替代为半冬性小麦品种，特别是水分利用效率高、抗旱性强的品种将会得到推广使用；第二，高耗水的作物种植面积将缩小，节水、高效的种植模式和技术将逐步得到普及；第三，节水农业技术快速发展，农业灌溉方式将会发生明显改进，传统的大水漫灌因水资源的缺乏和成本增加而逐渐被淘汰，取而代之的是喷、滴灌等节水灌溉方式。

（1）冬小麦品种布局的可能变化

目前，中国的种植制度以热量为主导因素，1950~2010年气温上升使得中国冬小麦种植北界呈现北移西扩的趋势，种植范围逐渐扩大。与1950年相比，中国冬小麦种植北界在20世纪90年代向北移动了1~2个纬度（郝志新等，2001），其界线空间移动敏感区域为辽宁、河北、山西、内蒙古、陕西、宁夏和甘肃等地区。1960~2009年海河流域冬小麦种植界限向北移动了 70km。未来气候变暖条件下，根据冬小麦生长所需的积温及其越冬条件确定不同品种冬小麦适宜种植区域，如图 8-3 所示。随着温度的上升，不同品种冬小麦种植北界和南界的北移西扩趋势将更加显著。

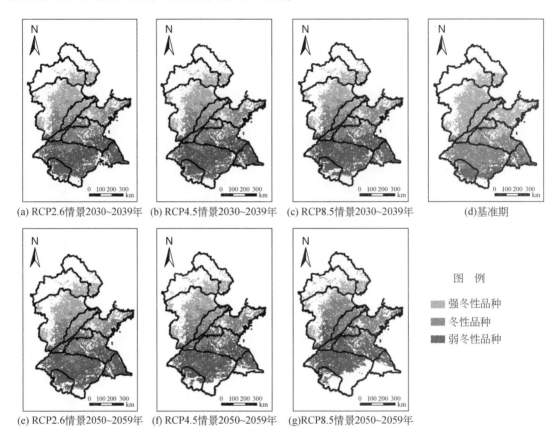

(a) RCP2.6情景2030~2039年　　(b) RCP4.5情景2030~2039年　　(c) RCP8.5情景2030~2039年　　(d)基准期

(e) RCP2.6情景2050~2059年　　(f) RCP4.5情景2050~2059年　　(g)RCP8.5情景2050~2059年

图 例

▨ 强冬性品种
▨ 冬性品种
▨ 弱冬性品种

图 8-3　气候变化情景下不同品种冬小麦适宜种植区域分布

基准期，强冬性品种主要分布在海河流域、黄河流域和山东半岛。21 世纪 30 年代，由于冬小麦强冬性品种播种北界的北移西扩，滦河和海河北系冬小麦种植面积将分别扩大 15% ~18% 和 10% ~15%；而其种植南界北退至海河南系与徒骇马颊流域中部，其中山东半岛除泰山周边部分丘陵区域外，均不再适宜强冬性品种的种植。50 年代，强冬性品种种植南界将继续北移，RCP2.6、RCP4.5 和 RCP8.5 情景下，海河南系的种植比例将减少至 74%、69% 和 13%；RCP2.6 和 RCP4.5 情景下，强冬性品种在徒骇马颊流域和山东半岛将分别减少至 59% 和 60%，49% 和 45%；而在 RCP8.5 情景下，徒骇马颊流域和山东半岛已不再适宜强冬性品种的种植。

基准期，冬性品种主要分布在淮河流域。21 世纪 50 年代 RCP2.6 和 RCP4.5 情景下，冬性品种在海河南系、徒骇马颊、山东半岛及沂沭泗河的种植比例将分别增加至 26% 和 31%，41% 和 51%、51% 和 55%，48% 和 36%；RCP8.5 情景下，冬性品种的种植范围将由淮河流域移至海河流域，整个海河流域的种植比例将高达 84%。

基准期，弱冬性品种仅在淮河流域南部有少量种植，其种植比例不足 15%。21 世纪 30 年代，除沂沭泗河北部和淮河中游北部极少数地区外，弱冬性品种播种范围将扩展至整个淮河流域；其中沂沭泗河的种植比例将增加至 40% ~58%；淮河中游的种植比例将高达 90%。50 年代，弱冬性品种的种植北界将继续北移，RCP2.6 情景下，在淮河中游和沂沭泗河流域的种植比例分别为 96% 和 52%；RCP4.5 情景下，沂沭泗河的种植比例为 64%；RCP8.5 情景下，弱冬性品种播种北界将北移至海河南系北部，在海河南系、花园口以下和沂沭泗河的种植比例分别为 14%、52% 和 96%。由于无法满足弱冬性品种冬小麦的春化条件，50 年代淮河流域南部的部分区域将不再适宜种植冬小麦，冬小麦种植面积呈减少趋势，减少幅度为 RCP8.5 情景> RCP4.5 情景> RCP2.6 情景。

冬小麦种植北界的北移将使黄淮海平原北部的滦河、海河北系和海河南系的适宜种植面积呈增加趋势，面积增加区域主要种植强冬性品种。平原中部的徒骇马颊、花园口以下、沂沭泗河和山东半岛流域，冬小麦种植面积没有变化，但随着温度的升高，强冬性品种将被冬性品种所取代。平原南部的淮河上游、淮河中游和淮河下游部分地区由于无法满足冬小麦春化条件，种植面积逐渐减少。总体而言，未来气候变化背景下，华北平原目前推广的强冬性和冬性小麦品种，由于冬季无法经历足够的寒冷期完成春化作用，将被其他类型的冬小麦品种取代。因此，应当注重培育更能适应暖冬的弱冬性小麦品种。此外，增温带来的华北平原冬小麦播种期的推迟，延长了冬小麦–夏玉米轮作系统中夏玉米的生长时间，进一步筛选培育适宜华北的中晚熟玉米新品种，对实现粮食的稳产和高产十分必要。

（2）调整农业种植结构的节水效益分析

黄淮海平原可利用水资源短缺是农业用水短缺的主要原因，目前各种节水措施远不能解决农业用水短缺的问题。虽然在气候变化背景下，海河流域可利用水资源总量的增加（如 21 世纪 50 年代水资源可能增加 3.7% ~4.8%）能够缓解农业水分亏缺，但无法从根本上解决农业水资源亏缺的问题。50 年代，海河南系农业用水亏缺量将增加 0.9 亿 ~ 12.9 亿 m^3（2.6% ~ 38.4%），徒骇马颊流域将增加 2.4 亿 ~ 4.3 亿 m^3（8.4% ~ 15.1%）。为保证农业的可持续发展，应该根据当地水资源的实际情况，改变过去形成的与目前及以后气候不相适应的农业生产和管理传统，包括作物种植类型、种植结构和区域布局，因水制宜地发展农业生产。以黄淮海平原的主要粮食作物冬小麦为例，虽然各种耐寒抗旱品种接连出现，农田灌溉措施不断改善，但因其生育期属于黄淮海平原缺水最严重的冬春季，水分亏缺仍然十分严重。黄淮海平原冬小麦水分亏缺量为 180mm，其灌溉用水占农业种植业用水的 80% 以上。所以从长远的水资源可持续利用考虑，应尽量压缩高耗水作物种植比例，在地表水资源严重不足的地区优先发展与当地水资源相适宜的作物，如需水量较少的棉花、谷子、甘薯等。

未来气候背景下，海河南系和徒骇马颊河流域农业用水亏缺状况最为严峻，因此农业种植结构调整主要针对上述两个流域进行。基于水量平衡原理，设计评估了两套冬小麦种植面积调整方案。方案一，假定 21 世纪 50 年代无地下水超采和流域外来调水；方案二，假定 21 世纪 50 年代无地下水超采，但仍然维持基准期的流域外来调水量。两种方案中农业用水亏缺量均通过缩减冬小麦种植面积来平衡，其中海河南系和徒骇马颊流域多年地下水开采量分别为 26.2 亿 m³ 和 18.7 亿 m³，外来调水量分别为 7.4 亿 m³ 和 9.8 亿 m³ （海河水资源公报）。种植面积的减少将会导致区域粮食总产量下降，因此冬小麦种植面积缩减以优先缩减低产地区灌溉冬小麦种植范围为原则。

为估算冬小麦面积缩减带来的减产效应，我们采用 VIP 模型模拟气候变化情景下冬小麦产量的空间分布。通过对比基准期冬小麦的灌溉量与水资源公报上的统计数据，确定黄淮海平原各二级子流域的灌溉方式及其对应的产量。假定气候变化条件下各流域的灌溉方式保持不变，采用 VIP 模型模拟气候变化情景下冬小麦产量的空间分布。所有方案中，以优先缩减低产像元的种植面积为原则，当缩减像元的灌溉量能够平衡农业用水亏缺量时，分别统计缩减像元及黄淮海平原的面积和产量。

两种方案下冬小麦种植面积调整的空间分布如图 8-4 所示。方案一，冬小麦播种范围缩减主要集中于沧州、衡水、滨州和德州一带 ［图 8-4（a）］，21 世纪 50 年代缩减面积占研究区冬小麦播种面积的 9.8%～11.3% （表 8-1）。由于方案二假定维持基准期流域外来调水量，冬小麦播种缩减面积小于方案一，21 世纪 50 年代缩减面积占研究区冬小麦播种面积的 7.0%～8.8% （表 8-1），主要集中于沧州、德州的武城、夏津和滨州的沾化和无棣 ［图 8-4（b）］。

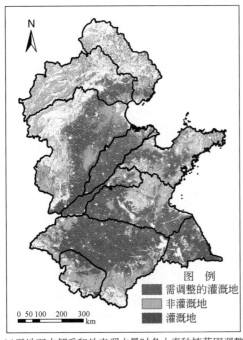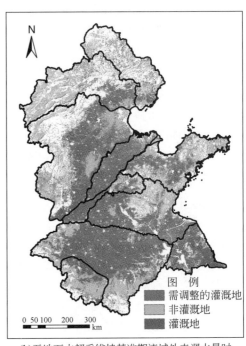

(a)无地下水超采和外来调水量时冬小麦种植范围调整　(b)无地下水超采维持基准期流域外来调水量时冬小麦种植范围调整

图 8-4　冬小麦种植范围调整分布 （以 RCP4.5，21 世纪 50 年代为例）

表 8-1 不同气候变化情景下黄淮海平原冬小麦种植面积调整方案及其产量变化（21 世纪 50 年代）

方案		情景	海河南系	徒骇马颊	区域总值
方案一	种植面积变化（$10^4 hm^2$）	RCP2.6	−155.7（−28.7%）	−88.3（−53.3%）	−244（−9.8%）
		RCP4.5	−181.8（−33.5%）	−93.1（−56.2%）	−274.9（−11.0%）
		RCP8.5	−188.9（−34.8%）	−94.3（−56.9%）	−283.2（−11.3%）
	产量变化（10^6 吨）	RCP2.6	−2.3（−23.8%）	−1.4（−35.9%）	0
		RCP4.5	−2.4（−25.4%）	−1.3（−32.7%）	2.8（4.5%）
		RCP8.5	−1.9（−19.4%）	−1.1（−28.0%）	7.5（11.9%）
方案二	种植面积变化（$10^4 hm^2$）	RCP2.6	−121.0（−22.3%）	−55（−33.2%）	−176（−7.0%）
		RCP4.5	−149.3（−27.5%）	−61.5（−37.1%）	−210.8（−8.4%）
		RCP8.5	−157.4（−29%）	−64.1（−38.7%）	−221.5（−8.8%）
	产量变化（10^6 吨）	RCP2.6	−1.0（−10.4%）	−0.52（−13.4%）	1.9（3.0%）
		RCP4.5	−1.1（−11.2%）	−0.50（−12.8%）	5.1（8.0%）
		RCP8.5	−0.42（−4.4%）	−0.26（−6.6%）	10.1（15.9%）

注：不调整播种面积时，区域产量增加 RCP2.6：7.2%；RCP4.5：14.2%；RCP8.5：22.5%。方案一，21 世纪 50 年代无地下水超采和流域外来调水量；方案二，21 世纪 50 年代无地下水超采，维持基准期流域外来调水量。

适当缩减海河南系和徒骇马颊流域冬小麦的种植面积，可以维持流域水资源供需平衡，同时 CO_2 肥效的增产效应可缓解因此导致的总产量下降，使得区域总产量仍然呈现增加趋势。与基准期相比，对方案一而言，21 世纪 50 年代 RCP2.6 情景下冬小麦产量无变化，RCP4.5 和 RCP8.5 情景下，区域冬小麦总产量将分别增加 4.5% 和 11.9%；对方案二而言，RCP2.6、RCP4.5 和 RCP8.5 情景下，区域冬小麦总产量将分别增加 3.0%、8.0% 和 15.9%。

在水分亏缺严重的地区，缩减小麦种植面积，或者推广与旱作搭配的二年三熟制种植，将有效缓解黄淮海平原北部严重缺水的局面。

（3）灌溉制度变化对产量和作物耗水的影响

当前节水措施基本可概括为三大类，即工程节水、农艺节水和管理节水。这些节水措施的基本作用体现在三个节水环节上：一是减少渠系输水、田间灌溉过程中的深层渗漏和地表流失量，提高灌溉水的利用率和减少单位灌溉面积的用水量；二是减少田间和输水过程中的蒸发蒸腾量；三是提高灌溉水和降水的水分利用效率，降低农田水分非生产性消耗。中国目前农业灌溉面积已达 7.4 亿亩，居世界首位，但灌溉水的利用率却偏低，只有40% 左右，而一些发达国家可达到 80% 以上，说明浪费严重，远未做到科学用水。黄淮海平原水资源短缺，且水分利用效率较低，尤其表现在灌溉中水资源的浪费。许多地区仍然采用土渠输水、大水漫灌等方式，灌溉用水在输水过程中有相当一部分水流失掉了。目前，节水灌溉技术，如滴灌、喷灌、管道灌溉等，能有效地节约水资源，与地面灌溉相比，节水灌溉技术能节约 10%~50% 的水资源（刘昌明和李丽娟，2002）。从输水和灌溉技术两方面努力，提高灌溉水的利用效率，是当前节水农业的主要方向。

另外，改进灌溉制度也可以达到节水的目的，如进行定额灌溉、减少灌溉次数（将冬小麦的返青水和拔节水合并)、关键生育灌水(抽穗期、灌浆期、成熟期)等。无论是模拟结果和大田试验结果,均验证了灌溉制度的改变可以有效减少灌溉耗水量,并确保产量的相对稳定。

模拟不同调亏灌溉方式下(表 8-2)(调亏灌溉中冬小麦每个生育阶段最多灌溉一次),黄淮海地区冬小麦产量、蒸散量和灌溉量的变化。与充分灌溉相比,调亏灌溉方案不同程度地降低了冬小麦产量和蒸散量(图 8-5)。随着灌溉次数的减少和灌溉上下限的降低,冬小麦蒸散量和产量的降幅逐渐增加。当保持灌溉上限和下限一致时,不同灌溉次数间的产量差异和蒸散量差异低于 5%,而当保持灌溉次数一致时,不同灌溉上下限之间产量的差异和蒸散量差异均高于 15%,说明改变灌溉上下限对产量和蒸散量的影响大于灌溉次数的改变,而在保证关键生育期灌溉量的前提下,减少灌溉次数对产量的影响不足 5%。

表 8-2　黄淮海平原冬小麦调亏灌溉方案设置

方案		冬前	越冬-返青	返青-拔节	拔节-抽穗	抽穗-灌浆
方案一	上限	100%	100%	100%	100%	100%
(70-100-5)	下限	70%	70%	70%	70%	70%
方案二	上限		100%	100%	100%	100%
(70-100-4)	下限		70%	70%	70%	70%
方案三	上限			100%	100%	100%
(70-100-3)	下限			70%	70%	70%
方案四	上限	90%	90%	90%	90%	90%
(60-90-5)	下限	60%	60%	60%	60%	60%
方案五	上限		90%	90%	90%	90%
(60-90-4)	下限		60%	60%	60%	60%
方案六	上限			90%	90%	90%
(60-90-3)	下限			60%	60%	60%

注:100%、70%、90%、60% 分别代表田间持水量的 100%、70%、90%、60%。方案 a-b-c 中,a 表示灌溉下限,b 表示灌溉上限,c 表示灌溉次数。

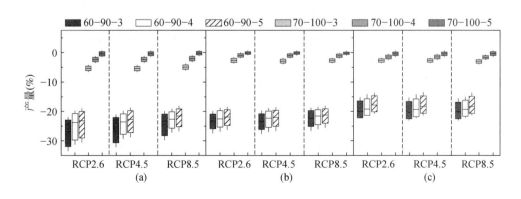

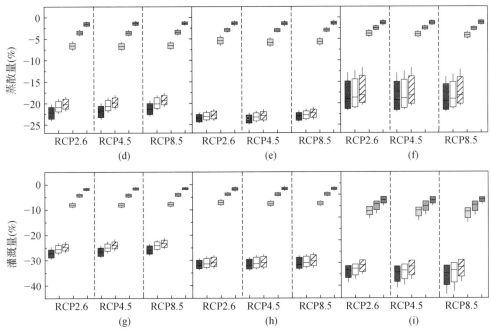

图 8-5　3 种气候变化情景下调亏灌溉与充分灌溉间产量、蒸散量及灌溉量的差异（以 21 世纪 50 年代为例）

（a）、（d）、（g）为海河南系，（b）、（e）、（h）为山东半岛，（c）、（f）、（i）为淮河中游

8.3.3　黄淮海地区农业应对气候变化的对策建议

基于以上分析，我们分别从农田和区域层面提出以节水为主的应对气候变化的农业适应对策。

（1）农田层次

黄淮海地区的农业气候变化适应要突出节水农业工程技术、农艺技术和现代生物技术的有机结合，推动农业产业结构调整、促进节水农业产业发展和农业生态环境改善，突破黄淮海地区水资源的"瓶颈"问题。

工程措施应主要发展以降低灌溉水量、提高灌溉水利用率的节水灌溉技术和雨水截流利用技术。地表水灌溉区要继续灌溉渠系的整治，如渠系完善和渠道衬砌，减少灌溉水下渗。发展各种节水灌溉方式，如微灌、喷灌、注水灌溉、膜上灌、喷灌、沟畦灌溉、管道灌溉等。从技术角度要从农产品经济效益和耗水量多方考量，根据不同作物类型、土壤类型、当地经济条件，因地制宜地制定适应一地的节水灌溉技术实施方案。因地制宜地发展雨水截流利用技术，充分利用小型水库、集水池、建筑屋顶、人工池塘和湖泊等，改变立地条件以增加降水就地入渗，减少集水面的表面蒸发，增加局地可用水源量。

农艺措施节水则包括以地面覆盖、改革灌溉制度和土壤耕作等多项农田管理措施配套，来实现降低灌溉量，减少土壤蒸发和下渗的主要目标。针对主要大宗粮食作物种植区，发展残茬、地膜覆盖，降低幼苗阶段因植被稀疏导致的无效土壤蒸发，提高土壤水的利用效率。对高效经济作物，发展地膜覆盖和设施种植，减少水分损失，提高水分利用效率。研究和采取可行的土壤耕作技术，改良土壤物理性状，提高农田土壤蓄水能力。水资源供需紧张的地区，应着力采取调亏灌溉方式，在水资源供需平衡与产量保障之间建立可调节的关系，降低灌溉水量消耗。

现代生物技术措施则主要着力于作物新品种的选育和应用。现有作物品种的遗传多样性优势发挥已经到了一个较高的平台，要获得更高的生产潜力，需要在作物生理和植株结构方面进行更为精致的设计。气候变化将导致天气气候极端事件多发，充分重视和发挥转基因技术高效快速的优势，筛选抗逆基因，定向选育抗旱、耐旱、抗冻、抗虫、抗病的高品质品种。另外，积极探索以降低作物本身的蒸腾消耗、提高作物本身抗逆能力为目标的化学调控措施。

（2）区域层次

气候变化对农业的影响具有明显的区域差异性，区域自然资源、社会经济、生态和农业发展水平也具有明显的地域性差异，需要根据区域之间差异性和区内相对一致性的特点，以区域或流域尺度，因地制宜地建立特色鲜明的区域性农业适应技术体系。

从水资源开发利用角度，可以将黄淮海平原黄河以北水资源供需矛盾最激烈的地区分为山前平原区、中部冲积平原和引黄灌区。山前平原区水资源轻度紧缺，属于粮食高产区。地下水有侧渗补给，虽然浅层地下水位不断下降，但土壤条件和经济条件很好，应该优先工程节水，确保灌溉水源，充分利用农艺、生物节水措施，保障粮食高产和商品粮的供应。海河流域中部冲积平原水资源重度紧缺，属于粮食中产区。地下水补给随着河道断流不断减少，应在种植结构调整、旱作技术应用、土壤肥力改善等方面加大投入，以便减少地下水抽取，维持流域良性水循环和水资源的可持续利用。

为缓解黄淮海平原日益严重的水危机，除了已经运行的南水北调工程以外，在三级子流域以下的范围内确定生态保护优先或粮食生产优先的范围，更精细化地对黄淮海平原进行次区域水资源分区管理。生态保护优先的子流域，首先应该是水资源供需矛盾极为突出的区域，以水资源供需平衡和生态保护为第一标准，重新确定适宜的作物种植制度，并以相应的政策导向和激励机制，促使农户积极调整种植结构，减少高耗水作物比例，加大节水设施投入。同时，加强气候适应空间分异的研究，构建适应技术和政策措施综合体系。

8.4　应对气候变化的松花江流域水资源管理适应性对策

水资源是人类社会不可或缺的重要的自然资源，受气象变化和人类活动等一系列因素的影响，松花江流域水循环时空格局发生显著变化，水资源短缺、极端洪涝干旱、水土流失、水污染等问题日趋严重，这无疑会对粮食生产、生态系统安全以及经济社会发展产生深刻影响。如何减缓和适应气候变化带来的不利影响，提出应对气候变化的水资源适应性管理对策、维持水资源的可持续开发与利用显得尤为重要。因此，提出应对气候变化的松花江流域水资源适应性管理对策，为流域水资源可持续利用和安全保障提供依据，具有重要的现实意义。

所谓适应性管理，即指通过提高管理实践的能力，总结新经验和新指示，协调、优化发展战略，以适应社会经济状况和环境的快速变化，最终实现社会生态系统可持续发展（佟金萍等，2006）。而气候变化下水资源适应性管理就是在分析流域水资源不确定因素的基础上，针对目前和未来气候变化对水资源的可能影响，提出有效可行的、能够趋利避害的调整和适应性的管理方案（刘尚等，2013）。近些年，中国对此方面的研究不断加以重视，并通过开展重大课题和项目加强水资源适应性对策的研究（夏军等，2011）。

松花江流域水资源系统是一个融合了自然和社会的庞大而又复杂的系统，因此在管理中具有很多不确定性的因素。首先，自然系统中气候变化的不确定性。通过本书的分析可知，松花江流域未来30年（2020～2049年）气温将持续上升，2030年以后温度增加更快；未来降水量以18～19mm/10a的速率呈下降趋势，多年平均降水量除第二松花江流域较历史水平少量增加外，嫩江和干流区均有减少；流域下游佳木斯站未来30年平均径流量较过去50年减少16%～24%，且呈不断减少的趋势，未来水资源短缺现象将更加严重，并且在不同气候变化情景下、不同空间范围内，气温、降水和径流的年内、年际变化特征有所不同，这也增加了未来水资源量在时间和空间上的不确定性。其次，社会系统对水资源的管理行为和意识也存在一定的不确定性。这里，社会系统是指人类社会在流域范围内从事经济、社会活动的过程及其结构系统（李昌彦等，2013）。中国水资源管理体制中仍存在着"多龙治水"的现象，水资源管理的各行政区域之间、用水部门之间常常在水量分配、径流调蓄等问题上出现矛盾，流域水资源时空分布的不均匀性也增加了此类问题的不确定性。此外，为了满足工业发展、粮食增产等一系列国家政策措施，近年来，松花江流域内建设用地、耕地面积大量增加，致使林地、草地和沼泽面积明显减少，一方面增加了工、农业部门与生态环境保护部门之间的用水矛盾，另一方面土地利用类型的改变也增加了流域水文过程的不确定性，进而加大了不同区域、行业以及不同部门之间水资源管理的不确定性。

随着未来气候变化不确定性的增加、社会经济发展和生态环境对用水要求的提高，当今维持松花江流域可持续发展的水资源合理配置和适应性管理任务不断加剧。因此，针对松花江流域水资源现状以及气候变化下水资源存在的不确定性，以加强监测体系、优化水土资源利用和社会经济发展模式、建立节水型社会为基础，提出以下几点适应性对策建议。

（1）建立流域水文气象动态监测和预警机制

气候变化背景下，流域自身的水文过程和大气过程的变化会导致水资源供给发生变化、不确定性增加；同时，伴随经济社会的发展和人口的增加，水土资源开发利用方式不断变化，进而导致流域水资源供需发生改变。因此，一方面，应根据松花江流域水文气象特点，完善地面和卫星遥感监测系统，加强对流域水资源及与其密切相关的大气降水、气温、太阳辐射、湿度等气候要素的监测水平，提高对气象灾害的动态监测能力。另一方面，应加强对社会系统中人口数量、产业结构、政治体制、经济目标及其发展规律的监测与评价，分析需水结构的动态变化，进而通过科学有效的手段对监测数据进行量化和预测，为适应性管理提供基础。

（2） 完善气候变化对水资源影响的适应性评估方法与管理框架

气候变化对水资源工程和水资源规划的影响成为气候变化影响评估项目中最为重要的一个方面。但是，目前松花江流域实际水资源规划和管理中较少考虑到未来气候变化的影响，因此需要根据气候变化的情况完善和改进现有工程和规划。其中的关键是，发展一套能够科学识别气候变化的配套设施，从而不断监测并评估气候变化的影响、探讨发展项目适应性管理的必要性及适应性，并提出相应的适应性管理对策。

（3） 优化水资源体系，建立以政府为主体、各水行政主管部门协作的管理机制

中国现阶段的水资源管理是以区域管理为主、流域管理为辅的综合管理体制，还不能充分发挥水资源管理的作用。因此，应该在松花江流域范围内，遵循公平性、可持续性和有效性的原则，优化水资源管理体系，以政府为主体，综合利用各种非工程和工程措施，针对松花江流域水资源时空分布不均匀的特点，对可利用水资源在各区域和用水部门之间进行配置。同时，增强政府部门之间的横向联系，实现各水行政主管部门之间的沟通与协作，并通过相互学习和相互监督，整体上从流域的角度提高对气候变化下水资源变化的适应能力。

（4） 优化社会经济发展模式，完善水资源的分配与再分配机制

以松花江流域长期发展战略为前提，构建与水资源可持续发展相适应的社会经济发展模式，结合不同土地利用类型的水文效应，优化土地利用模式，调整种植和工业产业结构。在努力实现国家的粮食增产任务时，不能只考虑扩大耕地面积，应以现有各类土地面积为基础，在现有耕地中发展灌溉农田面积，合理控制城市用地、稳定粮食种植面积。对生态较脆弱的西部平原地区和水土流失严重、土地质量下降和水资源紧缺的地区要坚决退耕还林、还湿、还草，对水资源进行合理的分配和充分的利用。未来气候变化背景下，松花江流域水资源利用的不确定性增加，同时工业、农业、生活用水的增加在很大程度上挤占了生态环境用水的份额，严重影响了生态系统的健康发展，因此需要将政府的宏观调控和水市场的自我管理相结合，调整水权、完善流域水资源的再分配机制，对松花江流域水资源做出适应性管理。

（5） 加强农田水利基础建设，发展节水高效的现代灌溉农业，提高水资源利用效率

松花江流域是中国粮食主产区之一，国务院通过的《全国新增1000亿斤①粮食生产能力规划（2009～2020年）》，仅黑龙江、吉林两省就承担300多亿斤的粮食增产任务，实现这一任务的主要途径是通过大规模调配水资源在区域内发展灌区。因此，为实现国家重要商品粮基地建设的目标，一方面，要高度重视全球气候变化对松花江流域水资源供给的影响，分别从流域和区域的尺度来审视水资源系统的变化，加强农田水利基础设施建设，提高气候变化背景下粮食生产的水资源保障能力；另一方面，松花江流域农业发展应在坚持水旱并举的原则下，结合具体的水资源条件因地制宜地发展灌溉面积。提高灌区灌溉技术、完善灌区渠系设施，尽快实现由传统的粗放型灌溉农业和旱地雨养农业向节水高效的

---

① 1斤=500g。

灌溉农业和现代旱地农业转变，提高水资源的利用率和利用效率（章光新，2012）。

（6）重视流域湿地在水资源可持续发展中的关键作用

松花江流域的降水和径流在年际和年内的变化都很大，丰枯水期流量相差悬殊，而且连续丰枯水年的长期变化，加剧了流域内洪涝灾害的发生。松花江流域内大面积分布的湿地，在调蓄洪水、补给地下水和维持区域水平衡中发挥着重要的作用，可以调节水资源的时空分配、避免水旱灾害，进而保障流域的水安全和生态安全。但近年来，气候变化导致天然降水减少，同时在粮食增产工程的实施过程中农田的开垦挤占湿地用地和湿地水源现象严重，农业生产和湿地保护之间存在很大矛盾，致使松花江流域内湿地大面积萎缩。目前，流域内多处湿地被农田分割和包围，严重影响了湿地的整体性和连续性，造成径流的调节能力下降。因此，为了实现湿地的可持续发展、充分发挥湿地的水文调蓄功能，应该从流域的角度全面分析上、中、下游自然、经济和社会条件与湿地的地位，统筹规划、合理开发，将区域的经济发展建立在环境可持续发展的基础上。同时，为了解决农业和湿地之间的矛盾，可以考虑利用湿地的水质净化功能及阈值，确定合理的农田-湿地面积分配，将灌区的农田退水排入到湖沼湿地当中，这样既解决了农田退水的出路，又在一定程度上解决了湿地干旱缺水的问题，在发挥湿地系统水质净化功能的同时，维护了区域水质安全和湿地生态系统的健康稳定。此外，考虑到洪水对流域中下游大面积湖沼湿地的水源补给和生态恢复具有非常重要的作用，建议统筹规划上、中、下游河流的水资源管理和防洪体系，合理规划湿地蓄洪区和分洪区，实现洪水资源化。

（7）建设应对气候变化的流域水资源安全保障体系

松花江流域为气候变化的敏感区，为了解决流域水资源日益紧张的矛盾、保证流域水资源安全，应科学地制定流域、区域和不同行业的水量分配方案，落实最严格的水资源管理制度，建立水资源开发利用控制、用水效率控制和水功能区限制纳污等"三条红线"，全面建设节水防污型社会（章光新，2012）；加强农田水利设施建设，协调农业不同生产阶段流域上、中、下游水利工程的下泄水量与引水量之间的分配关系，制订骨干水利工程水资源的优化调度方案；合理规划湿地蓄洪区和分洪区，建设江河-湖沼湿地水系连通工程，提高水资源综合调控能力、实现洪水资源化利用；关注松嫩平原大规模引水灌区水盐的动态变化，开展盐碱地灌区内水盐调控灌排技术和基于盐渍化风险控制的地表水-地下水联合调控技术的研究与示范，建立健全的取水—输水—耗水—排水体系，防止土壤次生盐碱化和地下水盐化的发生，保障生态友好型灌区农业的可持续发展（章光新，2012）。

参 考 文 献

安顺清, 邢久星. 1986. 帕默尔旱度模式的修正. 气象科学研究院院刊, 1 (1): 75-82.

曹建廷, 秦大河, 康尔泗, 等. 2005. 青藏高原外流区主要河流的径流变化. 科学通报, 50 (21): 2403-2408.

曹明亮, 张弛, 周惠成, 等. 2008. 丰满上游流域人类活动影响下的降雨径流变化趋势分析. 水文, 5: 86-89.

曹明亮, 张弛, 周惠成, 等. 2008. 丰满上游流域人类活动影响下的降雨径流变化趋势分析. 水文, 28 (5): 86-89.

陈方藻, 刘江, 李茂松. 2011. 60 年来中国农业干旱时空演替规律研究. 西南师范大学学报 (自然科学版), 36 (4): 111-114.

陈军锋, 李秀彬, 张明. 2004. 模型模拟梭磨河流域气候波动和土地覆被变化对流域水文的影响. 中国科学 (D) 辑, 34 (7): 668-674.

陈群, 于欢, 侯雯嘉, 等. 2014. 气候变暖对黄淮海地区冬小麦生育进程与产量的影响. 麦类作物学报, 10: 1363-1372.

陈书涛, 黄耀, 邹建文, 等. 2012. 中国陆地生态系统土壤呼吸的年际间变异及其对气候变化的响应. 中国科学: 地球科学, 8: 1273-1281.

陈亚宁, 徐宗学. 2004. 全球气候变化对新疆塔里木河流域水资源的可能性影响. 中国科学 (D) 辑, 34 (11): 1047-1053.

邓慧平, 唐来华. 1998. 沱江流域水文队全球气候变化的响应. 地理学报, 53 (1): 42-53.

邓振镛, 张强, 蒲金涌, 等. 2008. 全球气候变化对中国西北地区农业的影响. 生态学报, 28 (8): 3760-3768.

丁相毅, 贾仰文, 王浩, 等. 2010. 气候变化对海河流域水资源的影响及其对策. 自然资源学报, 25 (4): 604-613.

丁一汇, 任国玉, 石广玉, 等. 2006. 气候变化国家评估报告 (1): 中国气候变化的历史和未来趋势. 气候变化研究进展, 2 (1): 3-8.

丁一汇, 任国玉, 赵宗慈, 等. 2007. 中国气候变化的检测及预估. 沙漠与绿洲气象, 1 (1): 1-10.

杜瑞英, 杨武德, 许吟隆, 等. 2006. 气候变化对中国干旱/半干旱区小麦生产影响的模拟研究. 生态科学, 25 (1): 34-37.

房世波, 谭凯炎, 任三学. 2010. 夜间增温对冬小麦生长和产量影响的实验研究. 中国农业科学, 15: 3251-3258.

房世波, 谭凯炎, 任三学. 2012. 气候变暖对冬小麦生长和产量影响的大田实验研究. 中国科学: 地球科学, 42 (70): 1069-1075.

冯喜媛, 郭春明, 涂钢, 等. 2014. 基于水稻灌浆程度的东北地区水稻延迟型冷害气候变化特征. 吉林气象, 1: 38-40.

郭其蕴. 1983. 东亚夏季风强度指数及其变化的分析. 地理学报, 38 (3): 207-217.

郭其蕴. 2004. 1873~2000 年东亚夏季风变化的研究. 大气科学, 28 (2): 206-216.

郝志新, 郑景云, 陶向新. 2001. 气候增暖背景下的冬小麦种植北界研究——以辽宁省为例. 地理科学进展, 20 (3): 254-261.

胡实, 莫兴国, 林忠辉. 2014. 气候变化对海河流域主要作物物候和产量影响. 地理研究, 33 (1): 3-12.

胡玮, 严昌荣, 李迎春, 等. 2014. 气候变化对华北冬小麦生育期和灌溉需水量的影响. 生态学报, 9: 2367-2377.

霍治国, 李茂松, 王丽, 等. 2012. 气候变暖对中国农作物病虫害的影响. 中国农业科学, 45 (10): 1926-1934.

纪瑞鹏, 张玉书, 姜丽霞, 等. 2012. 气候变化对东北地区玉米生产的影响. 地理研究, 31 (2): 290-298.

江志红, 张霞, 王冀. 2008. IPCC-AR4 模式对中国 21 世纪气候变化的情景预估. 地理研究, 27 (4): 787-799.

姜杰, 张永强. 2004. 华北平原灌溉农田的土壤水量平衡和水分利用效率. 水土保持学报, 18 (3): 61-65.

居辉, 熊伟, 林而达. 2005. 气候变化对中国小麦产量的影响. 作物学报, 31 (10): 1340-1343.

居辉, 熊伟, 许吟隆, 等. 2005. 气候变化对中国小麦的影响. 作物学报, 31 (10): 1340-1343.

琚建华, 吕俊梅, 任菊章. 2006. 北极涛动年代际变化对华北地区干旱化的影响. 高原气象, 25 (1): 74-81.

李昌彦, 王慧敏, 佟金萍, 等. 2013. 气候变化下水资源适应性系统脆弱性评价—以鄱阳湖为例. 长江流域资源与环境, 2: 172-181.

李二辉, 穆兴民, 赵广举. 2014. 1919～2010 年黄河上中游区径流量变化分析. 水科学进展, 25 (2): 155-163.

李夫星, 陈东, 汤秋鸿. 2015. 黄河流域水文气候要素变化及与东亚夏季风的关系. 水科学进展, 4: 481-490.

李伏生, 康绍忠, 张富仓. 2003. CO_2 浓度、氮和水分对春小麦光合、蒸散及水分利用效率的影响. 应用生态学报, 14 (3): 387-393.

李明星, 马柱国, 牛国跃. 2011. 中国区域土壤湿度变化的时空特征模拟研究. 科学通报, 56 (16): 1288-1300.

李天顺, 刘塔. 1986. 地形与黄土高原的气候. 地理研究, 5 (2): 74-80.

李占玲, 徐宗学, 巩同梁. 2008. 雅鲁藏布江流域径流特性变化分析. 地理研究, 27 (2): 353-361.

李振朝, 韦志刚, 文军, 等. 2008. 近 50 年黄土高原气候变化特征分析. 干旱区资源与环境, 22 (3): 57-62.

林祥磊, 许振柱, 王玉辉, 等. 2008. 羊草 (Leymus chinensis) 叶片光合参数对干旱与复水的响应机理与模拟. 生态学报, 28 (10): 4718-4724.

林忠辉, 莫兴国, 李宏轩, 等. 中国陆地区域气象要素的空间差值. 地理学报, 1: 47-56.

刘昌明, 李丽娟. 2002. 华北水资源问题和对策. 科技和产业, 2 (2): 44-50.

刘昌明, 刘小莽, 郑红星, 等. 2009. 海河流域太阳辐射变化及其原因分析. 地理学报, 64 (11): 1283-1291.

刘昌明, 郑红星. 2008. 黄河流域水循环要素变化趋势分析. 自然资源学报, 18 (2): 129-135.

刘朝顺, 高志强, 高炜. 2007. 基于遥感的蒸散发及地表温度对 LUCC 响应的研究. 农业工程学报, 23 (8): 1-8.

刘春蓁, 占车生, 夏军, 等. 2014. 关于气候变化与人类活动对径流影响研究的评述. 水利学报, 45 (4): 379-385.

刘春蓁. 1997. 气候变化对中国水文水资源的可能影响. 水科学进展, 8 (3): 220-225.

刘大庆, 许士国. 2006. 扎龙湿地水量平衡分析. 自然资源学报, 3: 341-348.

刘恩民, 张代桥, 刘万章, 等. 2009. 鲁西北平原农田耗水规律与测定方法比较. 水科学进展, 20: 190-196.

刘尚, 仇蕾, 王慧敏. 2013. 气候变化下淮河流域水资源适应性管理初探. 江西水利科技, 2: 100-104.

刘少华, 严登华, 翁白莎, 等. 2013. 近 50 年中国 ≥10 ℃ 有效积温时空演变. 干旱区研究, 30 (4): 689-696.

刘苏峡, 邱建秀, 莫兴国. 2009. 华北平原 1951~2006 年风速变化特征分析. 资源科学, 31 (9): 1486-1492.

刘巍巍, 安顺清, 刘庚山, 等. 2004. 帕默尔旱度模式的进一步修正. 应用气象学报, 15 (2): 207-216.

刘钰, 汪林, 倪广恒, 等. 2009. 中国主要作物灌溉需水量空间分布特征. 农业工程学报, 25 (12): 6-12.

刘正茂, 夏广亮, 吕宪国, 等. 2011. 近 50 年来三江平原水循环过程对人类活动和气候变化的响应. 南水北调与水利科技, 9 (1): 68-74.

马洁华, 刘园, 杨晓光, 等. 2010. 全球气候变化背景下华北平原气候资源变化趋势. 生态学报, 30 (14): 3818-3827.

马柱国. 2007. 华北干旱化趋势及转折性变化与太平洋年代际振荡的关系. 科学通报, 52 (10): 1199-1206.

莫兴国, 林忠辉, 刘苏峡. 2000. 基于 Penman-Monteith 的双源蒸散模型的改进. 水利学报, 5: 6-11.

莫兴国, 林忠辉, 刘苏峡. 2004. 气候变化对无定河流域生态水文过程的影响. 生态学报, 59: 341-349.

莫兴国, 林忠辉, 刘苏峡. 2006. 黄淮海地区冬小麦生产力时空变化及其驱动机制分析. 自然资源学报, 21 (3): 449-457.

莫兴国, 刘苏峡, 林忠辉, 等. 2011. 华北平原蒸散和 GPP 格局及其对气候波动的响应. 地理学报, 66 (5): 589-598.

莫兴国, 刘苏峡, 于沪宁, 等. 1997. 冬小麦能量平衡及蒸散分配的季节变化分析. 地理学报, 52 (6): 536-542.

莫兴国, 孟德娟, 刘苏峡, 等. 2012. 不同气候情景下华北平原蒸发与径流时空变化分析. 气候变化研究进展, 8 (6): 409-416.

慕巧珍, 王绍武, 朱锦红, 等. 2001. 近百年夏季西太平洋副热带高压的变化. 大气科学, 25 (6): 787-797.

聂晓, 王毅勇, 刘兴土, 等. 2011. 控制灌溉下三江平原稻田耗水量和水分利用效率研究. 农业系统科学与综合研究, 27 (2): 228-232.

潘威, 郑景云, 萧凌波, 等. 2013. 1766 年以来黄河中游与永定河汛期径流量的变化. 地理学报, 68 (7): 975-982.

秦大河, 丁一汇, 王绍武, 等. 2002. 中国西部环境演变及其影响研究. 地学前缘, 9 (2): 321-328.

芮孝芳. 2004. 水文学原理. 北京: 中国水利水电出版社.

山仑, 徐炳成, 杜峰, 等. 2004. 陕北地区不同植被类型植物生产力及生态适应性研究. 水土保持通报, 24 (1): 1-7.

施婷婷, 关德新, 吴家兵, 等. 2006. 用涡动相关技术观测长白山阔叶红松林蒸散特征. 北京林业大学学报, 28 (6): 1-8.

孙凤华, 袁键, 路爽. 2006. 东北地区近百年气候变化及突变检测. 气候与环境研究, 11 (1): 101-108.

孙谷畴, 赵平, 饶兴权, 等. 2005. 供氮和增温对倍增二氧化碳浓度下荫香叶片光合作用的影响. 应用生态学报, 16 (8): 1399-1404.

孙谷畴, 赵平, 曾小平, 等. 2002. 补增 UV-B 辐射对焕镛木叶片光合参数的影响. 应用与环境生物学报, 8: 335-340.

孙力, 安刚, 丁立, 等. 2000. 中国东北地区夏季降水异常的气候分析. 气象学报, 58 (1): 70-82.

孙睿, 刘昌明, 李小文. 2003. 利用累积 NDVI 估算黄河流域年蒸散量. 自然资源学报, 18 (2): 155-160.

谭方颖, 王建林, 宋迎波. 2010. 华北平原气候变暖对气象灾害发生趋势的影响. 自然灾害学报, 19 (5): 125-131.

唐蕴, 王浩, 严登华, 等. 2005. 近 50 年来东北地区降水的时空分异研究. 地理科学, 25 (2): 172-176.

田辉, 文军, 马耀明, 等. 2009. 夏季黑河流域蒸散发量卫星遥感估算研究. 水科学进展, 20 (1): 18-24.

田展, 刘纪远, 曹明奎. 2006. 气候变化对中国黄淮海农业区小麦生产影响模拟研究. 自然资源学报, 21 (3): 598-607.

佟金萍, 王慧敏, 仇蕾, 等. 2006. 维持黄河健康生命的原理和方法. 人民黄河, 2: 8-9.

王冀, 娄德君, 曲金华, 等. 2009. IPCC-AR4 模式资料对东北地区气候及可利用水资源的预估研究. 自然资源学报, 24 (9): 1647-1656.

王建林, 于贵瑞, 王伯伦, 等. 2005. 北方粳稻光合速率、气孔导度对光强和 CO_2 浓度的响应. 植物生态学报, 29 (1): 16-25.

王菱, 倪建华. 1988. 黄土高原蒸发力的计算和应用. 自然资源学报, 3 (2): 163-173.

王菱, 倪建华. 2001. 以黄淮海为例研究农田实际蒸散量. 气象学报, 59 (6): 784-794.

王绍武, 叶瑾琳, 龚道溢, 等. 1998. 近百年中国年气温序列的建立. 应用气象学报, 9 (4): 392-401.

王守荣, 黄荣辉, 丁一汇, 等. 2002a. 分布式水文–植被模式的改进及气候水文 off-line 模拟试验. 气象学报, 60: 290-300.

王守荣, 黄荣辉, 丁一汇, 等. 2002b. 水文模式 DHSVM 与区域气候模式 RegCM2/China 嵌套模拟试验. 气象学报, 60 (4): 421-427.

王毅荣. 2006. 甘肃岷县山区气温变化趋势分析. 气候与环境研究, 11 (1): 119-127.

王毅荣, 尹宪志, 袁志鹏. 2001. 中国黄土高原气候系统主要特征. 灾害学, 19 (增刊): 39-45.

王毅荣, 张强, 江少波. 2011. 黄土高原气候环境演变研究. 气象科技进展, 1 (2): 38-42.

王志伟, 翟盘茂, 武永利. 2007. 近 55 年来中国 10 大水文区域干旱化分析. 高原气象, 26 (4): 874-880.

卫捷, 陶诗言, 张庆云. 2003. Palmer 干旱指数在华北干旱分析中的应用. 地理学报, 58 (增刊): 91-99.

魏凤英, 张婷. 2009. 东北地区干旱强度频率分布特征及其环流背景. 自然灾害学报, 18 (3): 1-7.

奚歌, 刘绍民, 贾立, 等. 2008. 黄河三角洲湿地蒸散量与典型植被的生态需水量. 生态学报, 28 (11): 5356-5369.

夏军, 刘春蓁, 任国玉. 2011. 气候变化对中国水资源影响研究面临的机遇与挑战. 地球科学进展, 1: 1-12.

向亮, 刘学锋, 郝立生, 等. 2011. 未来百年不同排放情境下滦河流域径流特征分析. 地理科学进展, 7: 861-867.

肖登攀, 陶福禄, 沈彦俊, 等. 2014. 华北平原冬小麦对过去 30 年气候变化响应的研究. 中国生态农业学报, 22 (4): 430-438.

熊隽, 吴炳方, 闫娜娜, 等. 2008. 遥感蒸散模型的时间重建方法研究. 地理科学进展, 27 (2): 53-59.

徐红梅, 贾海坤, 黄永梅. 2005. 黄土高原丘陵沟壑区小流域植被净第一性生产力模型. 生态学报, 25:

1064-1074.

许炯心, 孙季. 2003. 近50年来降水变化和人类活动对黄河入海径流通量的影响. 水科学进展, 14 (6):
  690-695.

杨建莹, 梅旭荣, 刘勤, 等. 2011. 气候变化背景下华北地区冬小麦生育期的变化特征. 植物生态学报,
  35 (6): 623-631.

杨金虎, 江志红, 刘晓芸, 等. 2012. 近半个世纪中国西北干湿演变及持续性特征分析. 干旱区地理,
  35 (1): 10-22.

杨溯, 石广玉, 王标, 等. 2013. 1961~2009年中国地面太阳辐射变化特征及云对其影响的研究. 大气科
  学, 37 (5): 963-970.

杨晓光, 刘志娟, 陈阜. 2010. 全球气候变暖对中国种植制度可能影响. Ⅰ. 气候变暖对中国种植制度北
  界和粮食产量可能影响的分析. 中国农业科学, 43 (2): 329-336.

杨永辉, 王智平, 佐仓保夫, 等. 2002. 全球变暖对太行山植被生产力及土壤水分的影响. 应用生态学报,
  13 (6): 667-671.

余会康, 郭建平. 2014. 气候变化下东北水稻冷害时空分布变化. 中国生态农业学报, 5: 594-601.

虞海燕, 刘树华, 赵娜, 等. 2011a. 1951~2009年中国不同区域气温和降水量变化特征. 气象与环境学
  报, 27 (4): 1-11.

虞海燕, 刘树华, 赵娜, 等. 2011b. 中国近59年日照时数变化特征及其与温度、风速、降水的关系. 气
  候与环境研究, 16 (3): 389-398.

袁彬, 郭建平, 冶明珠, 等. 2012. 气候变化下东北春玉米品种熟型分布格局及其气候生产潜力. 科学通
  报, 57 (14): 1252-1262.

袁飞, 谢正辉, 任立良, 等. 2005. 气候变化对海河流域水文特性的影响. 水利学报, 36 (3): 274-279.

云雅如, 方修琦, 王丽岩, 等. 2007. 中国作物种植界线对气候变暖的适应性响应. 作物杂志, 3: 20-23.

曾伟, 蒋延玲, 李峰, 等. 2008. 蒙古栎 (Quercus mongolica) 光合参数对水分胁迫的响应机理. 生态学
  报, 28 (6): 2504-2510.

翟建青, 曾小凡, 苏布达, 等. 2009. 基于ECHAM5模式预估2050年前中国旱涝格局趋势. 气候变化研
  究进展, 5 (4): 220-225.

张兵, 张宁, 张轶凡. 2011. 农业适应气候变化措施绩效评价——基于苏北GEF项目区300户农户的调查.
  农业技术经济, 7: 43-49.

张国宏, 李智才, 宋燕, 等. 2011. 中国降水量变化的空间分布特征与东亚夏季风. 干旱区地理,
  34 (1): 34-42.

张建云, 章四龙, 王金星, 等. 2007. 近50年来中国六大流域径流年际变化趋势研究. 水科学进展,
  18 (2): 230-234.

张庆云. 1999. 1880年以来华北降水及水资源变化. 高原气象, 18 (4): 486-4951.

张庆云, 卫捷, 陶诗言. 2003. 近50年华北干旱的年代际和年际变化及大气环流特征. 气候与环境研究,
  8 (3): 307-318.

张卫建, 陈金, 徐志宇, 等. 2012. 东北稻作系统对气候变暖的实际响应与适应. 中国农业科学,
  45 (7): 1265-1273.

张耀存, 张录军. 2005. 东北气候和生态过渡区近50年来降水和温度概率分布特征变化. 地理科学,
  25 (5): 561-566.

张一驰, 吴凯, 于静洁, 等. 2011. 华北地区1951~2009年气温、降水变化特征. 自然资源学报,
  26 (11): 1930-1941.

章光新. 2012. 东北粮食主产区水安全与湿地生态安全保障的对策. 中国水利, 15: 9-11.

赵静, 邵景力, 崔亚莉, 等. 2009. 利用遥感方法估算华北平原陆面蒸散量. 城市地质, 4 (1): 43-48.

中国科学院南京土壤研究所. 1986. 中国土壤地图集. 北京: 地图出版社.

中华人民共和国国家统计局. 2010. 中国统计年鉴. 北京: 中国统计出版社.

周蕾, 王邵强, 陈镜明, 等. 2009. 1991~2000 年中国陆地生态系统蒸散时空分布特征. 资源科学, 31 (6): 962-972.

邹旭恺, 任国玉, 张强. 2010. 基于综合气象干旱指数的中国干旱变化趋势研究. 气候与环境研究, 15 (4): 371-378.

左大康, 周允华, 项月琴, 等. 1991. 地球表层辐射. 北京: 科学出版社.

Adriana M, Roman A M, Cuculeanu V, et al. 1998. Modelling maize responses to carbon dioxide doubling and climate changes. Agricultural Information Technology in Asia and Oceania. The Asian Federation for Information Technology in Agriculture, 173-181.

Ainsworth E A, Long S P. 2005. What have we learned from fifteen years of Free Air Carbon Dioxide Enrichment (FACE)? A meta-analytic review of the responses of photosynthesis, canopy properties and plant production to rising CO_2. New Phytologist, 165: 351-372.

Albergel C, Rüdiger C, Carrer D, et al. 2009. An evaluation of ASCAT surface soil moisture products with in-situ observations in Southwestern France. Hydrology and Earth System Sciences, 13: 115-124.

Allen M R, Stott P A. 2003. Estimating signal amplitudes in optimal fingerprinting. Part I: Theory. Climate Dynamics, 21: 477-491.

Allen R G, Pereira L S, Raes D, et al. 1998. Crop evapotranspiration: Guidelines for Computing Crop Water requirements (FAO Irrigation and Drainage Paper). Rome: FAO - Food and Agriculture Organization of the United Nations.

Alonso A, Perez P A, Martinez-Carrasco R. 2009. Growth in elevated CO_2 enhances temperature response of photosynthesis in wheat. Physiology Plant, 135: 109-120.

Amthor J S. 2001. Effects of atmospheric CO_2 concentration on wheat yield: Review of results from experiments using various approaches to control CO_2 concentration. Field Crops Research, 73: 1-34.

Anderson M C, Norman J M, Kustas W P, et al. 2008. A thermal-based remote sensing technique for routine mapping of land-surface carbon, water and energy fluxes from field to regional scales. Remote Sensing of Environment, 112: 4227-4241.

Anderson R L. 1942. Distribution of the serial correlation coefficients. Annals of Mathematical Statistics, 13 (1): 1-13.

Andre M, DuCloux H. 1993. Interaction of CO_2 enrichment and water limitations on photosynthese and water efficiency in wheat. Plant Physiology and Biochemistry, 31: 103-112.

Andreadis K M, Lettenmaier D P. 2006. Trends in 20th century drought over the continental United States. Geophysical Research Letter, 33 (10): L10403.

Anwar M R, O'Leary G, McNeil D, et al. 2007. Climate change impact on rainfed wheat in south-eastern Australia. Field Crops Research, 104: 139-147.

Araus J L, Slafer G A, Reynolds M P, et al. 2002. Plant breeding and drought in C_3 cereals: What should we breed for? Annals of Botany, 89: 925-940.

Arnell N W. 1999. Climate change and global water resources. Global Environmental Change, 9: 31-49.

Arora V K. 2002. The use of the aridity index to assess climate change effect on the annual runoff. Journal of

Hydrology, 265: 164-177.

Arora V. 2002b. Modeling vegetation as a dynamic component in soil_vegetation_atmosphere_transfer schemes and hydrological models. Review Geophysics, 40 (2): 1006.

Bader D C, Covey C, Gutowski W J, et al. 2008. Climate Change Science Program (CCSP): Climate Models: An Assessment of Strengths and Limitations. Washington: A Report by the U. S. Climate Change Science Program and the Subcommittee on Global Change Research. Department of Energy, Office of Biological and Environmental Research.

Baker I T, Denning A S, Stockli R. 2010. North American gross primary productivity: Regional characterization and interannual variability. Tellus B, 62 (5): 533-549.

Baldocchi D D, Falge D, Gu L H et al. 2001. FLUXNET: A new tool to study the temporal and spatial variability of ecosystem scale carbon dioxide, water vapor and energy flux densities. Bulletin of the American Meteorological Society, 82 (11): 2415-2434.

Ball J T, Woodrow I E, Berry J A. 1987. A model predicting stomatal conductance and its contribution to the control of photosynthesis under different environmental conditions//Biggens J. Progress in Photosynthesis Research. Martinus-Nijhoff, Dordrecht, Netherlands.

Ball J T, Woodrow I, Berry J A. 1987. A model predicting stomatal conductance and its contribution to the control of photosynthesis under different environmental conditions. Progress in Photosynthesis Research, 4: 221-224.

Ball J T. 1988. An Analysis of Stomatal Conductance. Ph. D. Thesis, Stanford University.

Barry S, Cai Y. 1996. Climate change and agriculture in China. Global Environmental Change, 6 (3): 205-214.

Basnyat P, Mcconkey B, Lafond G R, et al. 2004. Optimal time for remote sensing to relate to crop grain yield on the Canadian prairies. Canadian Journal of Plant Sciences, 84: 97-103.

Bastiaanssen W G M, Menenti M, Feddes R A, et al. 1998. A remote sensing surface energy balance algorithm for land (SEBAL): 1. Formulation. Journal of Hydrology, 212: 198-212.

Bastiaanssen W G, Ali M S. 2003. A new crop yield forecasting model based on satellite measurements applied across the Indus Basin, Pakistan. Agriculture, Ecosystems and Environment, 94: 321-340.

Bastuaanssen W G M, Cheena M J M, Immerzeel W W, et al. 2012. Surface energy balance and actual evapotranspiration of the trans boundary Indus Basin estimated from satellite measurements and ETLook model. Water Resource Research, 48: W11512.

Baumgartner A, Reichel E. 1975. The world water balance: Mean annual global, continental and maritime precipitation, evaporation and run-off. Amsterdam, New York: Elsevier Scientific Pub. Co.

Bayazit M, , Onoz B. 2004. Comment on "Applicability of prewhitening to eliminate the influence of serial correlation on the Mann-Kendall test" by Sheng Yue and Chun Yuan Wang. Water Resources Research, 40: W08801.

Bayazit M, Onoz B. 2007. To prewhiten or not to prewhiten in trend analysis? Hydrological Sciences Journal, 52 (4): 611-624.

Beer C, Reichstein R, Tomelleri E, et al. 2010. Terrestrial gross carbon dioxide uptake: Global distribution and covariation with climate. Science, 329: 834-838.

Betts R A, Cox P M, Lee S F, et al. 1997. Contrasting physiological and structural vegetation feedbacks in climate changes simulations. Nature, 387: 796-799.

Betts R A, Cox P M, Woodward F I. 2000. Simulated responses of potential vegetation to doubled-CO_2 climate change and feedbacks on near surface temperature. Global Ecology & Biogeography, 9 (2): 171-180.

Bing L, Su H B, Shao Q Q, et al. 2012. Changing characteristic of land surface evapotranspiration and soil moisture in China during the past 30 years. Journal of Geo-Information Science, 14 (1): 1-13.

Bonan G B, Levis S, Sitch S, et al. 2003. A dynamic global vegetation model for use with climate models: Concepts and description of simulated vegetation dynamics. Global Change Biology, 9: 1543-1566.

Bonan G B. 1998. The land surface climatology of the NCAR Land Surface Model coupled to the NCAR Community Climate Model. J. Climate, 11 (6): 1037-1326.

Box G E P, Jenkins G M, Reinse G C. 1994. Time Series Analysis: Forecasting and Control. 3rd ed. Hoboken, New Jersey: John Wiley & Sons, Inc.

Brady N C, Weil R R. 2002. The Nature and Properties of Soils, 13th ed. Upper Saddle River: Prentice Hall.

Brocca L, Hasenauer S, Lacava T, et al. 2011. Soil moisture estimation through ASCAT and AMSR-E sensors: An intercomparison and validation study across Europe. Remote Sensing of Environment, 115: 3390-3408.

Brown R A, Rosenberg N J. 1997. Sensitivity of crop yield and water use to change in a range of climatic factors and CO_2 concentrations: A simulation study applying EPIC to the central USA. Agricultural and Forest Meteorology, 83: 171-203.

Bruck H, Guo S W. 2006. Influence of N form on growth and photosynthesis of Phaseolus vulgaris L. plants. Journal of Plant Nutrition and Soil Science, 169: 849-856.

Brueck H, Senbayram M. 2009. Low nitrogen supply decreases water-use efficiency of oriental tobacco. Journal of Plant Nutrition and Soil Science, 172: 216-223.

Brümmer C, Black TA, Jassal RS, et al. 2011. How climate and vegetation type influence evapotranspiration and water use efficiency in Canadian forest, peatland and grassland ecosystems. Agricultural and Forest Meteorology, 153: 14-30.

Bsaibes A, Courault D, Baret F, et al. 2009. Albedo and LAI estimates from FORMOSAT-2 data for crop monitoring. Remote Sensing of Environment, 113: 716-729.

Budyko M I. 1948. Evaporation Under Natural Conditions. English translation by IPST. Leningrad: Gidrometeorizdat.

Budyko M I. 1974. Climate and Life. Transl. from Russian by Miller D H. San Diego, Calif: Academic.

Bunkei M, Masayuki T. 2002. Integrating remotely sensed data with an ecosystem model to estimate net primary productivity in East Asia. Remote sensing of Environment, 81: 58-66.

Burke E J, Brown S, Christidis N. 2006. Modeling the recent evolution of global drought and projections for the twenty-first century with the Hadley Centre Climate Model. Journal of Hydrometeorology, 7: 1113-1125.

Burn D H, Hesch N M. 2007. Trends in evaporation for the Canadian Prairies. Journal of Hydrology, 336: 61-73.

Cabrera-Bosquet L, Molero G, Bort J, et al. 2007. The combined effect of constant water deficit and nitrogen supply on WUE, NUE and Delta C-13 in durum wheat potted plants. Annals of Applied Biology, 151: 277-289.

Calvet J C, Wigneron J P, Chanzy A, et al. 1995. Retrieval of surface parameters from microwave radiometry over open canopies at high frequencies. Remote Sensing of Environment, 53: 46-60.

Camilo P J, Gurney R J. 1984. A Sensitivity analysis of a numerical model for estimating evaporation. Water Resources Research, 20 (1): 105-112.

Campebell G S, Norman J M. 1998. Introduction to Environmental Biophysics. New York: Springer-Verlag.

Centritto M, Letrto F, Chartzoulakis K. 2003. The use of low CO_2 to estimate diffusional and non-diffusional limitations of photosynthetic capacity of salt-stressed olive sap lings. Plant, Cell and Environment, 26:

585-594.

Centritto M, Helen S, Lee H J, et al. 1999. Interactive effects of elevated CO_2 and drought on cherry (*Prunus avium*) seedlings. I. Growth, whole-plant water use efficiency and water loss. New Phytologyist, 141: 129-141.

Challinor A J, Wheeler T R, Craufurd P Q, et al. 2007. Adaptation of crops to climate change through genotypic responses to mean and extreme temperatures. Agriculture, Ecosystems and Environment, 119: 190-204.

Challinor A J, Wheeler T R. 2008. Use of a crop model ensemble to quantify CO_2 stimulation of water-stressed and well-watered crops. Agricultural and Forest Meteorology, 148: 1062-1077.

Chavas D R, Izaurralde R C, Thomson A M, et al. 2009. Long-term climate change impacts on agricultural productivity in eastern China. Agricultural and Forest Meteorology, 149: 1118-1128.

Chen C, Baethgen W, Robertson A. 2013. Contributions of individual variation in temperature, solar radiation and precipitation to crop yield in the North China Plain, 1961-2003. Climatic Change, 116 (3-4): 767-788.

Chen H, Guo S L, Xu C Y, et al. 2007. Historical temporal trends of hydro-climatic variables and runoff response to climate variability and their relevance in water resource management in the Hanjiang Basin. Journal of Hydrology, 344: 171-184.

Chen J, Jönsson P, Tamura M, et al. 2004. A simple method for reconstructing a high-quality NDVI time-series data set based on the Savitzky-Golay filter. Remote sensing of Environment, 3-4 (91): 332-344.

Chen T H, Henderson-Sellers A, Milly P C D, et al. 1997. Cabauw experimental results from the Project for Intercomparison of Land-surface Parameterization Schemes (PILPS). Journal of Climate, 10: 1194-1215.

Chen W P, Hou Z A, Wu L S, et al. 2010. Effects of salinity and nitrogen on cotton growth in arid environment. Plant and Soil, 326: 61-73.

Chiew F H S. 2006. Estimation of rainoff elasticity of streamflow in Australia. Hydrologic Science Journal, 51: 613-625.

Choi M. 2012. Evaluation of multiple surface soil moisture for Korean regional flux monitoring network sites: Advanced Microwave Scanning Radiometer E, land surface model, and ground measurements. Hydrological Processes, 26: 597-603.

Choudhury B J, Ahmeel N U, Idso S B, et al. 1994. Relations between evaporation coefficients and vegetation indices studied by model simulations. Remote Sensing of Environment, 50: 1-17.

Choudhury B J, Digirolamo N E. 1998. A biophysical process-based estimate of global land surface evaporation using satellite and ancillary data. I. Model description and comparison with observations. Journal of Hydrology, 205: 164-185.

Choudhury B J, Monteith J L. 1988. A four-layer model for the heat budget of homogeneous land surfaces. Quarterly Journal of Royal Meteorology Society, 144: 373-398.

Choudhury B J. 2000. Seasonal and interannual variations of total evaporation and their relations with precipitation, net radiation, and net carbon accumulation for the Gediz basin area. Journal of Hydrology, 229 (1-2): 77-86.

Clapp R B, Hornberger G M. 1978. Empirical equations for some soil hydraulic properties. Water Resources Research, 14: 601-604.

Clements D R, Ditommaso A. 2012. Predicting weed invasion in Canada under climate change: Evaluating evolutionary potential. Canadian Journal of Plant Science, 92 (6): 1013-1020.

Cleugh H A, Leuning R, Mu Q, et al. 2007. Regional evaporation estimates from flux tower and MODIS satellite data. Remote Sensing of Environment, 106: 285-304.

Coe M T. 2000. Modeling terrestrial hydrological systems at the continental scale: Testing the accuracy of an atmospheric GCM. Journal of Climate, 13: 686-704.

Collatz G J, Ribas-Carbo M, Berry J A. 1992. Couples photosynthesis-stomatal conductance model for leaves of C4 plants. Australian Journal of Plant Physiology, 19: 519-538.

Connor D J, Fereres E. 1999. A dynamic model of crop growth and partitioning of biomass. Field Crops Research, 63: 139-157.

Cook B I, Puma M J, Krakauer N Y. 2011. Irrigation induced surface cooling in the context of modern and increased greenhouse gas forcing. Climate Dynamics, 37 (7-8): 1587-1600.

Crafts-Brandner S J, Holzer R, Feller U. 1998. Influence of nitrogen deficiency on senescence and the amounts of RNA and proteins in wheat leaves. Plant Physiology, 102: 192-200.

Cramer W, Bondeau A, Woodward F I, et al. 2001. Global response of terrestrial ecosystem structure and function to CO_2 and climate change: results from six dynamic global vegetation models. Global Change Biology, 7: 357-373.

Cui Z L, Chen X P, Li J L, et al. 2006. Effect of N fertilization on grain yield of winter wheat and apparent N losses. Pedosphere, 16: 806-812.

Dai A, Kevin E T, Qian T. 2004. A global dataset of Palmer Drought Severity Index for 1870-2002: Relationship with soil moisture and effects of surface warming. Journal of Hydrometeorology, 5 (6): 1117-1130.

Dang T H, Cai G X, Guo S L, et al. 2006. Effect of nitrogen management on yield and water use efficiency of rainfed wheat and maize in Northwest China. Pedosphere, 16: 495-504.

Dawes W R, Zhang L, Hatton T J, et al. 1997. Evaluation of a distributed parameter ecohydrological model (TOPOG_ IRM) on a small cropping rotation catchment. Journal of Hydrology, 191: 64-86.

Dawson T P, North P R J, Plummer S E, et al. 2003. Forest ecosystem chlorophyll content: Implications for remotely sensed estimates of net primary productivity. Internation Journal of Remote Sensing, 24 (3): 611-617.

DeGroot M H, Schervish M J. 2012. Probability and Statistics, Fourth Edition. Boston: PearsonEducation, Inc.

Delworth T, Manabe S. 1988. The influence of potential evaporation on the variabilities of simulated soil wetness and climate. Journal of Climate, 1: 523-547.

Delworth T, Manabe S. 1993. Climate variability and land surface processes. Advances in Water Resources, 16: 3-20.

Dente L, Satalino G, Mattia F, et al. 2008. Assimilation of leaf area index derived from ASAR and MERIS data into CERES-Wheat model to map wheat yield. Remote Sensing of Environment, 112: 1395-1407.

Doll P, Kasper F, Lehner B. 2003. A global hydrological model for deriving water availability indicators: Model tuning and validation. Journal of Hydrology, 270: 105-134.

Donohue R J, McVicar T, Roderick M L. 2010. Assessing the ability of potential evaporation formulations to capture the dynamics inevaporative demand within a changing climate. Journal of Hydrology, 386: 186-197.

Dorigo W A, Zurita- Milla R, DeWit A J W, et al. 2007. A review on reflective remote sensing and data assimilation techniques for enhanced agroecosystem modeling. International Journal of Applied Earth Observation and Geoinformation, 9: 165-193.

Douglas E M, Vogel R M, Kroll C N. 2000. Trends in floods and low flows in the United States: Impact of spatial correlation. Journal of Hydrology, 240: 90-105.

Drogue G, Pfister L, Leviandier T E I, et al. 2004. Simulating the spatio- temporal variability of streamflow response to climate change scenarios in a mesoscale basin. Journal of Hydrology, 293: 255-269.

Du J J, Li S X, Gao Y J, et al. 1999. Effects of N fertilizer on the mechanism of adaptation to water stress and water use of winter wheat. Journal of Northwest Agricultural University, 27: 1-5.

Du J, Song K, Wang Z, et al. 2013. Evapotranspiration estimation based on MODIS products and surface energy balance algorithms for land (SEBAL) model in Sanjiang Plain, Northeast China. Chinese Geographic Sciences, 23 (1): 73-91.

Duchemin B, Hadria R, Erraki S, et al. 2006. Monitoring wheat phenology and irrigation in Central Morocco: On the use of relationships between evapotranspiration, crops coefficients, leaf area index and remotely-sensed vegetation indices. Agricultural Water Management, 79: 1-27.

Eagleson P S. 1978. Climate, soil and vegetation 3, A simplified model of soil moisture movement in the liquid phase. Water Resource Research, 14 (5): 722-730.

Edgington E S. 1987. Randomization Tests, 2nd ed. New York: Marcel Dekker.

Edwards D C, McKee T B. 1997. Characteristics of 20th century in the United States at multiple scales. Atmospheric Science Paper, 634: 1-30.

Egli D B. 2008. Soybean yield trends from 1972 to 2003 in mid-western USA. Field Crops Research, 106: 53-59.

Entin J K, Robock A, Vinnikov K Y, et al. 1999. Evaluation of Global Soil Wetness Project soil moisture simulations. Journal of the Meteorological Society of Japan, 77: 183-198.

Evans J P, Pitman A J, Cruz F T. 2011. Coupled atmospheric and land surface dynamics over southeast Australia: A review, analysis and identification of future research priorities. International Journal of Climatology, 31 (12): 1758-1772.

Eynard A, Lal R, Wiebe K. 2005. Crop response in salt-affected soils. Journal of Sustainable Agriculture, 27: 5-50.

Fan Y, Liang Q M, Wei Y M, et al. 2007. A model for China's energy requirements and CO_2 emissions analysis. Environmental Modelling & Software, 22: 378-393.

Fang H, Wei S, Liang S. 2012. Validation of MODIS and vegetation LAI products using global field measurement data. Remote sensing of Environment, 119: 43-54.

Fang Q X, Yu Q, Wang E L, et al. 2006. Soil nitrate accumulation, leaching and crop nitrogen use as influenced by fertilization and irrigation in an intensive wheat-maize double cropping system in the North China Plain. Plant and Soil, 284: 335-350.

Fang Q, Ma L, Yu Q, et al. 2010. Irrigation strategies to improve the water use efficiency of wheat-maize double cropping systems in North China Plain. Agricultural Water Management, 97: 1164-1173.

Farquhar G D, Von C C, Berry J A. 1980. A biochemical model of photosynthetic CO_2 assimilation in leaves of C3 species. Planta, 149: 78-99.

Fatichi S, Ivanov V Y, Caporali E. 2012. A mechanistic ecohydrological model to investigate complex interactions in cold and warm water-controlled environments: 2. Spatiotemporal analyses. Journal of Advances in Modeling Earth Systems, 4: M05003.

Feddersen H, Andersen U. 2005. A method for stastistical downscaling of seasonal ensemble predictions. Tellus series A-dynamic meteordgy & Oceanography, 57 (3): 398-408.

Filippo G, Linda O M. 2002. Calculation of average, uncertainty range and reliability of regional climate changes from AOGCM simulation via the Reliability Ensemble Averaging (REA) method. Journal of Climate, 15 (10): 1141-1158.

Fischer G, Shah M, Tubiello F N, et al. 2005. Socio-economic and climate change impacts on agriculture: An integrated assessment, 1990-2080. Philosophical Transactions of the Royal Society B, 360: 2067-2083.

Fisher J B, Tu K P, Baldocchi D D. 2008. Global estimates of the land-atmosphere water flux based on monthly AVHRR and ISLSCP-II data, validated at 16 FLUXNET sites. Remote Sensing of Environment, 112 (3): 901-919.

Fisher J B, Whittaker R J, Malhi Y. 2011. ET come home: Potential evapotranspiration in geographical ecology. Global Ecology and Biogeography, 20: 1-18.

Folland C K, Karl T R, Nicholls N, et al. 1992. Observed Climate Variability and Change, Climate Change 1992//Houghton J T, Callander B A, Varney S K. The Supplementary Report to the IPCC Scientific Assessment. Cambridge: Cambridge University Press: 135-170.

Frempong E. 1983. Diel aspects of the thermal structure and energy budget of a small English lake. Freshwater Biology, 13: 89-102.

Friendly M, Kwan E. 2003. Effect ordering for data displays. Computational Statistics & Data Analysis, 43: 509-539.

Fu G B, Charles S P, Chiew F H S. 2007. A two-parameter climate elasticity of streamflow index to assess climate change effects on annual streamflow. Water Resource Research, 43: W11419.

Fu G, Charles S P, Yu J, et al. 2009. Decadal climatic variability, trends, and future scenarios for the North China Plain. Journal of Climate, 22 (8): 2111-2123.

Gao G, Chen D, Xu C, et al. 2007. Trend of estimated actual evapotranspiration over China during 1960-2002. Journal of Geophysical Research, 112: D11120.

Gardner L R. 2009. Assessing the effect of climate change on mean annual runoff. Journal of Hydrology, 379: 351-359.

Garrick M, Cunnane C, Nash J E. 1978. A criterion of efficiency for rainfall runoff models. Journal of Hydrology, 36: 375-381.

Geerts B. 2002. On the effects of irrigation and urbanization on the annual range of monthly-mean temperatures. Theoretical and Applied Climatology, 72 (3-4): 157-163.

Ghannoum O, von Caemmerer S, Ziska L H, et al. 2000. The growth response of C4 plants to rising atmospheric CO_2 partial pressure: A reassessment. Plant, Cell and Environment, 23: 931-942.

Gilbert R O. 1987. Statistical methods for environmental pollution monitoring. New York: Van Nostrand Reinhold.

Giorgi F, Mearns L O. 2003. Probability of regional climate change based on the Reliability Averaging (REA) method. Geophysical Research Letters, 30 (12): 1629.

Glenn E P, Doody T M, Guerschman J P, et al. 2011. Actual evapotranspiration estimation by ground remote sensing method: The Australian experience. Hydrological Processes, 25: 4103-4116.

Goetz S J, Prince S D, Goward S N, et al. 1999. Satellite remote sensing of primary production: An improved production efficiency modeling approach. Ecological Modelling, 122: 239-255.

Gonzalez-Real M M, Baille A. 2000. Changes in leaf photosynthetic parameters with leaf position and nitrogen content within a rose plant canopy (Rosa hybrida). Plant, Cell and Environment, 23: 351-363.

Gower S T, Kucharik C J, Norman J M. 1999. Direct and indirect istimation of leaf area index, fAPAR, and net primary production of terrestrial ecosystems. Remote sensing of Environment, 70: 29-51.

Grant R F, Wall G W, Kimball B A, et al. 1999. Crop water relations under different CO_2 and irrigation: Testing of ecosystem with the free air CO_2 enrichment (FACE) experiment. Agricultural and Forest Meteorology, 95: 27-51.

Grayson R B, Western A W, Chiew F H S, et al. 1997. Preferred states in spatial soil moisture patterns: Local and nonlocal controls. Water Resources Research, 33: 2897-2908.

Green T R, Bates B, Charles S, et al. 2007. A physically based method for simulating effects of CO_2 - altered climates on groundwater recharge. Vadose Zone Journal, 6: 597-609.

Guerschman J P. 2009. Scaling of potential evapotranspiration with MODIS data reproduces flux observations and catchment water balance observations across Australia. Journal of Hydrology, 369: 107-119.

Guo R, Lin Z, Mo X, et al. 2010. Responses of crop yield and water use efficiency to climate change in the North China Plain. Agricultural Water Management, 97: 1185-1194.

Guo S L, Wang J X, Xiong L H, et al. 2002. A macro-scale and semi-distributed monthly water balance model to predict climate change impacts in China. Journal of Hydrology, 268: 1-15.

Habets F, Noilhan J, Golaz C, et al. 1999. The ISBA surface scheme in a macroscale hydrological model applied to the Hapex-Mobilhy area. Part I: Model and database. Journal of Hydrology, 217: 75-96.

Hamed K H. 2007. Improved finite-sample hurst exponent estimates using rescaled range analysis. Water Resources Research, 43: W04413.

Hamed K H. 2008. Trend detection in hydrologic data: The Mann-Kendall trend test under the scaling hypothesis. Journal of Hydrology, 349 (3-4): 350-363.

Hamed K H. 2009. Enhancing the effectiveness of prewhitening in trend analysis of hydrologic data. Journal of Hydrology, 368: 143-155.

Hamlet A F, Lettenmaier D P. 2007. Effects of 20th century warming and climate variability on flood risk in the western U. S. Water Resources Research, 43: W06427.

Hanasaki N, Kanae S, Oki T. 2006. A reservoir operation scheme for global river routing models. Journal of Hydrology, 327 (1-2): 22-41.

Harvey H P, van den Driessche R. 1999. Nitrogen and potassium effects on xylem cavitation and water-use efficiency in poplars. Tree Physiology, 19: 943-950.

Hasselmann K. 1997. Multi-pattern fingerprint method for detection and attribution of climate change. Climate Dynamics, 13: 601-612.

Hazarika M K, Yasuoka K, Ito A, et al. 2005. Estimation of net primary productivity by integrating remote sensing data with an ecosystem model. Remote sensing of Environment, 94: 298-310.

Heim R R. 2002. A review of twentieth-century drought indices used in the United States. Bulletin of American Meteorological Society, 83 (8): 1149-1166.

Heinsch F A, Zhao M, Running S W, et al. 2006. Evaluation of remote sensing based terrestrial productivity from MODIS using regional tower eddy flux network observations. IEEE transaction of geosci. Remote Sensing, 44 (7): 1908-1924.

Hendrey G R, Kimball B A. 1994. The FACE program. Agricultural and Forest Meteorology, 70: 3-14.

Hirsch R M, Slack J R. 1984. A nonparametric trend test for seasonal data with serial dependence. Water Resources Research, 20: 727-732.

Hoffmann C, Blomberg M. 2004. Estimation of leaf area index of Beta vulgaris L. based on optical remote sensing data. J. Agron. Crop Sciences, 190: 197-204.

Hu Q, Willson G D. 2000. Effects of temperature anomalies on the palmer drought severity index in the central United States. International Journal of Climatology, 20: 1899-1911.

Huang L, Ning Z Y, Zhang X L. 2010. Impact of caterpillar disturbance on forest net primary production estimation in China. Ecological Indicators, 10 (6): 1144-1151.

Huang M, Zhang L, Gallichand J. 2003. Runoff responses to afforestation in a watershed of the Loess Plateau, China. Hydrological Processes, 17: 2599-2609.

Huntingford C, Lambert F H, Gash J H C, et al. 2005. Aspects of climate change prediction relevant to crop productivity. Philosophical Transactions of the Royal Society B, 360: 1999-2009.

Iglesias A, Rosenzweig C, Pereira D. 2000. Agricultural impacts of climate change in Spain: Developing tools for a spatial analysis. Global Environmental Change, 10: 69-80.

Imai K, Suzuki Y, Mae T, et al. 2008. Changes in the synthesis of rubisco in rice leaves in relation to senescence and N influx. Annals of Botany, 101: 135-144.

IPCC. 1996: Climate Change//Houghton J T, Meira Filho L G, Callander B A, et al. Climate Change 1995: The Science of Climate Change. Cambridge: Cambridge University Press: 572.

IPCC. 2001. Climate Change 2001: The Scientific Basis: Contribution of Working Group I to the Third Assessment Report of the Intergovernmental Panel on Climate Change. Cambridge: Cambridge University Press.

IPCC. 2007. The physical science basis//Solomon S, Qin D, Manning M. Contribution of Working Group 1 to the Fourth Assessment Report of the Intergovernmental Panel on Climate Change (IPCC). Cambridge: Cambridge University Press.

Irmak S, Mutiibwa D, Irmak A, et al. 2008. On the scaling up leaf stomatal resistance to canopy resistance using photosynthetic photon flux density. Agricultural and Forest Meteorology, 148: 1034-1044.

Irshad M, Eneji A E, Yasuda H. 2008. Comparative effect of nitrogen sources on maize under saline and non-saline conditions. Journal of Agronomy and Crop Sciences, 194: 256-261.

Izaurralde R C, Rosenberg N J, Brown R A, et al. 2003. Integrated assessment of Hadley Center (HadCM2) climate-change impacts on agricultural productivity and irrigation water supply in the conterminous United States Part II. Regional agricultural production in 2030 and 2095. Agricultural and Forest Meteorology, 117: 97-122.

James R A, Munns R, Von Caemmerer S, et al. 2006. Photosynthetic capacity is related to the cellular and subcellular partitioning of Na^+, K^+ and Cl^- in salt-affected barley and durum wheat. Plant, Cell and environment, 29: 2185-2197.

Jensen B, Christensen B T. 2004. Interactions between elevated CO_2 and added N: Effects on water use, biomass, and soil 15-N uptake in wheat. Acta Agriculturae Scandinavica, Section B- Soil & Plant Science, 54: 175-184.

Jiang J, Zhang Y, Wegehenke M, et al. 2008. Estimation of soil water content and evapotranspiration from irrigated cropland on the North China Plain. Journal of Plant Nutrition and Soil Sciences, 171: 751-761.

Jiang L, Islam S. 2000. Estimation of surface evaporation map over southern Great Plains using remote sensing data. Water Resources Research, 37 (2): 329-340.

Jiang T, Chen Y D, Xu C Y, et al. 2007. Comparison of hydrological models in the Dongjiang Basin, South China. Journal of Hydrology, 336: 316-333.

Jin M G, Zhang R Q, Sun L F, et al. 1999. Temporal and spatial soil water management: A case study in the Heilonggang region, PR China. Agricultural Water Management, 42: 173-187.

Jin Y, Randerson J T, Goulden M L. 2011. Continental-scale net radiation and evapotranspiration estimated using MODIS satellite observations. Remote Sensing of Environment, 115: 2302-2319.

Johnson F, Sharma A. 2009. Measurement of GCM skill in predicting variables relevant for hydroclimatological assessments. Journal of Climate, 22 (16): 4373-4382.

Jones R N, Chiew F H S, Boughton W C, et al. 2006. Estimating the sensitivity of mean annual runoff to climate change using selected hydrological models. Advances in Water Resources, 29 (10): 1419-1429.

Ju W, Chen J M, Black T A, et al. 2006. Modelling multi-year coupled carbon and water fluxes in a boreal aspen forest. Agriculture and Forest Meteorology, 140: 136-151.

Julea S, Kerr Y, Mialon A. et al. 2010. Modeling soil moisture at SMOS scale by use of a SVAT model over the Valencia anchor station. Hydro. Earth syst. sci. , 14 (5): 831-846.

Jung M. 2010. Recent decline in the global land evapotranspiration trend due to limited moisture supply. Nature, 467: 951-954.

Justice C O, Townshend J R G, Holben B N, et al. 1984. Analysis of the phenology of global vegetation using meteorological satellite data. International Journal of Remote Sensing, 8: 1271-1318.

Kabat P, Dolman A J, Elbers J A. 1997. Evaporation, sensible heat and canopy conductance of fallow savannah and patterned woodland in the Sahel. Journal of Hydrology, 189: 494-515.

Kaiser D P, Qian Y. 2002. Decreasing trends in sunshine duration over China for 1954- 1998: Indication of increased haze pollution? Geophysical Research Letter, 29 (21): 2042.

Kang S, Gu B, Bu T, et al. 2003. Crop coefficient and ratio of transpiration to evapotranspiration of winter wheat and maize in a semi-humid region. Agricultural Water Management, 59: 239-254.

Karl T R, Jones P D, Knight R W, et al. 1993. A new prespective on recent global warming—Asymmetric trends of daily maximum and minimum temperature. Bulletin of American Meteorology Society, 74: 1007-1023.

Karl T R, Kukla G, Razuvayev V N, et al. 1991. Global warming: Evidence for asymmetric diurnal temperature change. Geophysical Research Letter, 18 (2): 2253-2256

Kattge J, Knorr W. 2007. Temperature acclimation in a biochemical model of photosynthesis : A reanalysis of data from 36 species. Plant, Cell and Environment, 30 (9): 1176-1190.

Kendall M G. 1975. Rank Correlation Methods, Griffin, London, 1955.

Kendall, M G. 1975. Time Series, second ed. Hefner, New York.

Kim D W, Byun H R. 2009. Future pattern of Asian drought under global warming scenario. Theoretical and Applied Climatology, 98 (1-2): 137-150.

Kim S H, Gitz D C, Sicher R C, et al. 2007. Temperature dependence of growth, development, and photosynthesis in maize under elevated CO_2. Environmental and Experimental Botany, 61: 224-236.

Kochendorfer J P, Ramirez J A. 2010. Modeling the monthly mean soil- water balance with a statistical- dynamical ecohydrology model as coupled to a two- component canopy model. Hydrology and Earth System Sciences, 14: 2099-2120.

Kogan F N. 1990. Remote sensing of weather impacts on vegetation in non-homogeneous areas. International Journal of Remote Sensing, 11: 1405-1419.

Kogan F N. 1995. Droughts of the late 1980s in the United States as derived from NOAA polar-orbiting satellite data. Bulletin of American Meteorology Society, 76 (5): 655-668.

Kothavala Z, Arain M A, Black T A. et al. 2005. The simulation of energy, water vapor and carbon dioxide fluxes over common crops by the Canadian Land Surface Scheme (CLASS). Agricultural and Forest Meteorology, 133: 89-108.

Kou X, Ge J, Wang Y, et al. 2007. Validation of the weather generator CLIGEN with daily precipitation data from the Loess Plateau, China. Journal of Hydrology, 347: 347-357.

Koutsoyiannis D, Efstratiadis A, Mamassis N, et al. 2008. On the credibility of climate predictions. Hydrological Sciences Journal, 53 (4): 671-684.

Krysanova V, Wechsung F, Becker A, et al. 1999. Mesoscale ecohydrological modelling to analyse regional effects of climate change. Environmental Modelling and Assessment, 4: 259-271.

Kulkarni A, von Stroch H. 1995. Monte Carlo experiments on the effect of serial correlation on the Mann-Kendall test of trend. Meteorologische Zeitschrift, 4 (2): 82-85.

Kustas W P, Norman J M. 1999. Evaluation of soil and vegetation heat flux predictions using a simple two-source model with radiometric temperatures for partial canopy cover. Agricultural and Forest Meteorology, 94 (1): 13-29.

Kustas W P, Zhan X, Schmugge T J. 1998. Combining optical and microwave remote sensing for mapping energy fluxes in a semiarid watershed. Remote Sensing of Environment, 64 (2): 116-131.

Kutuk C, Cayci G, Heng L K. 2004. Effects of increasing salinity and N-15 labelled urea levels on growth, N uptake, and water use efficiency of young tomato plants. Australina Journal of Soil Research, 42: 345-351.

Lahmer W, Pfiitzner B, Becker A. 2001. Assessment of land use and climate change impacts on the mesoscale. Physics and Chemistry of the Earth (B), 26: 565-575.

Lei H M, Yang D W, Shen Y J, et al. 2011. Simulation of evapotranspiration and carbon dioxide flux in the wheat-maize rotation croplands of the North China Plain using the simple Biosphere Model. Hydrol. Process, 25 (20): 3107-3120.

Lei H M, Yang D W. 2010. Interannual and seasonal variability in evapotranspiration and energy partitioning over an irrigated cropland in the North China Plain. Agricultural and Forest Meteorology, 150: 581-589.

Leone A P, Menenti M, Buondonno A, et al. 2007. A field experiment on spectrometry of crop response to soil salinity. Agricultural Water Management, 89 (1-2): 39-48.

Leuning R, Kelliher F M, de Pury D G, et al. 1995. Leaf nitrogen, photosynthesis, conductance and transpiration: Scaling from leaves to canopies. Plant, Cell and Environment, 18: 1183-1200.

Leuning R, Zhang Y, Rajaud A, et al. 2008. A simple surface conductance model to estimate regional evaporation using MODIS leaf area index and the Penman-Monteith equation. Water Resources Research, 44 (10): W10419.

Leuning R. 1997. Scaling to a common temperature improves the correlation between the photosynthesis parameters J-max and V-cmax. Journal of Experiment Botanay, 48 (307): 345-347.

Li B, Rodell M. 2013. Spatial variability and its scale dependency of observed and modeled soil moisture over different climate regions. Hydrology and Earth System Sciences, 17: 1177-1188.

Li F, Kustas W P, Prueger J H, et al. 2005. Utility of remote sensing-based two-source energy balance model under low and high vegetation cover conditions. Journal of Hydrometeorology, 6 (6): 878-891.

Li L J, Zhang L, Wang H, et al. 2007. Assessing the impact of climate variability and human activities on streamflow from the Wuding River basin in China. Hydrological Processes, 21: 3485-3491.

Li W Q, Xiao J L, Khan M, et al. 2008. Relationship between soil characteristics and halophytic vegetation in coastal region of North China. Pakistan Journal of Botany, 40: 1081-1090.

Li Z. 2009. A review of current methodologies for regional evapotranspiration estimation from remotely sensed data. Sensors, 9: 3801-3853.

Liang X, Lettenmaier D P, Wood E F, et al. 1994. A simple hydrologically based model of land surface water and energy fluxes for general circulation models. Journal of Geophysical Research, 99 (D7): 14415-14428.

Lin E, Xiong W, Ju H, et al. 2005. Climate change impacts on crop yield and quality with CO_2 fertilization in China. Philosophical Transactions of the Royal Society (B), 360: 2149-2154.

Lin Z, Mo X, Li H. 2002. Comparison of three spatial interpolation methods for climate variables in China. Acta Geographica Sinica, 57（1）: 47-56.

Liski J, Nissinen A, Erhard M, et al. 2003. Climatic effects on litter decomposition from Arctic tundra to tropical rainforest. Global Change Biology, 9（4）: 575-584.

Liu B. 2004. A spatial analysis of pan evaporation trends in China, 1955-2000. Journal of Geophysical Research, 109: D15102.

Liu C, Wei Z. 1989. Agricultural Hydrology and Water Resources in the North China Plain. Beijing: Science Press.

Liu C, Zhang D, Liu X, et al. 2012b. Spatial and temporal change in the potential evapotranspiration sensitivity to meteorological factors in China (1960-2007). Journal of Geographical Sciences, 22（1）: 3-14.

Liu C, Zhang X, Zhang Y. 2002. Determination of daily evaporation and evapotranspiration of winter wheat and maize by large-scale weighing lysimeter and micro- lysimeter. Agricultural and Forest Meteorology, 111: 109-120.

Liu H, Li X, Fischer G, et al. 2004. Study on the impacts of climate change on China's agriculture. Climatic Change, 65（1-2）: 125-148.

Liu J, Chen J M, Cihlar J. 2003a. Mapping evapotranspiration based on remote sensing: An application to Canada's landmass. Water Resource Research, 39（7）: 1189.

Liu J, Wiberg D, Zehnder A J B, et al. 2007. Modeling the role of irrigation in winter wheat yield, crop water productivity, and production in China. Irrigation Science, 26: 21-33.

Liu M. 2008. Effects of land-use and land-cover change on evapotranspiration and water yield in China during 1900-2000. Journal of the American Water Resources Association, 44（5）: 1193-1207.

Liu S M. 2013. Measurements of evapotranspiration from eddy-covariance systems and large aperture scintillometers in the Hai River Basin, China. Journal of Hydrology, 487: 24-38.

Liu S, Leslie L M, Speer M, et al. 2003c. Approaching realistic soil moisture status in the Goulburn River catchment of southeastern Australia before and after a bushfire with an improved meso-scale numerical weather prediction model//Tachikawa Y, Vievx B E, Georgakakos KP, et al. Proceedings for the XXIII General Assembly of the International Union of Geodesy and Geophysics. Sapporo, Japan: IAHS Pub: 215-320.

Liu S, Mo X, Li H, et al. 2001. The spatial variation of soil moisture in China: Geostatistical characteristics. Journal of Meteorological Society of Japan, 79（2B）: 555-574.

Liu S, Mo X, Lin Z, et al. 2009. Crop yield response to Climate Change in the Huang-Huai-Hai Plain of China. Agricultural Water Management, 97（8）: 1195-1209.

Liu X J, Ju X T, Zhang F S, et al. 2003b. Nitrogen dynamics and budgets in a winter wheat-maize cropping system in the North China Plain. Field Crops Research, 83: 111-124.

Liu X Y, He P, Jin J Y, et al. 2011a. Yield Gaps, indigenous nutrient supply, and nutrient use efficiency of wheat in China. Agronomy Journal, 103（5）: 1452-1463.

Liu X. 2011. Recent changes in pan-evaporation dynamics in China. Geophysical Research Letter, 38: L13404.

Liu Y Y, Dorigo W A, Parinussa R M, et al. 2012a. Trend-preserving blending of passive and active microwave soil moisture retrievals. Remote sensing of Environment, 123: 280-297.

Liu Y Y, Parinussa R M, Dorigo W A, et al. 2011b. Developing an improved soil moisture dataset by blending passive and active microwave satellite-based retrievals. Hydrology and Earth System Sciences, 15: 425-436.

Liu Y, Zhou Y, Ju W, et al. 2013. Evapotranspiration and water yield over China's landmass from 2000 to

2010. Hydrology and Earth System Sciences, 17: 4957-4980.

Lobell D B, Lesch S M, Corwin D L, et al. 2010. Regional-scale assessment of soil salinity in the Red River Valley using multi-year MODIS EVI and NDVI. Journal of Environment Quality, 39 (1): 35-41.

Lobell D B, Ortiz-Monasterio J I, Gurrola F C, et al. 2007. Identification of saline soils with multiyear remote sensing of crop yields. Soil Science Society of America Journal, 71: 777-783.

Lobell D B, Schlenker W, Costa-Roberts J. 2011. Climate trends and global crop production since 1980. Science, 333 (6042): 616-620.

Lobell D B. 2007. Changes in diurnal temperature range and national cereal yields. Agricultural and Forest Meteorology, 145: 229-238.

Long S P, Ainsworth E A, Leakey A D B, et al. 2006. Food for thought: Lower-than-expected crop yield stimulation with rising CO_2 concentrations. Science, 312: 1918-1921.

Lorup J K, Refsgaard J C, Mazvimavi D. 1998. Assessing the effect of land use change on catchment runoff by combined use of statistical tests and hydrological modelling: Case studies from Zimbabwe. Journal of Hydrology, 205: 147-163.

Loseen D, Chehbouni A, Njoku F, et al. 1997. An approach to couple vegetation functioning and soil-vegetation-atmosphere-transfer models for semi aerial grass lands during the HAPEX_Sahel experiment. Agricultural and Forest Meteorology, 83 (1-2): 49-74.

Lu X, Zhuang Q. 2010. Evaluating evapotranspiration and water-use efficiency of terrestrial ecosystems in the conterminous United States using MODIS and Ameri Flux data. Remote Sensing of Environment, 114: 1924-1939.

Ludwing W, Serrat P, Cesmat L, et al. 2004. Evaluating the impact of the recent temperature increase on the hydrology of the Tet River (Southern France). Journal of Hydrology, 289 (1-4): 204-221.

Ma H, Yang D W, Tan S K, 2010. Impact of climate variability and human activity on streamflow decrease in the Miyun Reservoir Catchment. Journal of Hydrology, 389: 317-324.

Ma Q L, Wauchope R D, Hook J E, et al. 1998. Influence of tractor wheel tracks and crusts/seals on runoff: Observations and simulations with the RZWQM. Agricultural Systems, 51 (1): 77-100.

Ma Z, Fu C. 2006. Some evidence of drying trend over northern china from 1951 to 2004. Chinese Science Bulletin, 51 (23): 2913-2925.

Mahmood R, Hubbard K G. 2003. Simulating sensitivity of soil moisture and evapotranspiration under heterogeneous soils and land uses. Journal of Hydrology, 280: 72-90.

Mahmood R, Hubbard K. 2004. An analysis of simulated long-term soil moisture data for three land uses under contrasting hydroclimatic conditions in the Northern Great Plains. Journal of Hydrometeorogy, 5: 160-179.

Makino A. 2003. Rubisco and nitrogen relationships in rice: Leaf photosynthesis and plant growth. Soil Sciences and Plant Nutrition, 49: 319-327.

Malone R W, Meek D W, Hatfield J L, et al. 2009. Quasibiennial corn yield cycles in Iowa. Agricultural and Forest Meteorology, 149: 1087-1094.

Manatsa D, Mukwada G, Siziba E, et al. 2010. Analysis of multidimensional aspects of agricultural droughts in Zimbabwe using the Standardized Precipitation Index (SPI). Theory and Applied Climatology, 102: 287-305.

Mann H B. 1945. Nonparametric tests against trend. Econometrica, 13: 245-259.

Mao J, Thornton P E, Shi X, et al. 2012. Remote sensing evaluation of CLM4 GPP for the period 2000 to 2009. Journal of Climate, 25: 5327-5342.

Maroco J P, Breia E, Faria T, et al. 2002. Effects of long-term exposure to elevated CO_2 and N fertilization on the development of photosynthetic capacity and biomass accumulation in Quercus suberL. Plant, Cell and Environment, 25: 105-113.

Mavromatis T. 2007. Drought index evaluation for assessing future wheat production in Greece. International Journal of Climatology, 27: 911-924.

McCuen R H. 1974. A sensitivity and error analysis of procedures used for estimating evaporation. Water Resources Bulletin, 10 (3): 486-498.

McKee T B, Doesken N J, Kleist J. 1993. The Relationship of Drought Frequency and Durationto Time Scales, Paper Presented at 8th Conference on Applied Climatology. Anaheim, CA: American Meteorological Society.

McVicar T R, Jupp D. 1998. The current and potential operational uses of remote sensing to aid decisions on drought exceptional circumstances in Australia: A review. Agricultural Systems, 57: 399-468.

McVicar T R, van Niel T G, Li L T, et al. 2008. Wind speed climatology and trends for Australia 1975-2006: Capturing the stilling phenomenonand comparison with near- surface reanalysis output. Geophysical Research Letters, 35: L20403.

McVicar T R, van Niel T G, Roderick M L, et al. 2010. Observational evidence from two mountainous regions that near- surface wind speeds are declining more rapidly at higher elevations than lower elevations: 1960- 2006. Geophysical Research Letters, 37: L06402.

McVicar T R, Zhang G, Bradford A S, et al. 2002. Monitoring regional agricultural water use efficiency for Hebei Province on the North China Plain. Australian Journal of Agricultural Research, 53: 55-76.

Meng D, Mo X. 2012. Assessing the effect of climate change on mean annual runoff in the Songhua River basin, China. Hydrological Processes, 26: 1050-1061.

Menzel L, Burger G. 2002. Climate changes scenarios and runoff response in the Mulde catchment (Southern Elbe, Germany). Journal of Hydrology, 267: 53-64.

Mera R J, Niyogi D, Buol G S, et al. 2006. Potential individual versus simultaneous climate change effects on soybean (C3) and maize (C4) crops: An agrotechnology model based study. Global and Planetary Change, 54: 163-182.

Middelkoop H, Daamen K, Gellens D. 2001. Impact of climate change on hydrological regimens and water resources management in the Rhine Basin. Climatic Change, 49: 105-128.

Millan-Scheiding C, Carmen Antolin M, Delwart S. 2010. Modelling soil moisture at SMOS scale by use of a SVAT model over the Valencia Anchor Station. Hydrology and Earth System Sciences, 14: 831-846.

Mo X G, Guo R P, Liu S X, et al. 2013. Impact of a climate change on crop evapotranspiration with ensemble GCM projections in the North China Plain. Climate Changes, 120: 299-312.

Mo X G, Liu S X, Lin Z H, et al. 2009. Regional crop productivity and water use efficiency and their responses to climate change in the North China Plain. Agriculture, Ecosystems and Environment, 134 (1-2): 67-78.

Mo X, Beven K. 2004. Multi- objective conditioning of a three source canopy model for estimation of parameter sensitivity and prediction uncertainty. Agricultural and Forest Meteorology, 122: 39-46.

Mo X, Liu S, Lin Z, et al. 2004a. Simulating the water balance of the Wuding River basin in the Loess Plateau with a distributed eco- hydrological model. Acta Geographica Sinica, 59 (3): 341-348.

Mo X, Liu S, Lin Z, et al. 2004b. Simulating temporal and spatial variation of evapotranspiration over the Lushi Basin. Journal of Hydrology, 285 (1-4): 125-142.

Mo X, Liu S, Lin Z, et al. 2005. Prediction of crop yield, water consumption and water use efficiency with a SVAT-crop growth model using remotely sensed data on the North China Plain. Ecological Modellingm, 183:

310-322.

Mo X, Liu S, Lin Z. 2012. Evaluation of an ecosystem model for a wheat-maize double cropping system over the North China Plain. Environmental Modelling & Software, 32: 61-73.

Mo X, Liu S. 2001. Simulating evapotranspiration and photosynthesis of winter wheat over the growing season. Agricultural and Forest Meteorology, 109: 203-222.

Mo X, Pappenberger F, Beven K, et al. 2006. Parameter conditioning and prediction uncertainties of the LISFLOOD-WB distributed hydrological model. Hydrology Sciences Journal, 51 (1): 45-65.

Mo Xingguo, Liu Suxia, Lin Zhonghui, et al. 2003. Prediction of evapotranspiration and stream flow with a distributed model over a large basin, Wudinghe, China. IAHS Publication, 282: 301-307.

Montaldo N, Rondena R, Albertson J D, et al. 2005. Parsimonious modeling of vegetation dynamics for ecohydrologic studies of water-limited ecosystems. Water Resources Research, 41: W10416.

Monteith J L, Unsworth M H. 1990. Principals of Environmental Physics (2nd ed.). London: Edward Arnold.

Monteith J L. 1965. Evaporation and Environment, 19th Symposia of the Society for Experimental Biology. Cambridge, UK: Cambridge University Press.

Monteith J L. 1977. Climate and the efficiency of crop production in Britain. Philosophical Transactions of the Royal Society B, 281: 277-294.

Moragues M, del Moral L F G, Moralejo M, et al. 2006. Yield formation strategies of durum wheat landraces with distinct pattern of dispersal within the Mediterranean basin-II. Biomass production and allocation. Field Crops Research, 95: 182-193.

Moriondo M, Maselli F, Bindi M. 2007. A simple model of regional wheat yield based on NDVI data. European Journal of Agronomy, 26: 266-274.

Morison J I L, Lawlor D W. 1999. Interactions between increasing CO_2 concentration and temperature on plant growth. Plant, Cell and Environment, 22 (6): 659-682.

Mu Q Z, Zhao M S, Running S W. 2011. Improvements to a MODIS global terrestrial evapotranspiration algorithm. Remote Sensing of Environment, 115 (8): 1781-1800.

Mu Q, Heinsch F A, Zhao M, et al. 2007a. Development of a global evapotranspiration algorithm based on MODIS and global meteorology data. Remote Sensing of Environment, 111 (4): 519-536.

Mu Q, Kimball J S, McDowell N G, et al. 2005. A remotely sensed global terrestrial drought severity index. Bulletin of the American Meteorological Society, 94 (1): 83-29.

Mu Q, Zhao M, Heinsch F A, et al. 2007b. Evaluating water stress controls on primary production in biogeochemical and remote sensing based models. Journal of Geophysical Research, 112: G01012.

Muller J, Wernecke P, Diepenbrock W. 2005. LEAFC3-N: A nitrogen-sensitive extension of the CO_2 and H_2O gas exchange model LEAFC3 parameterised and tested for winter wheat (Triticum aestivum L.). Ecological Modelling, 183: 183-210.

Murphy K M, Dawson J C, Jones S S. 2008. Relationship among phenotypic growth traits, yield and weed suppression in spring wheat landraces and modern cultivars. Field Crops Research, 15: 107-115.

Naeimi V, Scipal K, Bartalis Z, et al. 2009. An improved soil moisture retrieval algorithm for ERS and METOP scatterometer observations. IEEE Transaction of Geosciences and Remote Sensing, 47 (7): 1999-2013.

Nagler P L, Scott R L, Westenburg C, et al. 2005a. Evapotranspiration on western U. S. rivers estimated using the Enhanced Vegetation Index from MODIS and data from eddy covariance and Bowen ratio flux towers. Remote Sensing of Environment, 97: 337-351.

Nagler P, Cleverly J, Glenn E, et al. 2005b. Predicting riparian evapotranspiration from MODIS vegetation indices and meteorological data. Remote Sensing of Environment, 94: 17-30.

Nalder I A, Wein R W. 1998. Spatial interpolation of climate normals: Test of a new method in the Canadian boreal forest. Agricultural and Forest Meteorology, 92: 211-225.

National Climate Change Coordination Committee. 2007. China's National Assessment Report on Climate Change. Beijing: Science Press.

Nie S, Luo Y, Jiang Z. 2008. Trends and scales of observed soil moisture variations in China. Advances in Atmospheric Sciences, 25 (1): 43-58.

Niemann J D, Eltahir E. 2005. Sensitivity of regional hydrology to climate changes, with application to the Illinois River Basin. Water Resources Research, 41: W07014.

Nishida K, Nemani R R, Running S W, et al. 2003. An operational remote sensing algorithm of land surface evaporation. Journal of Geophysical Research-Atmospheres, 108 (D9): 4270.

Norman J, Kustas W, Humes K. 1995. Source approach for estimating soil and vegetation energy fluxes in observations of directional radiometric surface temperature. Agricultural and Forest Meteorology, 77 (3/4): 263-293.

Oki T, Kanae S. 2006. Global hydrological cycles and world water resources. Science, 313: 1068-1072.

Oliver R J, Finch J W, Taylor G. 2009. Second generation bioenergy crops and climate change: A review of the effects of elevated atmospheric CO_2 and drought on water use and the implications for yield. Global Change Biology Bioenergy, 1 (2): 97-114.

Ollinger S V, Smith M. 2005. Net primary production and canopy nitrogen in a temperate forest landscape: An analysis using imaging spectroscopy, modeling and field data. Ecosystems, 8: 760-778.

Orth R, Seneviratne S I. 2013. Propagation of soil moisture memory to streamflow and evapotranspiration in Europe. Hydrology and Earth System Sciences, 17: 3895-3911.

Ortiz R, Sayre K D, Govaerts B, et al. 2008. Climate change: Can wheat beat the heat? Agriculture, Ecosystems and Environment, 126: 46-58.

Ouarda T B, Girard M J, Cavadias G S, et al. 2001. Regional flood frequency estimation with canonical correlation analysis. Journal of Hydrology, 254 (1-4): 157-173.

Ozalkan C, Sepetoglu H T, Daur I, et al. 2010. Relationship between some plant growth parameters and grain yield of chickpea (Cicer arietinum L.) during different growth stages. Turkey Journal of Field Crops, 15: 79-83.

Pai D S, Stridhar L, Guhathakurta P, et al. 2011. District-wide drought climatology of the southwest monsoon season over India based on standardized precipitation index (SPI). Natural Hazards, 59: 1797-1813.

Palmer W C. 1965. Meteorological drought. U. S. Department of Commerce Weather Bureau Research Paker, 45: 85.

Park H. 2008. Hypothesis Testing and Statistical Power of a Test. Working Paper. Bloomington The University Information Technology Services (UITS) Center for Statistical and Mathematical Computing, Indiana University.

Parry M L, Rosenzweig C, Iglesias A, et al. 2004. Effects of climate change on global food production under SRES emissions and socioeconomic scenarios. Global Environmental Change, 14: 53-67.

Parry M, Rosenzweig C, Livermore M. 2005. Climate change, global food supply and risk of hunger. Philosophical Transactions of the Royal Society B, 360: 2125-2138.

Parton W J, Scurlock J M O, Ojima D S, et al. 1993. Observations and modeling of biomass and soil organic matter dynamics for the grassland biome worldwide. Global Biogeochemical Cycles, 7 (4): 785-809.

Passioura J B. 2002. Environmental biology and crop improvement. Funct. Plant Biololgy, 29: 537-546.

Penuelas J, Isla R, Filella I, et al. 1997. Visible and near- infrared reflectance assessment of salinity effects on barley. Crop Sciences, 37: 198-202.

Piao S L, Friedlingstein P, Ciais P, et al. 2006. The effect of climate and CO_2 changes on the greening of the Northern Hemisphere over the past two decades. Geophysical Research Letter, 33: L23402.

Porteaus F, Hiu J, Ball A S. 2009. Effect of free air carbon- dioxide enrichment (FACE) on the chemical composition and nutritive value of wheat grain and straw. Animal Feed Science and Technology, 149 (314): 322-332.

Press W H, Teukolsky S A, Vetterling W T, et al. 2007. Numerical Recipes: The Art of Scientific Computing (3rded), Section 10. 2. Golden Section Search in One Dimension. New York: Cambridge University Press.

Priestley C H B, Taylor R J. 1972. On the assessment of surface heat flux and evaporation using large- scale pa- rameters. Mon. Weather Rev. , 100: 81-92.

Qin D, Chen Y, Li X. 2005. Climate and Environment Change (I) - Climate Change, Environmental Evolution and Projections. Beijing: Science Press.

Quinn N W T, Brekke L D, Miller N I, et al. 2004. Model integration for assessing future hydroclimate impacts on water resources, agricultural production and environment quality in the San Joaquin Basin, California. Envi- ronmental Modeling & Software, 19 (3): 305-316.

Ranjith S A, Meinzer F S, Perry M H, et al. 1995. Partitioning of carboxylase activity in nitrogen stressed sugarcane and its relationship to bundle sheath leakiness to CO_2, photosynthesis and carbon isotope discrimina- tion. Australian Journal of Plant Physiology, 22: 903-911.

Rebel K T, de Jeu R A M, Ciais P, et al. 2012. A global analysis of soil moisture derived from satellite observations and a land surface model. Hydrology and Earth System Sciences, 16: 833-847.

Ren J Q, Chen Z X, Zhou Q B, et al. 2008. Regional yield estimation for winter wheat with MODIS-NDVI data in Shandong, China. Internation Journal of Applied Earth Observation and Geoinformation, 10: 403-413.

Riad S, Mania J, Bouchaou L, et al. 2004. Rainfall- runoff model using an artificial neural network ap- proach. Mathematical and Computer Model, 40 (7-8): 839-846.

Richard M, Mustafa B, Sander B, et al. 2008. Towards New Scenarios for Analysis of Emissions, Climate Change, Impacts and Response Strategies. Technical Summary. Geneva: Intergovernmental Panel on Climate Change.

Robock A, Li H. 2006. Solar dimming and CO_2 effects on soil moisture trends. Geophysical Research Letter, 33: L20708.

Robock A, Mu M, Vinnikov K, et al. 2005. Forty five years of observed soil moisture in the Ukraine: No summer desiccation (yet). Geophysical Research Letter, 32: L03401.

Robock A, Vinnikov K Y, Srinivasan G, et al. 2000. The global soil moisture data bank. Bulletin of American Meteorology Society, 81 (6): 1281-1299.

Roderick M L, Farquhar G D. 2002. The cause of decreased pan evaporation over the past 50 years. Science, 298: 1410-1411.

Roderick M L, Rotstayn L D, Farquhar G D, et al. 2007. On the attribution of changing pan evaporation. Geophysical Research Letter, 34: L17403.

Rodriguez J C, Duchemin B, Hadria R, et al. 2004. Wheat yield estimation using remote sensing and the STICS model in the semiarid Yaqui valley, Mexico. Agronomy Journal, 24: 295-304.

Rodriguez-Iturbe I, Porporato A, Laio F, et al. 2001. Plants in water-controlled ecosystems: Active role in hydrologic processes and response to water stress-I. Scope and general outline. Advances in Water Resources, 24: 695-705.

Rodriguez-Iturbe J, Ecohydrology. 2000. A hydrology perspective of climate-soil-vegetation dynamics. Water Resources Research, 36 (1): 3-9.

Ruhoff A L, Paz A R, Aragao L E O C, et al. 2013. Assessment of the MODIS global evapotranspiration algorithm using eddy covariance measurements and hydrological modelling in the Rio Grande basin. Hydrological Sciences Journal, 58 (8): 1658-1676.

Running S W, Hunt R E. 1993. Generalization of a forest ecosystem process model for other biomes, BIOME-BGC, and an application for global-scale models//Ehleringer J R, Field C B. Scaling Physiologic Processes: Leaf to Globe. San Diego: Academic Press: 141-158.

Ryu Y, Baldocchi D D, Kobayashi H, et al. 2011. Integration of MODIS land and atmosphere products with acoupled-process model to estimate gross primary productivity andevapotranspiration from 1 km to global scales. Global Biogeochemistry Cycles, 25: GB4017.

Sahin V, Hall M J. 1996. The effects of afforestation and deforestation on water yields. Journal of Hydrology, 178 (1/4): 293-309.

Salmi T M A, Anttila P, Ruoho-Airola T, et al. 2002. Detesting Trends of Annual Values of Atmospheric Pollutants by the Mann-Kendall Test and Sen's Slope Estimates-The Excel Template Application MAKESENS. Helsinki: Finnish Meteorological Institute.

Samarakoon A, Gifford R M. 1995. Soil water content under plants at high CO_2 concentration and interactions with the direct CO_2 effects: A species comparison. Journal of Biogeography, 22: 193-202.

Sankarasubramanian A, Vogel R M, Limbrunner J F. 2001. Climate elasticity of streamflow in the United States. Water Resource Research, 37: 1771-1781.

Sankarasubramanian A, Vogel R M. 2003. Hydroclimatology of the continental United States. Geophysical Resources Letters, 30: 1718-1723.

Sauquet E, Leblois E. 2001. Discharge analysis and runoff mapping applied to the evaluation of model performance. Physics and Chemistry of the Earth (B), 26 (5/6): 473-478.

Savitzky A, Golay M J E. 1964. Smoothing and differentiation of data by simplified least squares procedures. Analytic Chemistry, 36: 1627-1639.

Savva Y, Szlavecz K, Carlson D, et al. 2013. Spatial patterns of soil moisture under forest and grass land cover in a suburban area, in Maryland, USA. Geoderma, 192: 202-210.

Sawada Y, Koike T, Jaranilla-Sanchez P A. 2014. Modeling hydrologic and ecologic responses using a new eco-hydrological model for identification of droughts. Water Resources Research, 50: 6214-6235.

Schlosser C A, Slater A G, Robock A, et al. 2000. The PILPS 2 (d) contributors: Simulations of a boreal grassland hydrology at Valdai, Russia: PILPS Phase 2 (d). Monthly Weather Review, 128: 301-321.

Schmugge T, Gloersen P, Wilheit T, et al. 1974. Remote sensing of soil moisture with microwave radiometers. Journal of Geophysical Research, 79: 317-323.

Schreiber P. 1904. Uber die beziehungen zwischen dem niederschlag und wasserfuhrung der flube in mitteleuropa. Meteorologische Zeitschrift, 21 (10): 441-452.

Sclenker W, Roberts M J. 2006. Nonlinear effect of weather on corn yields. Review of Agricultural Economics, 28:

391-398.

Sellers P J, Berry J A, Collatz G J, et al. 1992. Canopy reflectance, photosynthesis and transpiration, Part III: A-re-analysis using improved leaf models and a new canopy integration scheme. Remote Sensing of Environment, 42: 187-216.

Sellers P J, Mintz Y, Sud Y C, et al. 1986. A simple biosphere model (SiB) for use within general circulation models. Journal of Atmospheric Science, 43: 305-331.

Sellers P J, Randall D A, Collatz G J, et al. 1996. A revised land surface parameterization (SIB2) for atmospheric GCMs. Part I: Model formulation. Journal of Climate, 9: 676-705.

Sen P K. 1968. Estimates of the regression coefficient based on Kendall's tau. Journal of America Statistics Association, 63: 1379-1389.

Shabbar A, Skinner W. 2004. Summer drought patterns in Canada and the relationship to Global Sea Surface Temperature. Journal of Climate, 17: 2866-2880.

Sheffield J, Wood E. 2008a. Global trends and variability in soil moisture and drought characteristics, 1950-2000, from observation-driven simulations of the terrestrial hydrologic cycle. Journal of Climate, 21: 432-458.

Sheffield J, Wood E F. 2008b. Projected changes in drought occurrence under future global warming from multi-model, multi-scenario, IPCC AR4 simulations. Climate Dynamics, 31: 79-105.

Shen R K, Zhang Y F, Yang L H, et al. 2001. Field test and study on yield, water use and N uptake under varied irrigation and fertilizer in crops. Transactions of the CSAE, 17: 35-38.

Shuttleworth W J, Wallace J S. 1985. Evaporation from sparse crops- an energy combination theory. Quarterly Journal of Royal Meteorological Society, 111: 839-855.

Silberstein R P, Sivapalan M. 1995. Modelling vegetation heteorogeneity effects on terrestrial water and energy balances. Environmental International, 21: 477-484.

Smith A M, Bourgeois G, Teillet P M, et al. 2008. A comparison of NDVI and MTVI2 for estimating LAI using CHRIS imagery: A case study in wheat. Canadian Journal of Remote Sensing, 34 (6): 539-548.

Song H X, Li S X. 2004. Changes of root physiological characteristics resulting from supply of water, nitrogen and root-growing space in soil. Plant Nutrition and Fertilizer Science, 10: 6-11.

Song Y, Zhao Y. 2008. Effects of drought on winter wheat yield in North China during 2012- 2100. Acta Meteorological Sinica, 26 (4): 516-528.

Stainforth D A, Aina T, Christensen C, et al. 2005. Uncertainty in predictions of the climate response to rising levels of greenhouse gases. Nature, 433: 403-406.

Stenchikov G L, Robock A. 1995. Diurnal asymmetry of climatic response to increased CO_2 and aerosols: Forcings and feedbacks. Journal of Geophysical Research, 100: 26211-26227.

Stock W D, Ludwig F, Morrow C D, et al. 2005. Long- term effects of elevated atmospheric CO_2 on species composition and productivity of a southern African C4 dominated grassland in the vicinity of a CO_2 exhalation. Plant Ecology, 178: 211-224.

Stockle C O, Campbell G S, Nelson R. 1997. ClimGen for Windows, A Weather Generator Program. Washington: Biological Systems Engineering Dept., Washington State University, Pullman, WA.

Strasser U, Mauser W. 2001. Modelling the spatial and temporal variations of the water balance for the Weser catchment 1965-1994. Journal of Hydrology, 254: 199-214.

Stratonovitch P, Storkey J, Semenov A A. 2012. A process-based approach to modelling impacts of climate change on the damage niche of an agricultural weed. Global Change Biology, 18 (6): 2071-2080.

Streets D G, Yu C, Wu Y, et al. 2008. Aerosol trends over China, 1980-2000. Atmospheric Research, 88 (2): 174-182.

Su B. 2002. The surface energy balance system (SEBS) for the estimation of turbulent heat fluxes. Hydrology and Earth System Sciences, 6 (1): 85-99.

Su H, Mccabe M F, Wood E F, et al. 2005. Modeling evapotranspiration during SMACEX: Comparing two approaches for local- and regional-scale prediction. Journal of Hydrometeorology, 6: 910-922.

Su T, Schmugge T, Kustas W P, et al. 2001. An evaluation of two models for estimation of the roughness height for heat transfer between the land surface and the atmosphere. Journal of Applied Meteorology, 40: 1933-1951.

Sun L, Song C. 2008. Evapotranspiration from a freshwater marsh in the Sanjiang Plain, Northeast China. Journal of Hydrology, 352: 202-210.

Tan G, Shibasaki R. 2003. Global estimation of crop productivity and the impacts of global warming by GIS and EPIC integration. Ecological Modelling, 168: 357-370.

Tao F, Zhang Z. 2013. Climate change, wheat productivity and water use in the North China Plain: A new super-ensemble-based probilistic projection. Agr. Froest Metrorol, 170: 146-165.

Tao F, Hayashi Y, Zhang Z, et al. 2008. Global warming, rice production, and water use in China: Developing a probabilistic assessment. Agricultural and Forest Meteorology, 148: 94-110.

Tao F, Yokozawa M, Hayashi Y, et al. 2003. Future climate change, the agricultural water cycle, and agricultural production in China. Agriculture, Ecosystems and Environment, 95 (1): 203-215.

Tao F, Yokozawa M, Xu Y, et al. 2006. Climate changes and trends in phenology and yields of field crops in China, 1981-2000. Agricultural and Forest Meteorology, 138: 82-92.

Tao F, Zhang S, Zhang Z. 2012. Spatiotemporal changes of wheat phenology in China under the effects of temperature, day length and cultivar thermal characteristics. European Journal of Agronomy, 43: 201-212.

Tatli H, Türkes M. 2011. Empirical Orthogonal Function analysis of the palmer drought indices. Agricultural and Forest Meteorology, 151: 981-991.

Teixeira A H C, Bastiaassen W G M, Ahmad M D, et al. 2009. Reviewing SEBAL input parameters for assessing evapotranspiration and water productivity for the Low-Middle Sao Francisco River basin, Brazil Part A: Calibration and validation. Agricultural and Forest Meteorology, 149: 462-476.

Tester M, Davenport R. 2003. Na$^+$ tolerance and Na$^+$ transport in higher plants. Annals of Botany, 91: 503-527.

Thomas A. 2000. Spatial and temporal characteristics of potential evapotranspiration trends over China. International Journal of Climatology, 20: 381-396.

Thomas A. 2008. Agricultural irrigation demand under present and future climate scenarios in China. Global and Planetary Change, 60: 306-326.

Thomson A M, Izaurralde R C, Rosenberg N J, et al. 2006. Climate change impacts on agriculture and soil carbon sequestration potential in the Huang-Hai Plain of China. Agriculture, Ecosystems and Environment, 114: 195-209.

Thornthwaite C W. 1948. An approach toward a rational classification of climate. Geographical Review, 38: 55-94.

Todorovic M, Albrizio R, Zivotic L, et al. 2009. Assessment of aqua crop, cropsyst, and WOFOST models in the simulation of sunflower growth under different water regimes. Agronomy Journal, 101: 509-521.

Trnka M, Dubrovsky M, Semeradova D, et al. 2004. Projections of uncertainties in climate change scenarios into expected winter wheat yields. Theoretical and Applied Climatology, 77: 229-249.

Tubiello F N, Amthor J S, Boote K J, et al. 2007. Crop response to elevated CO_2 and world food supply: A comment on "Food for Thought" by Long et al. Science, 312: 1918-1921.

Tubiello F N, Donatelli M, Rosenzweig C, et al. 2000. Effects of climate change and elevated CO_2 on cropping systems: Model predictions at two Italian locations. European Journal of Agronomy, 12: 179-189.

Tubiello F N, Ewert F. 2002. Simulating the effects of elevated CO_2 on crops: Approaches and applications for climate change. European Journal of Agronomy, 18: 57-74.

Tubiello F N, Fischer G. 2007. Reducing climate change impacts on agriculture: Global and regional effects of mitigation, 2000-2080. Technological Forecasting & Social Change, 74: 1030-1056.

Tucker C, Pinzon J, Brown M, et al. 2005. An extended AVHRR 8-km NDVI dataset compatible with MODIS and SPOT vegetation NDVI data. International Journal of Remote Sensing, 26: 4485-4498.

van Niel T G, McVicar T R. 2004. Current and potential uses of optical remote sensing in rice-based irrigation systems: A review. Australian Journal of Agricultural Research, 55: 155-185.

Venturini V, Islam S, Rodriguez L. 2008. Estimation of evaporative fraction and evapotranspiration from MODIS products using a complementary based model. Remote Sensing of Environment, 112: 132-141.

Vicente-Serrano S M, Beguería S, López-Moreno J I. 2010. A multiscalar drought index sensitive to global warming: The standardized precipitation evapotranspiration index. Journal of Climate, 23 (7): 1696-1718.

Vinukollu R K, Wood E F, Ferguson CR, et al. 2011. Global estimates of evapotranspiration for climate studies using multi-sensor remote sensing data: Evaluation of three process-based approaches. Remote Sensing of Environment, 115 (3): 801-823.

von Caemmerer S, Farquhar G D. 1985. Kinetics and activation of Rybisco and some preliminary modeling of Ru P2 pool size//Vill J, Grishina G, Laisk A. Preceedings of the 1983 Conference at Tollinn. Tallinn: Estollina Academy of Science.

Von Hoynigen-Huehne. 1983. Die interzeption des niedersch lags in landwirtschaftlichen pfcanzenbeständen. Sohriftenreihen DVWK, 57: 153.

Von Storch H. 1995. Misuses of statistical analysis in climate research//Storch H V, Navarra A. Analysis of Climate Variability: Applications of Statistical Techniques. New York: Springer-Verlag.

Wagner W, Lemoine G, Rott H. 1999. A method for estimating soil moisture from ERS scatterometer and soil data. Remote Sensing of Environment, 70 (2): 191-207.

Wagner W, Naeimi V, Scipal K, et al. 2006. Soil moisture from operational meteorological satellites. Hydrogeology Journal, 15: 121-131.

Walter M T, Wilks D S, Parlange L, et al. 2004. Increasing evapotranspiration from the conterminous United States. Journal of Hydrometeorology, 5: 405-408.

Wan Z M. 2008. New refinements and validation of the MODIS land-surface temperature/emissivity products. Remote Sensing of Environment, 112: 59-74.

Wand S J E, Midgley G F, Jones M H, et al. 1999. Response of wild C4 and C3 grass (Poaceae) species to elevated atmospheric CO_2 concentration: A metaanalytic test of current theories and perceptions. Global Change Biology, 5: 723-741.

Wang H L, Guo Q X, Wu J H, et al. 2004. Observation and studies on simulation of water resources transformation in paddy fields. Wetland Science, 2: 290-295.

Wang J, Huang J, Yan T. 2013. Impacts of climate change on water and agricultural production in ten large river basins in China. Journal of Integrative Agriculture, 12 (7): 1267-1278.

Wang J, Yu Q, Li J, et al. 2006. Simulation of diurnal variations of CO_2, water and heat fluxes over winter wheat with a model coupled photosynthesis and transpiration. Agricultural and Forest Meteorology, 137: 194-219.

Wang K, Dickinson R E, Wild M, et al. 2010. Evidence for decadal variation in global terrestrial evapotranspiration between 1982 and 2002: 2. Results. Journal of Geophysical Research, 115: D20113.

Wang L, Koike T, Yang K, et al. 2009. Assessment of a distributed biosphere hydrological model against streamflow and MODIS land surface temperature in the upper Tone River Basin. Journal of Hydrology, 377: 21-34.

Wang Q, Takahashi H. 1994. A land surface water deficit model for an arid and semiarid region: Impact of desertification on the water deficit status in the Loess Plateau, China. Journal of Climate, 12: 244-257.

Wang S, Chen J Y, Luo Y. 2008. Effect of N levels on growth of summer maize under different drought levels. Plant Nutrition and Fertilizer Science, 14: 646-651.

Wang S. 2000. Modelling Water, Carbon and Nitrogen Dynamics in CLASS-Canadian Land Surface Scheme. Edmonton: Ph. D. Thesis. University of Alberta.

Wang X L, Swail V R. 2001. Changes of extreme wave heights in Northern Hemisphere oceans and related atmospheric circulation regimes. Journal of Climate, 14: 2204-2220.

Weglarczyk S. 1998. The interdependence and applicability of some statistical quality measures for hydrological models. Journal of Hydrology, 206: 98-103.

Weiss A, Norman J M. 1985. Partitioning solar radiation into direct and diffuse, visible and near-infrared components. Agricultural and Forest Meteorology, 34: 205-213.

Welander N T, Ottoson B. 2000. The influence of low light, drought and fertilisation on transpiration and growth in young seedlings of Quercus robur L. Forest Ecology and Management, 127: 139-151.

Wells N, Goddard S, Hayes M J. 2004. A self-calibrating Palmer drought severity index. Journal of Climate, 17 (12): 2335-2351.

Wigmosta M S, Vail L W, Lettenmaier D P, et al. 1994. A distributed hydrology-vegetation model for complex terrain. Water Resources Research, 30 (6): 1665-1679.

Wigneron J P, Waldteufel P, Chanzy A, et al. 2000. Two-dimensional microwave interferometer retrieval capabilities over land surfaces (SMOS mission). Remote Sensing of Environment, 73: 270-282.

Wild M. 2012. Enlightening global dimming and brightening. Bulletin of The American Meteorological Society, 93 (1): 27-37.

Williams C A, Albertson J D. 2005. Contrasting short- and long-timescale effects of vegetation dynamics on water and carbon fluxes in water-limited ecosystems. Water Resources Research, 41: W06006.

Willmott C J, Rowe C M, Mintz Y. 1985. Climatology of the terrestrial seasonal water cycle. Journal of Climatology, 5: 589-606.

WMO. 1975. Drought and Agriculture. Geneva: Technical Note No. 138, Report of the CAgM Working Group on Assessment of Drought. WMO.

Wu D F, Yang W P. 2004. Analysis on the effect of water and nitrogen coupling in the save-water-farming-systems in Huang-Huai-Hai plain. Journal of Henan Vocation-Technical Teachers College, 32: 27-29.

Wu D R, Yu Q, Lu C H, et al. 2006. Quantifying production potentials of winter wheat in the North China Plain. European Journal of Agronomy, 24: 226-235.

Wu H, Hayes M J, Wilhite D A, et al. 2005. The effect of the length of record on the standardized precipitation index calculation. International Journal of Climatology, 25: 505-520.

Wu J B, Xiao X M, Guan D X, et al. 2009. Estimation of the gross primary production of an old-growth temperate mixed forest using eddy covariance and remote sensing. International Journal of Remote Sensing, 30 （2）: 463-479.

Wu K, Huang R. 2001. The water and land resources sustainability evaluation, the development potential and the countermeasures in Huang-Huai-Hai Plain. Geographical Sciences, 21 （5）: 390-395.

Wullschleger S D. 1993. Biochemical limitation to carbon assimilation in C3 plants- A retrospective analysis of the A/CI curves from 109 species. Journal of Experiment Botany, 44 （262）: 907-920.

Xiao D, Tao F, Liu Y, et al. 2013. Observed changes in winter wheat phenology in the North China Plain for 1981-2009. International Journal of Biometeorology, 57 （2）: 275-285.

Xiao X, Zhang Q, Hollinger D, et al. 2005. Modeling gross primary production of an evergreen needle leaf forest using MODIS and climate data. Ecological Application, 15 （3）: 954-969.

Xiong W, Lin E, Ju H, et al. 2007. Climate change and critical thresholds in China's food security. Climatic Change, 81: 205-221.

Xu C Y, Gong L, Jiang T, et al. 2006. Analysis of spatial distribution and temporal trend of reference evapotranspiration and pan evaporation in Changjiang （Yangtze River） catchment. Journal of Hydrology, 327: 81-93.

Xu J, Wang L, Xu S, et al. 2000. Analys is of dam-break and flood in Shaanxi Northern Region. Northwest Water Resources & Water Engineering, 11 （4）: 88-91.

Xu J. 2004. Response of erosion and sediment producing processes to soil and water conservation measures in the Wuding River Basin. Acta Geographica Sinica, 59 （6）: 972-981.

Xu J. 2011. Temporal variation in summer monsoon intensity since 1873 and its influence on runoff in the drainage area between Hekouzhen and Longmen. Yellow River basin. China. Climatic Change, 112 （2）: 1-16.

Xu Y, Mo X, Cai Y, et al. 2005. Analysis on groundwater table drawdown by land use and the quest for sustainable water use in the Hebei Plain in China. Agricultural Water Management, 75 （1）: 38-53.

Xu Z, Li J. 2003. A distributed approach for estimating catchment evapotranspiration: Comparison of the combination equation and the complementary relationship approaches. Hydrological Processes, 17: 1509-1523.

Yan J, Wang X, Sun H, et al. 1999. On progressive decrease rate of surface runoff at different periods in arid regions of Shaanxi and Gansu provinces. Scientia Geographica Sinica, 19 （6）: 532-535.

Yang D, Shao W, Yeh P J F, et al. 2009. Impact of vegetation coverage on regional water balance in the nonhumid regions of China. Water Resources Research, 45: W00A14.

Yang G, Rong L Y. 2007. Effects of artificial vegetation types on soil moisture, carbon and nitrogen in the hill and gully area of the Loess Plateau. Bulletin of Soil and Water Conservation, 27 （6）: 30-33.

Yang H, Yang D. 2012. Climatic factors influencing changing pan evaporation across China from 1961 to 2001. Journal of Hydrology, 12: 414-415.

Yang X, Asseng S, Wong M T F, et al. 2013. Quantifying the interactive impacts of global dimming and warming on wheat yield and water use in China. Agricultural and Forest Meteorology, 182: 342-351.

Yang X, Yan J, Liu B. 2005. The analysis on the change characteristics and driving forces of Wuding River runoff. Advances in Earth Sciences, 20 （6）: 637-642.

Yang Y D, Zhang J S, Cai G J, et al. 2008. Soil water dynamics of different vegetation in gully and hilly regions of the Loess Plateau. Research of soil and water conservation, 15 （4）: 149-155.

Yang Y H, Fei T. 2009. Abrupt change of runoff and its major driving factors in Haihe river catchment, China. Journal of Hydrology, 374: 373-383.

Yang Y, Watanabe M, Zhang X, et al. 2006. Optimizing irrigation management for wheat to reduce groundwater depletion in the piedmont region of the Taihang Mountains in the North China Plain. Agricultural Water Management, 82: 25-44.

Yevjevich V. 1972. Stochastic Processes in Hydrology. Fort Collins: Water Resources Publications.

Yin X Y, Struik P C, Romero P, et al. 2009. Using combined measurements of gas exchange and chlorophyll flu- orescence to estimate parameters of a biochemical C-3 photosynthesis model: A critical appraisal and a new integrated approach applied to leaves in a wheat (Triticum aestivum) canopy. Plant, Cell & Environment, 32: 448-464.

Yin Y H, Wu S H, Dai E F. 2010. Determining factors in potential evapotranspiration changes over China in the period 1971-2008. Chinese Science Bulletin, 55: 3329-3337.

Yin Z, Shao X, Qin N, et al. 2008. Reconstruction of a 1436- year soil moisture and vegetation water use history based on treering widths from Qilian junipers in northeastern Qaidam Basin, Northwestern China. International Journal of Climatology, 28: 37-53.

Ying A W. 200. Impact of global climate change on China's water resources. Environmental Monitoring and As- sessment, 61: 187-191.

You L, Rosegrant M W, Wood S, et al. 2009. Impact of growing season temperature on wheat productivity in Chi- na. Agricultural and Forest Meteorology, 149 (6/7): 1009-1014.

Yuan F, Xie Z H, Liu Q, et al. 2005. Simulating hydrologic changes with climate change scenarios in the Haihe River Basin. Pedosphere, 15 (5): 595-600.

Yuan W, Liu S, Yu G, et al. 2010. Global estimates of evapotranspiration and gross primary production based on MODIS and global meteorology data. Remote Sensing of Environment, 114: 1416-1431.

Yuan W, Liu S, Zhou G, et al. 2007. Deriving a light use efficiency model from eddy covariance flux data for pre- dicting daily gross primary production across biomes. Agricultural and Forest Meteorology, 143: 189-207.

Yue S P, Phinney P B, Cavadias G. 2002. The influence of autocorrelation on the ability to detect trend in hydrological series. Hydrological Processes, 16: 1807-1829.

Yue S, Wang C Y. 2002. Applicability of prewhitening to eliminate the influence of serial correlation on the Mann- Kendall test. Water Resources Research, 38 (6): 1068.

Zarco-Tejada P J, Ustin S L, Whiting M L. 2005. Temporal and spatial relationships between within- field yield variability in cotton and high- spatial hyperspectral remote sensing imagery. Agronomy Journal, 97 (3): 641-653.

Zeng L, Song K, Zhang B, et al. 2011. Evapotranspiration estimation using moderate resolution imaging spectrora- diometer products through a surface energy balance algorithm for land model in Songnen Plain, China. Journal of Applied Remote Sensing, 5 (1): 053535.

Zhang H, Wang X, You M, et al. 1999. Water- yield relations and water- use efficiency of winter wheat in the North China Plain. Irrigation Science, 19: 37-45.

Zhang K, Kimball J S, Mu Q, et al. 2009. Satellite based analysis of northern ET trends and associated changes in the regional water balance from 1983 to 2005. Journal of Hydrology, 379: 92-110.

Zhang K, Kimball J S, Nemani R R, et al. 2010. A continuous satellite- derived global record of land surface evapotranspiration from 1983 to 2006. Water Resources Research, 46 (9): W09522.

Zhang L, Dawes W R, Walker G R. 2001a. Response of mean annual evapotranspiration to vegetation changes at catchment scale. Water Resources Research, 37 (3): 701-708.

Zhang L, Hickel K, Dawes W R, et al. 2004a. A rational function approach for estimating mean annual evapotranspiration. Water Resource Research, 40 (2): W02502.

Zhang S L, Li Z, Zhao W L. 1998. Changes in Streamflow and Sediment Load in the Coarse Sandy Hilly Areas of the Yellow River Basin. Zhengzhou: The Yellow River Water Conservancy Press.

Zhang S, Peng G, Huang M. 2004b. The feature extraction and data fusion of regional soil textures based on GIS techniques. Climatic and Environmental Research, 1: 65-79.

Zhang X C, Liu W Z. 2005. Simulating potential response of hydrology, soil erosion and crop productivity to climate change in Chengwu table land region on the Loess Plateau of China. Agricultural Forest and Meteorology, 131 (3-4): 127-142.

Zhang X C, Liu W Z. 2005. Simulating potential response of hydrology, soil erosion, and crop productivity to climate change in Changwu tableland region on the Loess Plateau of China. Agricultural and Forest Meteorology, 131: 127-142.

Zhang X Y, Pei D, Chen S Y, et al. 2006. Performance of double-cropped winter wheat-summer maize under minimum irrigation in the North China Plain. Agronomy Journal, 98: 1620-1626.

Zhang X, Chen S, Sun H, et al. 2011. Changes in evapotranspiration over irrigated winter wheat and maize in North China Plain over three decades. Agricultural Water Management, 98: 1097-1104.

Zhang X, Harvey K D, Hogg W D, et al. 2001b. Trends in Canadian streamflow. Water Resources Research, 37: 987-998.

Zhang X, Tang Q, Pan M, et al. 2014. A long-term land surface hydrologic fluxes and states dataset for china. Journal of Hydrometeorology, 15 (5): 2067-2084.

Zhang X, Vincent L A, Hogg W D, et al. 2000. Temperature and precipitation trends in Canada during the 20th century. Atmosphere-Ocean, 38 (3): 395-429.

Zhang X, Zwiers F W, Hegerl G C, et al. 2007. Detection of human influence on twentieth-century precipitation trends. Nature, 448 (26): 461-465.

Zhang Y Q, Chiew F H S, Zhang L, et al. 2008. Estimating evaporation and runoff using MODIS leaf area index and the Penman-Monteith equation. Water Resource Research, 44: W10420.

Zhao G Q, Ma B L, Ren C Z. 2009. Salinity effects on yield and yield components of contrasting naked oat genotypes. Journal of Plant Nutrition, 32 (10): 1619-1632.

Zhao X, Yan X. 2006. The Trend of soil moisture storage in the last 20 years and its countermeasures of water management and regulation over north China. Climatic and Environmental Research, 11 (3): 371-379.

Zheng B, Ma Y, Li B, et al. 2011. Assessment of the influence of global dimming on the photosynthetic production of rice based on three-dimensional modeling. Science China Earth Sciences, 54 (2): 290-297.

Zheng H X, Liu X M, Liu C M, et al. 2009. Assessing contributions to pan evaporation trends in Haihe River Basin, China. Journal of Geophysical Research, 114: D24105.

Zhou L, Tucker C J, Kaufmann R K, et al. 2001. Variations in northern vegetation activity inferred from satellite data of vegetation index during 1981 to 1999. Journal of Geophysical Research, 106 (D17): 20069-20083.

Zhou L, Zhou G, Liu S, et al. 2010. Seasonal contribution and inter-annual variation of evapotranspiration over a reed marsh (Phragmitesaustralis) in Northeast China from 3-year eddy covariance data. Hydrological Processes, 24: 1039-1047.

Zhou M，Ishidaira H，Takeuchik，et al. 2009. Evapotranspiration in the Mekong and Yellow river basins. Hydrological Sciences Journal，54 （3）：623-638.

Zierl B，Bugmann H. 2005. Global change impact hydrological process in Alpine catchments. Water Resource Research，41：W02028.